Biomécanique du sport et de l'exercice

SCIENCES ET PRATIQUES DU SPORT

Collection dirigée par le Pr. VÉRONIQUE BILLAT (Université d'Évry, Val d'Essone Genopole®, directrice de l'Unité Inserm 902, Biologie intégrative des adaptations à l'exercice)
et le Dr JEAN-PIERRE KORALSZTEIN (Centre de médecine du sport CCAS, Paris)

La collection *Sciences et pratiques du sport* réunit essentiellement des ouvrages scientifiques et technologiques pour les premier et deuxième cycles universitaires en sciences et techniques des activités physiques et sportives (STAPS) sans omettre les professionnels du sport (médecins, entraîneurs, sportifs).
La collection a pour objectifs de :
- consolider un objet scientifique au champ des activités physiques et sportives
- conforter un champ nouveau de connaissances. Il s'agit d'explorer les activités physiques et sportives pour en faire un objet de recherche et de formation.

V. BILLAT, C. COLLIOT *Régal et performance pour tous*
V. BILLAT *Physiologie et méthodologie de l'entraînement. De la théorie à la pratique (2e éd.)*
V. BILLAT *L'Entraînement en pleine nature*
N. BOISSEAU et al. *La Femme sportive*
R.H. COX *Psychologie du sport*
A. DELLAL *De l'entraînement à la performance en football*
F. GRAPPE *Cyclisme et optimisation de la performance (2e éd.)*
S. JOWETT, D. LAVALLEE *Psychologie sociale du sport*
W.D. MC ARDLE, F.I. KATCH, V.L. KATCH *Nutrition et performances sportives*
E. NEWSHOLME, T. LEECH, G. DUESTER *La Course à pied. Bases scientifiques, entraînement et performance*
T. PAILLARD *Optimisation de la performance sportive en judo*
R. PAOLETTI *Éducation et motricité. L'enfant de deux à huit ans*
J.R. POORTMANS, N. BOISSEAU *Biochimie des activités physiques et sportives*
D. RICHÉ *Micronutrition, santé et performance*
M. RYAN *Nourrir l'endurance*
C.M. THIÉBAULD, P. SPRUMONT *Le Sport après 50 ans*
C.M. THIÉBAULD, P. SPRUMONT *L'Enfant et le sport. Introduction à un traité de médecine du sport chez l'enfant*
E. VAN PRAAGH *Physiologie du sport : enfant et adolescent*
J.H. WILMORE, D.L. COSTILL *Physiologie du sport et de l'exercice (4e éd.)*

Paul **Grimshaw**

Biomécanique du sport et de l'exercice

Traduction de l'anglais par Simon Pradel†

Révision scientifique d'Armel Crétual

Ouvrage original :
Sport and exercice biomechanics © *2006 by Paul Grimshaw and Adrian Burden. Published by Taylor & Francis*

Authorised translation from the English language edition published by Bios Scientific Publishers, a member of the Taylor & Francis group.

Conception graphique et réalisation : BambooK

1re édition
Éditions De Boeck Université
rue des Minimes 39, B-1000 Bruxelles
Pour la traduction et l'adaptation

Imprimé en Belgique

Dépôt légal :
Bibliothèque Nationale, Paris : juin 2010
Bibliothèque royale de Belgique : 2010/0074/319

ISBN : 978-2-8041-0784-0

Table des matières

Partie A : Cinématique du mouvement

Partie B : Cinétique du mouvement linéaire

Partie C : Cinétique du mouvement angulaire

Partie D : Notions spécifiques

Partie F : Méthodes de mesures

Partie A

Cinématique du mouvement

Chapitre 1

Description anatomique du mouvement

Points clés	
Description du mouvement	Superficiel (proche de la surface), profond (éloigné de la surface), antérieur (en avant), postérieur (en arrière), médial (proche de la ligne médiane), latéral (éloigné de la ligne médiane), supérieur (en haut), inférieur (en bas), proximal (proche du point d'attache au corps), distal (éloigné du point d'attache au corps).
Types de mouvement articulaire	Abduction (s'éloignant de la ligne médiane), adduction (se rapprochant de la ligne médiane), rotation interne ou externe (rotation du membre inférieur vers l'intérieur ou vers l'extérieur par rapport au grand axe), flexion plantaire ou dorsiflexion du pied (éloignant ou rapprochant les orteils de la face antérieure du tibia), extension ou flexion (alignant les segments du membre ou les rapprochant), hyper-extension (extension excessive).
Mouvements de la cheville	Inversion et éversion (rotation du talon vers l'intérieur ou vers l'extérieur), pronation (mouvement complexe dans les trois plans comprenant une éversion, une abduction et une dorsiflexion du pied), supination (mouvement complexe dans les trois plans comprenant une inversion, une adduction et une flexion plantaire du pied).
Mouvements articulaires spécifiques	Valgus (rotation du membre inférieur selon l'axe antéro-postérieur éloignant le genou de la ligne médiane), varus (rotation du membre inférieur selon l'axe antéro-postérieur rapprochant le genou de la ligne médiane), abduction ou adduction horizontale (abduction ou adduction du bras tendu vers l'avant dans le plan transversal), circumduction (rotation circulaire d'un segment du corps).

Termes généraux	Parallèle (équidistant et ne se croisant jamais), degrés de liberté (méthode utilisée pour décrire le mouvement ou la position), plan diagonal (surface plane et en pente), traction (force qui étire ou éloigne des segments), compression (force qui comprime ou rapproche des segments), élever ou abaisser (déplacer vers le haut ou vers le bas). Origine (point de départ ou d'initiation du mouvement), insertion (origine anatomique du segment), coordonnées (nombres se rapportant à un système de référence), plan (surface plane), perpendiculaire (à un angle de 90°). Translation (déplacement sans rotation), tiroir (translation en anatomie), tiroir antérieur (tiroir dirigé vers l'avant), rotation (mouvement selon un certain angle), vertical et horizontal (dans un plan bidimensionnel : en hauteur (axe y) et en longueur (axe x)).
Coordonnées	Abscisse (axe x), ordonnée (axe y), intersection (point où les deux axes se croisent).
Plans et axes	Position anatomique (sujet de face, les bras sur les côtés, les pieds en avant et parallèles, les paumes des mains en avant et les doigts en extension), plan cardinal (plan passant par le centre d'une masse), plan sagittal (plan divisant le corps en deux parties, droite et gauche), axe transversal (perpendiculaire au plan sagittal), plan frontal (plan divisant le corps en deux parties, antérieure et postérieure), axe antéro-postérieur (perpendiculaire au plan frontal) plan transversal (plan divisant le corps en deux parties, supérieure et inférieure), axe longitudinal (perpendiculaire au plan transversal).
Systèmes de coordonnées	Système de coordonnées global ou de laboratoire (position définie par rapport au système fixe du laboratoire), système de coordonnées local (système centré sur le corps ou un segment du corps), repère direct (toutes les cordonnées x, y et z du côté de la main droite sont positives)

1. Description du mouvement

La description anatomique du mouvement est essentielle pour comprendre la biomécanique. Les termes utilisés en anatomie et en biomécanique doivent être expliqués en détail.

Superficiel correspond aux structures proches de la surface d'un corps alors que **profond** correspond aux structures éloignées de la surface. **Antérieur** correspond à la partie avant d'un corps ou d'une structure et **postérieur** à la partie arrière d'un corps ou d'une structure. Un mouvement **médial** est un mouvement dans la direction de la ligne médiane (centrale) du corps ou d'une structure. À l'inverse, un mouvement **latéral** est un mouvement qui s'éloigne de la ligne médiane du corps ou d'une structure. La **partie médiale** du genou est la partie la plus proche de la ligne médiane du corps (c'est-à-dire la portion interne du genou) et la **partie latérale** est la partie la plus éloignée de la ligne médianc (c'cst-à-dirc la portion externe du genou). **Supérieur** correspond à la partie haute d'un corps ou d'une portion du corps (c'est-à-dire la partie la plus éloignée des pieds en position debout) alors qu'**inférieur** correspond à la partie basse d'un corps ou d'une portion du corps (c'est-à-dire la partie la plus proche des pieds en position debout) ; notez que ces termes sont relatifs à la position du corps. **Proximal** correspond à une position proche du point d'attache d'un segment au reste du corps (point d'attache du bras au tronc par exemple) et **distal** à une position éloignée du point d'attache d'un segment au reste du corps. Le coude représente l'**extrémité proximale** de l'avant-bras et le poignet son **extrémité distale** par rapport à l'articulation de l'épaule. Ces termes sont décrits dans la Figure A1.1.

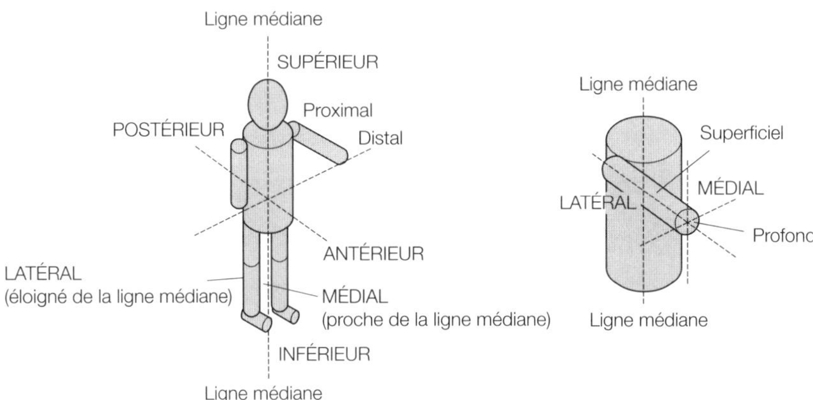

Fig. A1.1 : Terminologie anatomique.

2. Types de mouvement articulaire

L'**abduction** correspond au mouvement (généralement une rotation) d'un segment du corps qui s'éloigne du corps, alors que l'**adduction** correspond au rapprochement de ce segment vers le corps. La **rotation interne** correspond à la rotation (dans le sens horaire ou anti-horaire) d'un membre ou d'un segment vers la ligne médiane, alors que la **rotation externe** correspond à une rotation s'éloignant de la ligne médiane. Ces termes peuvent être source de confusion ; par exemple, au cours de la rotation interne et externe de la jambe selon l'axe longitudinal, la partie antérieure de la jambe se rapproche de la ligne médiane et la partie postérieure s'en éloigne. La **flexion plantaire**, se rapportant le plus souvent à l'articulation de la cheville (car se référant à la plante des pieds), correspond au mouvement dirigeant les orteils vers le bas. La **dorsiflexion** (ou flexion dorsale) correspond au mouvement inverse qui rapproche les orteils de la face antérieure du tibia. Les mouvements similaires du poignet sont appelés par convention flexion et extension. L'**extension** correspond au mouvement qui aligne les segments d'un membre, alors que la **flexion** correspond au mouvement qui rapproche les uns des autres les segments d'un membre. L'extension de l'articulation du genou tend le membre inférieur en position droite, alors que sa flexion rapproche la jambe (segment inférieur) de la cuisse (segment supérieur). L'**hyper-extension** correspond à une extension excessive (supérieure à l'extension normale de l'articulation). Notez que ces mouvements dépendent de la structure en extension ou en flexion. La flexion de la hanche, par exemple, correspond au mouvement de la cuisse en direction du tronc (voir Fig. A1.2).

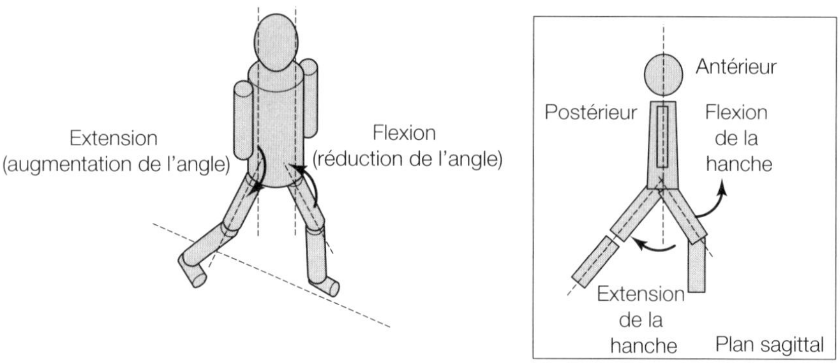

Fig. A1.2 : Flexion et extension de la hanche.

3. Mouvements de la cheville

L'**inversion** correspond à une rotation vers l'intérieur (médialement) alors que l'**éversion** correspond à une rotation vers l'extérieur (latéralement). Il est plus simple de décrire ces deux termes en référence à une structure ou un segment. L'inversion du calcanéum (os du talon), par exemple, consiste à diriger la plante du pied vers l'intérieur. À l'inverse, son éversion consiste à diriger la plante du pied vers l'extérieur. La **pronation** et la **supination** sont des mouvements complexes dans les trois plans et selon trois axes de rotation simultanés. Elles concernent l'articulation sous-talaire du pied mais également l'articulation du poignet. La **pronation** de l'articulation sous-talaire comprend une **éversion** calcanéenne, une **dorsiflexion** de la cheville et une **abduction** de l'avant-pied. La **supination** comprend une **inversion** calcanéenne, une **flexion plantaire** de la cheville et une **adduction** de l'avant-pied.

Ces mouvements complexes seront détaillés plus loin. Les Figures A1.3, A1.4 et A1.5 décrivent certains de ces mouvements.

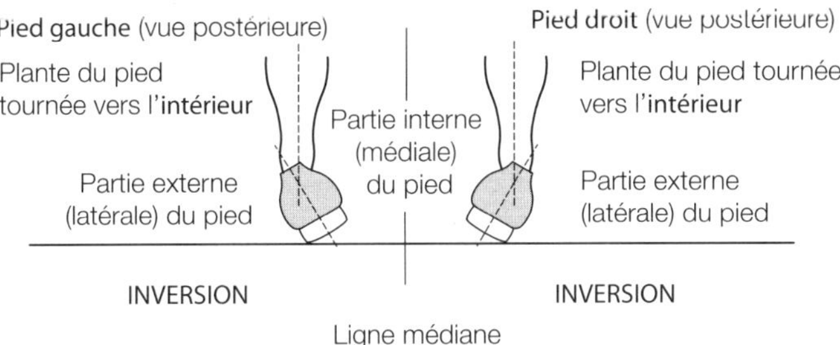

Fig. A1.3 : Inversion du calcanéum (os du talon).

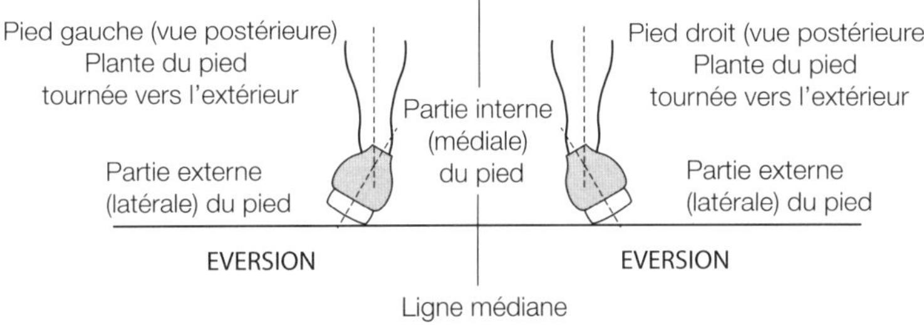

Fig. A1.4 : Éversion du calcanéum (os du talon).

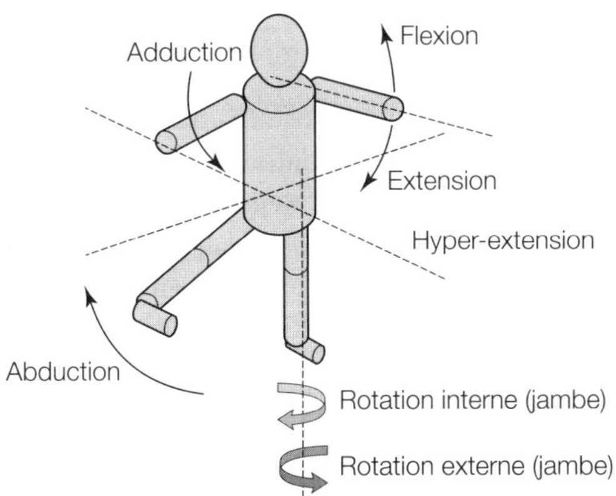

Fig. A1.5 : Terminologie anatomique.

4. Mouvements articulaires spécifiques

Il existe également des mouvements spécifiques à certaines articulations ou segments du corps. Le **valgus** de l'articulation du genou correspond à la rotation latérale de la jambe (l'éloignant de la ligne médiane). Le **varus**, inverse du valgus, correspond à la rotation médiale de la jambe (la rapprochant de la ligne médiane). Ces deux mouvements s'effectuent selon l'axe antéro-postérieur du genou. On parle d'**abduction** et d'**adduction horizontale** de l'épaule quand le bras est placé en position horizontale (tendu en avant du corps) puis réalise un mouvement d'abduction ou d'adduction (l'éloignant ou le rapprochant de la ligne médiane). La **circumduction**, se référant le plus souvent à l'articulation de l'épaule, consiste en la rotation circulaire selon son grand axe du bras tendu vers l'avant. Il s'agit d'une combinaison de mouvements de flexion / extension et d'adduction / abduction sans déplacement de l'axe de rotation. Le mouvement de circumduction peut concerner d'autres articulations ou structures (circumduction des phalanges, par exemple). La Figure A1.6 décrit certains de ces mouvements.

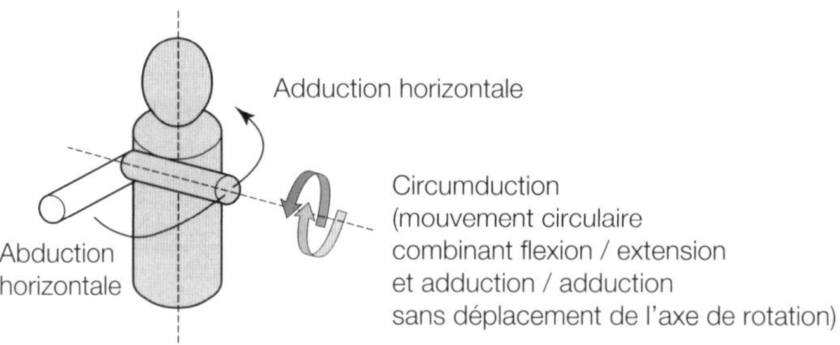

Fig. A1.6 : Terminologie anatomique.

5. Termes généraux

Les termes spécifiques de la biomécanique et de l'anatomie sont souvent associés à des termes plus généraux. **Parallèle** signifie équidistant et ne se croisant jamais (des lignes parallèles ne convergent jamais) ; les **degrés de liberté** correspondent au nombre de coordonnées nécessaires pour définir la position d'un système (le mouvement du genou, par exemple, est décrit par six degrés de liberté) ; un **plan diagonal** est une surface plane dans une direction oblique (ni parallèle ni perpendiculaire) ; la **traction** correspond à une force qui « tire » sur quelque chose, alors que la **compression** correspond à une force qui « appuie » sur quelque chose ; **élever** est l'action de déplacer quelque chose vers le haut et **abaisser** l'action de déplacer quelque chose vers le bas.

L'étude de la biomécanique nécessite de comprendre la description du mouvement d'un corps dans un espace bidimensionnel (largeur et hauteur ou axes x et y) et dans un espace tridimensionnel (largeur, hauteur et profondeur ou axes x, y et z). Il est donc nécessaire de définir l'espace dans lequel se produit le mouvement. L'**origine** correspond au point de départ ou au point de référence par rapport auquel les mouvements sont relatifs. L'origine d'un plan ou d'un mouvement bidimensionnel est le plus souvent le point d'intersection des axes x (horizontal) et y (vertical). Les coordonnées de ce point de référence sont 0, 0 (coordonnées x, y). En anatomie, le point d'origine correspond souvent au point d'**insertion** d'un muscle, d'un tendon ou d'un ligament. Les **coordonnées** correspondent à l'ensemble de nombres permettant de décrire une position (deux nombres dans un espace bidimensionnel et trois nombres dans un espace tridimensionnel). Un **plan** est une surface plane bidimensionnelle. Un **axe** est une ligne droite passant généralement au travers d'un corps ou d'un segment et servant le plus souvent à caractériser un mouvement de rotation. Notez qu'il n'est pas obligatoire que l'axe passe au travers du corps et qu'il peut se situer à l'extérieur du corps. La **translation** correspond à un déplacement sans rotation d'un corps ou d'un segment (comme dans le cas d'un mouvement de translation selon une droite dans un seul plan). En anatomie, on utilise souvent le terme de **tiroir** à la place de translation. Le **tiroir antérieur** du tibia, par exemple, correspond à la translation du tibia vers l'avant selon une ligne droite. La **rotation** correspond au mouvement d'un membre ou d'un segment selon un certain angle par rapport à une articulation ou à un axe de rotation (le mouvement de la jambe par rapport à l'articulation du genou est une rotation). **Vertical** désigne la direction vers le haut (axe y dans le cas d'une surface plane bidimensionnelle) et **horizontal** la direction en longueur (axe x dans le cas d'une surface plane bidimensionnelle).

6. Coordonnées

Dans une surface bidimensionnelle, l'espace possède deux dimensions : une dimension verticale et une dimension horizontale (ou une hauteur et une largeur). Les pages de ce livre, par exemple, possèdent une hauteur (verticale) et une largeur (horizontale). Les axes x et y permettent de représenter ces espaces bidimensionnels. L'axe x est tracé horizontalement et l'axe y verticalement (mais ces axes peuvent représenter toute direction souhaitée : l'axe x ne correspond pas toujours à la direction horizontale). L'axe x est appelé l'**abscisse** et l'axe y l'**ordonnée**. Le point d'**intersection** de ces deux axes est l'**origine**. Les axes x et y sont perpendiculaires (à 90°). La Figure A1.7 décrit plus en détail ce système de coordonnées.

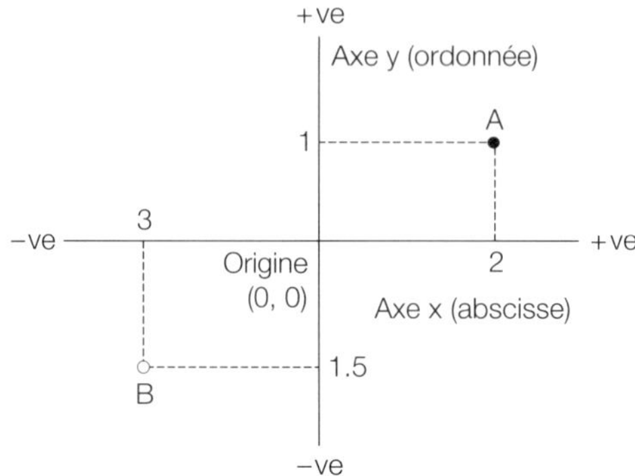

Les coordonnées (x, y) du pont A sont (+2, +1)
Les coordonnées (x, y) du pont B sont (-3, -1,5)

Fig. A1.7 : Plan et axes bidimensionnels.

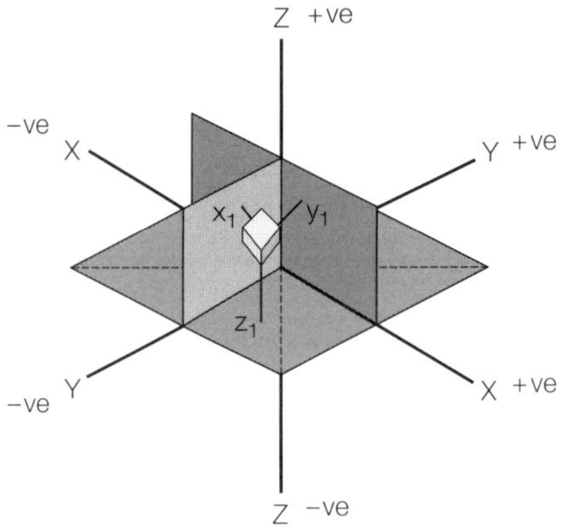

Fig. A1.8 : Plans et axes tridimensionnels.

7. Plans et axes

Un troisième axe, l'axe z, est nécessaire pour décrire le mouvement dans un espace tridimensionnel. Cet axe passe par l'origine et est perpendiculaire aux axes x et y décrits précédemment. La figure A1.8 montre ce troisième axe et les plans (surfaces planes 2D) définis par ces trois axes. Les trois plans issus des trois axes de ce référentiel peuvent être appliqués au corps humain. L'origine est alors le centre de gravité du corps, c'est-à-dire approximativement un point situé entre les deux hanches (voir Figs. A1.9, A1.10 et A1.11). Notez que dans ces schémas le corps est représenté en **position anatomique** (de face, les bras sur les côtés, les pieds en avant et parallèles, les paumes des mains en avant et les doigts en extension). Il faut savoir décrire les mouvements et les positions par rapport aux trois **plans cardinaux** (plan passant par le centre de gravité du corps humain) et aux axes anatomiques.

Le **plan sagittal** est orienté d'avant en arrière et de haut en bas. Il divise le corps en deux parties égales, droite et gauche. L'**axe transversal** de rotation est perpendiculaire au plan sagittal (Fig. A1.9). La **roulade** constitue un exemple de mouvement dans ce plan et selon cet axe.

Le **plan frontal** est orienté de côté à côté et de haut en bas. Il divise le corps en deux parties égales, antérieure et postérieure. L'**axe antéro-postérieur** de rotation est perpendiculaire au plan frontal (Fig. A1.10). La **roue** constitue un exemple de mouvement dans ce plan et selon cet axe.

Le **plan transversal** est orienté de côté à côté et d'avant en arrière. Il divise le corps en deux parties égales, supérieure et inférieure. L'**axe longitudinal** de rotation est perpendiculaire au plan transversal (Fig. A1.11). La **pirouette** constitue un exemple de mouvement dans ce plan et selon cet axe.

Plusieurs plans sagittaux, frontaux et transversaux traversent le corps. Tous les plans sagittaux sont parallèles entre eux (idem pour les plans frontaux et transversaux). Tous les plans sagittaux sont perpendiculaires à tous les plans frontaux qui sont perpendiculaires à tous les plans transversaux. Les **axes anatomiques** sont les droites perpendiculaires à ces plans. Tous les axes antéro-postérieurs sont perpendiculaires à tous les axes transversaux qui sont perpendiculaires à tous les axes longitudinaux. Le mouvement d'un membre se fait souvent dans plusieurs plans et selon plusieurs angles de rotation, comme dans l'exemple de la pronation et de la supination vu précédemment (mouvements tri-planaires décrits par rapport à l'articulation sous-talaire). Certains mouvements anatomiques peuvent cependant être décrits dans un seul plan et selon un seul axe de rotation : par exemple, la flexion et l'extension du genou, du coude ou de l'épaule se produisent dans le **plan sagittal** et selon l'**axe transversal** de rotation ; l'adduction et l'abduction de la plupart des articulations et le valgus / varus du genou se produisent dans le **plan frontal** et selon l'**axe antéro-postérieur** de rotation ; les rotations interne et externe du genou (ou plus précisément les rotations interne et externe du tibia/fibula ou du fémur) et l'abduction et l'adduction horizontales se produisent dans le **plan transversal** et selon l'**axe longitudinal** de rotation.

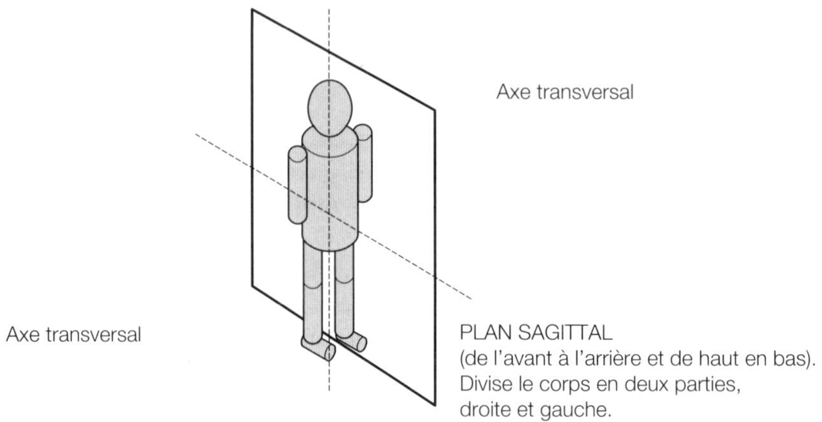

Fig. A1.9 : Plans et axes tridimensionnels.

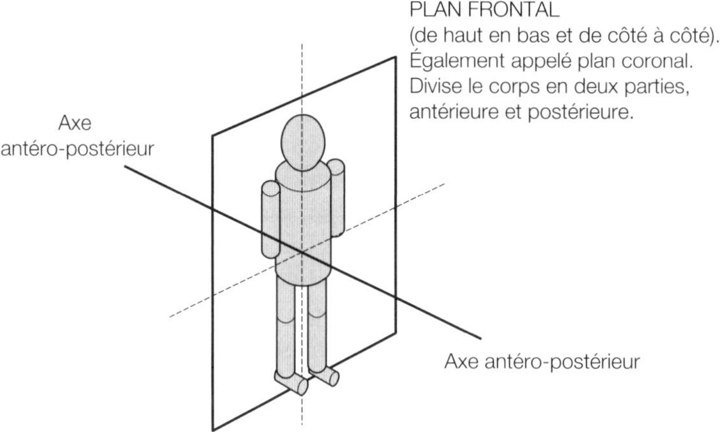

Fig. A1.10 : Plans et axes tridimensionnels.

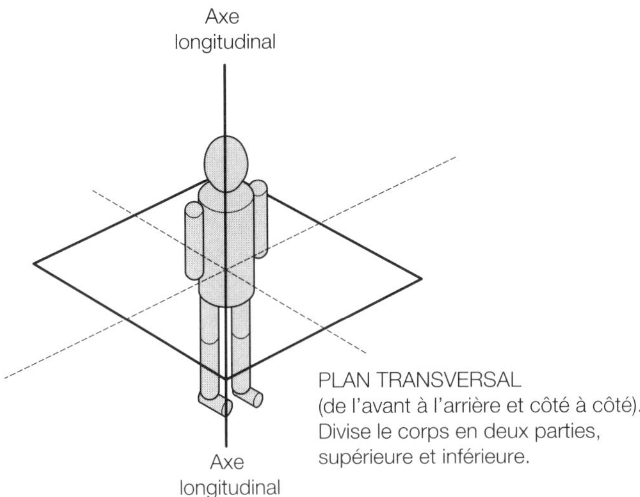

Fig. A1.11 : Plans et axes tridimensionnels.

8. Systèmes de coordonnées

Il est nécessaire de définir un système de coordonnées pour exploiter les données 3D de la biomécanique et décrire les mouvements observés. Les systèmes de coordonnées les plus souvent utilisés sont le **système de coordonnées global** (ou **de laboratoire**) et le **système de coordonnées local**. Ces deux systèmes sont directs (voir Figs A1.8 et A1.12). Dans la Figure A1.8, les coordonnées x, y et z sont toujours positives dans le coin droit du repère 3D. La Figure A1.12 montre de façon isolée ce repère direct.

Le **système de coordonnées global** (SCG) (également connu sous le nom de système de référence inertiel) est utilisé pour déterminer la position de l'objet par rapport au laboratoire. Cette position permettra de décrire toute autre position observée au cours du processus de recueil de données. Le **système de coordonnées local** (SCL) permet de décrire une position par rapport au corps ou à un segment. Ce système de coordonnées reste fixé au corps ou au segment au cours du mouvement. L'origine du SCL est généralement placée au centre de gravité du corps. La Figure A1.13 explique la relation entre le SCG et le SCL.

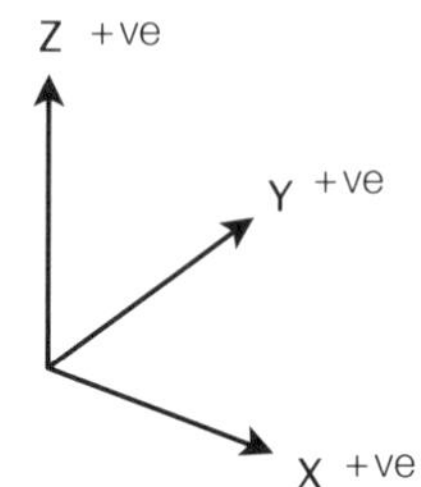

Fig. A1.12 : Système de coordonnées direct.

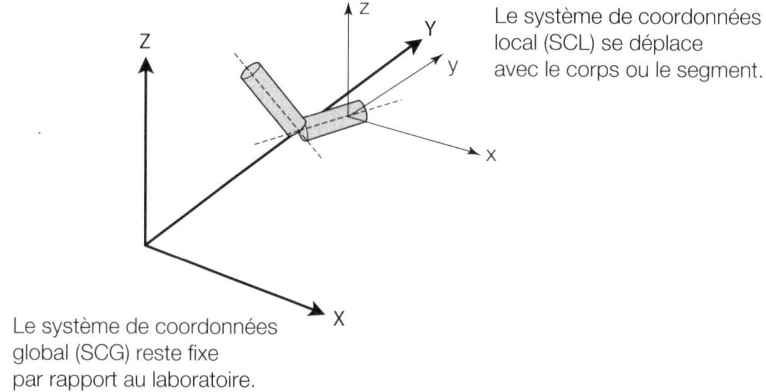

Fig. A1.13 : Systèmes de coordonnées global et local.

Chapitre 2

Description mécanique du mouvement linéaire

Points clés	
Biomécanique	Étude des forces et de leurs effets sur le vivant.
Cinématique et cinétique	Ces branches de la mécanique s'intéressent à l'étude du déplacement, de la vélocité et de l'accélération (cinématique) et aux forces qui causent ou qui résultent du mouvement (cinétique).
Mouvements linéaires et angulaires	Un mouvement linéaire (ou translation) correspond à un mouvement selon une ligne droite ou courbe, sans rotation et où toutes les parties du corps se déplacent dans la même direction et à la même vitesse. Un mouvement angulaire correspond à un mouvement autour d'un axe de rotation.
Valeur scalaire	C'est une valeur qui n'est définie que par une magnitude (taille).
Valeur vectorielle	C'est une valeur qui est définie par une magnitude et une direction.
Distance et déplacement	La distance est une valeur scalaire qui n'est décrite que par sa magnitude (exemple : 23 km). Le déplacement est une valeur vectorielle qui est décrite par sa magnitude et par sa direction (exemple : 23 km vers le nord-est).
Vitesse et vélocité	La vitesse est la valeur scalaire qui décrit le mouvement d'un objet. Elle est égale à la distance divisée par le temps nécessaire pour parcourir cette distance. La vélocité est la valeur vectorielle qui décrit le mouvement d'un objet. Elle est égale au déplacement divisé par le temps nécessaire pour réaliser ce déplacement.
Accélération	C'est la variation de la vélocité par unité de temps. Elle est égale à la différence de vélocité divisée par le temps.

Moyenne et instantané	Le terme de moyenne signifie le plus souvent moyenne arithmétique. La moyenne est calculée en additionnant toutes les valeurs observées et en divisant cette somme par le nombre de valeurs. Par exemple : la vitesse moyenne de l'athlète a été de 23 km/h pour un parcours de 42 km. Le terme instantané (à un instant donné) fait référence aux intervalles de temps sur lesquels se fait le calcul de la vélocité ou de l'accélération. Plus ces intervalles sont petits, plus la valeur calculée tend vers la valeur instantanée.

1. Biomécanique

La **biomécanique** est l'étude des forces et de leurs effets sur le vivant. Elle se subdivise en l'étude de la **cinématique** et de la **cinétique**. La biomécanique et la mécanique permettent d'étudier le mouvement du corps humain. Ce chapitre s'intéresse à la cinématique du mouvement linéaire (ou translation : quand tous les points de l'objet se déplacent dans la même direction, à la même vitesse et sans rotation). La Figure A2.1 reprend les définitions de la biomécanique et de la cinématique.

Le mouvement du corps humain peut être **linéaire** ou **angulaire**. La plupart des mouvements en biomécanique sont une combinaison de translations et de rotations qui produisent un **mouvement général**. Un mouvement linéaire (ou translation) se produit le long d'une ligne qui peut être droite ou courbe, avec toutes les parties du corps se déplaçant dans la même direction et à la même vitesse. Le mouvement peut être rectilinéaire (selon une ligne droite) ou curvilinéaire (selon une ligne courbe). Le mouvement angulaire (abordé dans le chapitre suivant) se fait autour d'un axe (imaginaire ou réel), avec toutes les parties du corps se déplaçant selon le même angle dans le même temps. La Figure A2.2 illustre ces différents types de mouvement.

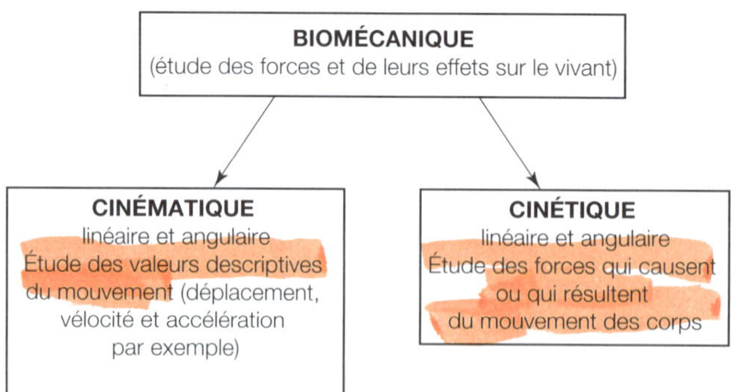

Fig. A.2.1 : Biomécanique, cinématique et cinétique.

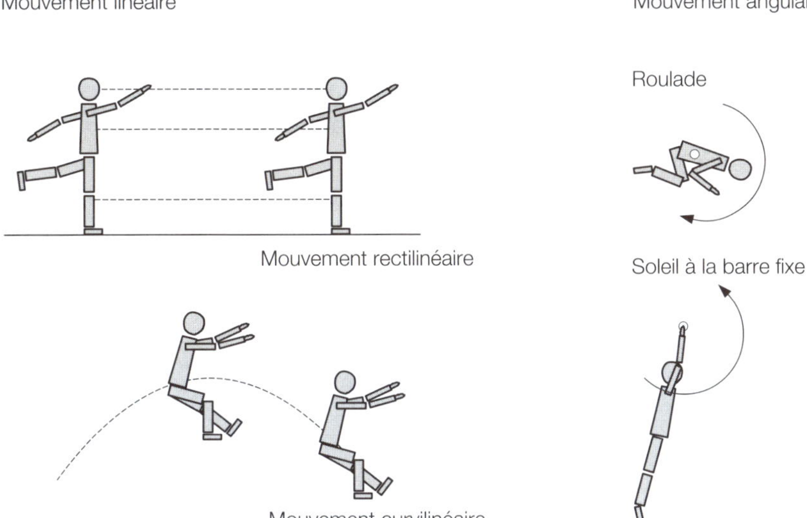

Fig. A2.2 : Différents types de mouvement.

2. Cinématique et cinétique

La **cinématique linéaire** est l'étude des valeurs descriptives du mouvement des corps telles la **distance**, le **déplacement**, la **vitesse**, la **vélocité** et l'**accélération**. Ces valeurs sont soit scalaires, soit vectorielles. Les **valeurs scalaires** ne sont définies que par une magnitude (taille), alors que les **valeurs vectorielles** sont définies par une magnitude et une direction. Les valeurs vectorielles peuvent être représentées mathématiquement ou graphiquement par des lignes fléchées à l'échelle. La **vitesse**, par exemple, est la **distance parcourue** par unité de **temps** : c'est une valeur scalaire (la direction n'est pas spécifiée).

$$\text{Vitesse} = \frac{\text{Distance parcourue}}{\text{Temps nécessaire}}$$

Ex 1. Si un athlète court 23 kilomètres en 1 heure 15 minutes, quelle est sa vitesse moyenne ?

$$\text{Vitesse} = \frac{\text{Distance}}{\text{Temps}}$$

$$= \frac{\text{23 kilomètres}}{\text{1 heure 15 minutes}}$$

Convertir le temps en une seule unité (en heures par exemple)

$$= \frac{23 \text{ kilomètres}}{1{,}25 \text{ heures}}$$

$$= 18{,}4 \text{ kilomètres/heure (km/h)}$$

Ceci est la vitesse moyenne de l'athlète sur l'ensemble du parcours de 23 kilomètres. La vitesse est une valeur scalaire qui n'est définie que par sa magnitude (18,4 km/h). La vitesse peut être exprimée dans d'autres unités, en mètres/seconde (m/s) par exemple. Convertissez la vitesse de 18,4 km/h en m/s. Les Figures A2.3 et A2.4 donnent les méthodes pour convertir des km/h en m/s et pour calculer directement en m/s.

18,4 kilomètre = 18400 mètres
1 heure = 60 minutes = 60 x 60 secondes = 3600 secondes

$$\text{Vitesse en m/s} = \frac{18400 \text{ m}}{3600 \text{ s}}$$

= 5,1111 m/s

18,4 km/h = 5,1 m/s (arrondi à une décimale)

Fig. A2.3 : Convertir une vitesse de 18,4 km/h en m/s.

23 km = 23000 m
1,25 heures = 1,25 x 60 x 60 = 4500 s

$$\text{Vitesse en m/s} = \frac{23000 \text{ m}}{5400 \text{ s}}$$

= 5,1111 m/s

Vitesse moyenne de l'athlète = 5,1 m/s (arrondi à une décimale)

Fig. A2.4 : Calcul de la vitesse moyenne en m/s.

3. Valeurs scalaires et vectorielles

Dans l'exemple 1, l'athlète parcourt une distance de 23 km mais nous ne savons pas s'il les parcourt en ligne droite, avec des virages ou en cercle. Le terme de **vitesse** est utilisé dans ce contexte car la direction n'est pas spécifiée. Les

valeurs vectorielles, telles la **vélocité**, sont définies par une magnitude et une direction. L'énoncé de l'exemple 1 devient alors le suivant :

1 km = 1000 m
1 h = 60 min = 3000 s
Vitesse =

$$\text{Vitesse} = \frac{23 \times 1000}{1 \times 3600 + 15 \times 60} = 5,\ \text{m/s}$$

Ex 2. Si un athlète effectue un déplacement de 23 km en ligne droite orientée vers le nord-est en 1 heure 15 minutes, quelle est sa vélocité moyenne ?

4. Distance et déplacement

Notez que dans cet exemple le terme **distance** a été remplacé par le terme **déplacement**, qui permet d'exprimer une composante directionnelle (ligne droite orientée vers le nord est). La magnitude reste identique (car l'athlète aura parcouru la même distance/déplacement dans le même temps) mais la valeur est vectorielle car elle comporte une composante directionnelle. Cette valeur vectorielle peut être représentée graphiquement par une flèche à l'échelle ou mathématiquement (voir Fig. A2.5).

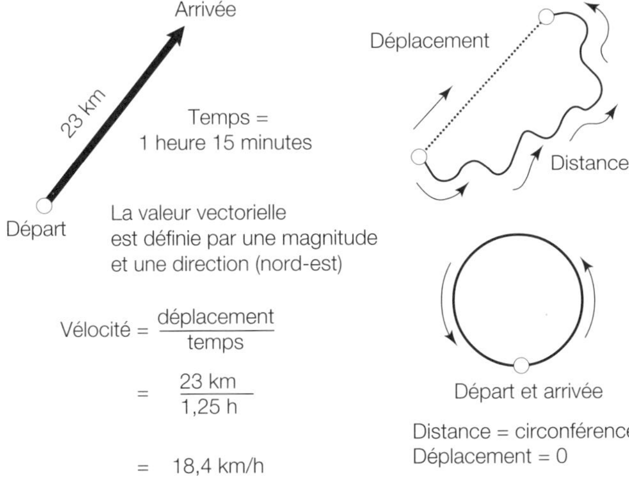

Fig. A2.5 : Distance et déplacement

5. Vitesse et vélocité

En biomécanique, il est souvent utile d'exprimer à la fois la **vitesse** et la **vélocité**. Parfois, seule la vitesse moyenne présente de l'intérêt : quand l'entraîneur désire connaître la performance globale d'un athlète sur un parcours de marathon de 42 km, par exemple. Cette **vitesse moyenne** ne décrit pas en détail la course mais peut être utile pour l'entraînement. De même, il peut être intéressant de connaître les vélocités horizontale et verticale au point d'envol de l'athlète au saut en longueur. Ces informations permettront à l'entraîneur ou au scientifique de calculer l'angle d'envol et la trajectoire (plate et longue ou haute et courte) de l'athlète. La vitesse comme la vélocité sont nécessaires à la compréhension du sport, de l'exercice et du mouvement du corps humain.

La **vitesse** et la **vélocité** peuvent être des valeurs uniformes ou non-uniformes. **Uniforme** s'applique à un mouvement constant sur une période de temps donnée (sans accélération ni décélération). **Non-uniforme** s'applique à un mouvement dont la vitesse ou la vélocité varie sur une période de temps donnée (accélération ou décélération). La description du mouvement non-uniforme est généralement celle qui présente le plus d'intérêt pour l'athlète, l'entraîneur ou le scientifique. Il sera par exemple intéressant de connaître les changements de vélocité ou de vitesse le long du parcours de l'athlète de l'exemple 1, qui courait 23 km en 1 heure 15 minutes. Ces informations conditionneront l'entraînement et les performances de l'athlète, que ce soit un coureur de sprint (100 m) ou de marathon (plusieurs heures).

La **vélocité linéaire** et l'**accélération** sont des notions importantes pour décrire et analyser le mouvement du corps humain. La Figure A2.6 montre les données recueillies au cours du sprint de 100 m d'un athlète universitaire.

Ce dernier a effectué un déplacement de 100 m (déplacement horizontal en ligne droite) qui a été divisé en intervalles de 10 m. Les 10 premiers mètres ont été parcourus en 1,66 secondes et les 10 m suivants en 1,18 secondes (soit 20 m en 2,84 s). Le déplacement total de 100 m a été effectué en 11,09 secondes. Ces données permettent de calculer la **vélocité moyenne** sur des intervalles plus courts (de 10 m), ce qui nous procurera une description biomécanique de l'ensemble du sprint. Le calcul, l'analyse et la représentation graphique de la vélocité sont donnés dans les Figures A2.7, A2.8 et A2.9. Notez que l'étude de la vélocité est rendue nécessaire par la présence d'une composante directionnelle (déplacement horizontal en ligne droite) et que les vélocités calculées sont toujours des moyennes, même si elles sont calculées sur des intervalles relativement courts (de 10 m). Le calcul sur des intervalles encore plus courts nous permettrait d'approcher des valeurs « **instantanées** » de la vitesse ou de la vélocité, ce qui nous procurerait une description biomécanique plus précise de ce sprint de 100 m.

Ces données (vélocité moyenne sur l'ensemble des 100 m, vélocités moyennes sur les intervalles de 10 m ou vélocités « instantanées » sur des intervalles encore plus courts) peuvent être comparées à celles d'athlètes olympiques ou d'autres membres du club en vue d'améliorer l'entraînement et les performances de l'athlète.

Déplacement (m)	Temps cumulé (s)	Temps (s)	Vélocité moyenne (m/s) sur les intervalles de 10 m
10	1,66	1,66	6,03
20	2,84	1,18	8,47
30	3,88	1,04	9,62
40	5,00	1,12	8,92
50	5,95	0,95	10,50
60	6,97	1,02	9,80
70	7,93	0,96	10,40
80	8,97	1,04	9,62
90	10,07	1,10	9,09
100	11,09	1,02	9,30

Vélocité moyenne sur 100 m = 100/11,09 = 9,01 m/s

Fig. A2.6 : Données du sprint de 100 m d'un athlète universitaire.

Vélocité moyenne sur les 10 premiers mètres

0-10 m : $\frac{10 \text{ m}}{1{,}66 \text{ s}} = 6{,}03 \text{ m/s}$

Vélocité moyenne entre 10-20 m

10-20 m : $\frac{10 \text{ m}}{1{,}18 \text{ s}} = 8{,}47 \text{ m/s}$

Vélocité moyenne entre 20-30 m

20-30 m : $\frac{10 \text{ m}}{1{,}04 \text{ s}} = 9{,}62 \text{ m/s}$

Fig. A2.7 : Calcul de la vélocité sur les intervalles de 10 m.

1. Au cours de la première seconde (5 premiers mètres), la vélocité augmente rapidement
2. Au cours des 4,75 secondes suivantes, la vélocité augmente jusqu'à la valeur maximum d'environ 10 m/s, atteinte à 60 m
3. La vélocité maximum (environ 10 m/s) est maintenue pendant environ 1 seconde, jusqu'à 70 m
4. La vélocité décroît progressivement de 10 m/s à 9,2 m/s au cours des 30 derniers mètres

« Le vainqueur du sprint est celui qui ralentit le moins »

Fig. A2.8 : Analyse de la vélocité

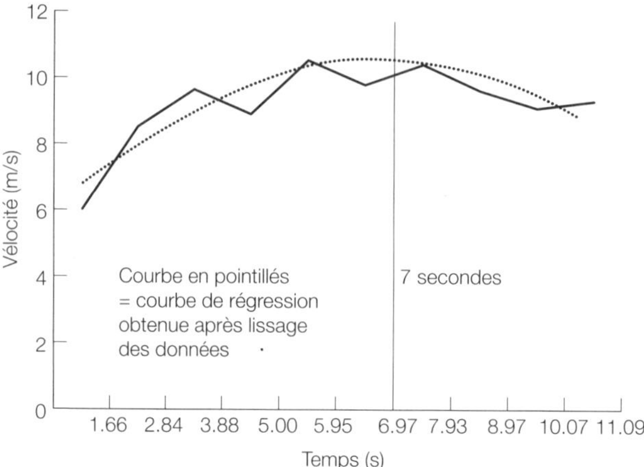

Fig. A2.9 : Représentation graphique de la vélocité.

6. Accélération

L'**accélération** est la **variation de la vélocité par unité de temps**, généralement exprimé en mètres par seconde au carré (m/s²). Cela signifie que la vélocité d'un objet augmente/diminue d'une certaine quantité à chaque seconde de son déplacement. Par exemple, une accélération constante (uniforme) de 2,5 m/s² d'un corps indique que la vélocité du corps augmente de 2,5 m/s à chaque seconde de son déplacement (2,5 m/s pour 1 seconde, 5,0 m/s pour 2 secondes, 7,5 m/s pour 3 secondes, etc.). Le calcul et la représentation graphique de l'accélération au cours du sprint de l'exemple précédent sont donnés dans les Figures A2.10, A2.11 et A2.12.

L'accélération est la variation de la vélocité par unité de temps
(taux de variation de la vélocité)

$$\text{Accélération} = \frac{V - U}{t_2 - t_1}$$

U = vélocité de l'objet au temps t1
V = vélocité de l'objet au temps t2
U = vélocité initiale
V = vélocité finale

Accélération positive	Accélération négative
Quand la vélocité augmente au cours du temps (accélération)	Quand la vélocité diminue au cours du temps (décélération)

Fig. A2.10 : Définition de l'accélération.

Accélération entre 0 et 7 secondes

$$a = \frac{10{,}51 - 0 \text{ m/s}}{7{,}0 - 0 \text{ s}} = 1{,}50 \text{ m/s}^2$$

Accélération entre 0 et 11 secondes

$$a = \frac{9{,}21 - 0 \text{ m/s}}{11{,}0 - 0 \text{ s}} = 0{,}83 \text{ m/s}^2$$

Accélération entre 7 et 11 secondes

$$a = \frac{9{,}21 - 10{,}51 \text{ m/s}}{11{,}0 - 7{,}0 \text{ s}} = -0{,}33 \text{ m/s}^2$$

Fig. A2.11 : Calcul de l'accélération sur les intervalles de temps repérés sur la courbe vélocité/temps (Fig. A2.9).

Les calculs montrent que l'athlète passe par des phases d'accélération et de décélération au cours de son sprint. Les valeurs de l'accélération peuvent être directement lues sur la courbe vélocité/temps (Fig. A2.9). L'accélération moyenne entre 0 et 7 secondes est de +1,50 m/s² (l'athlète accélère sur cette période de temps). L'accélération moyenne entre 0 et 11 secondes (c'est-à-dire presque toute la course) est de +0,83 m/s². Une analyse plus détaillée (sur des intervalles plus courts) montre cependant que l'athlète décélère (ralentit) entre 7 et 11 secondes (-0,33 m/s²). L'athlète et son entraîneur pourront exploiter ces données pour améliorer les performances. L'accélération peut également être calculée en utilisant les valeurs de vélocité déjà connues (celles calculées à chaque intervalle de 10 m) et en recherchant les temps correspondants sur la courbe vélocité/temps. L'exemple suivant montre le calcul de l'accélération entre les points de vélocité 8,92 et 10,50 m/s (c'est-à-dire entre 40 et 50 m) :

$$\text{Accélération} = \frac{v - u}{t_2 - t_1}$$

$$= \frac{10{,}50 - 8{,}92 \text{ m/s}}{5{,}95 - 5{,}0 \text{ s}}$$

$= + 1{,}66$ m/s² (accélération moyenne entre ces deux points)

Notez que l'accélération est calculée entre deux points de déplacement ou de temps et indique donc une accélération moyenne entre ces deux points. Pour la vélocité, le signe positif ou négatif représente la composante directionnelle : une vélocité positive au cours du sprint indique un déplacement vers la ligne d'arrivée alors qu'une vélocité négative indique un déplacement vers la ligne de départ (ce qui serait inhabituel pour un sprint !). Pour l'accélération, en revanche, une valeur positive indique une augmentation de la vélocité (accélération) et une valeur négative une diminution de la vélocité (décélération). Il est cependant possible d'avoir une accélération négative alors que la vélocité de l'objet augmente. L'accélération due à la gravité terrestre, par exemple, est souvent notée -9,81 m/s² pour indiquer une accélération de 9,81 m/s² *vers le bas* (vers le centre de gravité terrestre, voir Chapitre B5 sur la gravité). Cependant, dans le cas d'une accélération dans la direction horizontale (comme dans l'exemple du sprint de 100 m), une valeur négative d'accélération indique une décélération.

Les caractéristiques biomécaniques de la course apparaissent plus clairement quand les données sont représentées sous forme de courbes : courbes de déplacement/temps, de vélocité/temps et d'accélération/temps (voir Fig. A2.12 (1-3)). Notez que les courbes de la Figure A2.12 représentent les accélérations et les vélocités calculées sur les intervalles de 10 m. Les données sont présentées sous formes brute et après lissage (courbe de régression).

L'analyse de ces courbes montre que la vélocité de l'athlète augmente dès le début et atteint un pic à environ 60 m (ou à environ 7 secondes). L'athlète maintient cette vélocité pendant environ 1 seconde (ou jusqu'à 70 m) avant qu'elle ne décroisse progressivement jusqu'à l'arrivée. Ceci est confirmé par la courbe d'accélération/temps qui montre des valeurs positives (augmentation de la vélocité) jusqu'à 60 m. La courbe d'accélération/temps diminue de 0 à 60 m mais les valeurs restent positives et indiquent une augmentation de la vélocité. La courbe passe ensuite par 0 (c'est-à-dire une accélération nulle à ce point) quand l'athlète atteint une vélocité constante pendant 1 seconde. Puis elle devient négative, ce qui indique une décélération (diminution de la vélocité) entre 70 et 100 m. La phrase « le vainqueur du sprint est celui qui ralentit le moins », employée par de nombreux entraîneurs et biomécaniciens, semble s'appliquer à cet athlète universitaire. De nombreux sprinteurs (amateurs ou athlètes olympiques) présente cette courbe typique avec une accélération jusqu'à 60 m, un maintien de la vélocité pendant environ 1 seconde et une décélération à l'approche des 100 m. L'analyse biomécanique permet d'améliorer l'entraînement et les performances des athlètes.

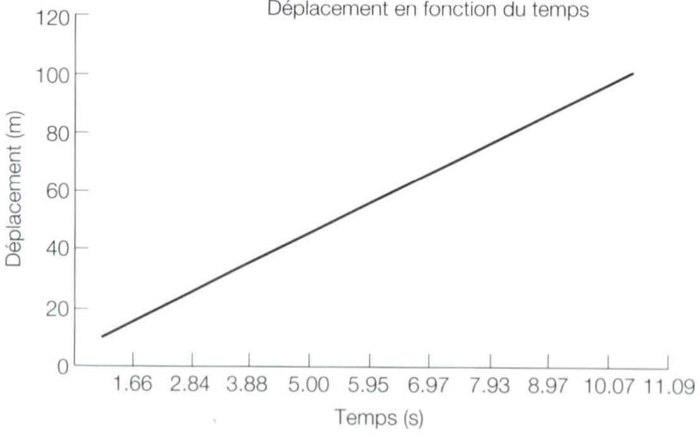

Fig. A2.12 (1) : Courbe de déplacement/temps d'un sprinteur sur 100 m, calculée sur des intervalles de 10 m (courbe de régression).

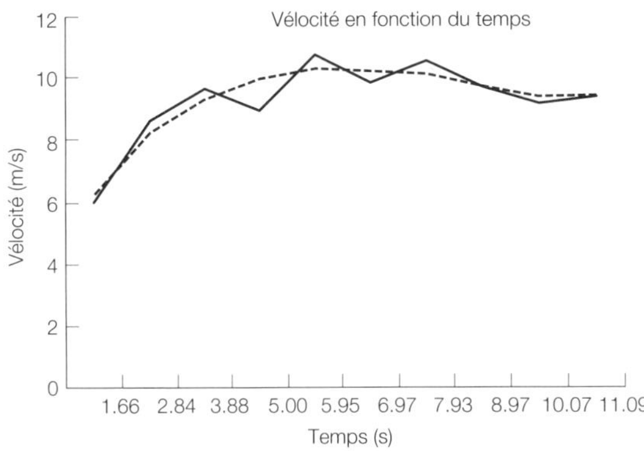

Fig. A2.12 (2) : Courbe de vélocité/temps d'un sprinteur sur 100 m, calculée sur des intervalles de 10 m (courbe de régression en pointillés).

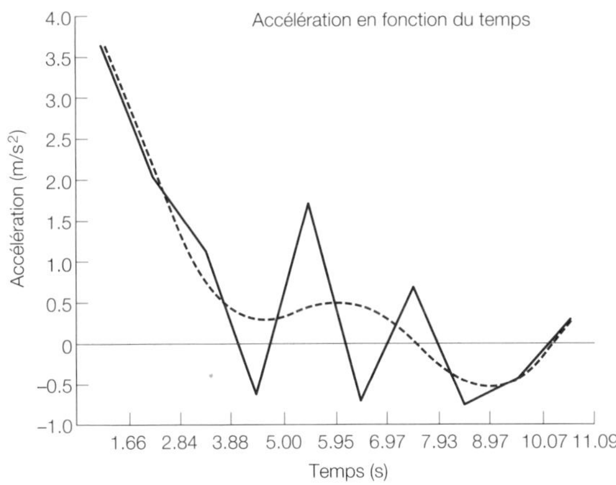

Fig. A2.12 (3) : Courbe d'accélération/temps d'un sprinteur sur 100 m, calculée sur des intervalles de 10 m (courbe de régression en pointillés).

7. Application

À partir des données suivantes (Fig. A2.13) concernant deux records du monde établis en 1500 m nage libre (Kieran Perkins en 1994 et Grant Hackett en 2001), calculez la vitesse et l'accélération moyennes pour chaque intervalle de déplacement de 100 m. Essayez d'établir une analyse du parcours de chaque nageur. Notez que le déplacement dans ce contexte est techniquement de zéro (l'athlète nage 50 m (la longueur de la piscine), se retourne et revient à son point de départ). Il est donc préférable d'employer les termes de distance et de vitesse dans cet exemple.

Distance (m)	Temps (s)	
	1994 Perkins	2001 Hackett
100	54,81	54,19
200	1:52,91	1:52,45
300	2:51,48	2:51,29
400	3:50,37	3:50,18
500	4:49,04	4:48,82
600	5:48,51	5:47,45
700	6:47,72	6:45,96
800	7:46,00	7:44,47
900	8:45,28	8:43,05
1000	9:44,94	9:41,78
1100	10:44,63	10:40,56
1200	11:44,50	11:39,51
1300	12:44,70	12:38,51
1400	13:44,44	13:37,89
1500	14:41,66	14:34,56

Fig. A2.13 : Deux séries de données (sur des intervalles de 100 m) concernant des records du monde établis en 1500 m nage libre.

Chapitre 3

Description mécanique du mouvement angulaire

Points clés	
Mouvement angulaire	C'est un mouvement où tous les points d'un corps (tous les points d'un objet rigide ou tous les points d'un segment du corps humain) se déplacent selon le même angle.
Cinématique angulaire	Elle décrit des valeurs telles que le déplacement angulaire, la vélocité angulaire et l'accélération angulaire.
Déplacement et distance angulaires	Le déplacement angulaire est la différence entre les positions angulaires initiale et finale d'un objet en rotation. Il est défini par une magnitude et un sens : 36 degrés dans le sens anti-horaire par exemple. La distance angulaire n'est définie que par sa magnitude : 2,4 radians par exemple.
Degrés et radians	Unités employées pour mesurer le déplacement angulaire (cercle = 360 degrés = 2π radians). Un radian est approximativement égal à 57,3 degrés.
Vélocité et accélération angulaires	La vélocité angulaire est égale au déplacement angulaire divisé par le temps. L'accélération angulaire correspond au taux de variation de la vélocité angulaire : elle est égale à la différence de vélocité angulaire (finale – initiale) divisée par le temps.
Rotation horaire et anti-horaire	La rotation horaire s'effectue dans le même sens que les aiguilles d'une montre (regardée de face). Elle est représentée par un symbole négatif (-ve). La rotation anti-horaire s'effectue dans le sens inverse des aiguilles d'une montre et est représentée par un symbole positif (+ve).

Angles relatifs et absolus	L'angle absolu correspond à l'angle formé par un vecteur horizontal orienté à droite et la droite représentant le segment ou l'objet étudié. L'angle relatif correspond à l'angle formé par deux droites qui représentent souvent deux segments du corps (angle relatif de l'articulation du genou entre la cuisse et la jambe par exemple). Dans un angle relatif, les deux éléments formant l'angle peuvent se déplacer.
Angle inclus et sommet	L'angle inclus est l'angle compris entre deux droites qui se croisent en un point. En biomécanique, ces droites représentent des segments du corps humain. Le sommet est le point d'intersection de ces deux droites. En biomécanique, le sommet représente l'articulation étudiée (articulation du genou par exemple).

1. Mouvement angulaire

Le **mouvement angulaire** est un mouvement de rotation autour d'un **axe imaginaire** ou **réel** où tous les points de l'objet se déplacent selon le même angle. La **cinématique angulaire** décrit le mouvement angulaire en utilisant des termes tels que déplacement angulaire, vélocité angulaire et accélération angulaire. La Figure A3.1 montre deux exemples de mouvement angulaire.

La **distance** ou le **déplacement angulaire** (valeur scalaire ou vectorielle) est généralement exprimé en **degrés** (un cercle complet représentant 360°). La **vélocité** et l'**accélération angulaires** sont respectivement exprimées en degrés par seconde (°/s) et degrés par seconde au carré (°/s^2). Les angles peuvent également être exprimés en **radians**. La valeur d'**1 radian** est approximativement égale à **57,3°**. La Figure A3.2 illustre la relation entre radians, degrés et mouvement angulaire.

Le mouvement angulaire peut, comme le mouvement linéaire, être décrit par des valeurs scalaires ou vectorielles mais il est souvent plus simple d'utiliser des termes tels que rotation horaire ou anti-horaire. Les signes positif et négatif permettent d'indiquer la direction du mouvement (par convention en biomécanique, le **signe négatif** est associé à une **rotation horaire** et le **signe positif** à une **rotation anti-horaire**). Les Figures A3.3 et A3.4 illustrent le principe des valeurs scalaires et vectorielles et de la direction du mouvement angulaire.

La Figure A3.4 montre le mouvement de la jambe pour frapper un ballon. La cuisse effectue une rotation anti-horaire entre la position 1 et la position 2. La jambe effectue également une rotation anti-horaire entre ces positions. Notez que ces deux mouvements se produisent simultanément et en association avec une translation (mouvement linéaire) vers l'avant de l'ensemble du corps. Il est possible de calculer la vélocité angulaire de chaque segment osseux à partir de la description de ce mouvement et du temps nécessaire à sa réalisation.

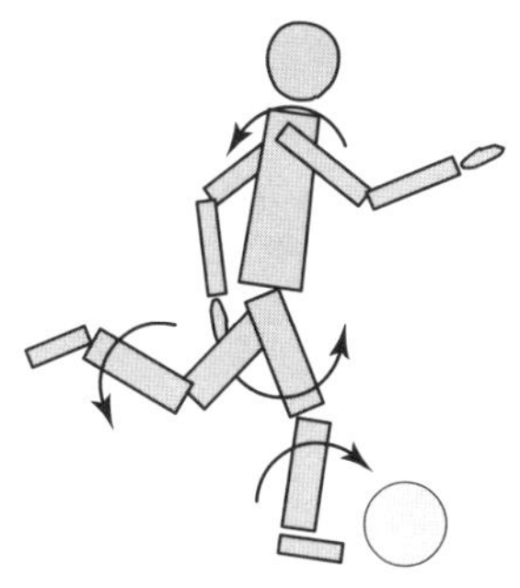

Rotation des membres du corps lors du tir dans un ballon

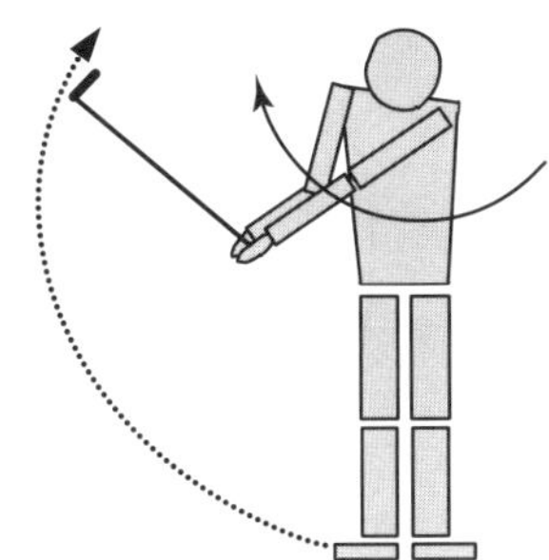

Rotation du corps et du club de golf lors du swing

Fig. A3.1 : Rotation / mouvement angulaire en biomécanique.

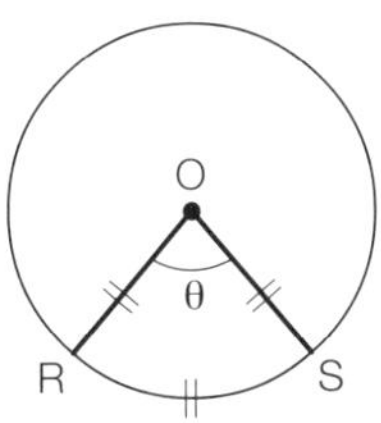

Cercle de centre O

OR = OS = rayon du cercle

L'angle θ est égal à 1 radian (approximativement 57,3°) quand la distance RS est égale au rayon du cercle.
Un cercle (360°) comporte 2π radians.

π = 3,142 (à trois décimales)
2 x 3,142 = 6,284 radians
360 / 6,284 = 57,3 (à 1 décimale)

1 radian = 57,3 degrés

Fig. A3.2 : Définition du radian.

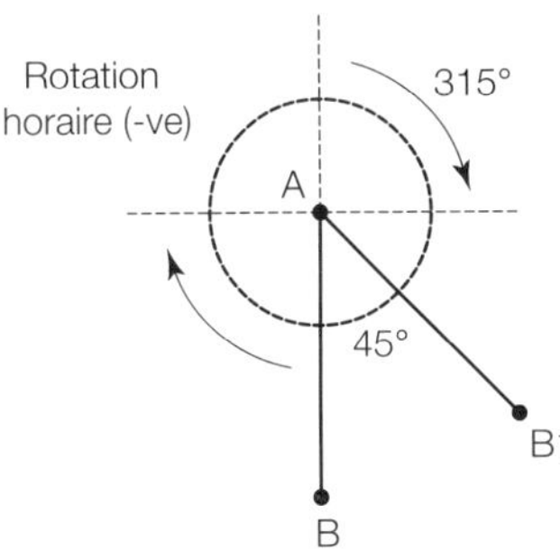

Le segment AB effectue une rotation horaire de 315° (5,5 radians). La distance (valeur scalaire) parcourue par le segment est de 315° alors que son déplacement (valeur vectorielle) est de 45° anti-horaire.
Pour le calcul de la vélocité angulaire moyenne du segment, il faudra cependant utiliser la distance (angle) parcourue par le bras (315° horaire dans cet exemple).
Notez que la distance sera alors une valeur vectorielle (car avec une composante directionnelle)

Distance = 315° (5,5 radians)
Déplacement = 45° (0,76 radian) anti-horaire

Fig. A3.3 : Mouvement angulaire.

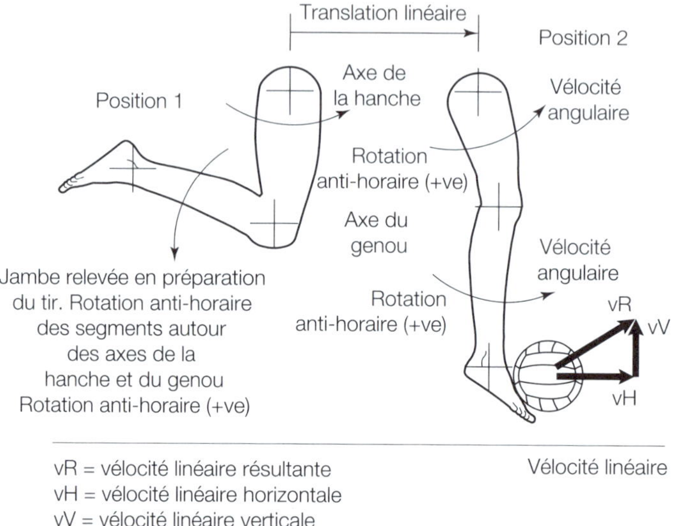

Fig. A3.4 : Rotation de la jambe lors du tir dans un ballon.

2. Vélocité angulaire

La Figure A3.5 décrit le mouvement de la cuisse seule dans l'exemple précédent. Elle effectue un rotation anti-horaire de 30° (10° avant la ligne verticale et 20° après) en 0,5 seconde. La Figure A3.6 montre le calcul de la vélocité angulaire moyenne, représentée par le **symbole** ω.

Il est important de noter que tous les points de la cuisse se déplacent à la même vélocité angulaire moyenne. Tous les points de la cuisse se déplacent de 30° en 0,5 seconde et leur vélocité angulaire moyenne peut être calculé grâce à la formule suivante :

$$\omega = \frac{\text{Déplacement angulaire (en degrés ou en radians)}}{\text{Temps nécessaire (en seconde)}}$$

en degrés/seconde (°/s) ou en radians/seconde (rad/s)

Le déplacement angulaire correspond à la différence entre les positions initiale et finale de l'objet ou du segment (selon une rotation horaire ou anti-horaire).

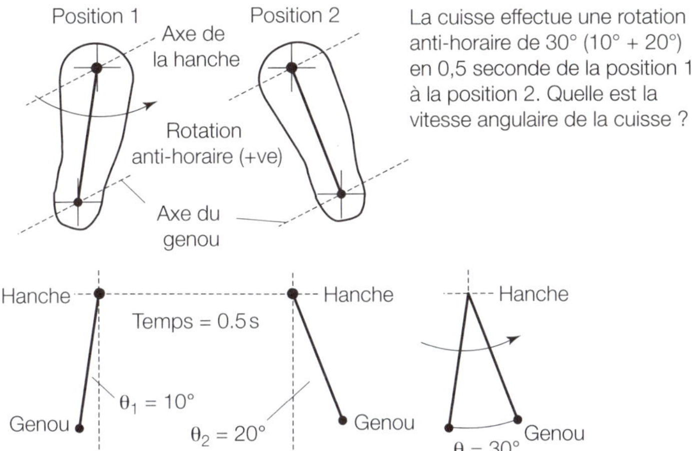

Fig. A3.5 : Calcul de la vélocité angulaire moyenne (ω) de la cuisse.

$$\omega = \frac{\text{déplacement angulaire (en degrés et en radians)}}{\text{temps nécessaire (en secondes)}}$$

Le déplacement angulaire correspond au mouvement angulaire entre les positions initiale et finale (30° anti-horaire (+ve) dans cet exemple)

$$\omega = \frac{30°}{0{,}5\ \text{s}}$$

$$= 60°/\text{s}$$

1,05 radians/s

Notez qu'il s'agit de la vélocité angulaire moyenne de tous les points de la cuisse.

Fig. A3.6 : Calcul de la vélocité angulaire moyenne (ω) de la cuisse.

3. Accélération angulaire

L'**accélération angulaire**, représentée par le symbole α, est égale à la **vélocité angulaire** divisée par le **temps**. Elle correspond à la variation de vélocité angulaire entre deux points (intervalle de temps (t_1 et t_2) ou de position (1 ou 2)). La Figure A3.7 détaille le calcul de l'accélération angulaire à partir de la vélocité angulaire et du temps nécessaire pour la réalisation du mouvement.

Notez que tous les points du segment de membre sont soumis à la même accélération angulaire et à la même vélocité angulaire. Le déplacement angulaire (rotation) est le même pour un point proche de l'axe de rotation (axe de la hanche dans cet exemple) que pour un point éloigné de l'axe de rotation.

La Figure A3.4 montre que la cuisse effectue une rotation autour de l'axe de la hanche dans le sens anti-horaire (il s'agit donc d'un déplacement (valeur vectorielle) car il y a une composante directionnelle). Dans le même temps, la jambe effectue une rotation autour de l'axe du genou dans le sens anti-horaire. Ces deux actions sont simultanées et contribuent à la vélocité et à l'accélération angulaires moyennes du membre inférieur lors d'un tir de ballon. La Figure A3.8 montre le déplacement angulaire (s'accompagnant d'une translation en avant du corps) des deux segments (jambe et cuisse) contribuant au mouvement du membre inférieur (le mouvement du pied est ignoré).

Il est possible de calculer la vélocité et l'accélération moyennes de la jambe selon la même méthode que précédemment. La Figure A3.9 montre que la jambe effectue une rotation anti-horaire de 105° (100° avant la ligne verticale et 5° après) autour de l'axe du genou dans le même temps (0,5 seconde) que la rotation de la cuisse. La Fig. A3.10 montre le calcul de la vélocité et de l'accélération angulaires moyennes. Notez à nouveau que la vélocité et l'accélération moyennes seront les mêmes pour tous les points de la jambe : tous les points se déplacent selon le même angle (105°) dans le même temps (0,5 s).

$$\omega = \frac{\text{vélocité angulaire (finale - initiale)}}{\text{temps nécessaire (en secondes)}} \quad \text{(en degrés/s ou radians/s)}$$

Dans l'exemple de la Figure A3.5, la vélocité angulaire initiale de la cuisse est de zéro (position 1) et sa vélocité angulaire finale de 60°/s (position 2). L'accélération angulaire moyenne est calculée comme suit :

$$\alpha = \frac{60°/\text{s} - 0°/\text{s}}{0{,}5\ \text{s} - 0\ \text{s}}$$

$$= 120°/\text{s}^2 \text{ or } 2{,}09\ \text{rads/s}^2$$

Notez que l'accélération angulaire est la même pour tous les points du segment, qu'ils soient proches ou éloignés de l'axe de rotation.

Fig. A3.7 : Calcul de l'accélération angulaire (α).

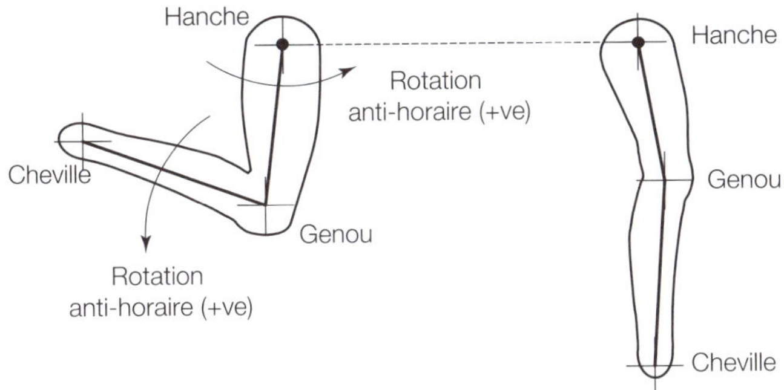

Fig. A3.8 : Mouvements angulaires des segments du membre inférieur lors du tir dans un ballon (seules la cuisse et la jambe sont représentées).

4. Principe de sommation des moments

La cuisse (de la hanche au genou) et la jambe (du genou à la cheville) sont reliées et se déplacent simultanément de la position 1 à la position 2. Les déplacements angulaires de ces deux segments sont différents (rotation anti-horaire de 30° pour la cuisse et rotation anti-horaire de 105° pour la jambe). L'ensemble du corps se déplace en avant (translation linéaire) dans le même temps. Le **principe de sommation des moments**, fréquent dans la littérature scientifique de biomécanique, stipule que le mouvement est initié par les segments volumineux puis transmis aux segments plus petits. Le mouvement de lancer de balle, par exemple, commence dans les jambes et est transmis par les hanches aux épaules puis au coude, au poignet, à la main et aux doigts. Quand chaque segment approche de son extension maximale (et de sa vélocité angulaire et linéaire maximale), le segment suivant commence son mouvement. Ce principe semble vérifié dans des actions telles que le lancer et le tir d'un ballon mais les études biomécaniques ne sont pas concluantes en ce qui concerne le mécanisme de génération de la vélocité finale au point de contact ou de lancer (et ce en raison du caractère multiplanaire et tridimensionnel des mouvements impliqués).

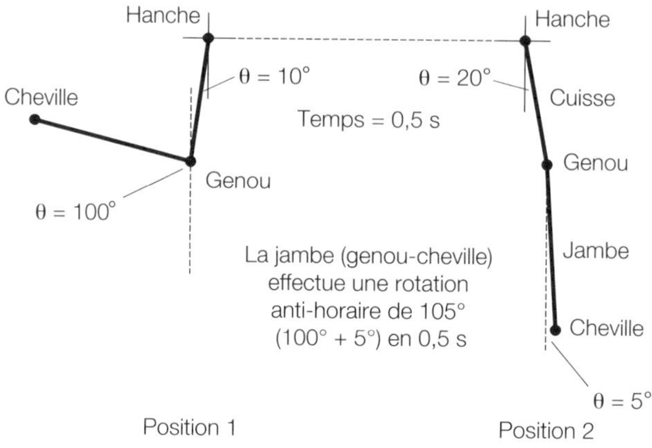

Fig. A3.9 : Mouvements angulaires des segments lors du tir d'un ballon (seules la cuisse et la jambe sont représentées).

La jambe effectue une rotation de 105° en 0,5 s

$$\text{velocité angulaire moyenne } (\omega) = \frac{\text{déplacement angulaire}}{\text{temps}}$$

$$= \frac{105}{0{,}5}$$

$$= 210°/\text{s ou } 3{,}66 \text{ rad/s}$$

$$\text{accélération angulaire moyenne} = \frac{\text{vélocité angulaire } (\omega)}{\text{temps}}$$

$$= \frac{210 - 0}{0{,}5 - 0}$$

$$= 420°/\text{s}^2 \text{ (ou } 7{,}33 \text{ rad/s)}$$

Fig. A3.10 : Vélocité et accélération angulaires moyennes de la jambe lors du tir d'un ballon.

5. Angles articulaires relatifs et absolus

En biomécanique, l'articulation peut-être représentée par deux lignes se croisant en un point. Le point d'intersection est appelé **sommet** et l'angle compris entre les deux lignes (**angle inclus**) représente l'angle articulaire. Les deux lignes droites représentent généralement deux segments du corps (la cuisse et la jambe dans l'exemple précédent) et le sommet représente le centre de l'articulation (ici l'articulation du genou). L'**angle articulaire absolu** est mesuré entre la ligne horizontale à droite et la droite représentant le segment étudié. **L'angle articulaire relatif** est l'angle inclus entre les axes longitudinaux de deux segments. Dans un angle relatif, les deux segments peuvent se déplacer. Dans un angle absolu, la ligne horizontale est toujours fixe. La Figure A3.11 illustre la différence entre les angles relatifs et absolus.

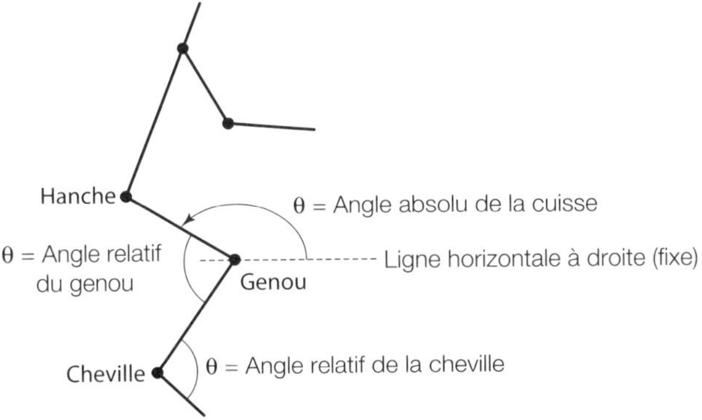

Fig. A3.11 : Angles articulaires relatifs et absolus.

Chapitre 4

Relation entre mouvement linéaire et mouvement angulaire

Points clés	
Mouvements linéaire et angulaire	Les composantes linéaires et angulaires du mouvement sont algébriquement liées. Des formules permettent de retrouver la translation linéaire due à un objet en rotation. Les mouvements angulaires des segments osseux et des objets (club, raquette) produisent à leur extrémité un mouvement linéaire qui est transmis au ballon de football, à la balle de tennis ou à la balle de golf.
Objets et points situés sur un levier (segment) en rotation	Pour étudier le déplacement angulaire d'un objet situé sur un levier (segment rigide) en rotation, il est nécessaire de tracer une droite entre deux points de cet objet. Cette droite effectuera le même déplacement angulaire que le segment. Il est impossible de définir un déplacement angulaire à partir d'un seul point car un point seul n'est pas orienté. Une collection de points (droite par exemple) d'un objet permet de déterminer son déplacement angulaire.
Distance et déplacement linéaires d'un point sur un levier en rotation	La distance linéaire parcourue par un point sur un levier en rotation correspond à la longueur de l'arc (courbe de mouvement). Le déplacement linéaire d'un point sur un levier en rotation correspond à la corde de l'arc. La distance linéaire (longueur de l'arc) se calcule par la formule $s = r\,\theta$ où θ est exprimé en radians. Un point éloigné de l'axe de rotation couvrira une plus grande distance linéaire (longueur de l'arc) qu'un point proche de l'axe de rotation. La vélocité et l'accélération linéaires de ce point éloigné seront également plus élevées.

Relation entre les vélocités linéaire et angulaire et entre les accélérations linéaire et angulaire de points sur un levier en rotation	La formule $v = \omega r$ relie la vélocité linéaire moyenne d'un point sur un levier en rotation à la vélocité angulaire moyenne du levier. La formule $a = \alpha r$ relie l'accélération linéaire moyenne d'un point sur un levier en rotation à l'accélération angulaire moyenne du levier.
Accélération et vélocité linéaires instantanées	La vélocité et l'accélération instantanées correspondent à la vélocité et à l'accélération à un instant donné. La vélocité et l'accélération moyennes se calculent entre deux points successifs du temps. Le terme instantané signifie se produisant à un instant donné, c'est-à-dire quand l'intervalle de temps tend vers zéro. Quand l'intervalle de temps se réduit (se rapproche de zéro), la vélocité et l'accélération moyennes tendent vers les valeurs instantanées.
Tangente	La vélocité et l'accélération linéaires d'un point sur un levier en rotation s'appliquent à la tangente de la courbe (arc de mouvement). Une tangente est une droite qui touche une courbe en un point. La pente de cette droite est la même que celle de la courbe en ce point. La tangente est perpendiculaire au segment en rotation.

1. Mouvements linéaire et angulaire

Les **composantes linéaires** et **angulaires** du mouvement sont liées **algébriquement**. Des formules permettent de retrouver la translation linéaire d'un point situé sur un levier en rotation. Cette relation est souvent utilisée en biomécanique. Dans l'exemple du tir dans un ballon, par exemple, le mouvement angulaire de la jambe est à l'origine de la vélocité linéaire (avec ses composantes verticale et horizontale) appliquée au ballon pour lui imprimer sa trajectoire et son mouvement. De même, le mouvement angulaire des bras et du club est à l'origine de la vélocité linéaire appliquée à la balle de golf, déterminant son angle d'envol et sa trajectoire parabolique. La Figure A4.1 illustre cette relation angulaire-linéaire.

Dans la Figure A4.1, le levier (AB) se déplace de la position 1 à la position 2 en 0,45 secondes. Son **déplacement angulaire** (c'est-à-dire le **changement de position angulaire**) est de 35°. Sa **vélocité angulaire moyenne** est égale au **déplacement angulaire** divisé par le **temps**.

$$\omega = \frac{\text{Déplacement angulaire (entre la position 1 et la position 2)}}{\text{Temps}}$$

$$\omega = \frac{35°}{0{,}45\ \text{s}}$$

Vélocité angulaire moyenne = 77,8 °/s (ou 1,36 rads/s)

Cette valeur représente la vélocité angulaire moyenne du levier AB entre la position 1 et la position 2. Le déplacement angulaire est l'angle formé entre la position initiale et la position finale de la droite/segment/levier (35° dans cet exemple). Tout point de cette droite AB se déplace selon le même angle dans le même temps. La biomécanique fait souvent référence à des points ou objets situés sur une droite en rotation : il est alors nécessaire de considérer une droite passant par deux points de cet objet. Cette droite passant par l'objet effectue la même rotation que le segment sur lequel l'objet est situé (voir Figs. A4.2 et A4.3). Il est important de préciser que le déplacement angulaire fait toujours référence à une collection de points puisqu'un point seul n'a pas d'orientation angulaire.

La Figure A4.3 montre que tous les points de l'objet en rotation se déplacent selon le même angle (60° anti-horaire). La vélocité angulaire de toutes les parties (collections de points) du segment sera la même car elles effectueront le même déplacement angulaire dans le même temps. En revanche, les déplacements linéaires de chacun des points A, B et C seront différents, de même que leurs vélocités linéaires. Plus le point est éloigné du centre de rotation (point C dans la Figure A4.3), plus la distance/déplacement parcourue par ce point est grande.

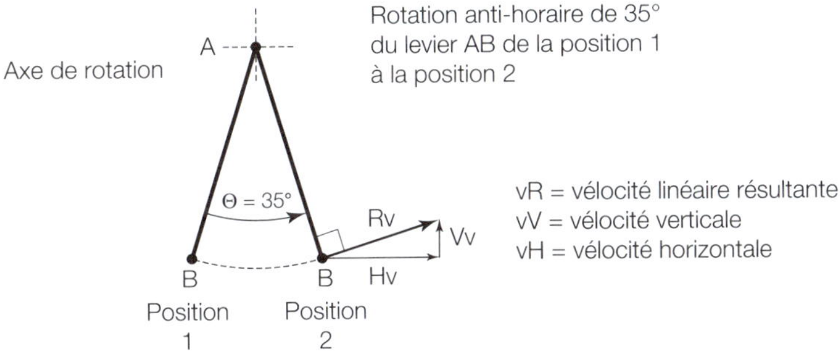

Fig. A4.1 : Composantes linéaires et angulaires du mouvement.

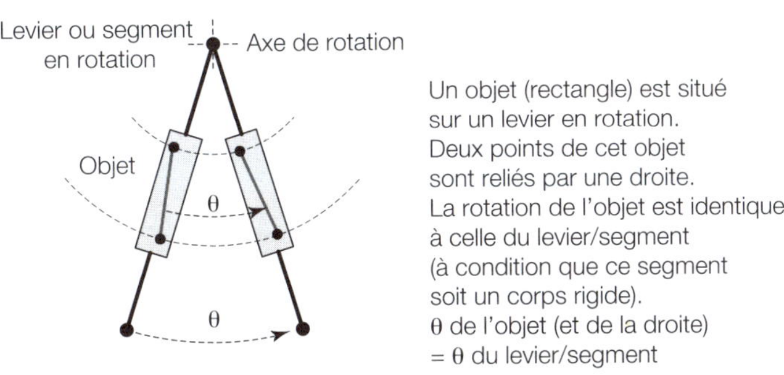

Fig. A4.2 : Points situés sur un levier ou un segment en rotation.

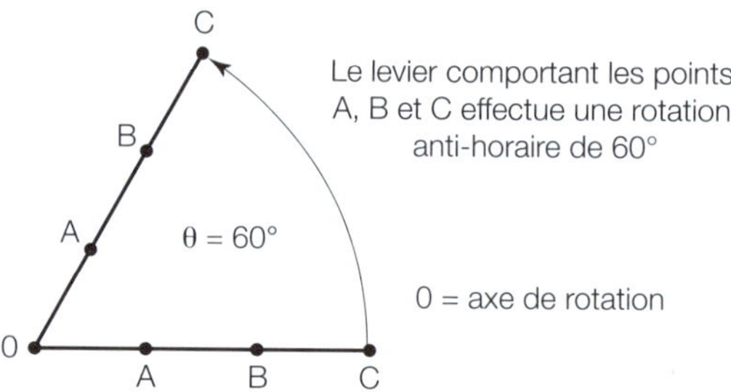

Le déplacement angulaire de toutes les parties de l'objet en rotation est le même (60° anti-horaire), à condition que soit un corps rigide. Notez qu'il est impossible de définir un déplacement angulaire à partir d'un seul point car un point seul n'est pas orienté. On considère donc une collection de points (la droite comportant les points A, B et C dans cet exemple).

Fig. A4.3 : Relation entre les composantes angulaires et linéaires du mouvement.

2. Distance et déplacement linéaires de points en rotation

Dans la Figure A4.4, le point B situé sur le levier en rotation parcoure une **distance linéaire** qui correspond à la **longueur de l'arc**. Le **déplacement linéaire** de ce point B correspond lui à la **longueur de la corde** comprise entre la position du point B au début du mouvement et la position du point B à la fin du mouvement. La **corde** est définie comme la ligne droite reliant deux points d'une courbe. La distance linéaire parcourue par un point est égale à la distance entre ce point et l'axe de rotation (rayon) multipliée par l'angle de rotation (exprimé en radians). Dans la Figure A4.4, si le point B est situé à 0,34 m de l'axe de rotation et que le bras effectue une rotation de 25° (0,44 radians), quelle est la distance linéaire parcourue par ce point?

Distance linéaire parcourue par un point situé sur un levier/segment en rotation

$s = r\,\theta$

où

s = distance linéaire (longueur de l'arc)

θ = angle ou déplacement angulaire (exprimé en radians)

r = distance entre le point et l'axe de rotation (rayon)

Pour le point B situé à 0,34 m de l'axe de rotation et se déplaçant selon un angle de 25° (0,44 radians) :

$s = r\,\theta$

s = 0,34 x 0,44
s = 0,15 m (à deux décimales près)

Le calcul de la **longueur de la corde** (ou **déplacement linéaire**) utilise également la distance entre le point et l'axe de rotation (rayon) et le déplacement angulaire (angle θ parcouru par le levier). La relation n'est cependant pas aussi directe que pour le calcul de la distance linéaire car la **longueur de la corde** n'est pas directement proportionnelle au déplacement angulaire. La Figure A4.5 montre le calcul de la longueur de l'arc pour les angles inférieurs ou égaux à 90°. Les angles supérieurs à 90° nécessitent l'utilisation de tables de cordes plus complexes (tables de cordes de Ptolémée).

La Figure A4.6 montre qu'un point proche de l'axe de rotation parcoure une distance linéaire moins importante qu'un point éloigné de l'axe de rotation. Ce principe se retrouve au niveau des muscles et de leurs points d'attaches aux segments osseux. Le muscle parcoure une courte distance linéaire mais il est à l'origine d'un mouvement important à l'extrémité distale du segment osseux (la contraction du biceps produit un mouvement linéaire important à l'extrémité distale du bras et un mouvement linéaire peu important du point d'attache du muscle, ce qui est idéal car le muscle ne peut parcourir qu'une courte distance linéaire au cours de sa contraction). Dans la Figure A4.6, le point A est situé à 0,46 m de l'axe de rotation (O) et le point B à 0,67 m. Si le déplacement angulaire du segment est de 22° (0,38 radians), quelles sont les distances linéaires parcourues par les points A et B ?

Distance linéaire parcourue par le point A
s = r θ (où θ est exprimé en radians)
s = 0,46 x 0,38
s = 0,175 m
Distance linéaire parcourue par le point B
s = r θ
s = 0,67 x 0,38
s = 0,255 m

Tous les points du segment en rotation se déplacent selon le même angle dans le même temps. Toutes les parties (collections de points) de ce segment ont la même vélocité angulaire moyenne. Le point A a cependant parcouru une distance linéaire de 0,175 m et le point B une distance linéaire de 0,255 m dans le même temps. Les vélocités linéaires moyennes des points A et B seront donc différentes.

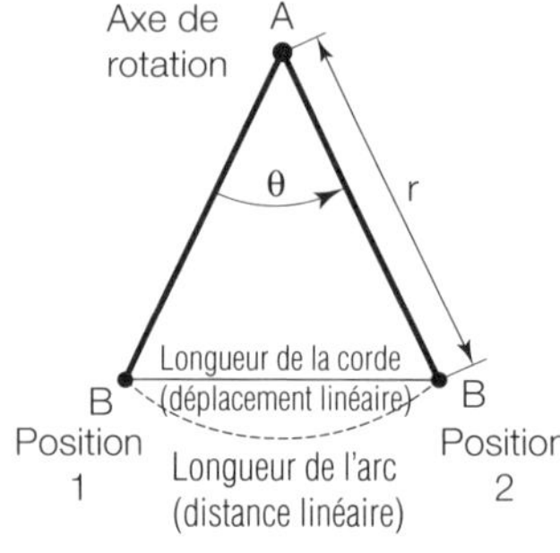

Le segment AB effectue une rotation de 25° (0,44 radians) de la position 1 à la position 2. Le point B parcoure une distance linéaire égale à la longueur de l'arc et un déplacement linéaire égal à la longueur de la corde.

Distance linéaire (s) :
$s = r\,\theta$

où θ est exprimé en radians
et r est la distance entre le point
et l'axe de rotation (rayon)

Fig. A4.4 Distance et déplacement linéaires d'un objet en rotation.

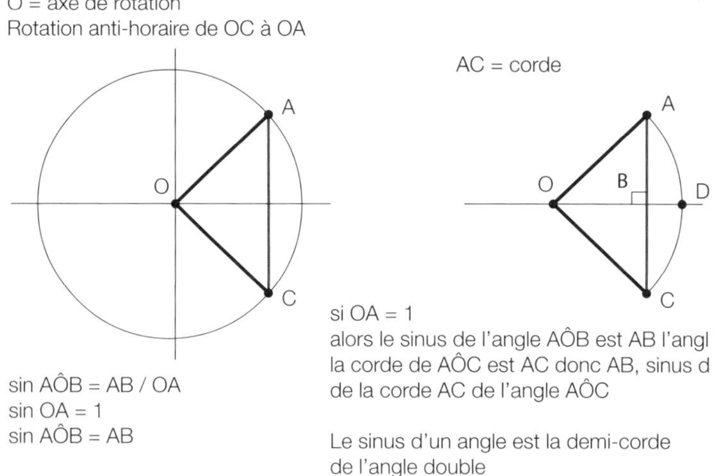

Fig. A4.5 : Déplacement linéaire d'un point en rotation (longueur de la corde)

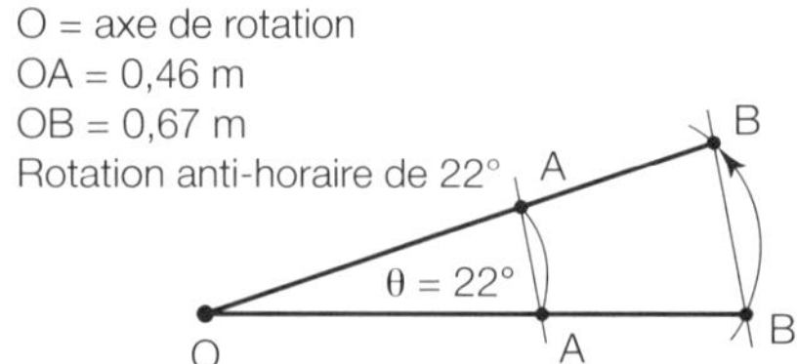

Quelles sont les distances linéaires parcourues par les points A et B ?

Fig. A4.6 : Distance linéaire parcourue par des points plus ou moins éloignés de l'axe de rotation.

3. Relation entre mouvement linéaire et mouvement angulaire

La Figure A4.7 montre comment passer de la formule de la distance linéaire (s = r θ) à la formule liant la vélocité linéaire moyenne (v) à la vélocité angulaire moyenne (ω) :

v = ω r

où

v = vélocité linéaire moyenne

ω = vélocité angulaire moyenne

r = rayon (distance entre le point et l'axe de rotation)

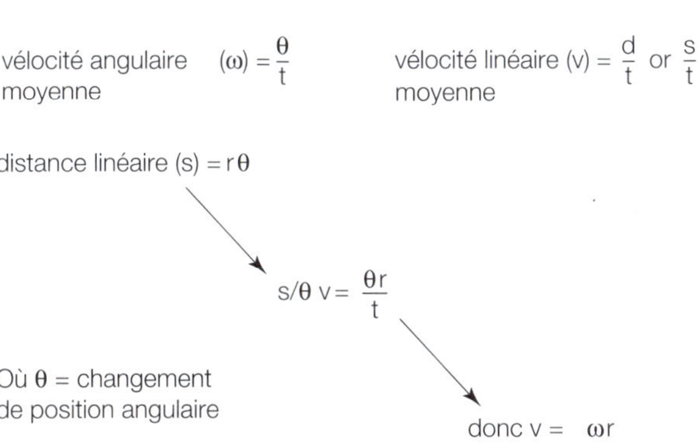

Fig. A4.7 : Calcul de la vélocité linéaire moyenne.

4. Valeurs moyennes et instantanées

La **vélocité linéaire moyenne** d'un point en rotation est égale à la **vélocité angulaire moyenne** multipliée par le **rayon** (v = ω r). Ces valeurs sont des moyennes car elles sont calculées entre deux positions (avant et après un déplacement angulaire). La vélocité linéaire d'un point B à un **instant donné** s'applique à une **tangente** de la courbe (arc du mouvement). Cette vélocité à un instant donné est nommée **vélocité instantanée**. Elle correspond à une **vélocité linéaire tangentielle**, représentée par le symbole $\mathbf{v}_T$. Une tangente est une droite qui touche la courbe en un point. Cette droite a la même pente que la courbe en ce point. La tangente est perpendiculaire au segment en rotation comprenant ce point (voir Fig. A4.8). La direction de la vélocité de ce point est perpendiculaire au segment en rotation (rayon à ce point) et tangente à la courbe de mouvement (trajectoire circulaire du point).

La Figure A4.8 montre les vélocités linéaires tangentielles du point B sur l'arc de mouvement à différents instants de la rotation du levier AB. La vélocité linéaire tangentielle est fonction de la distance linéaire (longueur de l'arc) parcourue par le point à un instant donné ou de la vélocité angulaire à un instant donné. Plus l'intervalle de temps est réduit, plus la valeur calculée tend vers la valeur instantanée. En biomécanique, le calcul de la vélocité linéaire permet d'évaluer l'efficacité d'un mouvement de rotation (swing du golf) à produire un mouvement linéaire (vélocité linéaire résultante de la balle de golf).

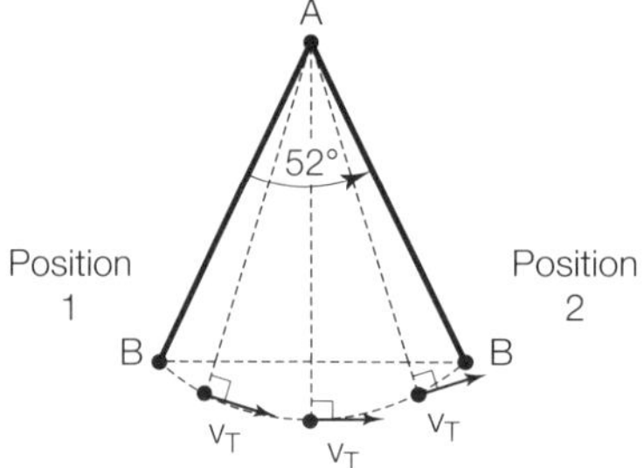

Le levier AB effectue une rotation anti-horaire de 52° en 0,25 s de la position 1 à la position 2. La vélocité linéaire tangentielle du point B varie à chaque instant de cette rotation. La vélocité angulaire moyenne est égale au déplacement angulaire du levier (52°) divisé par le temps (0,25 s).

Fig. A4.8 : Relation entre les composantes linéaires et angulaires du mouvement.

5. Accélérations angulaire et linéaire

De même que pour la vélocité, il existe une relation algébrique entre l'**accélération linéaire moyenne** et l'**accélération angulaire moyenne** (voir Fig. A4.9). L'**accélération angulaire moyenne** correspond à la **variation de la vélocité angulaire au cours du temps** (c'est-à-dire au taux de variation de la vélocité angulaire), calculée par la formule **$\alpha = \omega/t$.** Les mêmes manipulations algébriques que pour la vélocité permettent d'obtenir la formule reliant l'accélération angulaire moyenne à l'accélération linéaire moyenne. Cette formule est la suivante :

$a = \alpha\, r$

où

a = accélération linéaire moyenne

α = accélération angulaire moyenne

r = rayon (ou distance entre le point et l'axe de rotation)

Si cette **accélération linéaire** est déterminée à un instant donné, on parlera d'**accélération linéaire tangentielle** (a_T). Cette accélération s'appliquera à une tangente de la courbe de mouvement à un instant donné.

Les mouvements angulaires et linéaires sont étroitement liés (voir Chapitre A3). En motricité humaine, la rotation d'un segment sera à l'origine de la translation linéaire d'un point. Par exemple : la rotation du bras et de la raquette permet de frapper une balle de tennis ; la rotation du haut du corps, de bras et des mains permet de lancer un ballon de basket ; et la rotation des bras et du club est à l'origine de la vélocité linéaire élevée transmise à la balle de golf (pouvant atteindre jusqu'à 54 m/s pour les golfeurs professionnels). L'étude de la motricité humaine nécessite de bien comprendre ces relations.

$$\text{Accélération angulaire moyenne } (\alpha) = \frac{\omega \text{ (variation de vélocité angulaire)}}{\text{t (temps)}}$$

$$\text{Accélération linéaire moyenne (a)} = \frac{\text{v (vélocité linéaire)}}{\text{t (temps)}}$$

$$\text{vélocité linéaire moyenne (v) = vélocité angulaire moyenne } (\omega) \text{ x rayon (r)}$$

Donc

$$\text{Accélération linéaire moyenne (a)} = \frac{\omega r}{t} \longrightarrow a = \alpha r$$

$$\text{Accélération linéaire moyenne (a) = accélération angulaire moyenne } (\alpha) \text{ x rayon (r)}$$

Fig. A4.9 : Calcul de l'accélération linéaire moyenne.

Chapitre 5

Représentation graphique des données cinématiques — dérivation numérique

Points clés	
Dérivation numérique	La dérivation numérique est une méthode permettant de calculer le taux de variation d'une variable par rapport à une autre, généralement le temps. Cette méthode s'applique sur les données recueillies au cours d'une expérience. En biomécanique, les variables les plus souvent utilisées sont le déplacement et la vélocité. Le taux de variation du déplacement en fonction du temps est appelé vélocité et le taux de variation de la vélocité en fonction du temps est appelé accélération.
Gradient d'une courbe	Le gradient d'une courbe correspond au taux de variation et se calcule entre deux points de la courbe. Cette notion est plus simple à comprendre sur une représentation graphique.
Vélocités moyenne et instantanée	Le gradient d'une courbe déplacement-temps correspond à la vélocité moyenne. Si l'intervalle de temps entre les deux points de la courbe est très réduit, la vélocité moyenne tend vers la vélocité instantanée.
Gradients positifs et négatifs	Un gradient positif indique un taux de variation positif. Pour une courbe déplacement-temps, cela représente une vélocité positive, c'est-à-dire un déplacement dans une direction positive par rapport au repère. Un gradient négatif représente une vélocité négative, c'est-à-dire un déplacement dans une direction négative par rapport au repère.

Minima, maxima et points d'inflexion	La courbe de déplacement-temps peut présenter des points d'inflexion, des minima et des maxima. Ces points indiquent des événements particuliers dans le mouvement d'un objet. Les points minima et maxima indiquent que la vélocité de l'objet est nulle. Les points d'inflexion indiquent des vélocités minimales ou maximales.
Méthode des différences finies pour la dérivation numérique	La méthode des différences finies est un algorithme permettant de réaliser une dérivation numérique. C'est une méthode simple, basée sur l'équation de la vélocité moyenne (pour calculer la vélocité à partir du déplacement) ou sur l'équation de l'accélération moyenne (pour calculer l'accélération à partir de la vélocité).

1. Dérivation numérique

L'étude biomécanique de la motricité humaine nécessite de comprendre les relations entre les changements de position (**déplacement**), la rapidité du mouvement (**vélocité**) et les variations de vélocité (**accélération**). La vélocité moyenne de tout objet en mouvement correspond à la variation de déplacement divisée par le temps nécessaire au mouvement. La vélocité moyenne entre l'instant 1 et l'instant 2 est déterminée par l'équation suivante :

$$\text{Vitesse moyenne (vm)} = \frac{s_2 - s_1}{t_2 - t_1}$$

où
s = déplacement
t = temps

La vélocité est une valeur vectorielle : la vélocité moyenne est orientée dans une direction spécifique. Il est préférable d'employer le terme de **vitesse moyenne** si la direction n'est pas spécifiée ou n'a pas d'importance.

La Figure A5.1a représente le déplacement d'un objet en mouvement en fonction du temps. L'équation permettant de calculer le **gradient** (ou **pente**) de la courbe entre les points A et B, auxquels correspondent respectivement les temps t_1 et t_2, est la même que l'équation permettant de calculer la vélocité moyenne entre s_1 et s_2. De même, le **gradient** de la courbe entre C et D correspond à la **vélocité moyenne** de l'objet durant l'intervalle de temps δt (le symbole δ est utilisé pour représenter une faible variation, en l'occurrence un faible intervalle de temps).

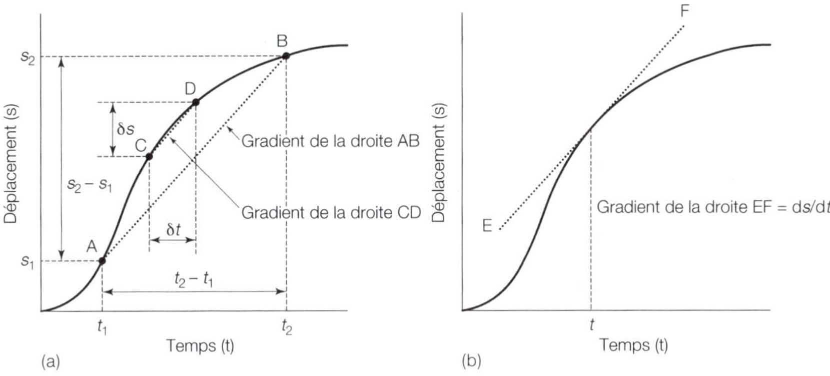

Fig. A5.1 : Le gradient de la courbe entre deux points devient tangent à la courbe quand l'intervalle de temps tend vers zéro.

2. Valeurs instantanées

Connaître la vélocité moyenne d'un objet en mouvement n'offre en général qu'un intérêt limité : il est souvent plus utile de déterminer la vélocité instantanée de l'objet en un point précis de la courbe de mouvement. Quand l'intervalle de temps se réduit, la vélocité moyenne tend vers la vélocité instantanée et le gradient de la droite CD devient tangent à la courbe à l'instant donné (droite EF de la Fig. A5.1b). La vélocité instantanée (v) est représentée algébriquement par l'équation suivante :

$$v = \frac{ds}{dt}$$

La vélocité est la **dérivée du déplacement** (s) en fonction du temps (t).

Un raisonnement similaire sur la courbe de vélocité-temps démontre que l'**accélération instantanée** correspond au gradient de la tangente à la courbe de vélocité-temps à un instant donné. L'accélération est la dérivée de la vélocité (v) en fonction du temps (t) :

$$a = \frac{dv}{dt}$$

L'accélération est également la dérivée seconde du déplacement en fonction du temps.

3. Gradients positifs et négatifs

Dans la Figure A5.1a, la vélocité moyenne entre les temps t_1 et t_2 est positive car le déplacement s_2 est supérieur à s_1 (la différence $s_2 - s_1$ est donc positive). Le **gradient** de la droite AB est **positif**.

Dans la Figure A5.2, s_2 est inférieur à s_1 : le **gradient** et la **vélocité** sont donc **négatifs**. La vélocité est une valeur vectorielle et le signe nous indique la direction du mouvement. Dans la Figure A5.1, l'objet s'éloigne du point d'origine (son déplacement augmente). Dans la Figure A5.2, le déplacement de l'objet diminue : l'objet se rapproche de l'origine.

L'accélération peut également être positive ou négative. Le signe dépendra de la direction du mouvement mais également de si l'objet accélère ou décélère. Si on lance une balle en l'air verticalement, par exemple, la direction du mouvement de la balle est positive mais elle ralentit : l'accélération est négative. Quand la balle atteint le sommet de sa trajectoire puis retombe, elle accélère mais dans une direction négative : l'accélération est encore négative (Fig. A5.3).

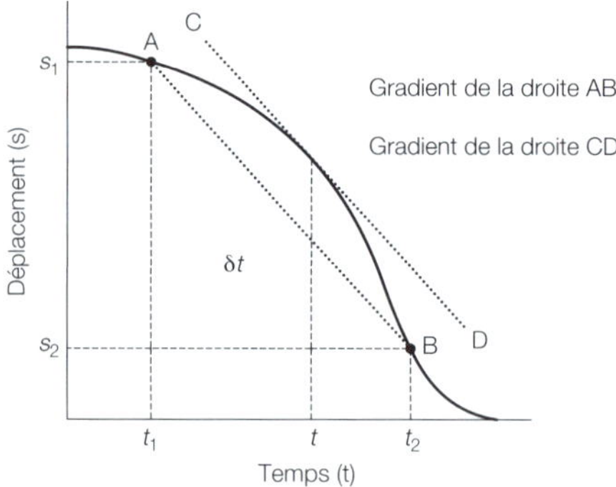

Fig. A5.2 : Exemple de gradient et tangente négatifs.

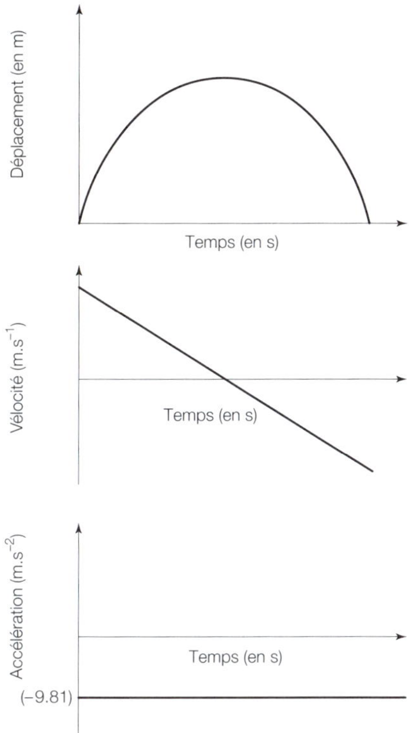

Fig. A5.3 : Déplacement, vélocité et accélération d'un projectile.

4. Minima, maxima et points d'inflexion

La courbe de mouvement d'un corps montre parfois des points de déplacement **maximum** (point A dans la Figure A5.4a) ou **minimum** (point B). La tangente de la courbe est horizontale au niveau de ces points **maxima** et **minima** : le gradient et donc la vélocité sont nuls.

Les **points d'inflexion** sont les points où la courbe passe de convexe à concave (point C dans la Figure A5.4b) ou de concave à convexe (point D). Le gradient atteint des valeurs maximales ou minimales au niveau de ces points : ils représentent donc les vélocités maximales et minimales du mouvement du corps. Suivant le même raisonnement, les points d'inflexion d'une courbe vélocité-temps représentent des accélération maximales et minimales.

La Figure A5.5 représente le déplacement, la vélocité et l'accélération angulaires de l'articulation du genou au cours d'une enjambée (entre deux contacts au sol du même talon). Notez que les mêmes règles concernant le mouvement linéaire s'appliquent également au mouvement angulaire. Les points d'inflexion de la courbe de déplacement indiquent des vélocités maximales ou minimales où l'accélération est donc nulle.

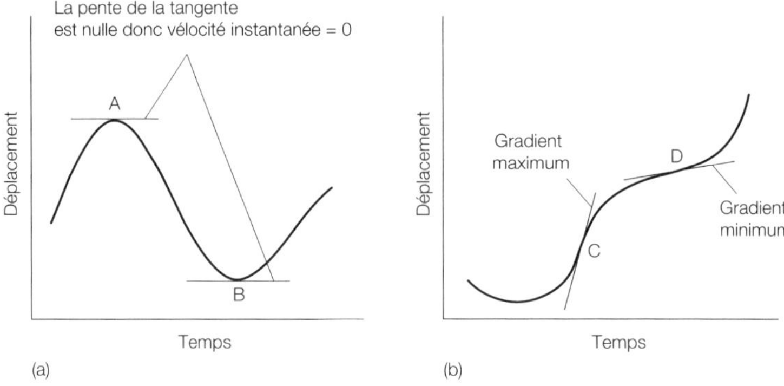

Fig. A5.4 : Minima, maxima et points d'inflexion.

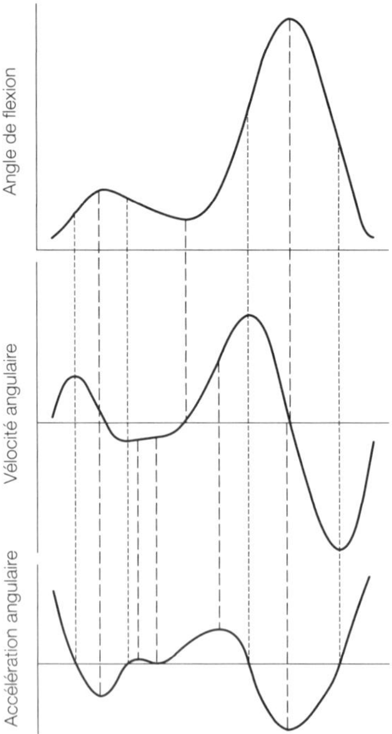

Fig. A5.5 : Déplacement, vélocité et accélération angulaires de l'articulation du genou.

5. Dérivation numérique : méthode des différences finies

La **dérivation** est un processus mathématique quantifiant la modification d'une variable par rapport à une autre (ici, le déplacement et la vélocité en fonction du temps). La dérivation de la courbe déplacement-temps donne le taux de variation du déplacement (c'est-à-dire la vélocité instantanée). De même, la dérivation de la courbe vélocité-temps donne le taux de variation de la vélocité (c'est-à-dire l'accélération instantanée).

En biomécanique, les données expérimentales consistent en une série de valeurs discrètes : il est donc nécessaire de procéder à une **approximation numérique** pour déterminer la vélocité et l'accélération instantanées. La **méthode des différences finies** est la plus simple et la plus courante de ces méthodes d'approximation numérique.

Le Tableau A5.1 représente les données déplacement-temps recueillies au cours d'un sprint de 100 m. Le déplacement entre le début et chaque seconde de la course est reporté dans la deuxième colonne. Il est impossible de connaître la vélocité instantanée réelle de l'athlète mais elle peut être estimée à partir de la vélocité moyenne entre deux points si l'intervalle de temps est suffisamment court à l'aide de l'équation suivante :

$$v = \frac{s_{i+1} - s_i}{t_{i+1} - t_i}$$

où v est la vélocité instantanée approchée, s_i et t_i sont le déplacement et le temps à l'instant i et s_{i+1} et t_{i+1} sont le déplacement et le temps à l'instant suivant. Ainsi, la vélocité entre 0,0 s et 1,0 s est la suivante :

$$v = \frac{s_1 - s_0}{t_1 - t_0} = \frac{4{,}20 - 0{,}00}{1 - 0} = 4{,}20 \text{ m.s}^{-1}$$

Cette valeur de vélocité est attribuée par convention à l'instant médian de l'intervalle de temps (par exemple, entre 0 s et 1 s, la vélocité est de 4,20 m.s^{-1} à 0,5 s) car la vélocité est supposée constante entre les deux instants. L'accélération peut être calculée de manière similaire et la valeur de l'accélération approchée sera attribuée à l'instant médian entre les deux vélocités. Il en résulte que les vélocités et les accélérations de début et de fin de course ne peuvent être estimées. Le Tableau A5.1 donne les valeurs calculées de la vélocité et de l'accélération pour l'ensemble de la course.

La valeur estimée de la vélocité instantanée se rapproche de la valeur réelle quand l'intervalle de temps utilisé pour le calcul se réduit. L'utilisation de caméras vidéo permet de réduire l'intervalle de temps à 0,04 s (pour une acquisition d'image à 25 Hz). L'acquisition d'image de certaines caméras peut atteindre jusqu'à 50

Hz, réduisant encore l'intervalle de temps. Dans ces conditions, la vélocité instantanée approchée sera très proche de la vélocité instantanée réelle.

t (s)	*s* (m)	*v* ($m.s^{-1}$)	*a* ($m.s^{-2}$)
0,0	**0,00**		
0,5		**4,20**	
1,0	**4,20**		**-3,03**
1,5		**7,23**	
2,0	**11,43**		**-1,68**
2,5		**8,91**	
3,0	**20,34**		**-1,51**
3,5		**10,42**	
4,0	**30,76**		**-1,10**
4,5		**11,52**	
5,0	**42,28**		**-0,61**
5,5		**12,13**	
6,0	**54,41**		**-0,16**
6,5		**12,29**	
7,0	**66,70**		**-0,29**
7,5		**12,00**	
8,0	**78,70**		**-0,75**
8,5		**11,25**	
9,0	**89,95**		**-1,20**
9,5		**10,05**	
10,0	**100,00**		

Tableau A5.1 : Vélocités et accélérations instantanées calculées par dérivation numérique pour une course de 100 m.

Chapitre 6

Représentation graphique des données cinématiques — intégration numérique

Points clés	
Intégration numérique	L'intégration numérique est une méthode permettant de calculer la variation totale d'une variable par rapport à une autre, généralement le temps. Cette méthode s'applique sur les données recueillies au cours d'une expérience. En biomécanique, les variables les plus souvent utilisées sont le déplacement et la vélocité. L'intégration de la vélocité en fonction du temps donne la variation totale du déplacement. Plusieurs algorithmes permettent d'effectuer cette opération, le plus utilisé étant la méthode des trapèzes.
Surface sous une courbe	La surface sous une courbe entre deux points du temps correspond à la variation totale de la variable entre ces deux temps. Pour une courbe vélocité-temps, la surface sous la courbe entre deux points du temps correspond à la distance parcourue durant cette période.
Déplacements réels et estimés – méthode des trapèzes	La surface sous une courbe vélocité-temps peut être divisée en trapèzes représentant la distance parcourue au cours de chaque intervalle de temps. La surface de chaque trapèze est simple à calculer et la somme des surfaces de tous les trapèzes donne la surface totale sous la courbe. Cette surface totale calculée est une estimation de la surface totale réelle donc la distance calculée est une estimation de la distance réelle. Plus l'intervalle de temps pour chaque trapèze est court, plus la valeur estimée se rapproche de la valeur réelle.

1. Intégration

Dans le Chapitre A5, nous avons vu que la dérivation permet de déterminer la vélocité à partir du déplacement et l'accélération à partir de la vélocité. L'**intégration** est le processus inverse qui permet déterminer la vélocité à partir de l'accélération et le déplacement à partir de la vélocité :

Dérivation : *Déplacement → Vélocité → Accélération*
Intégration : *Accélération → Vélocité → Déplacement*

La dérivation consiste à calculer le gradient de la courbe à un instant donné alors que l'intégration consiste à calculer la surface sous la courbe.

La Figure A6.1a représente le mouvement d'un objet à vélocité constante. Nous avons vu dans le Chapitre A5 que :

$$v = \frac{s_2 - s_1}{t_2 - t_1}$$

où v est la vélocité de l'objet, $s_2 - s_1$ est la variation du déplacement et $t_2 - t_1$ est la différence de temps entre l'instant 1 et l'instant 2.

Donc :

$$\Delta s = \int_{t_2}^{t_1} v.dt$$

Dans la Figure A6.1b, la courbe de vélocité est plus complexe. La surface sous la courbe peut être représentée de façon approximative par plusieurs rectangles de largeur δt. La surface de chaque rectangle ($v \times \delta t$) est approximativement égale à la variation du déplacement au cours de la période δt. La surface totale sous la courbe (et donc la variation totale du déplacement entre t_1 et t_2) est approximativement égale à la somme des surfaces de tous les rectangles entre t_1 et t_2. Ce n'est qu'une approximation car la vélocité est supposée constante au cours de chaque intervalle δt. Plus δt est court, plus l'approximation est proche de la réalité (elle serait exacte pour $\delta t = 0$).

Le cas idéal, où les intervalles de temps sont si courts que la somme des rectangles est exactement égale à la surface sous la courbe, est représenté dans la Figure A6.1c. La variation du déplacement entre t_1 et t_2 s'écrit alors comme suit :

$$\Delta s = \int_{t_1}^{t_2} v.dt$$

Où Δs est la variation du déplacement (en biomécanique, le symbole Δ représente une variation significative), v est la vélocité et t est le temps. Le symbole $\int$ représente l'intégration. La lettre d précède la variable selon laquelle la variation est mesurée (ici le temps t) et t_1 et t_2 sont les limites de l'intégration.

Le même raisonnement montre que la surface sous la courbe d'accélération-temps entre deux points du temps correspond à la variation de vélocité, qui s'écrit de la façon suivante :

$$\Delta v = \int_{t_1}^{t_2} a.dt$$

Où a est l'accélération.

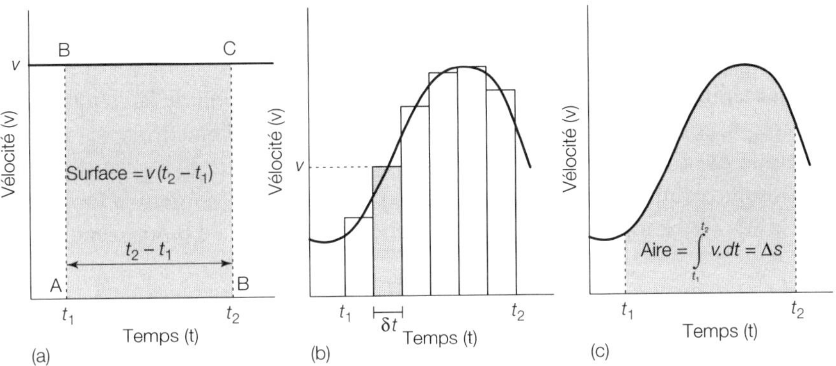

Fig. A1.6 : Surface sous la courbe de vélocité-temps selon l'aspect de la courbe.

2. Intégration numérique

En biomécanique, les données utilisées pour l'intégration sont le plus souvent recueillies par des plaques de force et des accéléromètres. La seconde loi de Newton (F = ma) permet de calculer l'accélération à partir de la force mesurée par une plaque de force. L'intégration de l'accélération permet ensuite de calculer la vélocité et l'intégration de la vélocité permet de calculer le déplacement. L'**intégration numérique** consiste à déterminer la **surface sous une courbe de données** en additionnant les surfaces des colonnes qui la composent (voir Fig. A1.6b). La **méthode des trapèzes** est la technique la plus couramment employée.

La Figure A6.2 montre une courbe de vélocité-temps dans laquelle le temps est divisé en intervalles Δt de durées égales. La courbe peut être représentée par une série de trapèzes. Un trapèze est un quadrilatère possédant au moins deux côtés parallèles. La surface sous la courbe est approximativement égale à la somme des surfaces des trapèzes. La surface d'un trapèze est égale au produit de sa base par la demi-somme de ses côtés. La base de chaque trapèze est ici égale à l'intervalle de temps Δt et les côtés correspondent à deux valeurs successives de la vélocité (v_i et v_{i+1}). La surface d'un seul trapèze est donc égale à $\Delta t.(v_i+v_{i+1})/2$. Pour n intervalles, la surface totale sous la courbe de vélocité est la suivante :

$$\text{Surface} = \Sigma \left(\Delta t. \frac{v_i + v_{i+1}}{2}\right) \quad \text{pour i = 1 à n– 1}$$

Cette surface correspond à la variation du déplacement (Δs) entre t_1 et t_2. Le symbole Σ signifie la somme de tous les termes entre les limites établies (ici de 1 à n-1). La surface sous une courbe d'accélération-temps est la suivante :

$$\text{Surface} = \Sigma \left(\Delta t. \frac{a_i + a_{i+1}}{2}\right) \qquad \text{pour } i = 1 \text{ à } n-1$$

Cette surface correspond à la variation de vélocité (Δv) entre t_1 et t_2. La Figure A6.3 donne un exemple de calcul de la variation du déplacement à partir de ces équations.

La méthode des trapèzes ne donne qu'une approximation de la véritable surface sous la courbe car on considère que la courbe est une ligne droite sur chaque intervalle Δt. L'approximation est plus proche de la réalité si les intervalles de temps sont réduits (plus les trapèzes sont étroits, plus ils « épousent la forme » de la courbe). Cette approximation reste cependant suffisante en biomécanique.

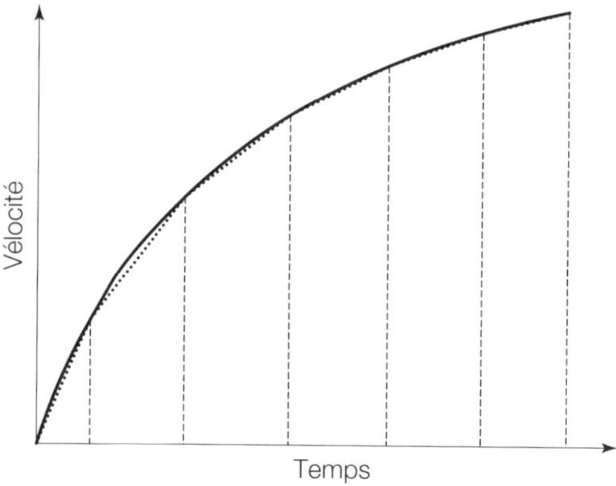

Fig. A6.2 : Courbes de vélocité réelle (ligne pleine) et approchée selon la méthode des trapèzes (pointillés). Les deux courbes se confondent quand l'intervalle de temps se réduit.

Problème

Calculez la distance parcourue (c'est-à-dire la variation du déplacement) par le sprinteur au cours des 3 premières secondes à partir du tableau ci-dessous.

Temps (s)	Vélocité (m/s)
0,0	0
0,5	2,2
1,0	3,3
1,5	4,0
2,0	4,6
2,5	5,1
3,0	5,5

Solution

Selon la méthode des trapèzes : $\Delta s = \Sigma(\Delta t.(Vi + Vi_{+1})/2)$ pour $i = 1$ à 6

Δs = ((0,0 + 2,2)/2) × 0,5
+ ((2,2 + 3.3)/2) × 0,5
+ ((3,3 + 4,0)/2) × 0,5
+ ((4,0 + 4,6)/2) × 0,5
+ ((4,6 + 5,1)/2) × 0,5
+ ((5,1 + 5,5)/2) × 0,5
= 0,55 + 1,375 + 1,825 + 2,15 + 2,425 + 2,65

Δs = 10,825 m

Fig. A6.3 : Exemple d'intégration numérique.

Chapitre 7

Mouvement d'un projectile sous accélération uniforme

Points clés	
Introduction	La seconde loi de Newton implique qu'un corps soumis à une force constante subit une accélération constante. La chute libre d'un objet en est un exemple : la force d'attraction entre l'objet et la Terre lui procure une accélération constante de -9,81 m/s^{-2}.
Effets d'une accélération constante	Un corps soumis à une accélération constante voit sa vélocité varier de façon linéaire et sa position varier de façon curvilinéaire en fonction du temps. La vélocité et la position d'un corps soumis à une accélération constante peuvent être calculées en tout point du mouvement à partir des équations galiléennes sous accélération uniforme. Ces équations permettent par exemple de calculer la hauteur atteinte par le centre de gravité d'un athlète au cours d'un saut.
Mouvement d'un projectile	Un projectile est un corps sans appui qui ne subit que les forces de la gravité et de la résistance de l'air. Ce corps possède une vélocité horizontale et une vélocité verticale tout au long de trajectoire. Si la résistance de l'air est négligeable, la vélocité horizontale reste constante et la vélocité verticale est modifiée par l'accélération constante due à la gravité : la trajectoire du projectile sera parabolique.
Portée maximale d'un projectile	Pour un projectile atterrissant à la même hauteur que celle où il a été lancé, la portée dépend de sa vélocité et de son angle d'envol. La portée est proportionnelle au carré de la vélocité à l'envol. Un angle d'envol de 45° permet d'atteindre la portée maximale, quelle que soit la vélocité.

Projectile avec des hauteurs différentes d'envol et d'atterrissage	Pour un projectile atterrissant à une hauteur différente de celle de son envol, l'angle de projection optimal dépend de sa hauteur d'envol et de sa vélocité. En sport, la hauteur d'envol est le plus souvent supérieure à la hauteur d'atterrissage (lancer de poids par exemple) : l'angle optimal est alors toujours inférieur à 45 °. Plus la différence de hauteur est faible, plus l'angle optimal se rapproche de 45°. Plus la vélocité est importante, plus l'angle optimal se rapproche de 45°.

1. Introduction

L'accélération d'un corps est rarement constante (ou uniforme) quand ce corps est en contact avec le sol (phase d'envol du saut en hauteur sans élan par exemple) en raison de la variation des forces qui s'y appliquent. Le Chapitre B décrit ces forces et explique leurs effets sur le mouvement du corps.

L'accélération d'un corps est constante quand les forces auxquelles il est soumis sont constantes. Cette situation se produit par exemple quand un objet est dans les airs (lancer de poids ou phase de vol du saut en longueur) et que la seule force qu'il subit est la force gravitationnelle entre lui-même et la Terre (voir Chapitre B pour une explication en détail). Ceci n'est vrai que lorsque la résistance de l'air (voir Chapitre D) est considérée négligeable, ce qui est le cas pour des objets de masse importante se déplaçant à de faibles vélocités. L'accélération gravitationnelle varie légèrement selon la position de l'objet à la surface de la Terre (elle est un peu plus importante aux pôles qu'à l'équateur) mais elle est globalement égale à 9,81 $m.s^{-2}$. On la note précédée d'un signe négatif (-9,81 $m.s^{-2}$) car l'accélération est dirigée vers le bas, vers la surface de la Terre. L'accélération peut être constante dans d'autres situations que le vol. Un cycliste qui s'arrête de pédaler sur une route horizontale est soumis une décélération relativement constante, par exemple. De même, un bobsleigh, suivant qu'il descende ou remonte une pente d'inclinaison constante, subira une décélération ou une accélération relativement constante.

2. Effets d'une accélération constante

Quand un corps se déplace en ligne droite dans une seule direction sous une accélération constante (accélération constante d'une voiture en début de course, par exemple), sa vélocité augmente de façon linéaire dans le temps et sa position varie de façon curvilinéaire (exponentielle), comme le montre la Figure A7.1. La situation est un peu plus complexe quand l'objet se déplace en ligne droite mais dans deux directions. Dans le saut en hauteur sans élan, par exemple, la personne saute en l'air et atterrit au même endroit : l'accélération constante due à la gravité s'exerce durant les phases ascendante et descendante. Dans cette situation, la vélocité du corps décroît linéairement jusqu'à atteindre zéro au sommet du saut puis elle augmente de la même façon mais dans la direction opposée jusqu'à l'atterrissage. La position varie de façon curvilinéaire (voir Fig. A7.2).

Équations du mouvement sous accélération constante

Galilée, un mathématicien italien du XVIIe siècle, a été le premier à mettre en équations les variations de position et de vélocité d'un corps soumis à une accélération constante.

$$v_2 = v_1 + at$$

$$d = v_1 t + \frac{at^2}{2}$$

$$v_2^2 = v_1^2 + 2ad$$

$$d = (v_1 + v_2)\frac{t}{2}$$

Où

v_1 = vélocité initiale
v_2 = vélocité finale
d = variation de la position ou du déplacement
t = variation du temps

Ces équations permettent de décrire le mouvement d'un corps soumis à une accélération constante.

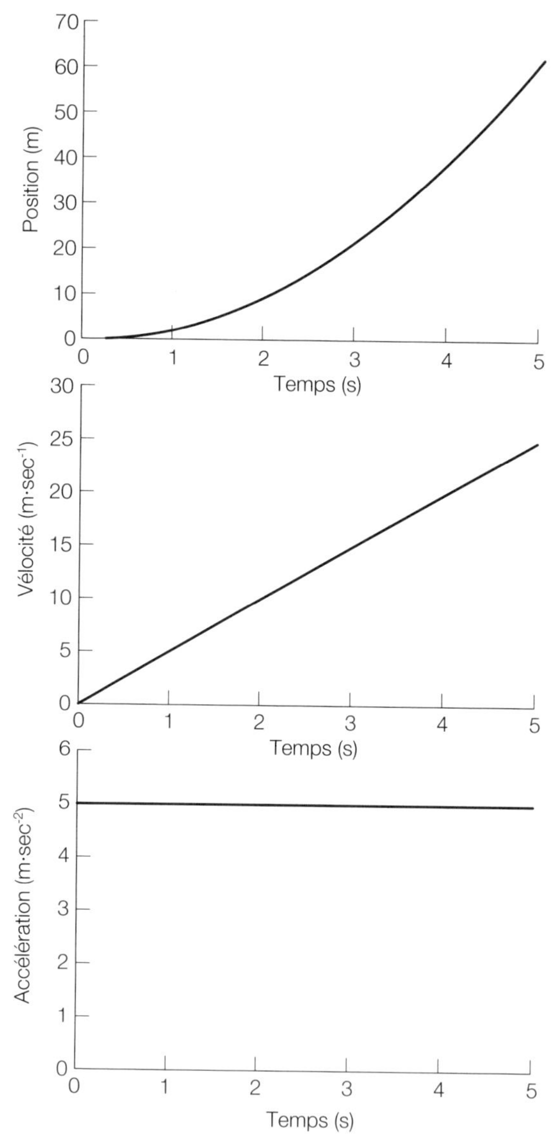

Fig. A7.1 : Position et vélocité horizontales d'un corps soumis à une accélération constante.

Applications des équations du mouvement sous accélération constante

L'analyse du mouvement sous accélération constante est très importante en biomécanique du sport. Il peut être intéressant de savoir à quelle hauteur a sauté un sportif, quelle vélocité peut être atteinte au bout d'un temps donné ou combien de temps faut-il pour atteindre une vélocité donnée. Les équations galiléennes fournissent les réponses à ces questions. Considérons par exemple un sujet effectuant un saut en hauteur sans élan avec une vélocité d'envol de son centre de gravité de 2,4 $m.s^{-1}$. Quel est le déplacement effectué par le centre de gravité entre l'envol et le sommet de sa trajectoire (c'est-à-dire : à quelle hauteur a-t-il sauté) ? La réponse nécessite plusieurs étapes :

1re étape : Choisir l'équation galiléenne appropriée

Dans cet exemple, nous connaissons la vélocité d'envol (v_1 = 2,4 $m.s^{-1}$) et la vélocité au sommet de la trajectoire (v_2 = 0 $m.s^{-1}$). Nous connaissons également l'accélération du centre de gravité au cours du saut (a = -9,81 $m.s^{-2}$). L'équation permettant de calculer le déplacement (d) du centre de gravité est donc :

$$v_2^2 = v_1^2 + 2ad$$

Les autres équations ne comprennent pas la variable que nous recherchons (d) ou comprennent des variables non disponibles (t).

2e étape : Réarranger les termes de l'équation si nécessaire

L'équation doit être réarrangée pour isoler d. Les étapes de ce réarrangement sont décrites ci-dessous :

$$v_2^2 = v_1^2 + 2ad$$

Soustraire v_1^2 des deux côtés de l'équation :

$$v_2^2 - v_1^2 = 2ad$$

Diviser les deux côtés de l'équation par 2a :

$$\frac{v_2^2 - v_1^2}{2a} = d$$

3e étape : Remplacer les variables connues pour calculer la variable inconnue

$$d = \frac{v_2^2 - v_1^2}{2a}$$

$$d = \frac{0^2 - (2,4)^2}{2 \times (-9,81)}$$

$$d = \frac{-5,76}{-19,62}$$

$$d = 0,29 \text{ m}$$

Le centre de gravité s'élève donc de 0,29 m entre l'envol et le point le plus haut de la trajectoire.

Supposons maintenant que l'équipement nécessaire pour mesurer la vélocité d'envol (plaque de force ou caméra vidéo) n'ait pas été disponible mais que l'on ait chronométré la durée du saut entre l'envol et l'atterrissage (0,488 s). En supposant que les phases ascendante et descendante soient de durée égale, l'équation suivante permet de calculer le déplacement du centre de gravité :

$$d = v_1 t + \frac{at^2}{2}$$

Dans cet exemple, v_1 est la vélocité du centre de gravité au sommet de la trajectoire ($v_1 = 0$), t est la moitié de la durée du saut (0,488 / 2 = 0,244 s) et d est le déplacement du centre de gravité entre le sommet de la trajectoire et l'atterrissage. L'équation n'a pas besoin d'être réarrangée :

$$d = v_1 t + \frac{at^2}{2}$$

$$d = (0 \times 0{,}244) + \frac{(-9{,}91 \times (0{,}244)^2)}{2}$$

$$d = -0{,}29 \text{ m}$$

Le déplacement est ici négatif car il est calculé durant la phase descendante du saut, donc dirigé vers le bas.

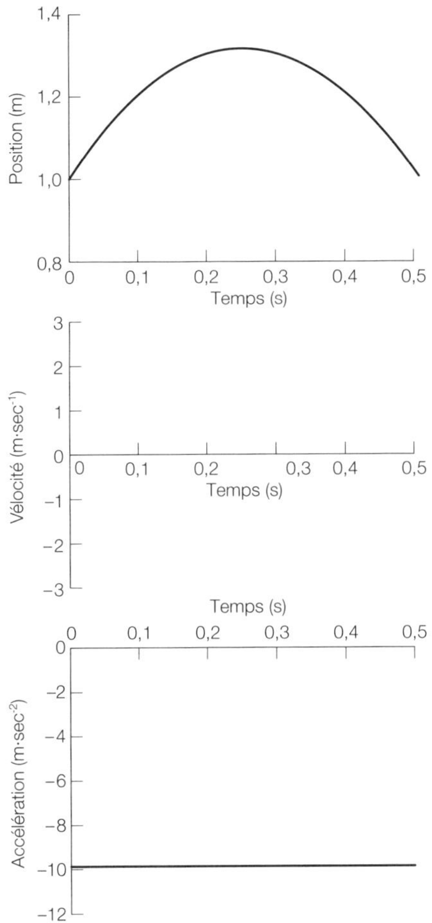

Fig. A7.2 : Position, vélocité et accélération verticales du centre de gravité au cours d'un saut en hauteur sans élan.

3. Mouvement d'un projectile

Dans les exemples ci-dessus, l'objet se déplaçait dans une seule direction (mouvement horizontal d'une voiture en début de course) ou sur une seule droite (mouvement vertical du centre de gravité au cours du saut en hauteur sans élan). Dans de nombreuses situations, cependant, l'objet possède une vélocité horizontale et une vélocité verticale à son point d'envol ou de lancer (ballon de football ou javelot par exemple) : l'objet se déplacera horizontalement et verticalement durant son vol. Un projectile est un corps sans appui qui ne subit que les forces de la gravité et de la résistance de l'air. Si la résistance de l'air est négligeable, comme c'est le cas pour les objets de masse importante se déplaçant à de faibles vitesses, la trajectoire du projectile sera une parabole (courbe symétrique par rapport à une droite verticale passant par son point le plus haut).

Plus le rapport de la vélocité verticale sur la vélocité horizontale est élevé, plus la trajectoire est pointue (voir Fig. A7.3).

Accélérations horizontale et verticale d'un projectile

Aucune force horizontale ne s'exerce sur le projectile si la résistance de l'air est négligée : son accélération horizontale est nulle. La vélocité d'atterrissage d'un poids ou d'un athlète effectuant un saut en longueur sera égale à sa vélocité d'envol. Le mouvement vertical du projectile est par contre affecté par la force de gravitation, qui procure une accélération de -9.81 m.s^{-2} aux corps situés à la surface terrestre. La vélocité de l'objet décroît jusqu'à atteindre zéro au sommet de la courbe. Le projectile acquiert ensuite une vélocité négative (dirigée vers le bas) qui augmente jusqu'à son atterrissage. Si le projectile atterrit à la même hauteur qu'à son envol, la magnitude de la vélocité sera la même au début qu'à la fin de la trajectoire. La Figure A7.4 montre la variation des vélocités horizontale et verticale d'un projectile tout au long de sa trajectoire.

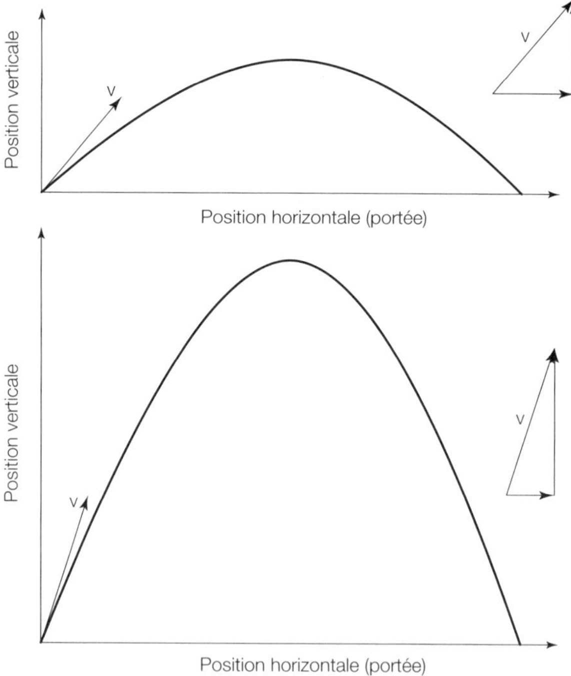

Fig. A7.3 : Effet des composantes horizontale et verticale de la vélocité d'envol sur la trajectoire.

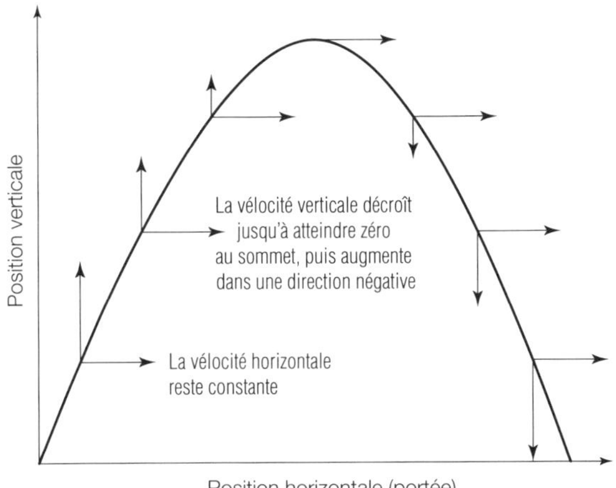

Fig. A7.4 : Variation des vélocités horizontale et verticale d'un projectile le long de sa trajectoire.

4. Portée maximale d'un projectile

En sport, l'objectif est souvent d'atteindre une portée (ou déplacement horizontal) maximale (dégagement du gardien au football par exemple). La portée d'un projectile atterrissant à la même hauteur qu'à son envol se calcule par l'équation suivante, obtenue à partir des équations du mouvement sous accélération uniforme :

$$P = \frac{v^2 \sin \theta}{g}$$

où

P = portée ou déplacement horizontal

v = vélocité d'envol résultante

θ = angle d'envol, défini comme l'angle entre le vecteur de la composante horizontale de la vélocité et le vecteur de la vélocité résultante au point d'envol

g = accélération gravitationnelle (-9,81 $m.s^{-2}$)

Cette équation montre que la portée est proportionnelle au carré de la vélocité d'envol pour un angle d'envol donné (voir Fig. A7.5).

Elle permet également de déterminer l'angle d'envol optimal d'un projectile (c'est-à-dire l'angle permettant d'atteindre la portée maximale). Le sinus d'un angle de 90° est de 1 et tout angle supérieur ou inférieur à 90° aura un sinus inférieur à 1. L'équation comporte l'expression « sin 2θ » qui sera donc égale à 1 pour un angle de 45° (angle d'envol optimal, voir Fig. A7.6). Pour une vélocité donnée, la portée atteinte avec un angle d'envol inférieur à 45° d'un certain nombre de degrés sera égale à celle atteinte avec un angle d'envol supérieur à 45° du même nombre de degrés. Si la vélocité du projectile est de 20 $m.s^{-1}$, sa portée sera de 38,3 m que l'angle soit de 35° ou de 55° (voir Fig. A7.6).

Calculer la hauteur et la durée de vol d'un projectile

C'est parfois la hauteur (H) atteinte par le projectile (interception au volley-ball) ou son temps (T) de vol (passe au football) qui importe en biomécanique du sport. Ces variables peuvent être calculées par les équations suivantes, obtenues à partir des équations du mouvement sous accélération uniforme :

$$P = \frac{(v\sin\theta)^2}{2g}$$

$$P = \frac{2v\sin\theta}{g}$$

Pour un joueur de volley-ball effectuant une interception qui a un angle d'envol de 80° et une vélocité d'envol de 3,2 $m.s^{-1}$, la hauteur parcourue par son centre de gravité est la suivante :

$$H = \frac{3{,}2^2 \times \sin^2 80}{2 \times 9{,}81}$$

$$H = \frac{10{,}24 \times 0{,}97}{19} 19{,}62$$

$$H = 0{,}51 \text{ m}$$

Le temps de vol d'un ballon de football frappé à une vélocité de 16 $m.s^{-1}$ selon un angle de 56° est le suivant :

$$H = \frac{2 \times 16 \times \sin 56}{9} 9{,}81$$

$$H = \frac{32 \times 0{,}829}{9} 9{,}81$$

$$H = 2{,}70 \text{ s}$$

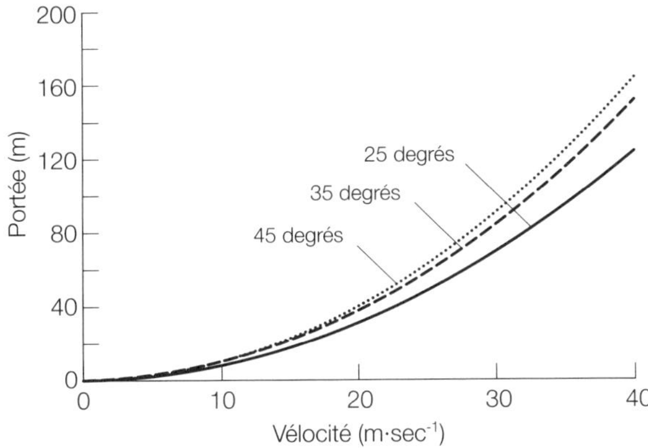

Fig. A7.5 : Effet de la vélocité d'envol sur la portée d'un projectile, selon trois angle d'envol différents.

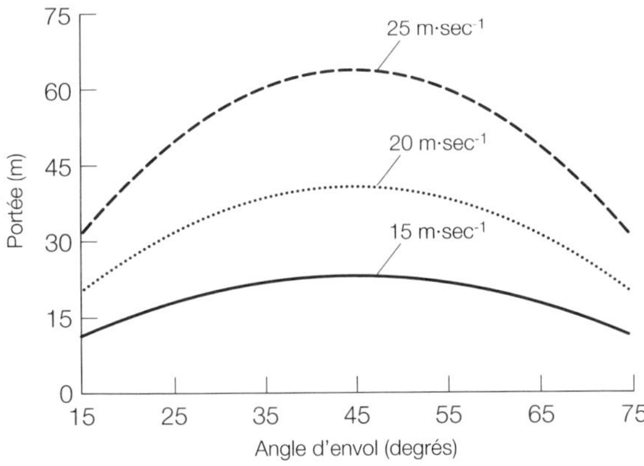

Fig. A7.6 : Effet de l'angle d'envol sur la trajectoire d'un projectile, selon trois vélocités d'envol différentes.

5. Projectile avec des hauteurs différentes d'envol et d'atterrissage

Dans les exemples précédents, les projectiles atterrissaient à la même hauteur qu'à leur envol (passe ou dégagement au football par exemple). Dans de nombreux sports, cependant, le projectile est lancé à une hauteur supérieure (lancer de poids ou saut en longueur par exemple) ou inférieure (lancer franc au basketball) à celle de son atterrissage. Deux nouvelles équations sont nécessaires pour calculer la portée et le temps de vol d'un projectile avec des hauteurs différentes d'envol et d'atterrissage :

$$R = \frac{v^2 \sin\theta \cos\theta + v\cos\theta \sqrt{(v\sin\theta)^2 + 2gh}}{g}$$

$$T = \frac{v\sin\theta + \sqrt{(v\sin\theta)^2 + 2gh}}{g}$$

Dans ces situations, l'angle d'envol optimal n'est plus de 45°, comme pour les projectiles avec la même hauteur d'envol et d'atterrissage. L'angle d'envol optimal est toujours inférieur à 45° pour les projectiles avec une hauteur d'envol supérieure à celle de leur atterrissage (lancer de poids par exemple). À l'inverse, l'angle d'envol optimal est toujours supérieur à 45° pour les projectiles avec une hauteur d'envol inférieure à celle de leur atterrissage (lancer franc au basketball par exemple). La valeur de l'angle d'envol optimal dépend de la vélocité d'envol et de la différence de hauteur entre l'envol et l'atterrissage, comme le montre l'équation suivante :

$$\cos 2\theta = \frac{gh}{v^2 + gh}$$

Dans le cas du saut en longueur ou du lancer de poids, l'angle d'envol ou de lancer optimal diminue quand la différence de hauteur augmente. Par exemple, pour une vélocité de lancer donnée, l'angle de lancer optimal sera plus faible pour un lanceur de poids avec une hauteur de lancer haute que pour un lanceur de poids avec une hauteur de lancer plus basse. L'angle d'envol optimal dépend également de la vélocité du projectile. Plus la vélocité est importante, plus l'angle optimal se rapproche de 45°. La Figure A7.7 montre les effets de la hauteur et de la vélocité d'envol sur l'angle d'envol optimal. À de faibles vélocités (inférieures à 5 $m.s^{-1}$), de légères variations de vélocité ont un effet important sur l'angle de projection optimal. À des vélocités plus importantes (10-15 $m.s^{-1}$), les mêmes variations de vélocité n'ont que peu d'effet sur l'angle de projection optimal.

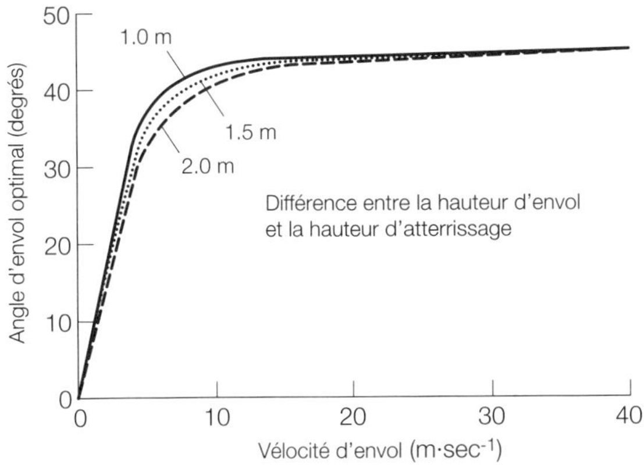

Fig. A7.7 : Effet de la vélocité d'envol sur l'angle d'envol optimal pour les projectiles avec des hauteurs différentes d'envol et d'atterrissage.

Partie B

Cinétique du mouvement linéaire

Chapitre 1

Forces

Points clés	
Forces de contact et forces d'attraction	Les forces peuvent être de contact ou d'attraction. La force gravitationnelle entre deux corps possédant une masse est une force d'attraction. La force exercée par le pied sur un ballon de football ou la force exercée par le pied sur le sol pour courir sont des forces de contact. Toute force produit ou affecte le mouvement, bien que cet effet sur le mouvement (accélération ou décélération) ne soit pas toujours apparent. Quand un livre est poussé le long d'un table, le mouvement ne se produit que lorsque la force de poussée devient supérieure à la force de frottement entre le livre et la table.
Forces internes et forces externes	Les forces peuvent être externes ou internes. La force exercée par une raquette de tennis sur une balle est une force externe. Les forces s'exerçant au niveau de l'articulation du coude quand la raquette frappe la balle sont des forces internes.
Force et inertie	La modification du mouvement (accélération ou décélération) d'un corps nécessite l'application d'une force sur ce corps. L'inertie est la tendance d'un corps à maintenir invariable son mouvement. Elle est directement proportionnelle à la masse : plus la masse d'un objet est importante, plus son inertie est importante. Plus un livre est lourd, plus la force requise pour le déplacer le long d'une table à une vitesse donnée est importante.
Masse et poids	La masse correspond au nombre d'atomes ou de molécules dans un corps. Elle est relativement constante pour un corps donné. Si votre masse est de 75 kg sur Terre, elle sera de 75 kg sur la Lune. Le poids correspond à une force s'exerçant sur un corps. Il dépend de la planète et de la localisation du corps sur cette planète. Un corps pèse moins sur la Lune que sur Terre.

Valeurs vectorielles	Les valeurs vectorielles sont définies par une magnitude et une direction. Les forces sont représentées par des vecteurs, mathématiquement ou graphiquement par des flèches orientées à l'échelle. La longueur de la flèche représente la magnitude de la force et son orientation/angle représente la direction de la force.
Résolution des forces	Plusieurs forces agissant simultanément sur un corps peuvent être résolues en une seule force. Cette résolution peut se faire mathématiquement ou graphiquement (méthode «de la pointe à la queue »). Les forces peuvent être résolues en deux ou trois dimensions. La résolution des forces est une notion essentielle pour comprendre les performances et le mécanisme des blessures en biomécanique.

1. Forces d'attraction et forces de contact

En biomécanique, les forces peuvent être séparées en deux catégories : les forces d'attraction et les forces de contact. Les **forces d'attraction**, telles la force gravitationnelle, résultent de l'interaction de deux masses. La force gravitationnelle de la Terre s'exerce sur le corps humain. Le corps humain exerce également une force d'attraction sur la Terre mais de magnitude beaucoup plus faible. Les autres forces impliquées dans la motricité humaine sont des **forces de contact**, telle la force de frottement entre le pied et le sol au cours de la marche. Les forces de contact modifient la direction ou la vitesse du mouvement (accélération ou décélération). **Toute force produit ou affecte le mouvement** mais ce mouvement n'est pas toujours apparent. Parmi les exemples de forces de contact en motricité humaine, on peut citer : la force de réaction entre le pied et le sol à la réception d'un saut, la force d'impact entre deux joueurs se heurtant au football, la force appliquée à une balle de tennis par une raquette et la force exercée par le muscle quadriceps sur l'articulation du genou au cours de sa contraction.

Les forces peuvent également être caractérisées comme externes ou internes au corps humain. Les **forces externes** sont les forces s'exerçant à l'extérieur du corps humain (frappe dans un ballon par exemple) alors que les **forces internes** s'exercent à l'intérieur du corps humain (forces s'exerçant sur le ligament croisé antérieur au cours d'un tacle au rugby par exemple). Plusieurs forces externes sont généralement à l'origine des forces internes s'exerçant sur les muscles, les os, les articulations, les ligaments et les tendons. De nombreuses forces internes et externes s'appliquent en divers endroits du corps au cours d'un mouvement. L'accélération et la modification d'un mouvement seraient impossibles en l'absence de ces forces. La réalisation d'une performance particulière (course d'un sprint de 100 m en moins de 10 secondes) nécessite l'application et le contrôle rigoureux des forces impliquées. Ces forces peuvent également être à l'origine de blessures : l'étude des forces contribue à l'amélioration des performances et à la prévention des blessures. Essayez d'identifier les forces internes et externes impliquées dans les activités sportives montrées dans la Figure B1.1.

Fig. B1.1 : Forces impliquées dans différentes activités sportives.

2. Force et inertie

La modification du mouvement (sans envisager la rotation dans ce chapitre) induite par l'application d'une force passe par une modification de la vitesse et/ou de la direction. L'initiation du mouvement d'un objet nécessite qu'une force lui soit appliqué. L'**inertie** est définie comme la tendance d'un corps à maintenir invariable son mouvement (que ce soit au début ou au cours du mouvement). L'inertie d'un corps est directement proportionnelle à la masse de ce corps. La **masse**, mesurée en kilogrammes (kg), est définie comme la quantité de matière (atomes et molécules) présente dans un corps. La masse d'un corps reste relativement constante dans le temps (pour le corps humain, elle est bien sûr modifiée par les apports alimentaires et liquidiens). La masse d'un corps est la même sur Terre que sur la Lune. Si votre masse est de 55 kg sur Terre, elle sera de 55 kg sur toute autre planète ou même dans l'espace.

Pour comprendre la notion d'inertie, imaginez-vous en train de pousser un livre le long d'une table. Le livre est d'abord immobile puis il commence à se déplacer (à accélérer) sous l'effet de la force qui lui est appliquée. La résistance du livre à la poussée correspond à la force de frottement entre le livre et la table. Cette force de frottement est proportionnelle au poids du livre. Plus la masse du livre est importante, plus son poids est important et plus la force à appliquer au livre pour le déplacer devra être importante. Le livre ne se déplaçait pas au début de la poussée car la force appliquée était inférieure à la force de frottement entre le livre et la table. Imaginez maintenant que le livre soit beaucoup plus lourd : la force à exercer pour le déplacer à la même vitesse que le précédent est beaucoup plus importante. L'inertie de ce livre est plus importante car sa masse est plus importante : sa tendance à maintenir son mouvement invariable est plus forte.

Les mêmes notions d'inertie et de force s'appliquent en motricité humaine : si vous essayez de renverser une autre personne, vous ressentez une résistance à votre poussée. Cette résistance dépend de la masse de la personne et de la force de frottement entre cette personne et le sol. Il est plus difficile de renverser quelqu'un de 110 kg que quelqu'un de 52 kg (leur taille et la position de leur centre de gravité interviennent également).

3. Masse et poids

Nous avons vu précédemment que la masse est la quantité de matière dans un corps (nombre d'atomes et de molécules) et qu'elle reste relativement constante. Le **poids** est l'effet de la force gravitationnelle de la Terre sur un corps. La masse et le poids sont des variables différentes, exprimées dans des unités différentes. La masse est exprimée en kilogrammes et le poids est exprimé en Newtons (N) car il s'agit de la mesure d'une force s'exerçant sur un corps. Le Newton (du nom du mathématicien anglais Isaac Newton, 1642-1727) correspond à la force nécessaire pour accélérer d'1m/s^2 une masse d'1 kg :

$$1 \text{ Newton (N)} = 1 \text{ kilogramme (kg)} \times \frac{1\text{m}}{\text{s}^2}$$

Les termes de masse et de poids sont souvent confondus à tort. Vous avez souvent entendu poser la question : combien pesez-vous ? Pour répondre à cette question, il faut déterminer la force s'exerçant sur votre corps (poids) en fonction la force gravitationnelle de la Terre qui vous attire vers son centre. L'accélération due à la gravité étant de 9,81 m/s^2 au niveau de la mer, il est possible de déterminer votre poids si vous connaissez votre masse (voir Fig. B1.2).

La réponse sera cependant différente si vous êtes sur la Lune. La masse de la Lune est très inférieure à celle de la Terre et sa force gravitationnelle est donc beaucoup moins importante. Votre masse sera identique à celle sur Terre mais votre poids sera beaucoup plus faible.

La force est le produit de la masse par l'accélération (accélération due à la gravité dans le calcul du poids par exemple) :

$$F=ma$$

Où

F = force (exprimée en Newtons (N))

m = masse (exprimée en kilogrammes (kg))

a = accélération (exprimée en mètre par seconde au carré (m/s^2)

Cette équation peut être écrite de la façon suivante pour le calcul du poids d'un corps :

$$P=mg$$

Où

P = poids (exprimé en Newtons (N))

m = masse (exprimée en kilogrammes (kg))

g = accélération gravitationnelle (exprimée en mètre par seconde au carré (m/s^2)

Repensez maintenant à l'exemple du livre poussé le long d'une table : le début de son mouvement correspond à une accélération (sa vélocité passe de nulle quand il était immobile à positive quand il commence à bouger). Le produit de la masse du livre par son accélération correspond à la force de poussée exercée. Notez que pour conserver cette accélération, il faut continuer à appliquer cette force (F = ma). Les mêmes principes régissent la motricité humaine. Si vous frappez rapidement le sol du pied, vous ressentez une force plus importante que si vous posez doucement le pied sur le sol. De même, si vous utilisez une batte ou une raquette plus lourde pour frapper une balle, la force exercée sur la balle est plus importante. La notion de force et ses relations avec la masse et l'accélération sont essentielles pour la compréhension de la motricité humaine et seront développées plus en détail dans le chapitre concernant les lois du mouvement de Newton.

Poids sur Terre d'une personne de 75 kg

Poids = force exercée sur un corps par l'attraction terrestre au niveau de la mer (définie comme l'accélération de 9,81 m/s^2 due à la gravité)

Poids = masse x accélération due à la gravité

Poids = 75 kg x 9,81 m/s^2
Poids = 735,75 Newtons (N)

Fig. B1.2 : Calcul du poids

4. Valeurs vectorielles

La force est définie par une magnitude (« quantité » de force exercée) et une direction (direction dans laquelle elle s'exerce). Elle peut être représentée mathématiquement ou graphiquement par une flèche orientée à l'échelle. La longueur de la flèche représente la magnitude et son orientation/angle la direction (voir Fig. B1.3).

Quand deux forces s'exercent dans la même direction (verticalement par exemple), la résultante de ces deux forces correspond à la somme de leurs magnitudes. Le même principe s'applique quel que soit le nombre de forces parallèles entre elles s'exerçant dans la même direction (voir Fig. B1.4). Le signe de la somme de deux forces de directions opposées indique la direction (positive ou négative) de la résultante.

Imaginez maintenant que vous essayez de pousser une boîte le long d'une table. Si **UNE** seule force de poussée est appliquée, la boîte se déplacera dans le sens de cette force (si la poussée est suffisante). Si **DEUX** forces de poussée sont appliquées, la boîte se déplacera dans la direction de la résultante de ces deux forces. L'accélération de la boîte sera proportionnelle à la magnitude de la résultante des deux forces de poussée (voir Fig. B7.5).

La résultante de deux forces (ou plus) peut être déterminée de façon mathématique ou graphique. La résolution graphique (qui fonctionne quel que soit le nombre de forces coplanaires) passe par la méthode dite « de la pointe à la queue » : la queue de chaque vecteur représentant une force est accolée à la pointe du vecteur précédent. L'ordre de tracé des différents vecteurs n'a aucune importance : la résultante est toujours identique. Notez que cette méthode est également applicable pour des forces s'exerçant en trois dimensions. La Figure B1.6 illustre la méthode « de la pointe à la queue ».

La résolution mathématique passe par la trigonométrie. Chaque vecteur est réduit à sa composante horizontale et à sa composante verticale. La résultante est obtenue par la somme des composantes horizontales et des composantes verticales de tous les vecteurs. Les Figures B1.7a-h illustrent cette méthode mathématique.

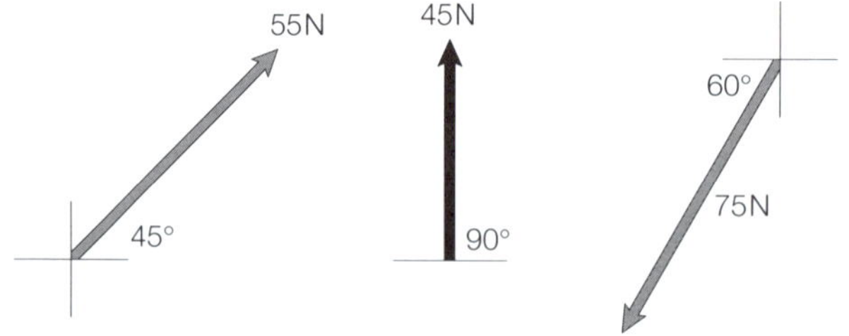

La longueur de la flèche (tracée à l'échelle) représente la magnitude de la force et son orientation/angle la direction de la force.

Fig. B1.3 : Représentation des forces par des vecteurs.

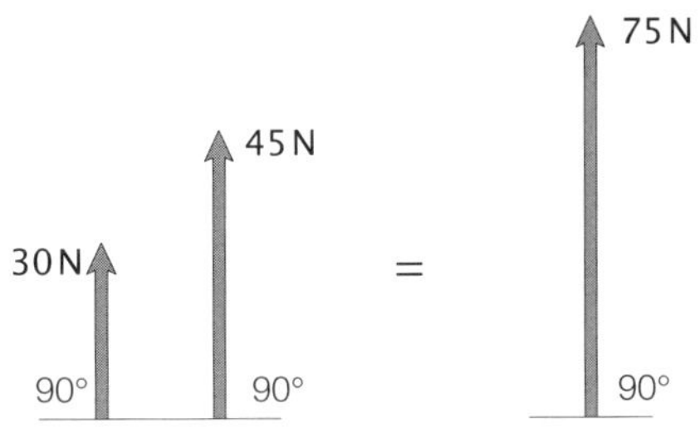

Fig. B1.4 : Résolution des forces représentées par des vecteurs.

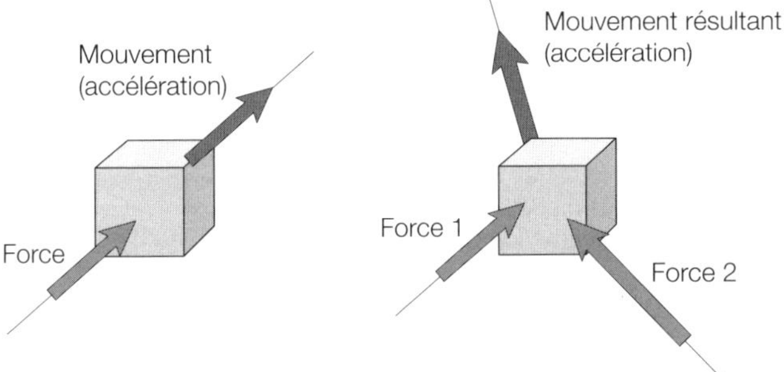

Fig. B1.5 : Résolution de deux forces de directions différentes appliquées à un corps.

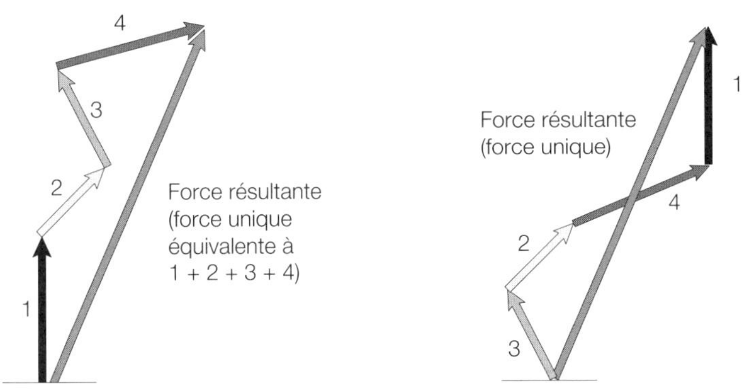

Fig. B1.6 : Résolution des forces (méthode graphique).

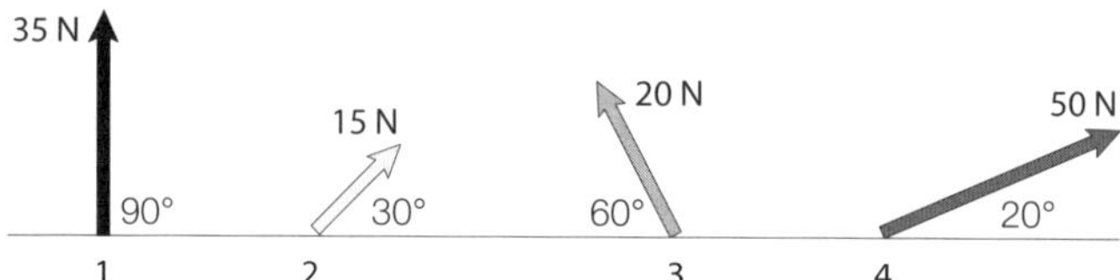

Toutes les forces doivent être représentées à partir de la même origine

Fig. B1.7a : Résolution des forces (méthode mathématique)

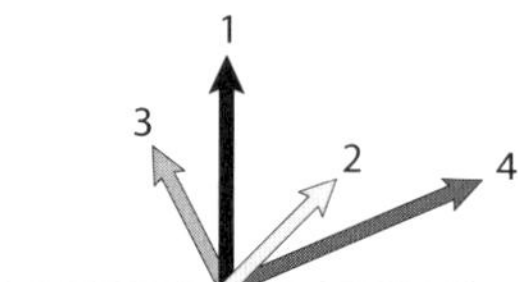

Les forces qui s'opposent doivent être soustraites et les forces dans la même direction doivent être additionnées. Ici, toutes les forces sont dirigées vers le haut. La force 3 a une composante horizontale dirigée vers la gauche alors que celles des forces 2 et 4 sont dirigées vers la droite : elles doivent être soustraites. La force 1 n'a pas de composante horizontale.

Fig. B1.7b : Résolution des forces (méthode mathématique)

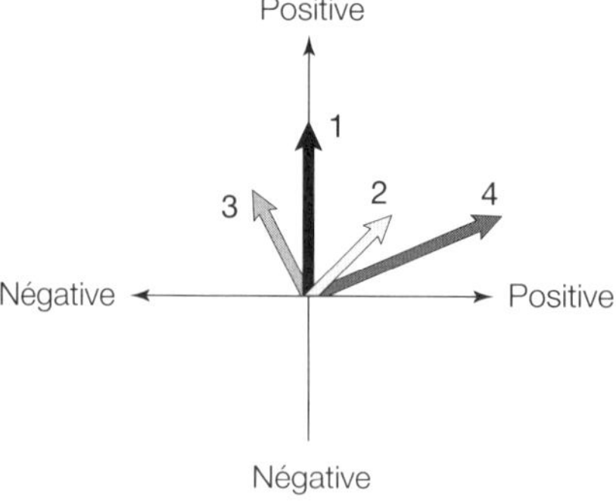

On définit des directions positives et négatives pour déterminer la direction de la résultante à la fin du calcul.

Fig. B1.7c : Résolution des forces (méthode mathématique)

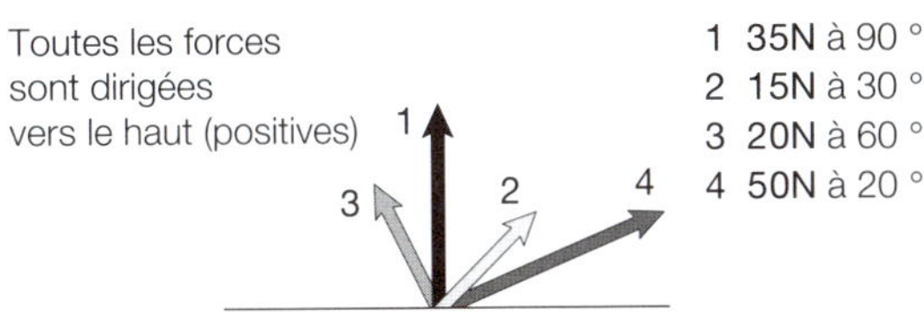

Somme des composantes verticales = F sin θ

F sin θ

= 35 sin 90° + 15 sin 30° + 20 sin 60° + 50 sin 20°

= (35 × 1,0) + (15 × 0,5) + (20 × 0,866) + (50 × 0,342)

= 35 + 7,5 + 17,32 + 17,1

= **76,92 N** (composante verticale de la résultante)

Fig. B1.7d : Résolution des forces (méthode mathématique)

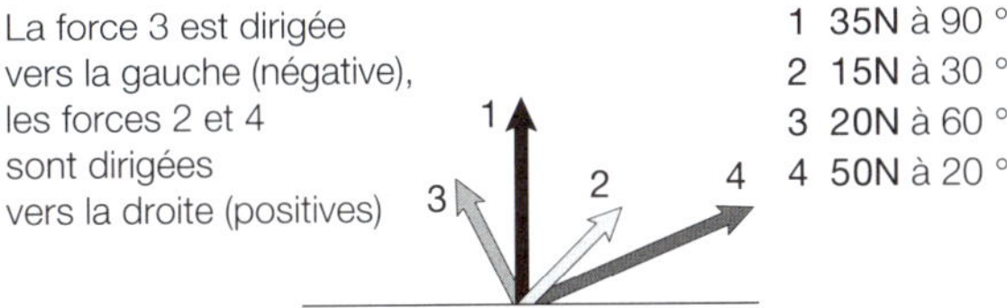

Somme des composantes horizontales = F cos θ

F cos θ

= 35 cos 90° + 15 cos 30° + (–20 cos 60°) + 50 cos 20°

= (35 × 0) + (15 × 0,866) + (–20 × 0,5) + (50 × 0,939)

= 0 + 12,99 + (–10) + 46,95

= **49,94 N** (composante horizontale de la résultante)

Fig. B1.7e : Résolution des forces (méthode mathématique)

Les équations suivantes permettent la résolution des composantes verticale (a) et horizontale (c) et dérivent des équations trigonométriques dans un triangle rectangle (b représente la force résultante)

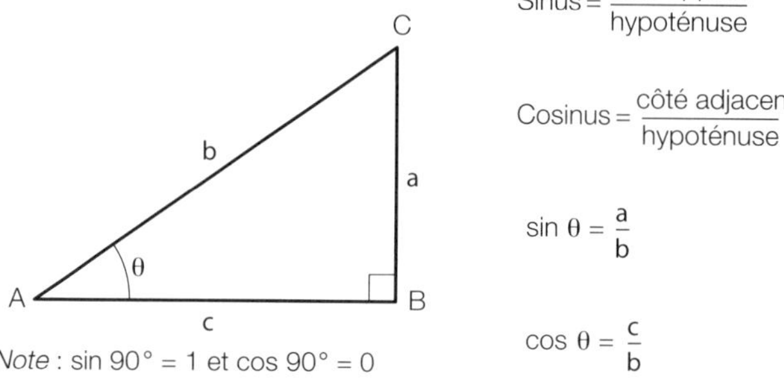

Fig. B1.7f : Résolution des forces (méthode mathématique)

Calcul de la résultante (théorème de Pythagore)

Magnitude de la force résultante (R) = $\sqrt{CV^2 + CH^2}$

Où
CV = composante verticale
CH = composante horizontale

$$R = \sqrt{CV^2 + CH^2}$$
$$\sqrt{76{,}92^2 + 49{,}94^2}$$
$$\sqrt{5916 + 2494}$$
$$= 91{,}71 \text{ N}$$

Angle de la force résultante

$$\tan \theta = \frac{CV}{CH}$$

$$\tan \theta = \frac{76{,}92}{49{,}94}$$

D'où $\theta = 57{,}0°$

Fig. B1.7g : Résolution des forces (méthode mathématique)

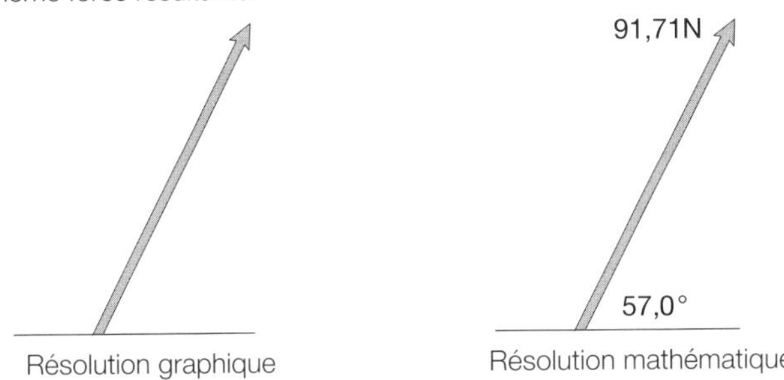

Fig. B1.7g : Résolution des forces (méthode mathématique)

5. Application

La Figure B1.8 montre les forces s'exerçant au niveau du pied dans le plan sagittal et dans le plan frontal quand le pied touche le sol au cours de la marche. Deux forces s'exercent dans le plan sagittal et deux forces s'exercent dans le plan frontal (la force verticale étant commune aux deux plans). Les forces dans le plan sagittal sont la **force verticale** (dirigée vers le haut) et la **force antéro-postérieure** dirigée vers l'arrière (force de freinage). La **force médio-latérale** s'exerce dans le plan frontal. Le schéma montre également la résultante de ces trois forces. Cette résultante est appelée **force de réaction du sol** et elle agit selon une direction et une magnitude particulières. Cette force est impliquée dans le mécanisme des blessures. Elle dépend de la vitesse de la course, du type de chaussures, du mode de course, du revêtement du sol et des blessures antérieures. La compréhension de l'origine et l'amortissement de ces forces sont essentiels pour l'amélioration des performances et la prévention des blessures.

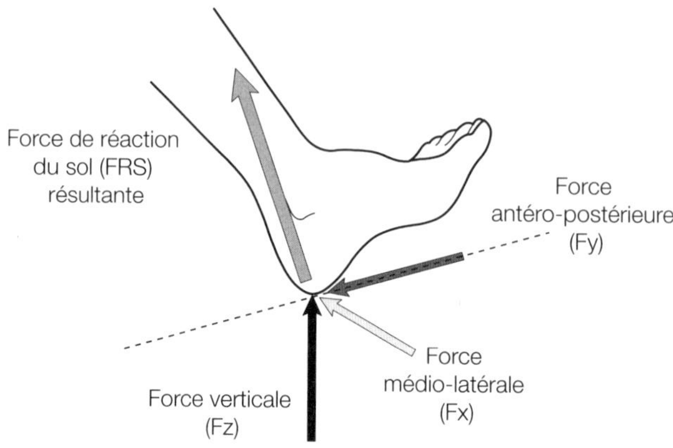

Fig. B1.8 : Forces s'exerçant au contact du pied sur le sol au cours de la marche.

Chapitre 2

Lois du mouvement de Newton — Mouvement linéaire

Points clés	
Lois de Newton	Isaac Newton a énoncé trois lois du mouvement qui peuvent s'appliquer à l'étude de la motricité humaine.
1. Principe d'inertie	Tout corps persévère dans l'état de repos ou de mouvement uniforme en ligne droite dans lequel il se trouve, à moins qu'une force n'agisse sur lui, et ne le contraigne à changer d'état. Par exemple, un ballon de football immobile exerce une force sur le sol qui est contrebalancée par la force qu'exerce le sol sur le ballon (force nette nulle). En l'absence de gravité, un corps projeté dans les airs conserve un mouvement linéaire à vélocité uniforme constante (à moins qu'une force externe ne lui soit appliquée).
2. Principe fondamental de la dynamique	La modification du mouvement (accélération) induite par l'action d'une force sur un corps se produit dans la direction de cette force. Cette accélération est proportionnelle à la force nette qu'il subit et inversement proportionnelle à la masse du corps. Quand on pousse un corps le long d'une table, par exemple, son accélération dépend de la force nette qui lui est appliquée. Plus la masse du corps est importante, plus la force nette doit être importante pour obtenir la même accélération.
3. Principe des actions réciproques	Tout corps A exerçant une force sur un corps B subit une force d'intensité égale, de même direction mais de sens opposé, exercée par le corps B. Quand la tête d'un joueur de football entre en contact avec un ballon, par exemple, la tête exerce une force sur le ballon et le ballon exerce une force d'intensité égale, de même direction mais de sens opposé, sur la tête.

$\sum F = ma$	Cette formule est celle de la seconde loi de Newton. La somme de toutes les forces (force nette) s'exerçant sur un corps est égale au produit de la masse du corps par son accélération.
Forces équilibrées ou non équilibrées	Les forces sont dites équilibrées quand la force nette est égale à zéro : la vélocité du corps reste constante. Les forces sont dites non équilibrées quand la force nette est différente de zéro : le corps accélère.
Forces externes	La force nette correspond à la somme de toutes les forces externes agissant sur un corps. Elle est à l'origine de l'accélération de l'objet (accélération, décélération, initiation ou arrêt du mouvement).

1. Lois de Newton

Isaac Newton (1642-1727) a énoncé trois lois du mouvement qui forment la base de la mécanique newtonienne et qui peuvent s'appliquer à la motricité humaine et à la biomécanique :

Première loi : Principe d'inertie
Tout corps persévère dans l'état de repos ou de mouvement uniforme en ligne droite dans lequel il se trouve, à moins qu'une force n'agisse sur lui, et ne le contraigne à changer d'état.

Deuxième loi : Principe fondamental de la dynamique
La modification du mouvement (accélération) induite par l'action d'une force sur un corps se produit dans la direction de cette force. Cette accélération est proportionnelle à la force nette qu'il subit et inversement proportionnelle à la masse du corps.

Troisième loi : Principe des actions réciproques
Tout corps A exerçant une force sur un corps B subit une force d'intensité égale, de même direction mais de sens opposé, exercée par le corps B.

2. Forces non équilibrées

Reprenons l'exemple du livre poussé le long d'une table du Chapitre B1. Le livre ne commence à se déplacer que lorsque la force appliquée au livre devient supérieure à la force de frottement qui s'y oppose. Le livre reste immobile si ces deux forces (force de poussée et force de frottement) sont égales (c'est-à-dire équilibrées). La notion de force nette est liée à celles des forces équilibrées ou non équilibrées. La force nette correspond à la somme de toutes les forces (positives et négatives) agissant sur un corps. Les forces sont équilibrées si la force nette est égale à zéro : la vélocité du corps reste constante (pas d'accélération). Les forces sont non équilibrées si la force nette est différente de zéro : le corps subit une accélération (à condition que la force nette dépasse la force de frottement). Pour initier le mouvement, il faut dépasser la force de frottement ; pour poursuivre l'accélération d'un corps, il faut dépasser son inertie. La résistance de l'air exerce une force externe qui s'oppose au mouvement (cette force est cependant négligeable dans l'exemple du livre poussé le long d'une table). La Figure B2.1 illustre la notion de forces équilibrées et non équilibrées.

Les mêmes principes s'appliquent en motricité humaine. Pour soulever des haltères d'un certain poids, par exemple, il faut exercer une force supérieure à celle qu'exerce la gravité sur les haltères (car la gravité s'oppose au mouvement vertical dirigé vers le haut).

Notez que la gravité ne s'exerce comme une force externe que lorsque le mouvement comporte une composante verticale (vers le haut ou vers le bas) bien que, techniquement, tous les objets sur cette planète soient soumis à la gravité.

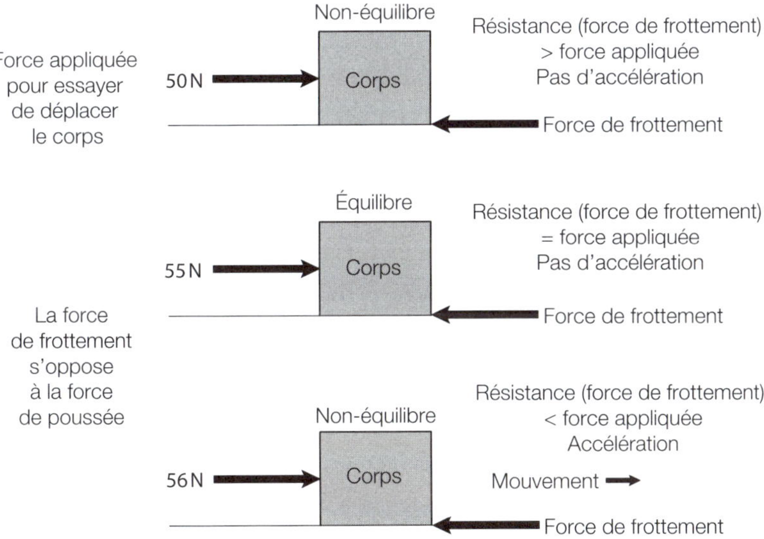

Fig. B2.1 : Forces équilibrées et non équilibrées.

3. Corps stationnaire

La première loi de Newton implique qu'un corps qui ne se déplace pas restera stationnaire à moins qu'on lui applique une force non équilibrée. Il est **difficile de voir comment cette loi peut s'appliquer** à la motricité humaine car tous les objets situés sur cette planète sont soumis à la force externe verticale de la gravité. Sans le sol pour nous retenir, nous accélérerions vers le centre de la Terre à environ 9,81 m/s² (il s'agit d'une valeur approximative qui varie légèrement selon la position à la surface de la Terre). La gravité nous ramène immédiatement au sol après un saut. Cette action s'exerce continuellement mais elle est plus évidente dans les airs (à moins qu'une force opposée soit supérieure à la force gravitationnelle et permette d'échapper à l'attraction terrestre, comme dans le cas d'une fusée). Il semble donc difficile d'appliquer la première loi de Newton concernant les corps stationnaires en biomécanique. Un ballon de foot sur un terrain, un livre sur une table ou un être humain sur une chaise sont tous soumis à la force gravitationnelle (tous ces corps ont un poids).

4. Corps en mouvement

Étudions séparément les trois lois de Newton et leur application en motricité humaine.

Principe d'inertie : application en motricité humaine

L'exemple du saut en longueur permet de comprendre l'intérêt de la première loi en motricité humaine. Au début du saut, l'athlète quitte le sol avec une vélocité verticale et une vélocité horizontale. Ces deux vélocités déterminent l'angle d'envol, la vélocité résultante et donc la longueur atteinte à la fin du saut. Le saut correspond à un **mouvement de projectile** (soumis uniquement à la force externe de la gravité) au cours de la phase de vol (voir Fig. B2.2).

L'athlète quitte le sol avec une vélocité verticale et une vélocité horizontale. Dans les airs, l'athlète est assimilé à un projectile dont la trajectoire est prédéterminée. La trajectoire parabolique (voir Fig. B2.2) résulte de la combinaison des vélocités horizontale et verticale au point d'envol. Les vélocités doivent être considérées séparément car seule la vélocité verticale est affectée par la gravité.

La gravité affecte constamment la vélocité verticale qui est soumise à une accélération de 9,81 m/s^2 : l'athlète se déplace vers le haut, atteint un sommet puis redescend. Il se déplace dans le même temps vers l'avant (vélocité horizontale) et il en résulte une trajectoire parabolique caractéristique (voir Fig. B2.3).

D'autres forces que la gravité peuvent s'exercer sur l'athlète au cours du saut, la résistance de l'air par exemple (mais celle-ci est considérée comme négligeable dans cet exemple). Le déplacement horizontal de l'athlète est linéaire et sa vélocité horizontale est constante. Selon la première loi de Newton, le corps poursuivra son déplacement linéaire à vélocité constante en l'absence de toute force externe (la gravité ne s'exerçant que sur la composante verticale).

Cette application de la première loi peut sembler illogique car l'athlète s'arrête finalement dans le sable mais elle est correcte. L'atterrissage dans le sable est déterminé par la composante verticale, affectée par la gravité qui attire l'athlète vers le sol dès qu'il le quitte. Le mouvement horizontal est stoppé par la force de freinage qu'exerce le sable sur l'athlète. En l'absence de gravité, ce dernier poursuivrait sa trajectoire linéaire à vélocité constante dans la direction de la vélocité résultante (vers le haut et vers l'avant).

Tous les projectiles lancés avec une vélocité horizontale et une vélocité verticale et soumis uniquement à la force externe de la gravité suivront une trajectoire parabolique. La première loi du mouvement de Newton s'applique et se vérifie lors de la frappe d'un ballon de football ou d'une balle de tennis, du lancer d'un ballon de basketball, etc. Imaginez par exemple que vous voyagez dans un bus qui freine brutalement : votre vélocité horizontale vous entraîne vers l'avant du bus malgré son arrêt. Vous devez vous agripper à une poignée (application d'une force externe) pour vous arrêtez sinon, selon la première loi de Newton, vous auriez poursuivi votre déplacement horizontal à vélocité constante. Le même principe s'applique quand vous tenez une tasse de café et que quelqu'un vous bouscule : votre café se renverse. Dans cet exemple, le café est dans un état stationnaire : il se renverse car vous et votre tasse commencez à vous déplacer alors que le café tend à conserver son état stationnaire.

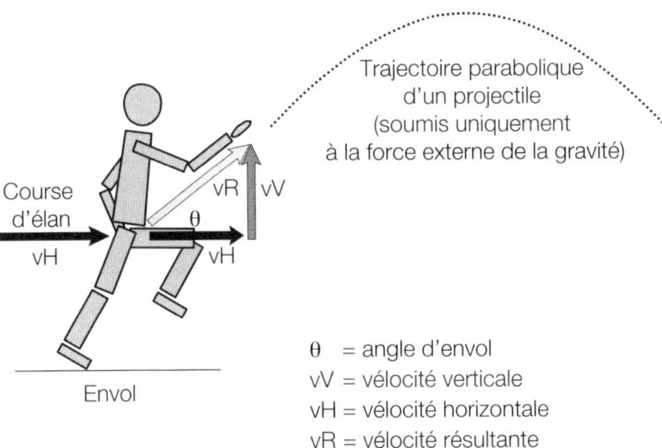

Fig. B2.2 : Saut en longueur : vélocités horizontale et verticale et trajectoire parabolique.

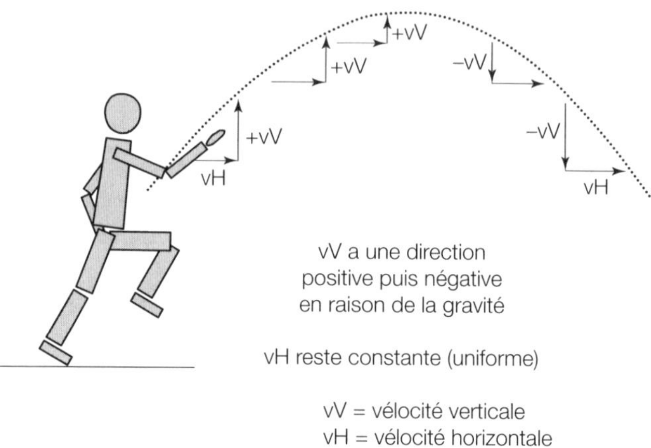

Fig. B2.3 : Vélocité horizontale constante au cours du saut en longueur.

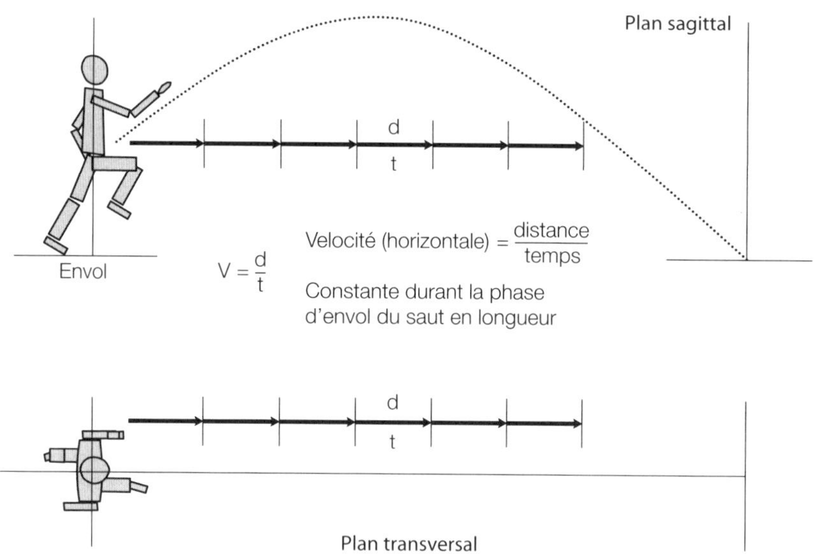

Fig. B2.4 : Vélocité horizontale constante au cours du saut en longueur (vues sagittale et transversale).

Principe fondamental de la dynamique : application en motricité humaine

Selon la seconde loi de Newton, la modification du mouvement (accélération) induite par une force appliquée à un corps (force nette supérieure à zéro) est proportionnelle à cette force. Ce mouvement est linéaire et se produit dans la direction de la force nette appliquée. La seconde loi indique également que la modification du mouvement (accélération) est inversement proportionnelle à la masse du corps (voir Fig. B2.5).

Cette loi est la plus importante des trois lois de Newton car elle permet de calculer la dynamique du mouvement ; par exemple, **quelles variations de vélocités sont induites par les forces exercées sur un corps ?** Cette loi implique qu'une force ne peut que modifier une vélocité (accélération ou décélération) et **ne permet pas** de maintenir une vélocité constante.

La seconde loi de Newton s'exprime par l'équation suivante :

$$\sum F = ma$$

Où

$\sum F$ = force externe nette (N)

m = masse du corps (kg)

a = accélération du corps (m/s^2)

Dans l'exemple précédent du saut en longueur (Fig. B2.4), nous avons vu que la vélocité horizontale de l'athlète était constante au cours du saut et que sa trajectoire était prédéterminée à son point d'envol. Cet exemple permet également d'illustrer la seconde loi de Newton (voir Fig. B2.6).

L'athlète possède une vélocité horizontale et verticale à son point d'envol. L'athlète doit exercer une force sur le sol pour modifier sa vélocité (qui passe d'horizontale durant sa course d'élan à horizontale et verticale à son point d'envol). L'application de cette force est permise par la modification de la course juste avant le point d'envol (l'athlète abaisse son centre de gravité, allonge son avant-dernière foulée et raccourcit sa dernière foulée avant la planche-repère). Ces ajustements permettent à l'athlète de pousser sur le sol avec son pied au point d'envol. La force de réaction du sol sur l'athlète le propulse en haut et en avant. L'accélération résultante (en haut et en avant) est à l'origine de la vélocité horizontale et verticale au point d'envol (voir Fig. B2.7). La force de réaction du sol possède des composantes horizontale et verticale, à l'origine des vélocités horizontale et verticale qui déterminent l'angle et la vélocité résultante au point d'envol.

Intéressons-nous maintenant uniquement au mouvement vertical de l'athlète (puisque nous savons à partir de la première loi de Newton que sa vélocité horizontale est constante). La force gravitationnelle tire l'athlète vers le sol dès qu'il décolle. C'est la seule force externe qui agit au cours du saut si l'on néglige la résistance de l'air. Durant la phase ascendante, le mouvement vertical est ralenti (décélération) par la force gravitationnelle (dirigée vers le bas), jusqu'à ce que la vélocité verticale devienne nulle au point le plus haut de la trajectoire (voir Fig. B2.3). L'accélération de l'athlète est dirigée vers le bas tout au long de la trajectoire du saut, bien qu'il se déplace vers le haut durant la phase ascendante.

Cette accélération est constante puisque le poids (force appliquée à l'athlète en raison de sa masse) et la masse de l'athlète restent constants (F = ma). Elle est de 9,81 m/s² (avec de légères variations selon la position à la surface de la Terre).

Cela signifie qu'au cours de la phase ascendante, le mouvement de l'athlète est ralenti de 9,81 m/s à chaque seconde. De même, au cours de la phase descendante, le mouvement de l'athlète est accéléré de 9,81 m/s à chaque seconde : l'accélération demeure constante.

Cette accélération verticale constante est la même pour tous les corps, qu'ils soient légers ou lourds : c'est la raison pour laquelle des objets de masses différentes lâchés d'une même hauteur atteignent le sol en même temps (encore une fois si l'on néglige la résistance l'air). L'accélération verticale est totalement indépendante du mouvement horizontal : elle n'affecte pas et n'est pas affectée par le mouvement horizontal (d'où la vélocité horizontale constante au cours du saut en longueur). Ceci peut être démontré en mettant un stylo sur une table pendant que vous tenez un autre stylo à la même hauteur. Ensuite, poussez vivement le premier stylo en dehors de la table et lâchez le second stylo quand il quitte la table. Le premier stylo possède une vélocité horizontale (due à la poussée) et une vélocité verticale (due à la gravité) et suit une trajectoire de projectile jusqu'au sol. Le second stylo ne possède qu'une vélocité verticale et tombe en ligne droite jusqu'au sol. Les deux stylos atteindront cependant le sol en même temps : le mouvement horizontal n'affecte donc pas le mouvement vertical. La notion d'accélération verticale constante sera décrite plus en détail dans le Chapitre B5.

Dans l'exemple du saut en longueur, la seconde loi de Newton permet d'expliquer comment l'accélération verticale constante ramène l'athlète vers le sol au cours de son saut. D'autres applications de la seconde loi de Newton seront données dans le Chapitre B3 intitulé « **Relation entre impulsion et quantité de mouvement** ».

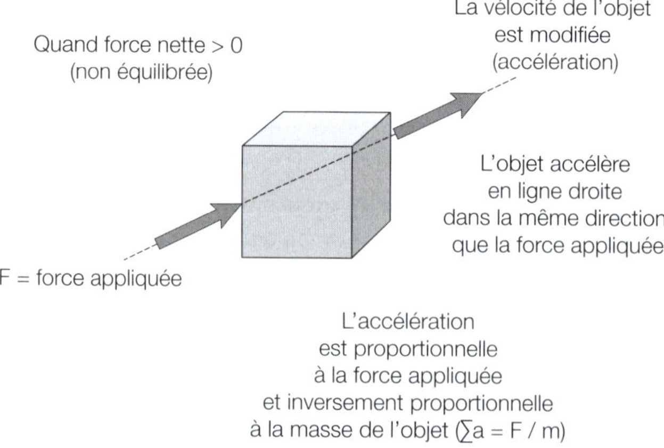

Fig. B2.5 : Seconde loi de Newton.

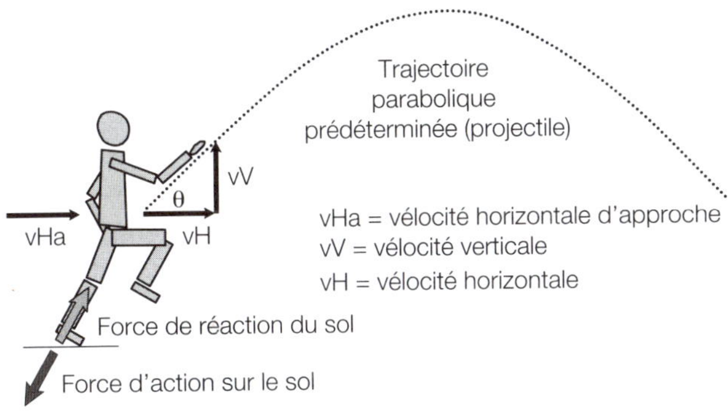

Fig. B2.6 : Application de la seconde loi de Newton au saut en longueur.

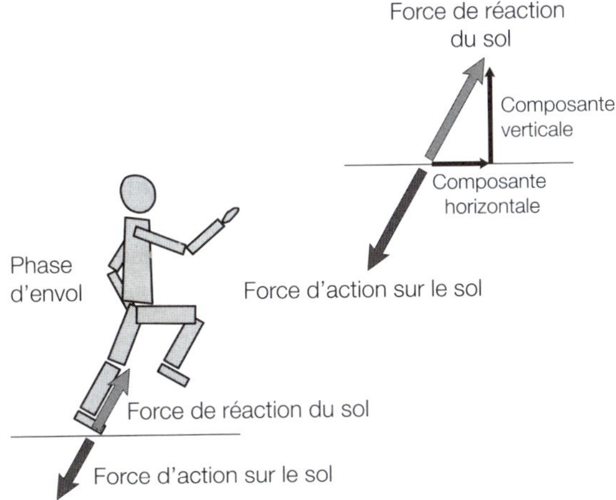

Fig. B2.7 : Force de réaction du sol au cours de la phase d'envol du saut en longueur.

Principe des actions réciproques : application en motricité humaine

Selon la troisième loi de Newton, à toute action (force) d'un corps sur un autre correspond en retour une réaction égale et opposée (autre force). Quand vous poussez un objet, par exemple, vous ressentez une poussée de l'objet égale et opposée. De même, si vous frappez le sol du pied, vous ressentez dans votre jambe la force exercée par le sol sur votre pied. La Figure B2.8 donne d'autres exemples d'application de la troisième loi en motricité humaine.

Il faut garder deux choses à l'esprit pour comprendre la troisième loi de Newton : **premièrement**, ces forces ne s'annulent pas (la force nette n'est pas nulle) car la force d'action s'applique sur un objet et la force de réaction sur l'autre ; **deuxièmement**, l'effet de ces forces n'est pas le même, bien que ces forces possèdent la même magnitude et s'exercent dans des directions opposées (voir Fig. B2.7). Dans certains cas, les corps accélèrent et dans d'autres, ils n'accélèrent pas (ils se déplacent à vélocité constante ou restent stationnaires), mais il existe toujours une force de réaction égale et opposée (troisième loi de Newton). Le mouvement des objets dépend de la force nette et de la sommation des forces, équilibrées ou non.

Une des applications les plus courantes de la troisième loi de Newton est la force de réaction du sol au cours de la marche. Quand vous marchez, votre pied exerce une force sur le sol et le sol exerce en retour une force sur votre pied. La force exercée par le pied dépend de la masse du pied et de son accélération à l'impact sur le sol (F = m a). Quand votre pied touche le sol, celui-ci exerce une force égale et opposée sur votre pied (que vous ressentez dans votre jambe). Cette force ne va cependant pas vous faire décoller ou vous arrêter (alors qu'elle semble agir comme une force de freinage).

En fait, d'autres forces s'appliquent dans cet exemple. Il y a la force d'action du pied sur le sol, la force gravitationnelle (dirigée vers le bas), la force de réaction du sol (comprenant la force de frottement entre le pied et le sol (force antéro-postérieure), la force de réaction normale et la force médio-latérale) et enfin la force de la jambe sur le pied au cours de la phase d'appui (du contact du talon à la levée des orteils). Toutes ces forces agissent ensemble : il n'y a donc pas que la force d'action et la force de réaction qui s'y opposent. Toutes ces forces sont des forces externes et la sommation de toutes ces forces (force nette) déterminera l'accélération ou la décélération du corps. Ces forces externes sont à l'origine des forces internes s'exerçant sur les articulations. Ce sont les forces externes qui sont à l'origine de la modification du mouvement (accélération ou décélération).

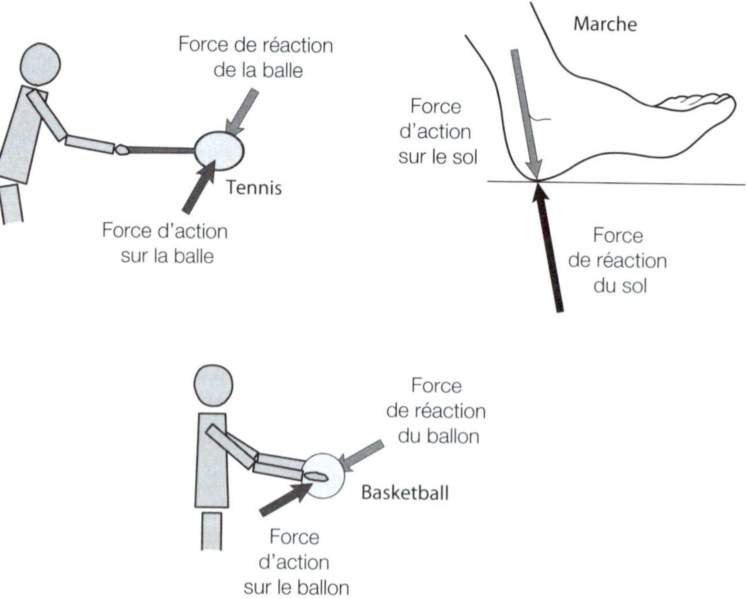

Fig. B2.8 : Troisième loi de Newton.

5. Forces d'action – réaction

Il n'est pas toujours aisé de déterminer quelles sont les forces d'**action** et les forces de **réaction** en motricité humaine. Les termes action et réaction peuvent également prêter à confusion selon que l'on s'intéresse aux mouvements ou aux forces. Au cours de la frappe d'une balle de tennis par une raquette, par exemple, la raquette exerce une force sur la balle et la balle exerce une force sur la raquette. Ces forces sont égales et opposées mais la sommation des forces externes modifie le mouvement (accélération ou décélération d'un ou des deux objets). La masse de la balle de tennis est plus faible que celle de la raquette : la force nette cause une accélération de la balle dans la direction souhaitée par le joueur.

On pourrait croire, à tort, que le principe des actions réciproques de la troisième loi de Newton peut s'appliquer aux mouvements aussi bien qu'aux forces. Au cours de la phase de vol du saut en longueur, par exemple, l'athlète ramène rapidement ses bras vers ses jambes et ses jambes se déplacent en réaction en haut, vers ses bras. En fait, le principe des actions réciproques ne s'appliquent pas aux mouvement mais aux moments des forces qui causent ces mouvements. Le moment qui cause la flexion du tronc et des bras vers le bas produit un moment égal et opposé qui cause la flexion des jambes vers le haut. La Figure B2.9 montre ces mouvements qui permettent à l'athlète de se placer en position de réception au cours de la phase de vol du saut en longueur (il ne peut cependant pas modifier sa trajectoire parabolique prédéterminée).

La propulsion des fusées repose sur le même principe. Les réacteurs exercent une force sur l'air dirigée vers le bas et l'air exerce en réaction une force opposée sur la fusée. La force nette résultante (somme des forces externes : force des réacteurs vers le bas, force de réaction de l'air vers le haut, force gravitationnelle vers le bas, résistance de l'air et frottement) provoque l'accélération verticale de la fusée. C'est encore le même principe qui s'applique à la propulsion horizontale des avions à réaction : la force des réacteurs s'exerce vers l'arrière, dans la direction opposée au mouvement. La Figure B2.10 donne quelques exemples de l'application de la troisième loi de Newton dans la motricité humaine.

La compréhension des lois de Newton est essentielle en biomécanique, tant pour la prévention des blessures que pour l'amélioration des performances : diminution de la force d'impact du talon au cours d'un sprint (cette force peut être comprise entre 2 à 5 fois le poids du corps) ou augmentation de la force de réaction du sol au point d'envol du saut en hauteur, par exemple.

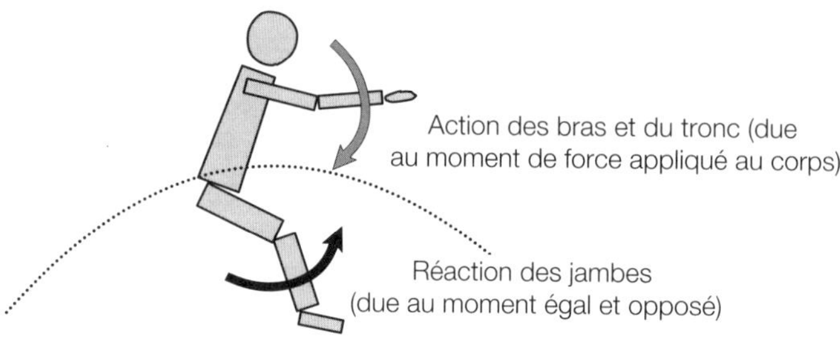

Fig. B2.9 : Application de la troisième loi de Newton au cours de la phase de vol du saut en longueur.

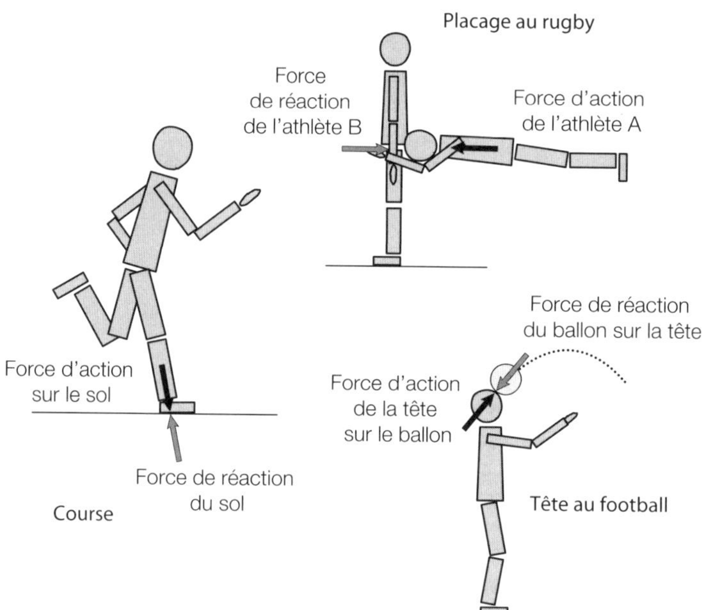

Fig. B2.10 : Applications de la troisième loi de Newton.

Relation entre impulsion et quantité de mouvement

Points clés	
Relation entre impulsion et quantité de mouvement Ft = m(v – u)	Cette relation, essentielle en biomécanique, est dérivée de la seconde loi de Newton (ΣF = m a).
Quantité de mouvement	La quantité de mouvement d'un corps est le produit de la masse du corps par sa vélocité linéaire. La masse d'un corps étant relativement constante, la variation de la quantité de mouvement d'un corps correspond le plus souvent à une variation de sa vélocité (accélération ou décélération).
Impulsion	L'impulsion correspond au produit d'une force par la durée de son application. Elle est égale à la variation de la quantité de mouvement (Ft = m(v – u)). L'impulsion peut être augmentée en augmentant la force appliquée ou en allongeant la durée de son application.
Application	Le lanceur de poids applique une force sur une longue durée pour augmenter l'impulsion et donc la variation de la quantité de mouvement (d'où une vélocité importante au lancer). Au cours du saut en hauteur, l'athlète applique une force sur le sol pour obtenir une force de réaction du sol lui permettant de décoller du sol. L'impulsion verticale au cours de la phase d'envol affecte la hauteur qu'il peut atteindre. Au cours de la réception d'une balle, l'augmentation de la durée de contact avec la balle permet de réduire la force de l'impact : cela se fait en accompagnant le mouvement de la balle dans sa direction (amorti au football par exemple).

1. Impulsion – quantité de mouvement

La relation entre l'impulsion et la quantité de mouvement, dérivée de la seconde loi de Newton ($\Sigma F = ma$), permet d'appliquer cette loi à des situations où les forces varient constamment au cours du temps, ce qui est fréquent en motricité humaine. Par, exemple, les forces s'exerçant au cours d'un placage au rugby varient au cours du temps. De même, les forces s'exerçant durant une course varient en fonction de divers facteurs : vitesse, position du corps, revêtement de la piste, type de chaussure...

La variation des forces au cours du temps et leurs effets permettront d'analyser les performances et le risque de blessure. Quel est l'effet d'une force exercée par le pied sur le sol durant une course ? Est-ce qu'elle augmente la vitesse ou le risque de blessure ? Comment le lanceur de poids parvient-il à développer une force suffisante pour projeter au loin un poids de 16 livres (7,27 kg) ? La Figure B3.1 donne quelques exemples d'application de force en motricité humaine.

Selon la seconde loi de Newton :

$$\sum F = ma$$

Où

$\sum F$ = force nette

m = masse

a = accélération

L'accélération linéaire est donnée par la formule suivante :

$$a = \frac{v - u}{t^2 - t^1}$$

Où

a = accélération linéaire (m/s²)

v = vélocité finale (m/s) au temps t_2

u = vélocité initiale (m/s) au temps t_1

t_2 = temps (s) à la position finale

t_1 = temps (s) à la position initiale

Ce qui permet d'écrire la seconde loi de Newton de la façon suivante :

$$F = m \frac{(v - u)}{(t^2 - t^1)}$$

L'intervalle $(t_2 - t_1)$ correspondant à une mesure du temps t, on peut écrire :

$$Ft = m(v - u)$$

Où

Ft = impulsion, en Newton-seconde (N.s)

m(v – u) = variation de la quantité de mouvement, en kilogramme-mètre par seconde (kg.m/s)

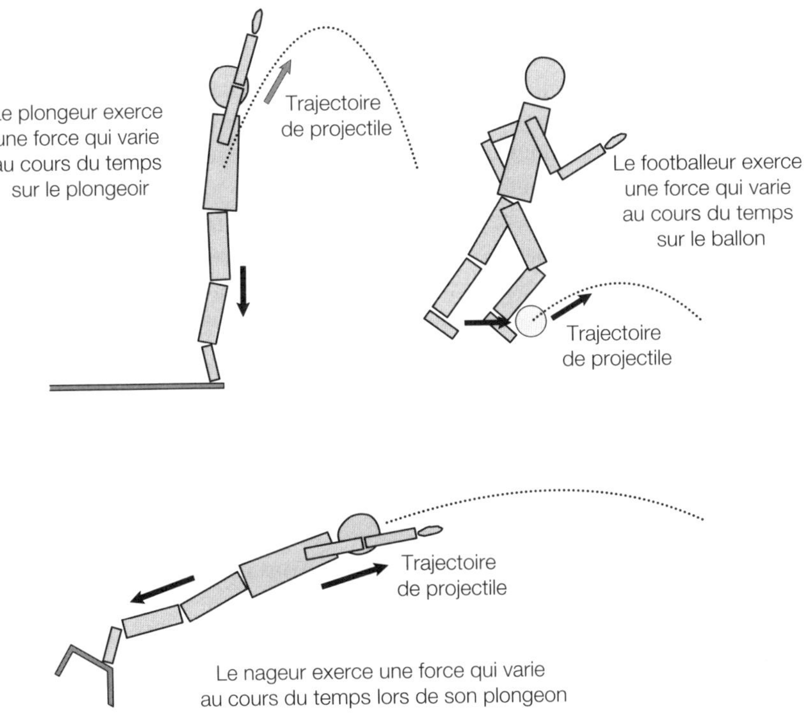

Fig. B3.1 : Exemples de forces variant au cours du temps en motricité humaine.

2. Impulsion

L'**impulsion** correspond au produit d'une force par la durée de son application. La **quantité de mouvement** correspond au produit de la masse (en kg) d'un corps par sa vélocité linéaire (en m/s) ; plus la vélocité d'un corps est importante, plus sa quantité de mouvement est importante. La quantité de mouvement serait également plus importante si on pouvait augmenter la masse du corps.

Dans l'équation Ft = m(v – u), le membre droit (m(v – u)) fait référence à une **variation de la quantité de mouvement** qui, en motricité humaine, correspond à une variation de vélocité (la masse restant relativement constante). Le membre gauche (Ft) de l'équation indique lui que la variation de la quantité de mouvement est affectée par la modification de la force ou de la durée de son application (**augmentation ou diminution de F ou de t**). La variation de la quantité de mouvement augmente (d'où augmentation de la vélocité puisque la masse reste constante) si l'on augmente la magnitude de la force appliquée (exemple du plongeur de la Figure B3.1) ou la durée d'application de la force. Selon le même principe, la vélocité sera réduite si l'une de ces deux variables diminue (voir Fig. B3.2).

Dans l'exemple de la Figure B3.2, le footballeur exerce une force sur le ballon durant une certaine période de contact ; on identifie deux composantes : la force et la durée de son application. **Comment se comporterait le ballon si l'on modifiait la force appliquée ou la durée de contact ?** La force peut être augmentée en augmentant la masse musculaire du footballeur ou l'accélération de sa jambe ($\Sigma F = ma$) : la force nette d'impact avec le ballon sera augmentée. La durée de contact, quant à elle, peut être augmentée en accompagnant le mouvement du ballon, en lui donnant un certain effet ou en le frappant avec la partie latérale du pied.

Toute personne ayant déjà joué au football sait très bien que le problème ne se résume pas à exercer une force maximale avec la plus grande durée de contact possible. Il est en effet impossible de maintenir une force maximale d'impact tout au long de la durée de contact. Il en résulte que plus la durée de contact est longue, plus la force **moyenne** exercée est faible et plus l'impulsion est réduite. Il faut donc un compromis entre application de la force et durée de contact pour réaliser un tir efficace. En guise d'exemple, imaginez que vous tirez dans un ballon avec un oreiller attaché à votre pied : la vélocité du ballon ne sera pas très importante. La durée de contact aura été augmentée mais la force d'impact moyenne aura été réduite par le coussin agissant comme un absorbeur de choc. La variation de la quantité de mouvement du ballon sera plus faible, de même que sa vélocité. Cet exemple est difficilement réalisable en pratique mais le même phénomène peut être observé, de façon moins importante, en comparant l'efficacité d'un tir en portant des chaussures de football ou des pantoufles.

Prenez l'exemple d'un saut vertical pour atteindre une hauteur maximale, au volleyball par exemple. Lors de la préparation du saut, vous fléchissez les jambes et déplacez vos bras en arrière. Pour effectuer le saut proprement dit, vous déplacez vos bras en avant et vers le haut, tout exerçant une poussée avec vos jambes (voir Fig. B3.3).

En termes de forces, ces mouvements correspondent à l'application d'une force sur le sol durant une certaine période. La force de réaction du sol déterminera l'impulsion imprimée au corps (impulsion = force x temps). Cette impulsion modifie la quantité de mouvement (selon la formule $Ft = m(v - u)$). Votre masse restant constante au cours du saut, la variation de la quantité de mouvement se traduit par une variation de la vélocité. Plus l'impulsion est importante, plus la variation de la vélocité est importante. Votre vélocité est nulle au début du saut (position stationnaire) : l'impulsion verticale déterminera donc votre vélocité verticale au point d'envol. Plus votre vélocité verticale est importante, plus vous sauterez haut.

Analysons maintenant ce saut en fonction de l'équation (Ft = m(v – u)). Dans la figure B3.4, le sujet se tient sur une plaque de force pour pouvoir mesurer l'impulsion. Il est important de noter qu'il s'agit d'une **impulsion verticale** dans laquelle intervient la gravité. La force gravitationnelle (correspondant à une accélération vers le bas) est donc comprise dans la force nette mesurée par la plaque. Durant la phase de préparation du saut (abaissement du centre de gravité), le poids du corps n'est plus entièrement soutenu par la plaque et le corps accélère vers le bas (ceci apparaît comme une force négative sur le graphique). Le point où la courbe de force rejoint le poids du corps correspond au moment où le corps atteint son maximum de vélocité dirigée vers le bas. Le corps subit ensuite une décélération jusqu'à ce que son centre de gravité atteigne son point le plus bas.

Notez que dans la relation impulsion-quantité de mouvement, la force est une quantité vectorielle (possédant une magnitude et une direction). L'impulsion fait varier la quantité de mouvement dans la direction de la force appliquée. Durant la phase de préparation du saut, par exemple, la force exercée vers le bas provoque une variation de la quantité de mouvement (et donc de la vélocité puisque la masse reste constante) dirigée vers le bas. Au cours des différentes phases d'un saut vertical, l'impulsion sera dirigée vers le haut ou vers le bas (composantes positives et négatives). L'impulsion négative de la phase de préparation et de la phase d'envol est soustraite à l'impulsion positive de la phase de poussée pour obtenir l'impulsion nette qui déterminera la vélocité d'envol.

$$\begin{aligned}\text{Impulsion nette} &= B - (A + C)\\ &= 352 - (18 + 10)\\ &= 324\ \text{N.s (impulsion nette positive)}\end{aligned}$$

En remplaçant la masse du corps et l'impulsion par leurs valeurs dans la relation impulsion-quantité de mouvement, on obtient :

$$Ft = m(v - u)$$

$$324 = 75\ (v - u)$$

Or la vélocité initiale est nulle (position stationnaire) donc :

$$324 = 75\ (v - u)$$

La vélocité d'envol est donc la suivante :

$$v = \frac{324}{75}$$

$$= 4{,}32 \text{ m/s (vélocité verticale d'envoi)}$$

Dans cet exemple, l'impulsion est provoquée par l'application d'une force **verticale** sur une certaine période de temps. Pour comprendre l'importance de l'impulsion en motricité humaine, observons ce qui se passe quand certaines données sont modifiées. L'impulsion nette peut être augmentée en exerçant une force plus importante, en exerçant cette force sur une durée plus importante (à condition que cela ne diminue pas la force moyenne) ou en diminuant l'impulsion négative (geste différent pour la phase de préparation par exemple). La Figure B3.5 donne la courbe force-temps de ce nouveau saut.

$$\text{Impulsion nette} = B - (A + C)$$

$$= 400 - (22 + 15)$$

$$= 363 \text{ N.s}$$

$$Ft = m(v - u)$$

$$363 = 75(v - u)$$

$$363 = 75\ (v)$$

$$v = \frac{363}{75}$$

$$= 4{,}84 \text{ m/s}$$

L'augmentation de l'impulsion verticale permet d'augmenter la vélocité verticale et donc de sauter plus haut.

Cette relation entre impulsion et variation de quantité de mouvement (et donc de vélocité) se retrouve dans de nombreuses situations en motricité humaine. Pour le lancer de poids, par exemple, l'athlète tâchera d'exercer la force la plus importante possible (fonction de sa masse musculaire) sur la plus longue période de temps possible (fonction de sa technique de lancer). Il commence son lancer en étant penché, dos au terrain, puis il fait quelques pas en arrière, se retourne et se redresse pour finir en extension face au terrain. Cette technique lui permet d'allonger la durée d'application de la force et d'augmenter ainsi l'impulsion imprimée au poids (à condition que cela ne réduise pas la force moyenne exercée). La variation de la quantité de mouvement sera plus importante, d'où une plus grande vélocité au lancer proprement dit. Le même principe s'applique au lancer de javelot, où l'athlète se penche en arrière durant la phase d'élan avant de se redresser au moment du lancer.

D'autres mouvements ont au contraire pour objectif de réduire la force nette (ou la force moyenne en augmentant la durée de contact) pour minimiser le risque de blessure. Imaginez que vous réceptionnez une balle de baseball. Si vous gardez vos bras rigides, vous ressentirez une force importante dans vos bras au moment de la réception. Pourquoi ? Il faut appliquer une impulsion relativement importante à la balle pour modifier sa quantité de mouvement (c'est-à-dire la faire passer d'une vélocité importante à une vélocité nulle). Cette impulsion sera bien sûr fonction de la masse et de la vélocité initiale de la balle. Vous ressentez une force importante dans vos bras parce que la durée de contact entre votre main et la balle est très courte si vous gardez vos bras rigides (la balle atteint votre main et s'arrête presque immédiatement). La force appliquée à la balle (et donc à votre main selon le principe des actions réciproques de Newton) est importante car elle s'applique sur une courte durée. Cette force peut être réduite en accompagnant le mouvement de la balle lors de sa réception, ce qui augmente la durée de contact et réduit ainsi la force moyenne qui s'applique à votre main.

Considérons par exemple un objet (la balle) possédant une quantité de mouvement de 50 unités. Il faut une impulsion de 50 unités pour le stopper ($Ft = m(v - u)$), qui peut être obtenue par plusieurs combinaisons de force et de durée de contact. Si la durée de contact est de 2 unités, la force doit être de 25 unités. Si la durée de contact est de 4 unités, la force nécessaire n'est plus que de 12,5 unités. La Figure B3.6 montre d'autres exemples où la durée de contact doit être augmentée pour diminuer la force nécessaire et réduire ainsi le risque de blessure.

La relation impulsion-quantité de mouvement est un des principes les plus importants de la biomécanique, notamment en ce qui concerne l'amélioration des performances et la prévention des blessures.

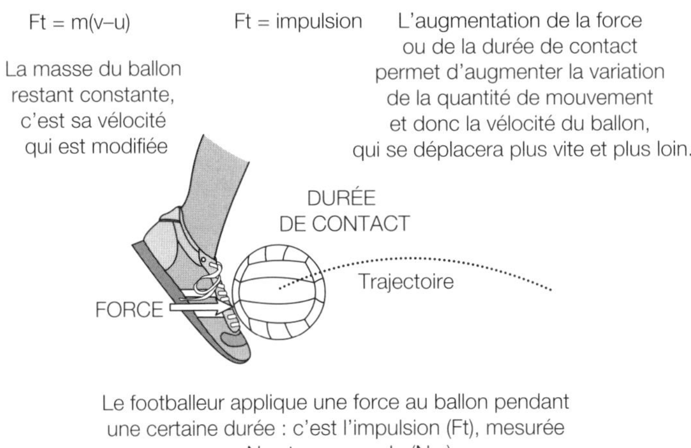

Fig. B3.2 : Force appliquée à un ballon de football pour modifier son mouvement.

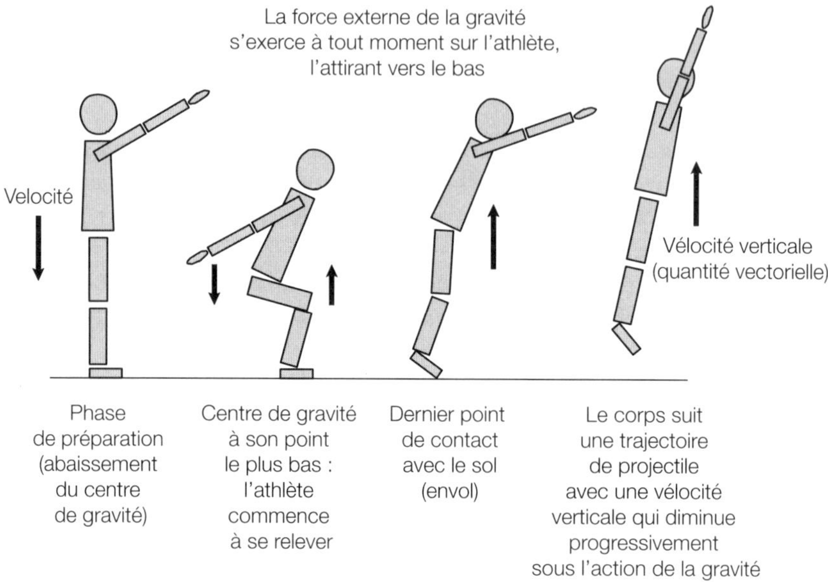

Fig. B3.3 : Saut vertical.

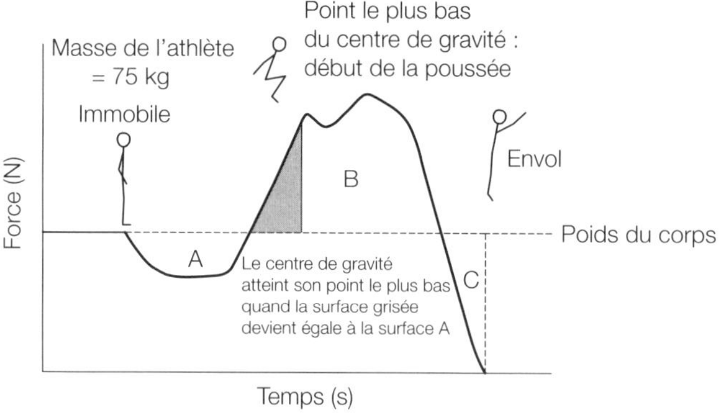

Surface A = impulsion de 18 N.s (dirigée vers le bas : négative)
Surface B = impulsion de 352 N.s (dirigée vers le haut : positive)
Surface C = impulsion de 10 N.s (l'athlète quitte le sol et ne peut plus maintenir sa propulsion : négative)

Fig. B3.4 : Mesure par plaque de force de la force en fonction du temps au cours d'un saut vertical.

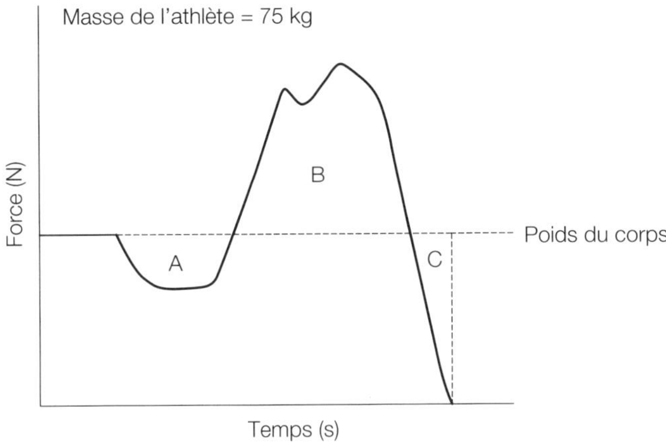

Valeurs de l'impulsion (surfaces sous la courbe)
Surface A = 22 N.s
Surface B = 400 N.s
Surface C = 15 N.s

Fig. B3.5 : Mesure par plaque de force de la force en fonction du temps au cours d'un saut vertical (données modifiées).

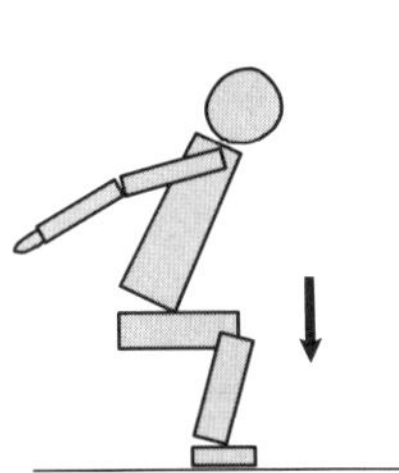

Réception d'un saut : fléchir les genoux permet d'augmenter la durée de contact pour absorber le choc

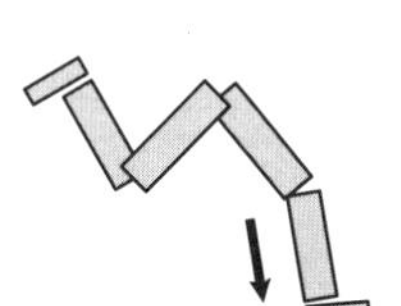

Course : le port de chaussures adaptées et la flexion des genoux permettent de réduire les forces d'impact

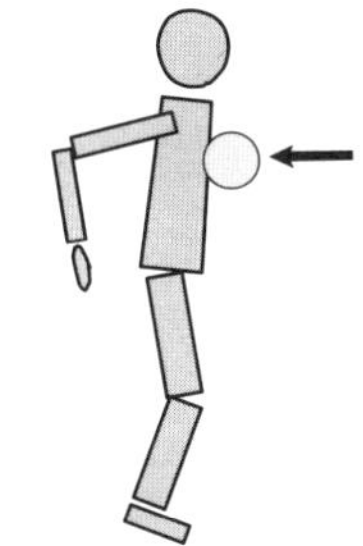

Football : accompagnement du mouvement du ballon dans sa direction au cours d'un amorti

Fig. B3.6 : Exemples de mouvements où la durée de contact est augmentée pour réduire la force d'impact.

Chapitre 4

Conservation de la quantité de mouvement

Points clés	
Quantité de mouvement	La quantité de mouvement d'un corps est le produit de la masse du corps par sa vélocité linéaire. Pour augmenter la quantité de mouvement d'un corps, il faut augmenter sa masse ou sa vélocité. La masse restant relativement constante en motricité humaine, c'est la variation de vélocité qui détermine la variation de la quantité de mouvement d'un corps.
Principe de conservation de la quantité de mouvement	Ce principe établit que dans tout système où des corps interagissent (collision par exemple), la quantité de mouvement totale dans n'importe quelle direction demeure constante en l'absence d'une force externe appliquée à ce système. Un système se définit ici comme deux corps ou plus en mouvement et exerçant une force l'un sur l'autre. Il est important de préciser la direction considérée pour déterminer la quantité de mouvement. Le principe de conservation de la quantité de mouvement n'est valide que lorsque : 1) aucune force externe ne s'exerce sur le système (impulsion nulle) et 2) la masse totale du système demeure constante.
Application	Quand un gardien de but saute en l'air pour réceptionner un ballon, la quantité de mouvement du système gardien-ballon avant la collision (la collision étant ici le contact gardien-ballon) est égale à la quantité de mouvement après la collision. Cet exemple n'est valable que lorsqu'il se produit « en l'air » : si le gardien était en contact avec le sol, des forces externes agiraient sur le système et modifieraient la quantité de mouvement.

1. Quantité de mouvement

La quantité de mouvement d'un corps est le produit de la masse du corps par sa vélocité linéaire :

Quantité de mouvement (en kg.m/s)= masse (en kg) x vélocité linéaire (enm/s)

Pour augmenter la quantité de mouvement d'un corps, il faut augmenter sa masse ou sa vélocité linéaire. La masse restant relativement constante en motricité humaine, c'est la variation de vélocité linéaire qui détermine la variation de quantité de mouvement.

Les disciplines sportives offrent de nombreux exemples de collision entre deux corps : tacle au rugby, réception d'un ballon au football (voir Fig. B4.1)

Le **principe de conservation de la quantité de mouvement** entre deux corps en collision peut être vu comme une extension de la première loi de Newton (principe d'inertie stipulant qu'un corps conserve une vélocité constante en l'absence de toute force externe).

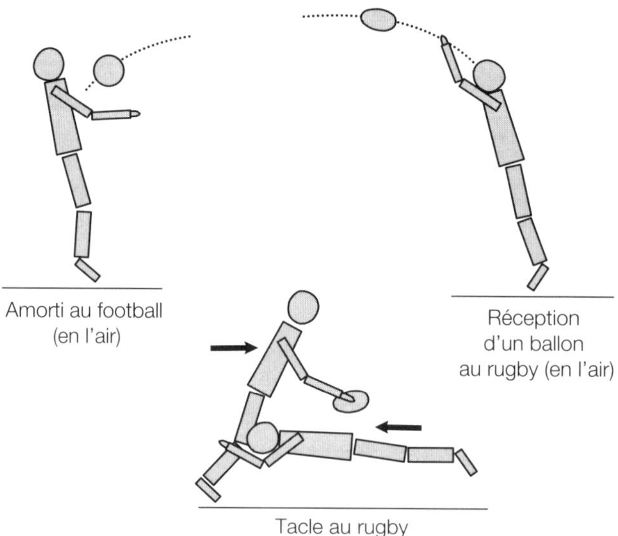

Fig. B4.1 : Exemple de collision dans différentes disciplines sportives.

2. Principe de conservation de la quantité de mouvement

Le **principe de conservation de la quantité de mouvement** établit que dans tout système où des corps interagissent (collision par exemple), la quantité de mouvement totale dans n'importe quelle direction demeure constante en l'absence d'une force externe appliquée à ce système. Un système se définit ici comme deux corps ou plus en mouvement et exerçant une force l'un sur l'autre.

La Figure B4.2 montre l'exemple d'un gardien de but sautant en l'air pour réceptionner un ballon (si le gardien était en contact avec le sol, il faudrait considérer les forces externes modifiant la quantité de mouvement). La quantité de mouvement du système gardien-ballon avant la collision (réception du ballon) est égale à la quantité de mouvement après la collision. Pour simplifier, nous appellerons système 1 le système gardien-ballon avant la réception et système 2 le système gardien-ballon après la réception (quand le gardien tient le ballon).

Quantité de mouvement dans le système 1 (avant la collision)

= quantité de mouvement du ballon + quantité de mouvement du gardien

[masse du ballon x vélocité horizontale du ballon] + [masse du gardien x vélocité horizontale du gardien]

Il est important de préciser que l'on s'intéresse à la **quantité de mouvement dans la direction horizontale**, ce qui permet de négliger l'effet de la gravité qui n'exerce une force externe que dans la direction verticale (comme nous l'avons vu dans le Chapitre B2).

Quantité de mouvement dans le système 2 (après la collision)

= quantité de mouvement de l'ensemble gardien - ballon

[masse du ballon et du gardien x vélocité horizontale du ballon et du gardien]

Le principe de conservation de la quantité de mouvement peut être vérifié en remplaçant les termes de l'équation par les valeurs de masse et de vélocité données dans la Figure B4.2 :

Quantité de mouvement dans le système 1 = Quantité de mouvement dans le système 2

$$(0,5 \times 15) + (75 \times 0) = (75,5 \times 0,1)$$

$$7,5 + 0 \text{ kg.m/s}) = 7,5 \text{ kg.m/s}$$

Il faut encore souligner que l'on ne s'intéresse ici qu'à la quantité de mouvement **horizontale**. Notons également que cette équation nous aurait permis de calculer la vélocité combinée du gardien et du ballon après la collision si celle-ci n'avait pas été connue.

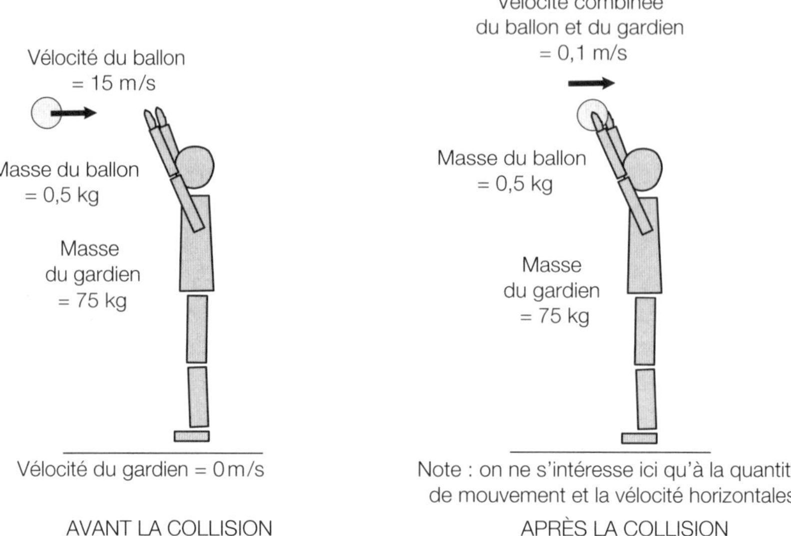

Fig. B4.2 : Réception d'un ballon par un gardien de but (système de forces avant et après collision).

3. Application

Le principe de conservation de la quantité de mouvement établit que la quantité de mouvement demeure constante en magnitude et en direction **si les conditions suivantes sont remplies** :

1re condition

L'impulsion externe est nulle, c'est-à-dire qu'aucune force externe ne s'exerce (puisque impulsion = force x temps).

2e condition

La Figure B4.3 illustre ce principe avec un exemple simple impliquant deux ballons entrant en collision. Le ballon A possède une masse de 2 kg et se déplace vers le ballon B avec une vélocité horizontale de 8 m/s. Le ballon B possède une masse d'1 kg et se déplace dans la même direction avec une vélocité horizontale de 2 m/s.

Chaque ballon exerce une impulsion (c'est-à-dire une force durant une certaine période de temps) sur l'autre au moment de la collision. Dans cet exemple, la période de contact est brève et la force relativement importante. L'impulsion fait varier la quantité de mouvement de chaque ballon mais la quantité de mouvement totale demeure constante avant et après la collision. Le ballon B subit une impulsion de la GAUCHE vers la DROITE (force d'action du ballon A) et le ballon A subit une impulsion de la DROITE vers la GAUCHE (force de réaction selon le principe des actions réciproques). Les deux ballons (A et B) subissent une variation de leur quantité de mouvement égale à l'impulsion (qui dépend de la force et la durée de son application). La quantité de mouvement étant fonction de la vélocité et de la masse, le ballon A de masse plus importante (2 kg) subit une variation de vélocité moins importante que le ballon B (1kg). Il faut souligner que la variation de quantité de mouvement (ou de vélocité puisque la masse reste constante) se produit dans la direction de l'impulsion (c'est-à-dire de la force appliquée). Dans cet exemple, le ballon A subit une variation de sa quantité de mouvement de la DROITE vers la GAUCHE alors que le ballon B subit une variation de sa quantité de mouvement de la GAUCHE vers la DROITE.

Par convention, on attribue un signe **négatif** à l'impulsion sur le ballon A. Cette impulsion est égale à la variation de la quantité de mouvement du ballon A avant et après la collision :

$$-Ft = m_A (v_A - u_A)$$

Où

-Ft = impulsion de la DROITE vers la GAUCHE (signe négatif pour indiquer la direction)

m_A = masse du ballon A

v_A = vélocité finale du ballon A (après la collision)

u_A = vélocité initiale du ballon A (avant la collision)

On attribue un signe **positif** à l'impulsion sur le ballon B. Cette impulsion est égale à la variation de la quantité de mouvement du ballon B avant et après la collision :

$$+Ft = m_g (v_g - u_g)$$

Où

+Ft = impulsion de la GAUCHE vers la DROITE (signe positif pour indiquer la direction)

m_B = masse du ballon B

v_B = vélocité finale du ballon B (après la collision)

u_B = vélocité initiale du ballon B (avant la collision)

Les impulsions sur les deux ballons sont de magnitudes égales puisque les magnitudes des forces qui s'appliquent sont égales (principe des actions réciproques) et que la durée de contact est la même pour les deux ballons. L'équation de l'impulsion peut donc être écrite de la façon suivante :

$$Ft = - m_A (v_A - u_A) = m_g (v_g - u_g)$$

(le signe négatif indique que les variations des quantités de mouvement des ballons se font dans des directions opposées)

Impulsion = variation de la quantité de mouvement du ballon A
= variation de la quantité de mouvement du ballon B

Les termes de l'équation peuvent être réarrangés de la façon suivante pour confirmer le principe de conservation de la quantité de mouvement :

$$- m_A (v_A - u_A) = m_B (v_B - u_B)$$

$$- m_A v_A + m_A u_A = m_B v_B - m_B u_B$$

$$m_A u_A + m_B u_B = m_B v_B - m_A v_A$$

Quantité de mouvement avant collision = Quantité de mouvement après collision

La Figure B4.4 montre que les ballons continuent à se déplacer dans la même direction mais à des vélocités différentes. Les variations de leurs quantités de mouvement sont égales mais dans des directions opposées.

Dans cet exemple, il demeure encore deux variables inconnues dans l'équation de la conservation de la quantité de mouvement : les vélocités finales des ballons A et B. Nous pourrons les calculer dans l'une des deux situations suivantes :

1. soit on mesure une des vélocités finales (v_A ou v_B) pour calculer l'autre
2. soit les ballons poursuivent leur déplacement à une vélocité commune ($v = v_A = v_B$), sans se heurter de nouveau

Dans la plupart des applications en motricité humaine, deux corps entrant en collision poursuivent ensuite leur déplacement ensemble, à une vélocité commune (v). L'équation de la conservation de la quantité de mouvement peut alors s'écrire de la façon suivante :

$$m_A u_A + m_B u_B = (m_A + m_B)v$$

Quantité de mouvement avant collision = Quantité de mouvement après collision

La Figure B4.5 montre quelques effets possibles suite à une collision entre deux corps en motricité humaine : les vélocités des deux corps sont modifiées, les deux corps rebondissent dans des directions opposées ou les deux corps poursuivent leur déplacement à une vélocité commune.

Ces équations, dérivées de la première loi de Newton et du principe de conservation de la quantité de mouvement, ont de nombreuses applications en biomécanique : elles permettront de déterminer la variation de la quantité de mouvement ou les forces mises en jeu lors de la collision de deux corps.

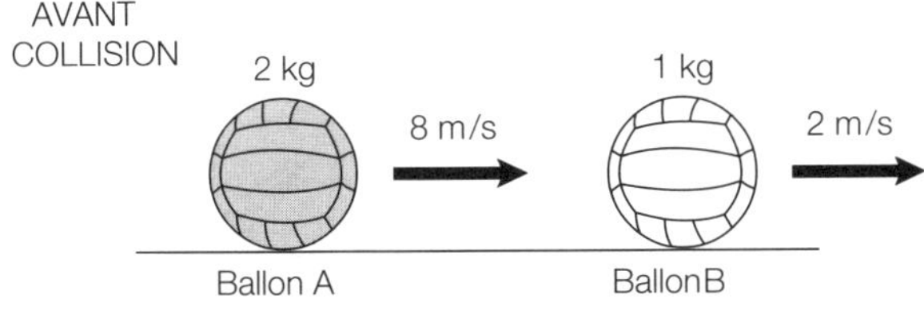

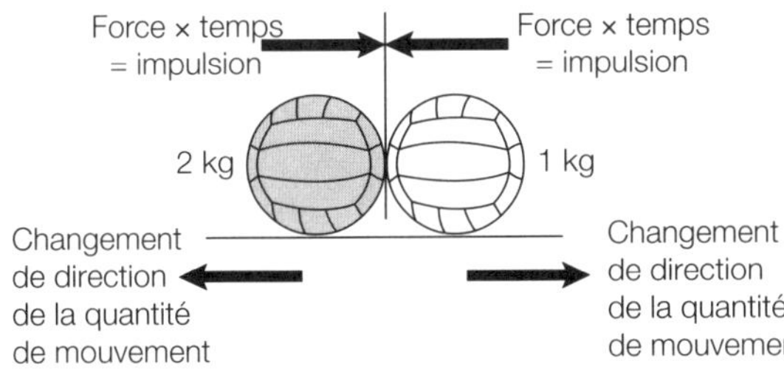

Fig. B4.3 : Principe de conservation de la quantité de mouvement lors de la collision de deux ballons.

APRÈS COLLISION

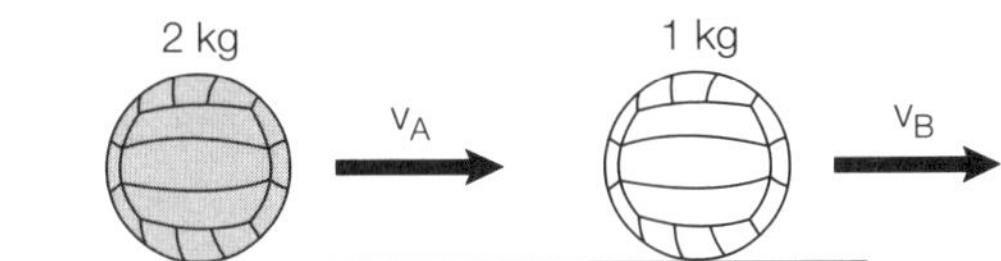

conservation de la quantité de mouvement linéaire

Quantité de mouvement avant collision = quantité de mouvement après collision

Fig. B4.4 : Principe de conservation de la quantité de mouvement après la collision de deux ballons.

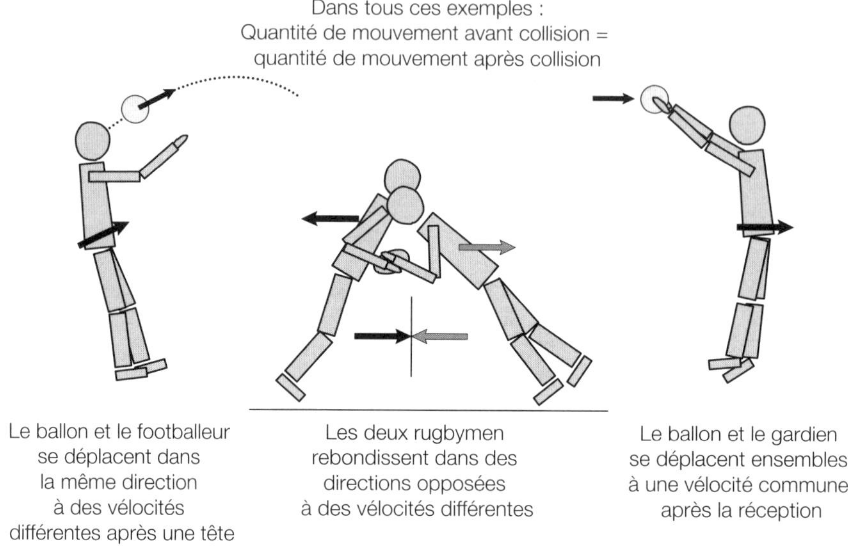

Fig. B4.5 : Exemples de collision en motricité humaine.

Chapitre 5

Gravité, poids et projection verticale

Points clés	
Loi de l'attraction universelle de Newton	Cette loi stipule que deux corps possédant une masse exercent une force d'attraction l'un sur l'autre. Cette force est directement proportionnelle aux masses des deux corps et inversement proportionnelle au carré de la distance qui les sépare.
Force gravitationnelle	Ce livre et la personne qui le lit exercent une force d'attraction l'un sur l'autre. Cette force est très faible car les masses du livre et du lecteur sont relativement faibles : les effets de cette force ne sont pas observables. La Terre, du fait de sa masse importante, exerce une force significative sur le corps humain. Cette force est à l'origine du poids des individus et des objets. La force d'attraction de la Lune sur le corps humain est plus faible car la masse de la Lune est moins importante que celle de la Terre : votre poids sera donc plus faible sur la Lune, bien que votre masse reste la même. C'est la raison pour laquelle les astronautes effectuent de grands bonds à la surface de la Lune. La force gravitationnelle est une force externe qui agit sur tous les corps. Cette force s'applique continuellement sur tous les corps. Elle a pour effet d'accélérer les corps vers le bas. Sur Terre, cette accélération est de -9,81 m/s^2 (le signe négatif indique que l'accélération est dirigée vers le bas, vers le centre de gravité de la Terre).
Accélération due à la force gravitationnelle	La force gravitationnelle due à la masse de la Terre agit sur tous les corps possédant une masse. Elle n'affecte cependant que la composante verticale des mouvements. La composante horizontale des mouvements reste indépendante de la force gravitationnelle. L'accélération de -9,81 m/s^2 est considérée comme constante pour les corps proches de la surface terrestre, quelque soit leur masse, car la masse de la Terre reste comparativement beaucoup plus importante que celle d'un objet à sa surface. Si on lâche en même temps un stylo et un marteau de la même hauteur, les deux objets atteindront le sol au même instant (en négligeant la résistance de l'air).

Résistance de l'air	La résistance de l'air n'est pas toujours négligeable en motricité humaine. Elle pourra par exemple affecter la trajectoire d'une balle de golf ou d'un javelot. Les sauteurs en longueur peuvent atteindre des distances plus importantes en présence d'un vent favorable (un tel saut est généralement invalidé en compétition).

1. Loi de l'attraction universelle de Newton

En plus des trois lois du mouvement que nous avons déjà vues, Isaac Newton a formulé la loi de l'attraction universelle.

Deux corps possédant une masse exercent une force d'attraction l'un sur l'autre. Cette force est proportionnelle aux masses des deux corps et inversement proportionnelle au carré de la distance qui les sépare :

$$F = \frac{G\,Mm}{r^2}$$

Où

G = constante gravitationnelle (6,67 x 10^{-11} = Nm^2 / kg^2

M = masse du corps A (en kg)

m = masse du corps B (en kg)

r = distance séparant les centres de gravité des deux corps (en mètres)

Nous avons vu que l'inertie d'un corps détermine la force nécessaire pour provoquer une accélération donnée de ce corps. La masse gravitationnelle détermine quant à elle la force d'attraction qui existe entre deux corps. La constante gravitationnelle correspond à la force gravitationnelle qui existe entre deux corps d'1 kg chacun séparés par une distance d'1 m.

L'accélération (a) du corps A (de masse m) provoquée par l'attraction du corps B (de masse M) est la suivante :

$$a = \frac{G\,M}{r^2}$$

Les deux corps exercent une force d'attraction **l'un sur l'autre** : la Terre exerce son attraction sur vous mais vous exercez également une attraction sur la Terre. De même, vous exercez une force d'attraction sur ce livre et celui-ci exerce une force d'attraction sur vous. Tous les corps possédant une masse obéissent à la loi d'attraction universelle (voir Fig. B5.1).

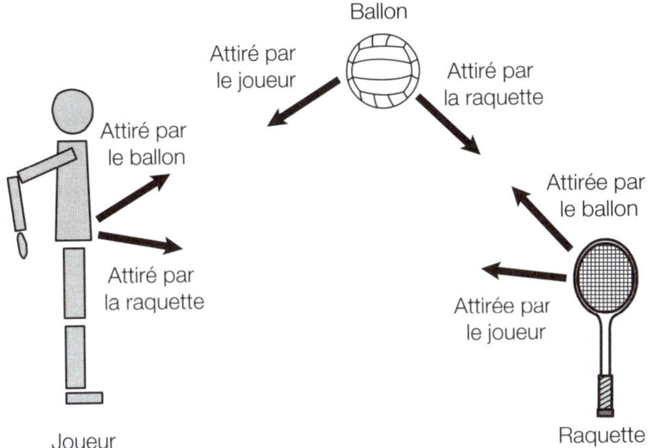

Fig. B5.1 : Forces d'attraction entre différents corps.

2. Force gravitationnelle

Nous ressentons continuellement l'attraction gravitationnelle à la surface de la Terre. Nous devons fournir un effort pour nous lever d'une chaise car la gravité terrestre nous tire vers le bas (mais elle s'exerce également quant nous sommes assis sur une chaise, immobiles). Quand nous marchons, la gravité nous retient à la surface de la Terre ce qui nous permet de produire des forces s'opposant aux forces externes (comme le frottement) et d'avancer. Quand nous lançons une balle en l'air en essayant de la rattraper, la gravité s'exerce durant toutes les phases : d'abord quand on tient la balle dans la main, ensuite quand on l'envoie en l'air et finalement quand on la rattrape. La gravité affecte toutes nos activités à la surface de la Terre. Nous ressentons clairement cette force en raison de la masse très importante de la Terre par rapport à nos propres masses (la masse de la Terre est estimée à $5{,}9725 \times 10^{24}$ kg). La même raison explique que vous ne ressentez pas l'attraction de ce livre : votre masse et celle du livre sont très faibles par rapport à celle de la Terre.

L'**attraction gravitationnelle** entre deux corps est une **force** et cette force (intégrée au calcul de la force nette) produit une **accélération.**

3. Accélération due à la force gravitationnelle

À la surface de la Terre, l'accélération gravitationnelle (dirigée vers le centre de gravité de la Terre) est d'environ 9,81 m/s² pour tous les objets possédant une masse. Cette accélération est considérée comme **constante**, quelque soit la masse de l'objet, car la masse de la Terre reste comparativement beaucoup plus importante que celle d'un objet à sa surface. Cela signifie que tout objet lâché se déplace en direction du centre de gravité de la Terre à une vélocité qui augmente de 9,81 m/s à chaque seconde de sa trajectoire. Si vous lâchez en même temps et d'une même hauteur un objet de 100 kg et un objet de 0,5 kg, les deux objets atteindront le sol au même instant. La force gravitationnelle est dirigée vers le bas (ou plus précisément vers le centre de gravité de la Terre) et nous confère une accélération de 9,81 m/s² quand nous nous tenons à la surface de la Terre. Nous ne nous déplaçons pas vers le bas car le sol exerce sur nous une force égale et opposée (principe des actions réciproques). Si nous nous tenions au-dessus d'un trou allant jusqu'au centre de la Terre, nous tomberions avec une accélération de 9,81 m/s² jusqu'à nous arrêter au centre (où il n'y aurait plus de force nous attirant vers le bas puisque la masse de la Terre serait répartie tout autour de nous).

La valeur exacte de l'accélération gravitationnelle dépend en fait de la masse de l'objet et de sa position à la surface de la Terre. Le diamètre de la Terre varie des pôles à l'équateur (diamètre plus important de 43 km au niveau de l'équateur), ce qui cause une variation de l'accélération gravitationnelle de 0,5 % entre ces deux extrêmes. Elle varie également suivant que soyez au niveau de la mer ou au sommet d'une montagne (où elle est plus faible puisque vous êtes plus éloigné du centre de gravité de la Terre) ; cette variation est encore plus faible (0,001 m/s² au maximum) que celle due à la forme de la Terre. Certaines personnes ont prétendu que l'altitude permettait de sauter plus haut, en s'appuyant par exemple sur le fait que certains records de saut en hauteur avait été établis à Mexico en 1968. Il est cependant peu probable que la variation très faible d'accélération gravitationnelle en altitude ait contribué à ces records. Vous pourriez par contre sauter bien plus haut sur la Lune car sa masse ne représente que 1,23 % de celle de la Terre. Notez que la Terre continuerait d'exercer une attraction sur vous (mais plus faible) et sur la Lune et que vous et la Lune exerceriez une attraction sur la Terre. L'accélération gravitationnelle à la surface de la Lune est de 1,6 m/s², soit environ 1/6ème de l'accélération gravitationnelle à la surface de la Terre.

À la surface de la Lune, votre masse resterait inchangée (la quantité d'atomes et de molécules dans votre corps ne changerait pas), de même que votre puissance musculaire (liée à la masse musculaire), mais votre poids serait plus faible (attraction plus faible de la Lune sur votre corps).

En biomécanique, nous pouvons négliger les faibles variations de l'accélération gravitationnelle et nous considérerons qu'elle est constante, de 9,81 m/s² à la surface de la Terre.

4. Poids

Nous avons vu dans le Chapitre B1 que le poids d'un corps correspond à l'action de la force gravitationnelle sur ce corps. Il peut être calculé à partir de l'équation de l'attraction universelle :

$$P = \frac{G\,Mm}{r^2}$$

Plusieurs des termes de cette équation sont des constantes si l'on ne s'intéresse qu'à la force gravitationnelle à la surface de la Terre :

P = poids (ou force gravitationnelle qu'exerce la Terre sur ce corps)

G = constante gravitationnelle

m = masse du corps

M = masse de la Terre

r = distance entre le corps et le centre de gravité de la Terre. Le rayon de la Terre en est une valeur approchée puisque nous avons vu que les variations restent relativement faibles (0,5 % au maximum)

On peut remplacer les constantes par une constante unique g qui est l'accélération gravitationnelle :

$$g = \frac{G\,M}{r^2} = 9{,}81 \text{ m/s}^2 \text{ (à la surface de la Terre)}$$

Le poids à la surface de la Terre est donc :

P = m x g

Où

P = poids (en Newtons)

m = masse (en kg)

g = accélération gravitationnelle (en m/s^2)

Le poids d'une personne de 75 kg à la surface de la Terre est le suivant :

P = m x g

P = 75 x 9,81

P = 735,58 Newtons

Sur la Lune, le poids de cette même personne sera le suivant :

P = m x g

P = 75 x 1,6

P = 120 Newtons

Cette différence de poids explique les déplacements par grands bonds des astronautes à la surface de la Lune.

5. Lancer vertical

La **gravité** est une **force externe** qui n'affecte que la composante verticale des mouvements, en leur procurant une accélération de 9,81 m/s² dirigée vers le bas. Dans le cadre de l'étude de la projection verticale d'un objet, il faudra préciser la direction des vélocités et des accélérations de cet objet.

La Figure B5.2 donne l'exemple d'une balle lancée verticalement en l'air. La gravité agit sur la balle tout au long de sa trajectoire en lui procurant une accélération de -9,81 m/s² (le signe négatif indique que l'accélération est dirigée vers le bas).

La balle quitte la main avec une certaine vélocité verticale (+ve). Cette vélocité dépend de la force nette appliquée à la balle et de la durée de son application (impulsion verticale nette = force x temps = variation de la quantité de mouvement). Cette vélocité détermine la hauteur atteinte par la balle.

Au moment où la balle quitte la main, la force qui lui était appliquée pour la propulser devient nulle et la gravité reste la seule force externe qui s'applique (en négligeant la résistance de l'air). La balle se déplace vers le haut et la gravité ralentit sa vélocité verticale durant cette phase ascensionnelle. La balle atteint le sommet de sa trajectoire et sa vélocité verticale est alors nulle. La balle commence à redescendre : sa vélocité est dirigée vers le bas (négative). Si la balle est rattrapée à la même hauteur qu'à celle où elle a été lancée, sa vélocité verticale sera la même que celle de son lancer (mais avec un signe négatif qui indique le changement de direction). Tout au long de sa trajectoire, la balle subit une accélération verticale de -9,81 m/s² (dirigée vers le bas). La Figure B5.3 montre les différentes phases de la trajectoire de la balle.

Si la balle n'est pas rattrapée, elle poursuit sa descente sous une accélération de -9,81 m/s² jusqu'à ce qu'une force l'arrête (contact avec le sol par exemple).

La gravité aura exactement le même effet si la balle est lancée avec une vélocité verticale (la même que précédemment) et une vélocité horizontale. La Figure B5.4 montre la nouvelle trajectoire de la balle.

La balle suit une **trajectoire parabolique** mais elle atteint la même hauteur que dans l'exemple précédent. Si elle est rattrapée à la même hauteur qu'à celle où elle a été lancée, sa vélocité verticale sera la même que celle de son lancer (mais négative et avec également une vélocité horizontale). Selon la première loi de Newton, la vélocité horizontale de la balle reste constante (pas d'accélération) puisque la gravité n'agit pas sur la vélocité horizontale et qu'aucune autre force externe ne s'exerce sur la balle. La composante horizontale du mouvement est totalement indépendante de la composante verticale (voir Fig. B5.5). C'est la raison pour laquelle les satellites gardent une orbite à vitesse constante autour de la Terre : l'attraction terrestre leur permet de maintenir une orbite circulaire mais ne les ralentit pas.

La balle se déplace vers le haut puis vers le bas (Fig. B5.5 : courbe 1). Sa vélocité verticale diminue au cours de la phase ascensionnelle (vélocité positive). La vélocité change de direction (vélocité négative) quand la balle atteint le sommet de sa trajectoire. La balle subit une accélération constante de -9,81 m/s² tout au long de sa trajectoire, avec d'abord une vélocité positive qui diminue puis une vélocité négative qui augmente (courbes 2 et 3). La composante verticale de la trajectoire de la balle est exactement la même que celle lors de son lancer vertical (à condition que les vélocités verticales de lancer soient les mêmes dans les deux expériences). Horizontalement, la balle se déplace vers l'avant à vélocité constante, en accord avec la première loi de Newton (courbes 4 et 5). Son accélération horizontale est nulle (courbe 6). Les composantes verticale et horizontale du mouvement sont indépendantes l'une de l'autre et la gravité n'agit que sur la composante verticale.

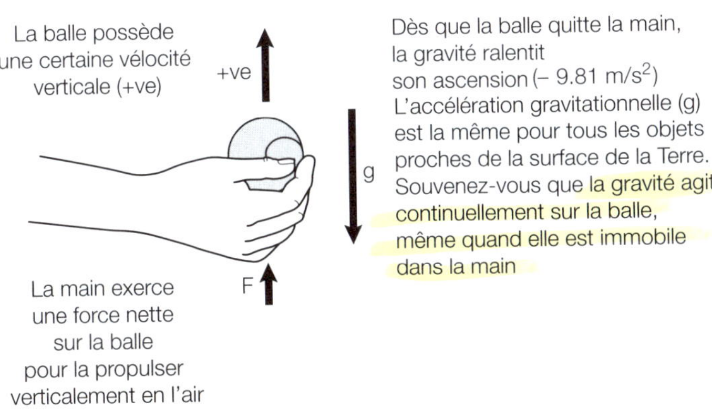

Fig. B5.2 : Accélération gravitationnelle due à la Terre.

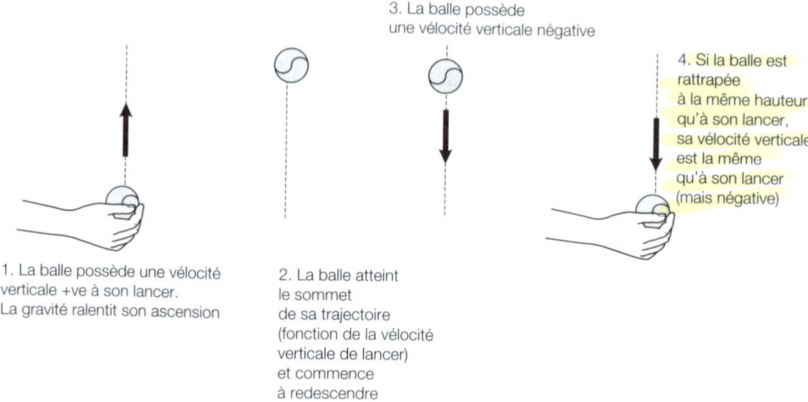

Fig. B5.3 : Trajectoire d'une balle lancée verticalement en l'air.

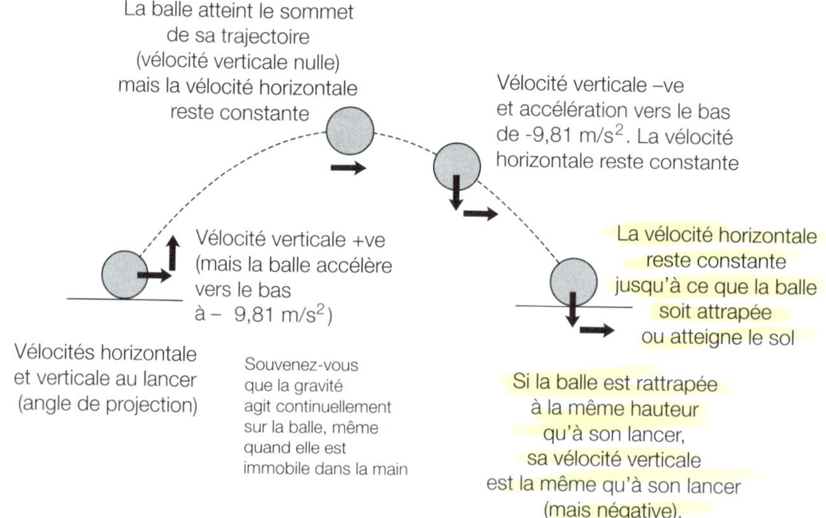

Fig. B5.4 : Trajectoire d'une balle lancée avec une vélocité verticale et une vélocité horizontale.

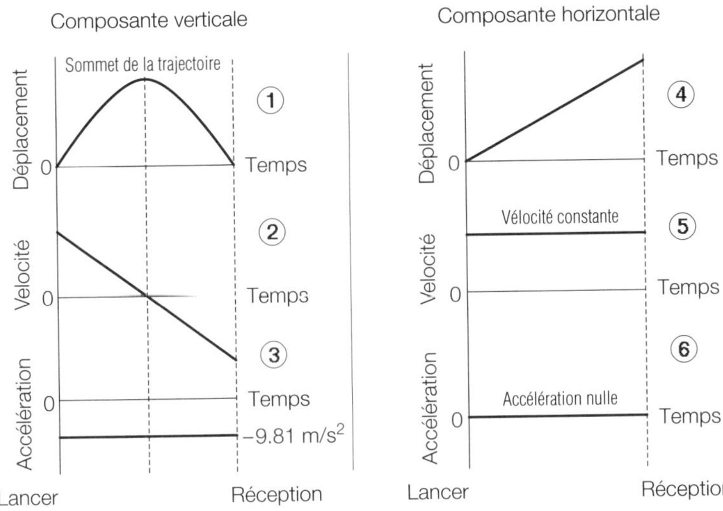

Fig. B5.5 : Représentation graphique du mouvement d'une balle lancée avec une vélocité verticale et une vélocité horizontale.

6. Résistance de l'air

En motricité humaine, la résistance de l'air est le plus souvent négligeable. Elle doit cependant être considérée comme une **force externe** dans certaines situations. Nous avons vu que , selon la loi de l'attraction universelle, si on lâche deux objets de masses différentes d'une même hauteur, ils atteindront le sol en même temps. Cependant, si vous lâchez une feuille de papier et une balle de golf, la balle de golf atteindra le sol en premier. Ceci est dû à la résistance de l'air qui agit de façon plus importante sur la feuille de papier que sur la balle de golf. Dans les disciplines sportives telles que le lancer de javelot, de marteau, de poids ou le saut en longueur, la résistance de l'air ne sera pas négligeable en présence de forts vents avants ou arrières. Les sauts en longueur favorisés (ou défavorisés) par de tels vents sont le plus souvent invalidés. **Essayez de lâcher différents objets d'une même hauteur pour mettre en évidence l'effet de la résistance de l'air sur leur accélération verticale due à la gravité.**

Frottement

Points clés

Forces de frottement	Des forces de frottement s'exercent quand deux surfaces sont en contact. Les forces de frottement s'opposent au mouvement relatif de ces deux surfaces. Elles sont essentielles pour la motricité humaine. Quand on marche sur la glace, par exemple, la force de frottement entre le pied et le sol est plus faible qu'à l'accoutumée et la marche est rendue plus difficile par les glissements.
Coefficient de frottement	Le coefficient de frottement (μ) permet de décrire la relation entre deux surfaces en contact générant une force de frottement. La force de frottement maximale augmente quand le coefficient de frottement augmente.
Force de frottement maximale	Il s'agit de la force de frottement maximale (Fmax) qui peut s'exercer entre deux surfaces en contact sans qu'il n'y ait de mouvement. La force exercée doit être supérieure à la force de frottement maximale pour qu'un mouvement se produise.
Types de forces de frottement	Les frottements sont classés en deux groupes : les frottements solides et les frottements visqueux. Les frottements solides surviennent entre deux surfaces solides non lubrifiés. Les frottements visqueux surviennent entre deux couches de fluide (eau sur eau ou air sur eau par exemple). On parle de frottement solide statique quand les deux surfaces en contact sont immobiles et de frottement solide dynamique quand une des surfaces ou les deux se déplacent. La force de frottement, qu'elle soit statique ou dynamique, dépend des caractéristiques des surfaces en contact (surface lisse ou rugueuse par exemple). La force de frottement est par contre indépendante de l'aire de la zone de contact entre les deux surfaces : la force de frottement maximale entre la couverture d'un livre et une table reste la même que le livre soit ouvert ou fermé

Force de frottement et force de réaction normale	La force de réaction normale agit à 90° de la surface de contact. Elle est proportionnelle à la masse et à la force de frottement. La force de frottement est donc proportionnelle à la masse.
Application	L'amélioration des performances sportives passent par l'augmentation ou la réduction des forces de frottement. La course nécessite par exemple une force de frottement suffisante entre la chaussure et la piste. En natation, par contre, les combinaisons sont conçues pour réduire les forces de frottement entre le nageur et l'eau.

1. Forces de frottement

La biomécanique est l'étude des forces et de leurs effets sur les êtres vivants. La plupart des forces étudiées sont des forces externes qui s'exercent sur les corps pour provoquer leur mouvement. Ces forces externes peuvent être des forces de contact ou des forces d'attraction (la gravité est une force externe d'attraction par exemple). Les forces internes, s'exerçant à l'intérieur du corps, sont généralement le résultat de l'effet net des forces externes. La force nette qui s'exerce sur le pied d'un footballeur quand il tire dans un ballon est une force externe alors que la force qui s'exerce sur le ligament croisé antérieur au cours de ce tir est une force interne. Une force externe appliquée à une partie A d'un corps produit souvent une modification (de position ou de forme) d'une partie B de ce même corps. Les forces entre les parties A et B sont des forces internes. Quand le corps est en équilibre (c'est-à-dire quand la somme des forces et des moments est nulle), les deux systèmes de forces, interne et externe, sont en équilibre de façon séparée (il ne s'agit pas d'une compensation d'un système par l'autre).

Les forces peuvent être considérées en fonction de leurs composantes horizontales et verticales. La Figure B6.1 montre les forces de contact entre le pied et le sol lors de la frappe du talon au cours de la marche (dans le plan sagittal).

La force de réaction du sol (FRS) est la résultante de toutes les forces de réaction entre le pied et le sol lors de leur contact. Les forces s'exercent dans les trois dimensions mais la Figure B6.1 ne montre que le plan sagittal (deux dimensions), ce qui permet d'analyser les composantes horizontale et verticale de la FRS. La force médio-latérale, également composante de la FRS, n'est pas représentée.

La composante verticale, appelée **force normale**, s'exerce toujours à 90° de la surface de contact. La composante horizontale, appelée **force de frottement**, est parallèle à la surface de contact.

Les forces de frottement s'exercent entre deux surfaces en contact et s'opposent au mouvement relatif de ces deux surfaces. La Figure B6.2 donne des exemples de forces de frottement en motricité humaine.

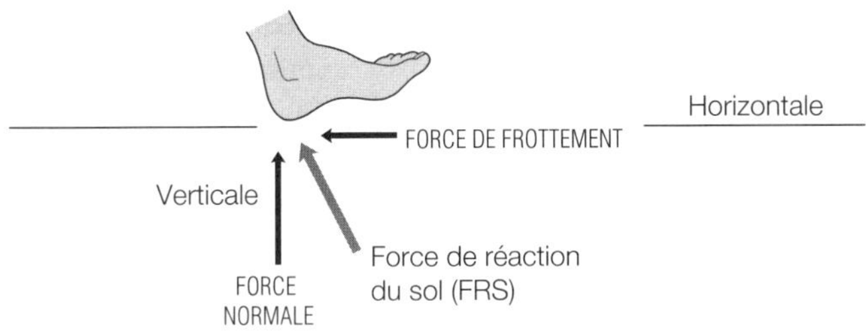

Fig. B6.1 : Force de frottement et force normale lors de la frappe du talon au cours de la marche (plan sagittal).

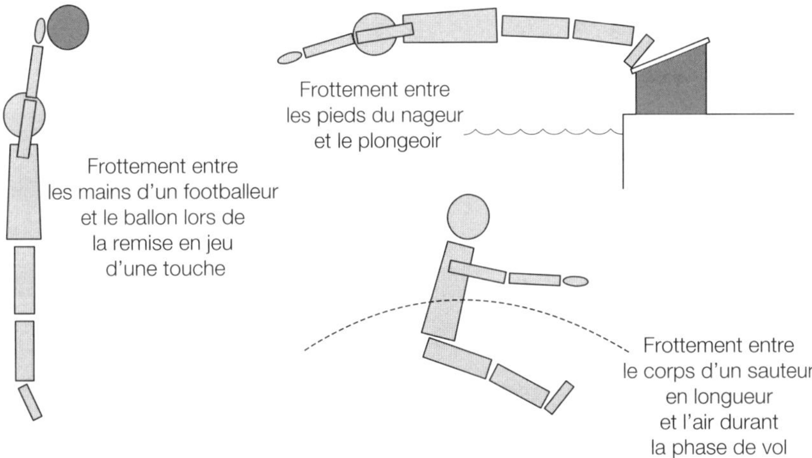

Fig. B6.2 : Exemples de forces de frottement en motricité humaine.

2. Coefficient de frottement

Les forces de frottement sont nécessaires pour la motricité et la locomotion humaines : il serait difficile d'initier et de maintenir un mouvement en leur absence. Imaginez-vous essayer de traverser une patinoire avec des chaussures normales. La force de frottement très faible entre la glace et la chaussure est à l'origine de glissements rendant difficile le déplacement. Le **coefficient de frottement** (μ) permet de décrire la relation entre deux surfaces en contact générant une force de frottement (voir Fig. B6.3).

Le schéma de gauche de la Figure B6.3 montre l'exemple d'une brique posée sur une surface et que l'on essaye de pousser avec une force Q : la force de frottement F s'oppose au déplacement de la brique. La brique ne se déplacera que lorsque la force Q sera supérieure à la force de frottement maximale (Fmax) entre les deux surfaces. Le schéma de droite de la Figure B6.3 montre comment déterminer le coefficient de frottement entre deux surfaces. Si vous inclinez la surface de contact, la brique commence à glisser quand vous atteignez un certain angle θ. Cet angle correspond au moment où la force gravitationnelle (plus particulièrement sa composante parallèle à la surface de contact) devient supérieure à Fmax. Le coefficient de frottement est égal à la tangente de cet angle (**μ = tan θ**).

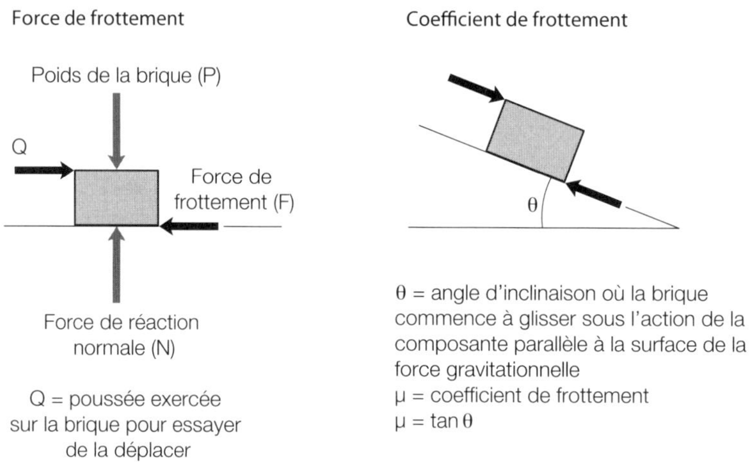

Fig. B6.3 : Coefficient de frottement.

3. Exemple

Une bloc de 20 kg commence à glisser sur une surface plastique à partir d'un angle d'inclinaison de 35°. Calculez le coefficient de frottement (μ) et la force de frottement maximale (Fmax) entre les deux surfaces en contact (le bloc de 20 kg et la surface plastique).

Coefficient de frottement

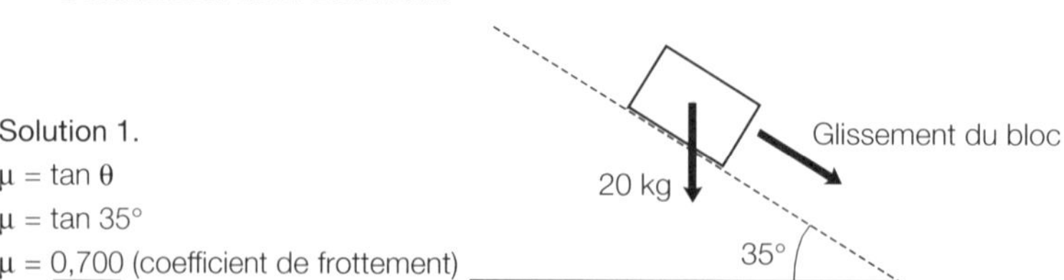

Solution 1.

$\mu = \tan \theta$

$\mu = \tan 35°$

$\mu = 0{,}700$ (coefficient de frottement)

Force de frottement maximale

Elle peut être calculée à partir de la formule (Fmax = µ x N). Il faut donc d'abord calculer la force de réaction normale N entre les deux surfaces.

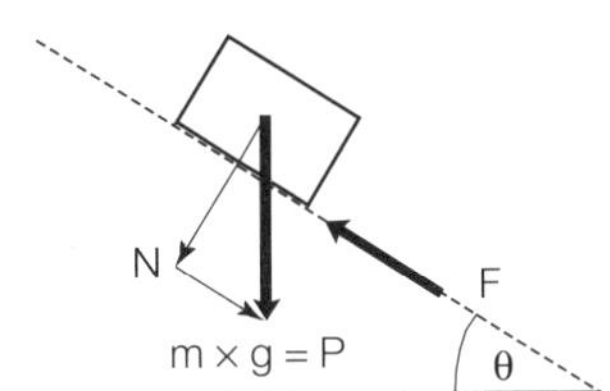

Solution 2.

N = cosθ x P

Où

N = force de réaction normale

θ = angle d'inclinaison

P = poids du bloc

g = accélération gravitationnelle (9,81

m = masse du bloc

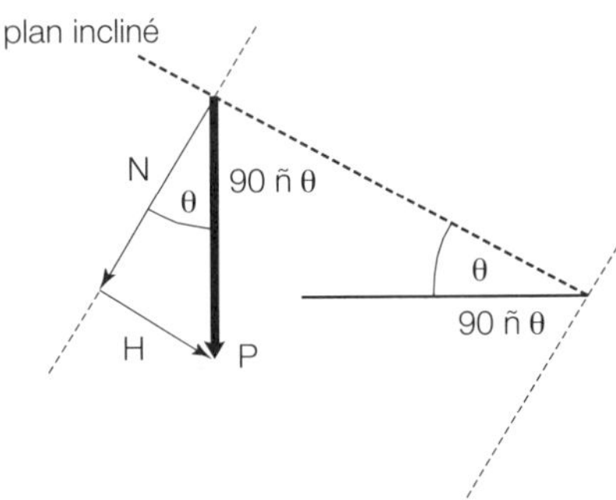

Solution 3.

$$\cos\theta = \frac{\text{côté adjacent}}{\text{hypoténuse}}$$

$$\cos\theta = \frac{N}{P}$$

Donc N = cosθ x P

Fmax = µ x N

N = cosθ x P

Fmax = µ x (cosθ x P)

= 0,700 x (cos35°) x (20 x 9,81)

= 0,700 x (0,819 x 196,2)

= 0,700 x 160,68

= 112,48 N

Il s'agit de la force de frottement maximale qui peut exister entre ces deux surfaces. Cette force doit être vaincue pour que le bloc se déplace. Si la surface est remise à l'horizontale, il faudra exercer une poussée supérieure à 112,48 N pour déplacer le bloc.

Les frottements sont classés en deux groupes : les **frottements solides** et les **frottements visqueux**. Les frottements solides surviennent entre deux surfaces solides non lubrifiées. Les frottements visqueux surviennent entre deux couches de fluide (air sur eau ou eau sur eau par exemple). Les frottements visqueux sont peu fréquents en sport et en motricité humaine et leur mécanisme est complexe : ils ne seront donc pas abordés dans ce texte.

Les **frottements solides** peuvent être **statiques** (quand les objets sont immobiles) ou **dynamiques** (quand une des surfaces ou les deux se déplacent). La force de frottement, qu'elle soit statique ou dynamique, dépend des caractéristiques des surfaces en contact. Différentes surfaces en contact auront des coefficients de frottement différents. Les frottements dépendent de la rugosité des surfaces en contact : les surfaces lisses ont des coefficients de frottement très bas, ce qui leur permet de glisser facilement les unes sur les autres. C'est la raison pour laquelle les prothèses de hanche sont composées d'acier et de plastique. Différentes propriétés de frottement des surfaces sont exploitées dans les disciplines sportives : poignée de javelot assurant une bonne prise en main, mains enduites de magnésie en haltérophilie, raquettes de ping-pong lisses ou rugueuses, chaussures de football adaptées pour un meilleur contrôle du ballon.

La force de frottement est indépendante de l'aire de la zone de contact entre les deux surfaces. Essayez par exemple de pousser un livre sur une table, d'abord fermé puis ouvert : la force de frottement entre la table et la couverture du livre reste la même. En ouvrant le livre, vous avez doublé l'aire de la zone de contact mais également réparti la masse du livre sur une plus grande surface : la zone de contact est plus grande mais les forces à chaque point de contact sont plus faibles.

4. Force de frottement et force de réaction normale

Nous avons vu dans l'exemple de la Figure B6.3 que la force de frottement est proportionnelle à la force de réaction normale : la force de frottement augmente si la force de réaction normale augmente. Dans l'exemple du livre ouvert ou fermé, la force de réaction normale reste la même car la masse du livre ne change pas (elle est simplement répartie sur une plus grande surface) : la force de frottement reste également la même. Si vous placez maintenant un autre livre au-dessus du premier, vous augmentez la masse et donc la force de réaction normale et la force de frottement : il sera plus difficile de pousser les livres sur la table (voir Fig. B6.4).

Vous pouvez observer le même phénomène en faisant glisser votre main, simplement posée, sur une table. Essayez de nouveau mais cette fois en appuyant fortement votre main contre la table : il est plus difficile de la déplacer car vous avez augmenté la force de réaction normale et donc la force de frottement entre votre main et la table.

La force de réaction normale est proportionnelle à la force de frottement (Fmax = $\mu \times N$) et à la masse. Si la masse augmente, la force de frottement augmente et il devient plus difficile de faire glisser l'objet sur la surface. De plus, la force de frottement statique entre deux objets est plus élevée que la force de frottement dynamique entre ces deux objets (il faut une plus grande force pour initier le mouvement d'un objet que pour entretenir ce mouvement).

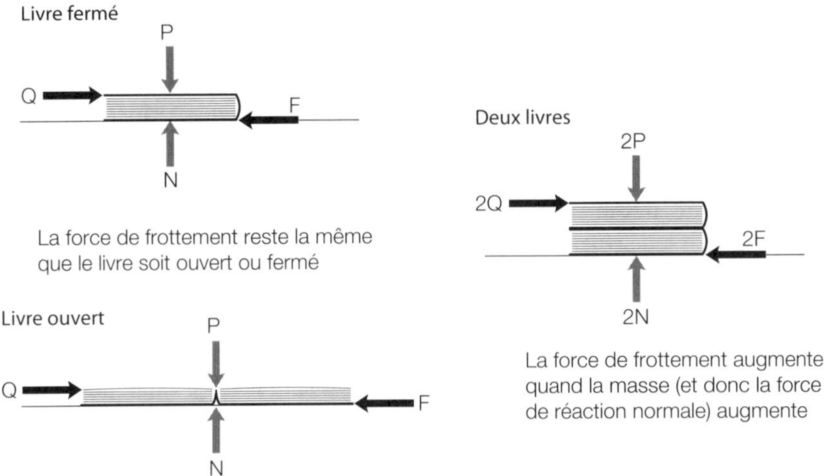

Fig. B6.4 : Aire de la zone de contact entre deux surfaces.

5. Application

La force de frottement entre deux surfaces est proportionnelle au coefficient de frottement augmente ($Fmax = \mu \times N$). Dans les différentes disciplines sportives, il peut être souhaitable d'augmenter ou de diminuer le coefficient de frottement.

La semelle en caoutchouc des chaussures de course est conçue pour agripper le sol de manière à ce que le maximum de force de réaction du sol soit transmis à l'athlète pour le propulser en avant. Les prothèses articulaires nécessitent de faibles coefficients de frottements pour limiter leur usure et faciliter les mouvements. Le Tableau B6.1 donne les valeurs de coefficients de friction de différents matériaux en contact.

Surfaces		Coefficient de friction (μ)
Caoutchouc sur béton	(sec)	0,60–0,85
Caoutchouc sur béton	(mouillé)	0,45–0,75
Polystyrène sur acier	(sec)	0,35–0,5
Bois sur bois	(mouillé)	0,20

Tableau B6.1 : Coefficients de friction de différents matériaux en contact.

La force qui s'oppose au mouvement d'un objet se déplaçant à la surface d'un autre est appelée **force de frottement dynamique** ou **cinétique**. La force qui s'oppose à l'initiation de ce mouvement est légèrement supérieure et est appelée **force de frottement statique. Le coefficient de frottement cinétique entre deux surfaces est généralement inférieur à leur coefficient de frottement statique**. C'est par exemple le cas pour le coefficient de frottement dynamique d'un pneu de voiture, très inférieur à son coefficient de frottement statique. La voiture peut déraper si le coefficient de frottement dynamique diminue (route mouillée par exemple). Le coefficient de frottement dynamique d'un métal sur un métal de même type peut descendre jusqu'à 0,15.

Les forces de frottement sont essentielles pour l'initiation et l'entretien des mouvements humains. Le mouvement est initié quand la force appliquée devient supérieure à la force de frottement maximale des objets en contact. Il faut une plus grande force pour initier le mouvement que pour l'entretenir. Le coefficient de frottement entre deux surfaces reste constant tant que ces deux surfaces restent immobiles l'une par rapport à l'autre. Il diminue quand les surfaces commencent à glisser l'une sur l'autre. La **force de frottement** est comprise entre **zéro et Fmax**, selon la force qui est appliquée pour déplacer l'objet. La direction de la force de frottement est toujours opposée à celle du mouvement.

6. Exemple

Une force supérieure à 100 N est nécessaire pour faire glisser une masse de 70 kg sur un parquet. Calculez le coefficient de frottement entre la masse et le parquet.

$$F_{max} = \mu \times N$$

$$100 = \mu \times (70 \times 9{,}81)$$

$$\mu = \frac{100}{686{,}7}$$

$$\mu = 0{,}146$$

Le frottement entre deux objets en contact génère souvent de la chaleur. Cette chaleur peut être à l'origine de lésions des tissus mous du corps humain. Les ampoules en sont un exemple : le corps réagit aux frottements excessifs en sécrétant un liquide entre les couches superficielle et profonde de la peau pour protéger les structures profondes. À long terme, la couche superficielle s'épaissit (corne). La lubrification des surfaces en contact permet de réduire les frottements. Les articulations du corps humain sont ainsi lubrifiées par le liquide synovial, ce qui permet des frottements équivalents à 1/5e des frottements glace sur glace. C'est ainsi que les articulations humaines peuvent résister pendant plus de 70 ans avant de se détériorer (arthrite et dégénération articulaire). Les combinaisons de compétitions de natation sont conçues pour créer une couche d'eau autour d'elles. Les frottements eau sur eau permettent au nageur de « glisser » plus facilement dans l'eau. Dans les différentes disciplines sportives, il peut être souhaitable de réduire ou d'augmenter les forces de frottement pour améliorer les performances.

Partie C

Cinétique du mouvement angulaire

Chapitre **1**

Couple et moment de force

Points clés	
Moment de force	Le moment d'une force correspond à la tendance de cette force à produire une rotation. Il est égal au produit de la force par sa distance perpendiculaire (bras de levier) à l'axe de rotation. Le moment d'une force produit l'accélération angulaire à l'origine des rotations des membres.
Rotations horaire et anti-horaire	On parle de rotation horaire quand la rotation s'effectue dans le sens des aiguilles d'une montre (–ve) et de rotation anti-horaire quand la rotation s'effectue dans le sens inverse (+ve).
Couple de forces	Un couple de forces est une paire de forces d'intensités égales, parallèles et de sens opposés agissant sur un système.
Équilibre	Un système est en équilibre quand toutes les forces et tous les moments appliqués à ce système se compensent mutuellement : l'accélération angulaire du système est nulle (vélocité angulaire constante).
Seconde condition d'équilibre	La vélocité angulaire d'un système est constante quand la somme de tous les moments appliqués à ce système est nulle. En d'autres termes, cette condition est remplie quand la somme des moments horaires et des moments anti-horaires est nulle ($\Sigma Mh + \Sigma Mah = 0$)
Application	En compétition de nage libre, les nageurs plient leur coude lors de la phase de poussée. Cette technique permet une force de propulsion importante tout en protégeant l'articulation de l'épaule contre un moment de force excessif (qui pouvait léser l'épaule avec la technique précédente de bras en extension lors de phase de poussée). Au football, le tir d'un ballon nécessite des moments de force importants au niveau de l'articulation de la hanche pour produire l'accélération de la jambe.

1. Moment de force

Le **moment** d'une force correspond à la tendance de cette force à produire une rotation. Il est égal au produit de la **force** par sa **distance perpendiculaire** à l'axe de rotation. Le moment d'une force est une valeur vectorielle, possédant une **magnitude** et une **direction**. En biomécanique, le moment d'une force produit l'accélération angulaire à l'origine des rotations des membres. Ces rotations s'effectuent autour d'axes de rotation. Lors du tir dans un ballon de football, par exemple, les mouvements de rotation de la jambe s'effectuent autour des axes de rotation de la cheville, du genou et de la hanche. Quand un objet subit une poussée par une force passant par son centre de gravité, il se déplace en ligne droite dans la direction de cette force (mouvement linéaire). Si la force est appliquée à distance de son centre de gravité, l'objet effectue une rotation (autour d'un axe de rotation) en même temps qu'une translation (mouvement linéaire). Les Figures C1.1, C1.2 et C1.3 illustrent cette notion de **moment** de force.

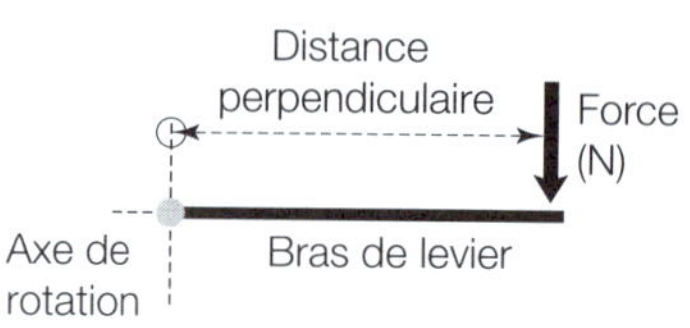

Une force est appliquée à un bras de levier. Cette force produit un moment au niveau de l'axe de rotation. Ce moment est à l'origine de l'accélération angulaire du bras de levier (la rotation est ici horaire (–ve))

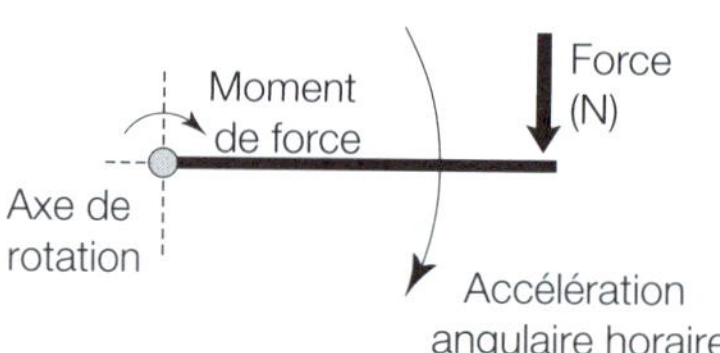

Fig. C1.1 : Moment de force.

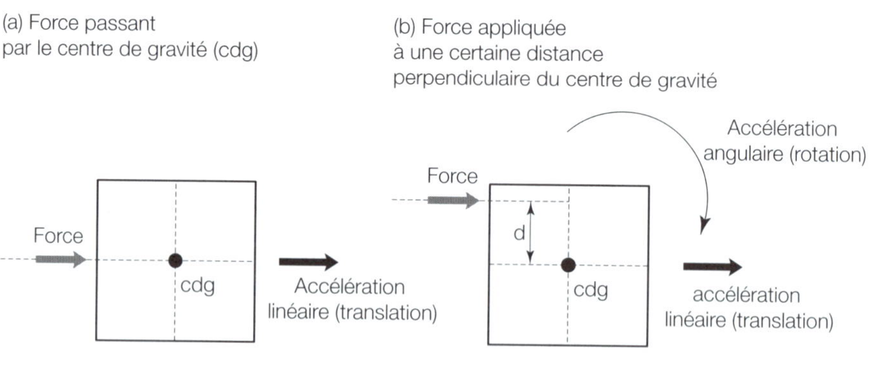

Fig. C1.2 : Moment de force.

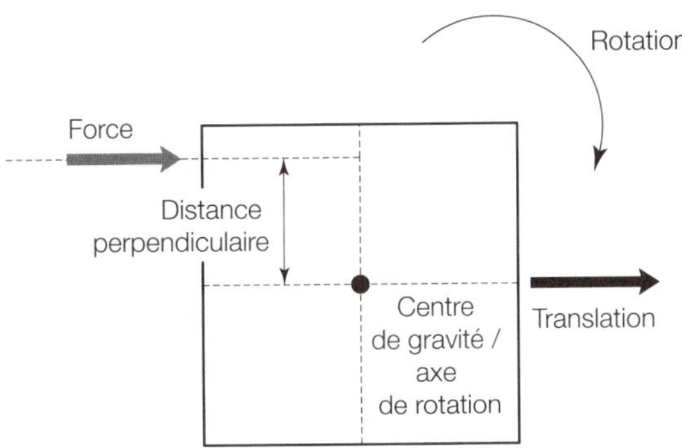

Fig. C1.3 : Moment de force.

2. Rotations horaire et anti-horaire

Dans la Figure C1.3, une force est appliquée à une certaine distance perpendiculaire du centre de gravité d'un objet : l'objet effectue alors une rotation et une translation. La rotation est due au moment de force développé au niveau de l'**axe de rotation** (dans cet exemple : le centre de gravité). La **distance perpendiculaire** entre l'axe de rotation et la force appliquée est appelée **bras de levier**. Le moment de force produit l'accélération angulaire à l'origine de la rotation du levier (membre ou segment de membre). La rotation peut-être **horaire** (dans le sens des aiguilles d'une montre) ou **anti-horaire** (sens inverse). En biomécanique, on attribue **un signe négatif (–ve) à la rotation horaire** et **un signe positif (+ve) à la rotation anti-horaire** (voir Fig. C1.4).

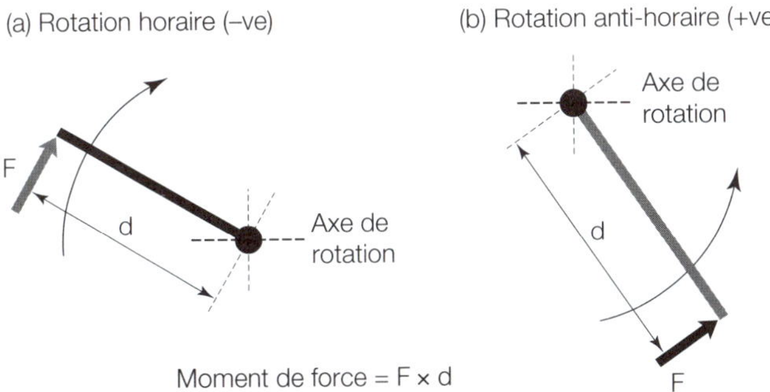

Fig. C1.4 : Rotations horaire et anti-horaire.

3. Couple de forces

Un couple de forces est une paire de forces d'intensités égales, parallèles et de sens opposés agissant sur un système. Les couples de forces sont fréquents en biomécanique. Dans la Figure C1.5, une boîte et un bras de levier sont soumis à l'action d'un couple. Dans les deux cas, l'objet effectue une rotation (horaire pour la boîte et anti-horaire pour le bras de levier). Il ne se produit pas de translation car la force nette appliquée au système est nulle (les deux forces sont égales et opposées et on néglige la gravité dans ces exemples). Selon la première loi de Newton, un corps reste stationnaire ou conserve une vélocité constante en l'absence de toute force externe. La boîte et le bras de levier restent donc stationnaires puisque la force linéaire nette est nulle. Les deux objets effectuent par contre une rotation car ils sont soumis au moment du couple de forces.

Le moment d'une force est le produit de cette force par son bras de levier (distance perpendiculaire) :

Moment de force = force x bras de levier

$$M = F \times d$$

Où

M = moment de force en Newton.mètres (Nm)

F = force en Newtons (N)

d = bras de levier (m)

Le moment de force peut être augmenté en augmentant la **force** appliquée ou le **bras de levier** (et inversement pour réduire le moment de force). Cette notion est particulièrement importante en biomécanique.

Force de 20 N appliquée à une distance de 0,3 m

$M = F \times d$

$M = 20 \times 0{,}3$

$M = 6$ Nm

Force de 35 N appliquée à une distance de 0,3 m

$M = F \times d$

$M = 35 \times 0{,}3$

$M = 10{,}5$ Nm

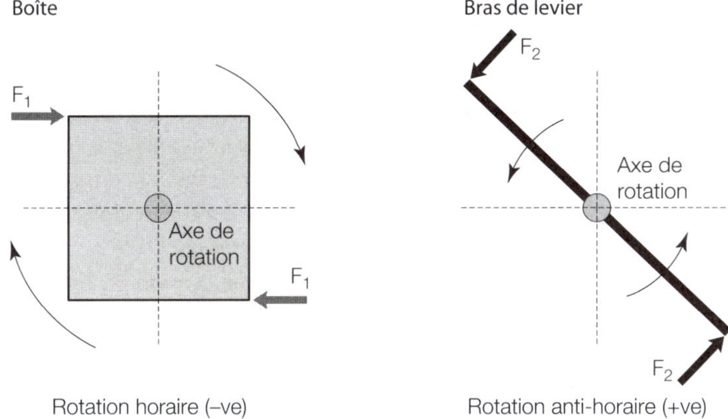

Fig. C1.5 : Couple de forces égales, parallèles et opposées.

4. Application

Selon les situations en motricité humaine, il peut être souhaitable de diminuer ou d'augmenter le moment de force appliqué à un objet ou à un segment de membre. Dans la nage libre de compétition, par exemple, les nageurs utilisent désormais une technique consistant à fléchir le bras au cours de la phase de propulsion : dès que le bras pénètre dans l'eau, le nageur fléchit le coude et le maintient fléchi durant toute la phase de propulsion. Cette technique permet au nageur de développer une force de propulsion importante tout en protégeant l'articulation de l'épaule contre un moment de force excessif (qui pouvait léser l'épaule avec la technique précédente de bras en extension durant la poussée). Le nageur australien Grant Hackett a adopté cette technique aux Jeux Olympiques de 2004.

Un moment de force intervient également au cours de la musculation du biceps. L'athlète étend puis fléchit son coude à plusieurs reprises tout en tenant un haltère dans la main. Pour réaliser ce mouvement, le biceps brachial doit produire un moment de force supérieur et opposé au moment de force dû à l'haltère (voir Figs. C1.6 etC1.7).

Les moments de force sont des valeurs vectorielles, possédant une magnitude et une direction (sens horaire au anti-horaire). Dans l'exemple de la musculation du biceps (Fig. C1.7), deux moments agissent dans le plan sagittal et selon l'axe transversal. L'haltère produit un moment horaire (+ve) qui dépend du poids de l'haltère et de son bras de levier. Le biceps brachial produit un moment anti-horaire (-ve) qui dépend de la force musculaire et de son bras de levier. Les deux moments concernent le même axe de rotation (le coude).

Le système est en **équilibre** si le moment créé par le biceps est égal au moment créé par l'haltère : la somme des moments est égale à zéro donc l'accélération angulaire est nulle et la vélocité angulaire est constante. La flexion du coude commence quand le moment créé par le biceps dépasse le moment créé par l'haltère. L'extension du coude commence quand le moment de l'haltère dépasse le moment créé par le biceps. Notez que les mouvements sont contrôlés par l'athlète, c'est-à-dire qu'ils se produisent à vélocité relativement constante (accélération nulle) : pour cela, l'athlète doit ajuster le moment créé par le biceps pour qu'il reste égal au moment créé par l'haltère. Notez également que les moments varient tout au long de la flexion-extension du bras. Le poids de l'haltère reste constant mais son bras de levier varie selon que le bras soit en flexion ou en extension, d'où une variation du moment créé par l'haltère. Le moment créé par le biceps varie pour s'ajuster à la variation du moment créé par l'haltère. La Figure C1.8 illustre ces variations de bras de levier et de moments.

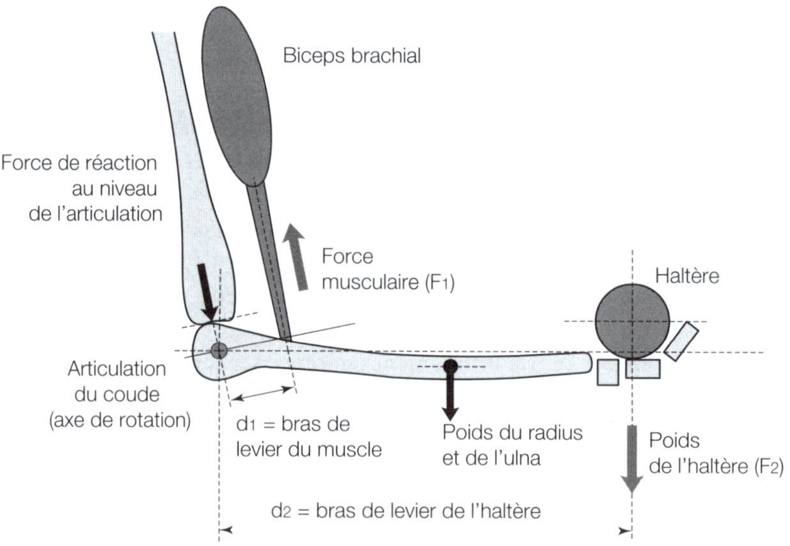

Fig. C1.6 : Moments au niveau de l'articulation du coude au cours de la musculation du biceps.

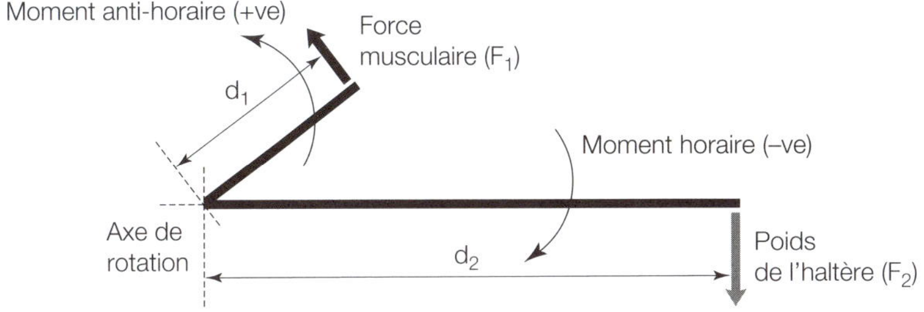

Fig. C1.7 : Moments au niveau de l'articulation du coude au cours de la musculation du biceps.

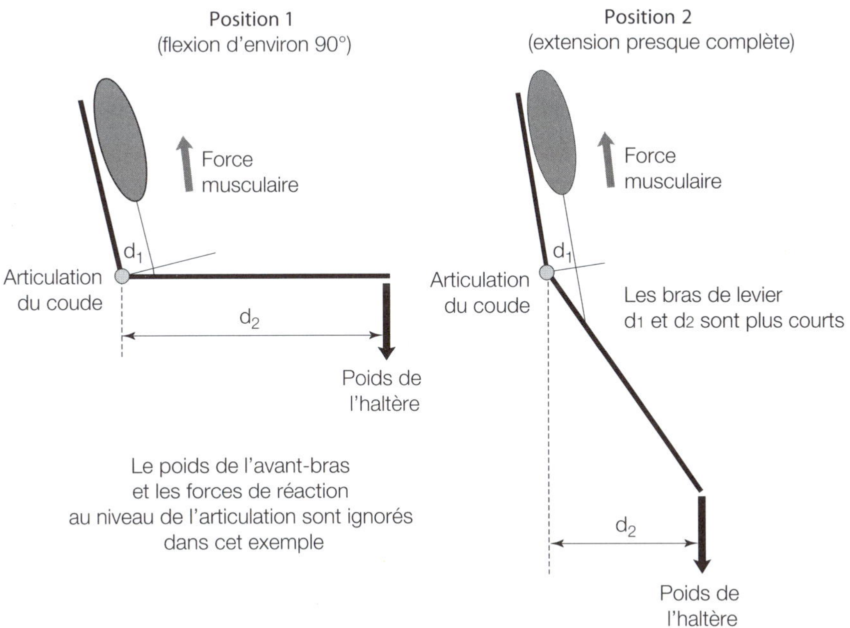

Fig. C1.8 : Moments au niveau de l'articulation du coude au cours de la musculation du biceps.

5. Seconde condition d'équilibre

La première condition d'équilibre, établie à partir de la première loi de Newton, concerne le mouvement linéaire : un corps est dit en équilibre quand son accélération linéaire est nulle, c'est-à-dire quand la somme de toutes les forces externes s'appliquant à ce corps est égale à zéro.

La seconde condition d'équilibre concerne le mouvement angulaire : un corps est dit en équilibre quand son accélération angulaire est nulle, c'est-à-dire quand la somme de tous les moments s'appliquant à ce corps est égale à zéro. Cette condition peut également être formulée de la façon suivante : la vélocité angulaire d'un corps est constante quand la somme des moments horaires et des moments anti-horaires est égale à zéro.

$\Sigma Mh + \Sigma Mah = 0$

Où

Σ = somme des

Mh = Moments horaires (–ve)

Mah = moments anti-horaires (+ve)

Notez que, dans cette équation, les moments dont il est question partagent tous le même axe de rotation. L'exemple de la Figure C1.7 ne comportait qu'un seul axe de rotation (le coude) : la seconde condition d'équilibre nous permet donc de calculer la force musculaire nécessaire pour maintenir le système en équilibre (c'est-à-dire maintenir l'haltère dans une position fixe).

Le schéma suivant représente le diagramme des forces qui s'exercent quand le bras soutenant l'haltère est maintenu horizontal.

6. Diagramme de forces

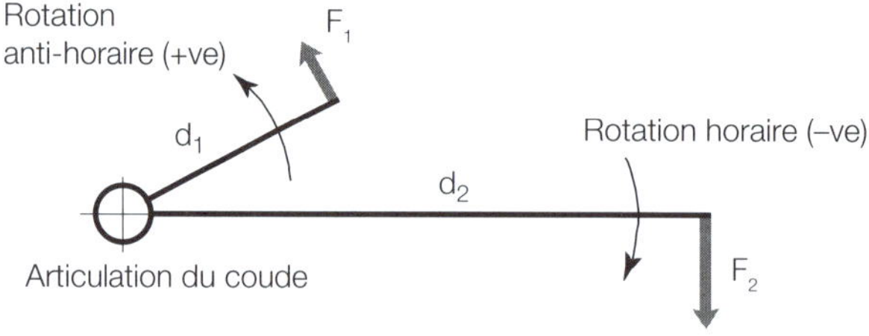

Où

d_1 = bras de levier de la force musculaire (**0,05 m**)

d_2 = bras de levier du poids de l'haltère (**0,45 m**)

F_1 = force musculaire (**inconnue**)

P_2 = poids de l'haltère. L'haltère possède une masse de 5 kg. Son poids, calculé à partir de la formule (P = m x g), est de 5 x 9,81 = 49,05 N.

Les moments de force, calculés à partir de la formule (M = F x d), sont les suivants :

$= P_2 \times d_2$

$= 49{,}05 \times 0{,}45$

$= -\ 22{,}07$ Nm

$= F_1 \times d_1$

$= F_1 \times 0{,}05$ Nm

Notez qu'un signe négatif est attribué au moment horaire. Le système étant en équilibre, la seconde condition d'équilibre nous permet d'écrire :

$\Sigma Mh + \Sigma Mah = 0$

$(F_1 \times 0{,}05) + (-\ 22{,}07) = 0$

$$F_1 = 22,\frac{0,7}{0},05$$

F1 = 441,4 N

Le biceps brachial doit exercer une force de 441,4 N pour maintenir l'haltère dans une position horizontale. Il faudra exercer une force supérieure à 441,4 N pour fléchir le bras et soulever l'haltère. Notez que la force musculaire nécessaire (441,4 N) est largement supérieure au poids de l'haltère (49,05 N) : ceci est dû au bras de levier de la force musculaire (0,05 m), bien plus court que celui du poids de l'haltère (0,45 m).

Le meilleur exemple pour comprendre ces notions de moment de force et d'équilibre est celui de la balançoire à bascule. Deux enfants se tiennent de part et d'autre du pivot central : ce pivot correspond à l'**axe de rotation**, le poids de chaque enfant correspond à une **force** et leur distance respective par rapport au pivot correspond à un **bras de levier**. Un des enfant produit un moment horaire et l'autre un moment anti-horaire. La balançoire est en équilibre quand les deux moments sont égaux. Pour se balancer, les enfants doivent s'avancer ou se reculer sur la balançoire ou exercer une poussée sur le sol, modifiant ainsi les moments qu'ils produisent.

De nombreuses disciplines sportives utilisent le principe des moments de force et des leviers : moments produits au niveau des articulations durant la phase de propulsion en natation, moments produits au niveau du bassin lors du swing au golf, leviers et moments produits par la pagaie durant le slalom de canoë-kayak, moments produits au niveau des articulations de la jambe lors du tir dans un ballon au football Selon les situations, il peut être souhaitable d'augmenter ou de diminuer ces moments pour améliorer les performances ou pour prévenir le risque de blessure. Le principe des leviers sera abordé plus en détail dans le Chapitre C6.

Chapitre 2

Lois du mouvement de Newton — Mouvement angulaire

Points clés	
Première loi de Newton (appliquée au mouvement angulaire)	Le moment angulaire (ou moment cinétique) d'un corps demeure constant en l'absence de tout moment de force externe s'exerçant sur ce corps. Le moment angulaire (L) d'un corps est égal au produit de son moment d'inertie (I) par sa vélocité angulaire (ω). Le moment d'inertie d'un corps représente sa tendance à maintenir invariable son mouvement angulaire. Le moment d'inertie d'un corps dépend de la répartition de sa masse (m) autour de son axe de rotation (rayon (r)). Moment d'inertie = masse (m) x rayon^2 (r^2). Plus la masse est éloignée de l'axe de rotation, plus son moment d'inertie est important.
Application	Quand un patineur sur glace saute pour effectuer une pirouette dans les airs (rotation autour de l'axe longitudinal), il maintient ses bras contre son corps pour réduire son moment d'inertie. Le moment angulaire acquis par le patineur avant son saut reste constant quand il est dans les airs (pas de moment de force externe). Ormoment angulaire = moment d'inertie x vélocité angulaire : la réduction du moment d'inertie provoque une augmentation de la vélocité angulaire (plus grand nombre de rotations).
Seconde loi de Newton (appliquée au mouvement angulaire)	La modification du mouvement angulaire (accélération angulaire) induite par l'action d'un moment de force sur un corps se produit dans la direction de moment de force. Cette accélération angulaire est proportionnelle au moment de force qu'il subit et inversement proportionnelle au moment d'inertie du corps. Ceci s'exprime algébriquement par la formule $M = I \times \alpha$ (où M = moment de force, I = moment d'inertie et α = accélération angulaire).

Application	Lors de la musculation du biceps avec un haltère, le biceps brachial exerce un moment de force sur l'avant-bras. L'accélération angulaire de l'avant-bras qui en résulte dépend du moment d'inertie de l'avant-bras et de l'haltère. Plus le moment d'inertie est faible, plus l'accélération angulaire est importante pour un moment de force donné.
Troisième loi de Newton (appliquée au mouvement angulaire)	Tout corps A exerçant un moment de force sur un corps B subit un moment de force d'intensité égale mais de sens opposé, exercée par le corps B.
Application	Le moment de force exercé par les muscles fléchisseurs de la hanche sur la cuisse lors du tir dans un ballon de football s'accompagne d'un moment de force égal et opposé s'exerçant sur le pelvis. Ce principe est impliqué dans le mécanisme de lésion des muscles ischio-jambiers. Au golf, les moments de force produits par les épaules et les hanches lors du back-swing (monté du club de golf) et du down-swing (descente du club pour frapper la balle) s'accompagnent en réaction d'un moment de force pouvant léser les vertèbres lombaires.

1. Première loi de Newton

Nous avons vu dans le Chapitre B2 que la première loi de Newton du mouvement linéaire s'applique aux situations où les forces sont équilibrées, avec une force externe nette égale à zéro.

Tout corps persévère dans l'état de repos ou de mouvement uniforme en ligne droite dans lequel il se trouve, à moins qu'une force n'agisse sur lui, et ne le contraigne à changer d'état.

En termes de quantité de mouvement, cette première loi peut être réécrite de la façon suivante : **la quantité de mouvement d'un corps demeure constante en l'absence de toute force externe s'exerçant sur ce corps**. La quantité de mouvement (masse x vélocité) demeure constante car la masse et la vélocité linéaire demeure constante en l'absence de toute force externe.

Cette loi peut être reformulée de la façon suivante pour s'appliquer au mouvement angulaire :

Le moment angulaire (ou moment cinétique) d'un corps demeure constant en l'absence de tout moment de force externe s'exerçant sur ce corps.

Le **moment angulaire** (représenté par le symbole **L**) d'un corps est égal au produit de son **moment d'inertie** par sa **vélocité angulaire** :

Moment angulaire = moment d'inertie x vélocité angulaire

$$L = I\,\omega$$

Le moment angulaire est exprimé en kilogramme mètre carré par seconde (**kg. m²/s**). Le **moment d'inertie** d'un corps représente sa tendance à maintenir invariable son mouvement angulaire ; il est exprimé en kilogramme-mètre carré (**kg. m²**). La notion de moment d'inertie sera détaillée dans le Chapitre C3 mais nous allons brièvement la décrire ici.

Le moment d'inertie d'un corps représente sa capacité à résister à la variation de son mouvement angulaire. Plus le moment d'inertie d'un corps est important, plus il sera difficile d'initier, de stopper ou de modifier sa rotation . Le moment d'inertie (I) d'un corps dépend de la répartition de sa masse (m) autour de son axe de rotation (rayon (r)) :

$$i = m\,r^2$$

Le rayon est ici la distance qui sépare la masse de l'axe de rotation. Le moment d'inertie se calcule par rapport à un axe de rotation déterminé : il sera différent pour tout autre axe de rotation de ce même corps. Le moment d'inertie du corps humain est différent selon que sa rotation s'effectue autour de l'axe longitudinal ou autour de l'axe antéro-postérieur. On peut également s'intéresser au moment d'inertie d'un segment du corps (par exemple : le moment d'inertie de la cuisse autour de l'axe de rotation de la hanche ou le moment d'inertie de la jambe autour de l'axe de rotation du genou).

Les Figures C2.1 et C2.2 montrent différents moments d'inertie du corps humain en fonction de sa position et de ses axes de rotation. Ces schémas montrent que le moment d'inertie est plus faible quand la masse est plus proche de l'axe de rotation. Dans l'exemple A de la Figure C2.2, les bras sont maintenus contre le corps : la masse des bras (et donc la masse globale du corps) est proche de l'axe de rotation longitudinal et le moment d'inertie autour de cet axe est réduit. Dans l'exemple B, les bras sont tendus vers l'extérieur : leur masse est éloignée de l'axe de rotation et le moment d'inertie autour de cet axe est augmenté.

La première loi de Newton appliquée au mouvement angulaire stipule que le moment angulaire d'un corps demeure constant en l'absence de tout moment de force externe s'exerçant sur ce corps. Ce moment angulaire fait référence à un axe de rotation déterminé. Si l'on considère le corps comme un ensemble de segments, le moment angulaire total du corps est égal à la somme des moments angulaires (autour du même axe de rotation) de tous les segments qui le composent.

Prenons maintenant l'exemple d'un plongeur qui saute d'une planche et essaye de réaliser un double saut périlleux avant de toucher l'eau. Pour cela, le plongeur doit posséder un moment angulaire avant de quitter la planche. Il exerce donc une force sur la planche (qui exerce en réaction une force sur le plongeur) tout en déplaçant son centre de gravité pour créer un moment de force. Le plongeur quitte alors le tremplin avec un moment angulaire autour d'un axe de rotation (en l'occurrence son centre de gravité) (voir Fig. C2.3).

Une fois dans les airs et en absence de tout moment de force externe, le plongeur conserve un moment angulaire constant (première loi de Newton). Le plongeur pourra ajuster son saut en modifiant son moment d'inertie (en se roulant en boule ou en s'étirant). Quand le plongeur réduit son moment d'inertie (en se roulant en boule), sa vélocité angulaire augmente et il peut effectuer un plus nombre de sauts périlleux dans un temps donné. Quand il est proche de la surface et se prépare à entrer dans l'eau avec un minimum de rotation, le plongeur étend ses membres pour augmenter son moment d'inertie et réduire sa vélocité angulaire. Le moment angulaire demeure constant tout au long du plongeon (voir Fig. C2.4).

$$L = I\,\omega = \text{constante}$$

Si I ↑, ω ↓ (augmentation du moment d'inertie et diminution de la vélocité angulaire)

Si I ↓, ω ↑ (diminution du moment d'inertie et augmentation de la vélocité angulaire)

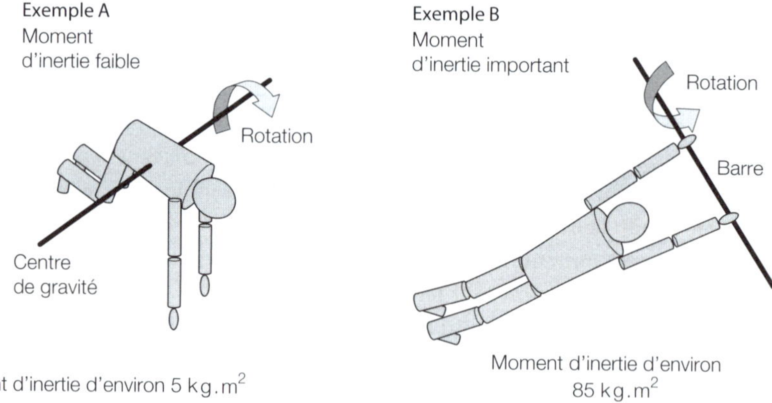

Note : le moment d'inertie dépend de la répartition de la masse autour de l'axe de rotation. Dans l'exemple A, le moment d'inertie est faible car la masse du corps est proche de l'axe de rotation (centre de gravité). Dans l'exemple B, le moment d'inertie est plus important car la masse est répartie à distance de l'axe de rotation (barre)

Fig. C2.1 : Moments d'inertie (selon l'axe de rotation transversal).

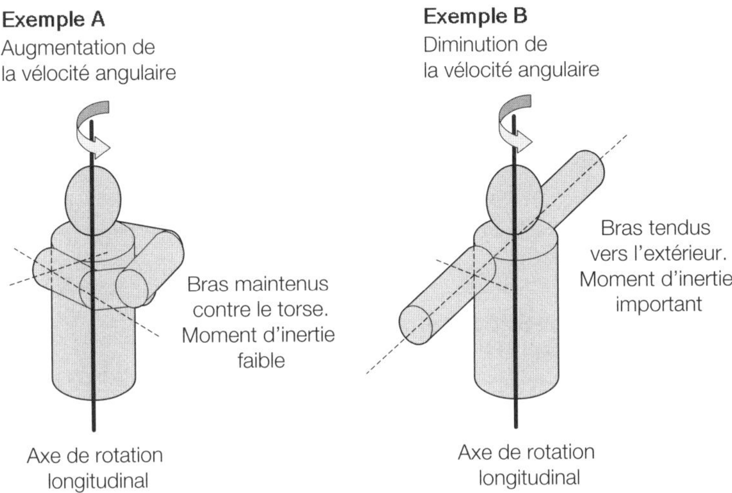

Fig. C2.2 : Moments d'inertie (selon l'axe de rotation longitudinal).

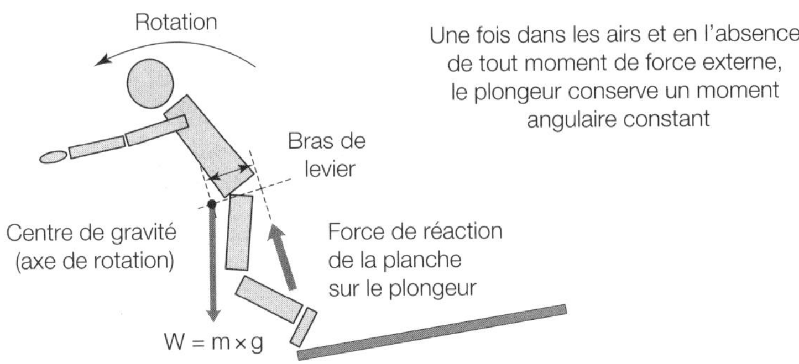

Fig. C2.3 : Moment de force et moment angulaire au cours d'un plongeon.

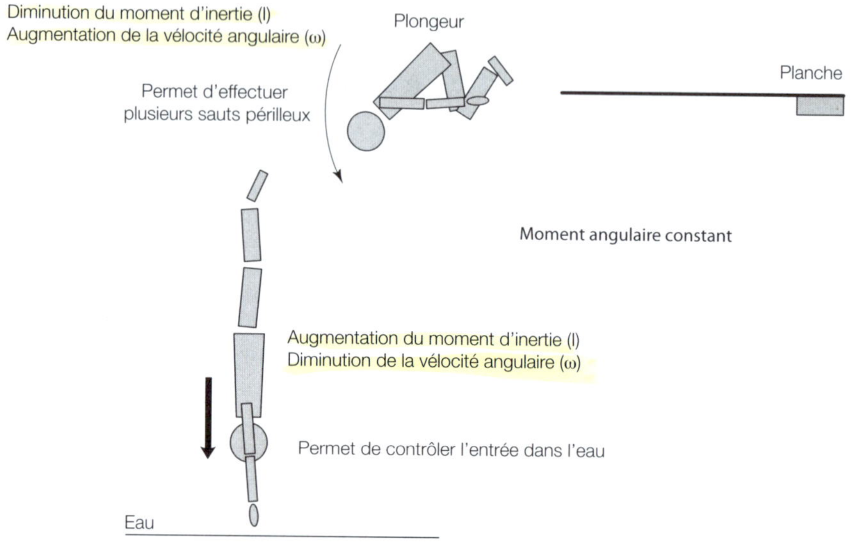

Fig. C2.4 : Moment angulaire au cours d'un plongeon.

2. Moment angulaire nul à l'envol

La première loi de Newton appliquée au mouvement angulaire stipule que le moment angulaire d'un corps demeure constant en l'absence de tout moment de force s'exerçant sur ce corps : si le moment angulaire est nul avant l'envol, il reste nul après l'envol. **Comment est-il possible qu'un plongeur soit capable d'initier des rotations dans les airs malgré un moment angulaire nul à l'envol ?**

Le corps humain n'est pas un corps solide rigide : son moment d'inertie peut être modifié en faisant varier la position des segments qui le compose.

Dans l'exemple du plongeon, le moment angulaire est nul si la force de réaction de la planche passe par le centre de gravité du plongeur (et non à distance comme dans la Figure C2.3). Le plongeur peut malgré tout effectuer des rotations grâce à des mouvements symétriques ou asymétriques des bras ou des jambes. Il peut par exemple ramener son bras contre son torse (rotation du bras autour de l'axe longitudinal). Ceci procure au bras un certain moment angulaire autour de l'axe longitudinal, dans le sens horaire ou anti-horaire. Le reste du corps acquiert un moment angulaire dans le sens opposé (le moment angulaire total reste nul). Le moment initial du bras est contrebalancé par un mouvement des jambes en position carpé : reste le moment angulaire du reste du corps, à l'origine de la rotation du plongeur. Le moment angulaire total du corps demeure constant au cours du plongeon mais les moments angulaires de différents segments peuvent varier (tant que leur somme reste égale à zéro).

L'exemple le plus représentatif de ce principe est celui de la chute d'un chat. Un chat qui tombe en arrière d'un arbre possède un moment angulaire nul mais est capable d'atterrir sur ses pattes. Quand il tombe, le chat ramène ses pattes antérieures vers sa tête et étend ses pattes postérieures : le moment d'inertie de sa partie antérieure est faible et le moment d'inertie de sa partie postérieure est élevé. Il effectue alors une rotation de sa partie antérieure : le moment angulaire de la partie antérieure s'accompagne d'un moment angulaire égal et opposé de la partie postérieure. La partie antérieure a une vélocité angulaire importante (moment d'inertie faible) et la partie postérieure une vélocité angulaire faible (moment d'inertie important) : la partie antérieure effectue une rotation de 180° et la partie postérieure une rotation de 5° dans le sens inverse. La partie antérieure est désormais face au sol. Le chat effectue ensuite des mouvements inverses (extension des pattes antérieures et flexion des pattes postérieures) pour effectuer la rotation de sa partie postérieure. À sa réception, les quatre pattes du chat font face au sol et le moment angulaire totale est resté constant tout au long de la chute.

3. Seconde loi de Newton

La seconde loi de Newton du mouvement linéaire s'applique aux situations où les forces ne sont pas équilibrées (force nette non nulle) :

La modification du mouvement (accélération) induite par l'action d'une force sur un corps se produit dans la direction de cette force. Cette accélération est proportionnelle à la force nette qu'il subit et inversement proportionnelle à la masse du corps.

Cette loi peut-être reformulée de la façon suivante pour s'appliquer au mouvement angulaire :

La modification du mouvement angulaire (accélération angulaire) induite par l'action d'un moment de force sur un corps se produit dans la direction du moment de force. Cette accélération angulaire est proportionnelle au moment de force que subit le corps et inversement proportionnelle à son moment d'inertie.

Cette loi s'exprime algébriquement par la formule :

$$M = I \times \alpha$$

Où

M = moment de force net

I = moment d'inertie

α = accélération angulaire

Tout corps soumis à un moment de force net **non nul** subit une **accélération angulaire** (c'est-à-dire une variation de sa vélocité angulaire). Nous avons vu précédemment que le corps humain n'est pas un corps solide rigide : son moment d'inertie n'est pas fixe. Plus le moment d'inertie est important, plus l'accélération angulaire est faible pour un moment de force donné.

La Figure C2.5 montre la force exercée par le muscle brachial sur l'avant-bras. Cette force s'exerce perpendiculairement à l'axe de rotation (bras de levier) et produit donc un moment de force, dans le sens anti-horaire. Ce moment de force provoque la rotation de l'avant dans le sens anti-horaire (flexion du coude). L'accélération angulaire de l'avant-bras (c'est-à-dire la variation de sa vélocité angulaire) dépend de son moment d'inertie et de la magnitude du moment de force qui lui est appliqué. Le moment d'inertie s'oppose à la rotation provoquée par le moment de force : plus le moment d'inertie est important, plus l'accélération angulaire est faible. Pour un même moment de force appliqué, l'accélération angulaire variera en fonction du moment d'inertie du bras (qui dépend de la forme et du poids du bras). La notion de moment d'inertie sera plus détaillée dans le Chapitre C3.

Il est important de souligner que le moment angulaire est une valeur **vectorielle**, possédant une **magnitude** et une **direction**. Dans la plupart des situations en biomécanique, nous nous référons à un seul axe de rotation ce qui nous permet de considérer le moment angulaire comme une valeur scalaire, en lui attribuant un signe positif (rotation anti-horaire) ou négatif (rotation horaire). Certaines situations plus complexes nécessitent l'étude de moments angulaires selon de multiples axes de rotation.

Un moment de force net non nul appliqué à un corps cause une accélération angulaire de ce corps dans la direction du moment de force. Le moment de force externe correspond au taux de variation du moment angulaire :

$$\text{Moment de force}_{(\text{net})} = \frac{\text{variation du moment angulaire}}{\text{durée}}$$

$$\text{Moment de force}_{(\text{net})} = \text{taux de variation du moment angulaire}$$

La variation du moment angulaire d'un corps est la différence entre son moment angulaire final et son moment angulaire initial :

$$\text{Variation du moment angulaire} = \text{moment angulaire}_{(\text{final})} - \text{moment angulaire}_{(\text{initial})}$$

Donc

$$\text{Moment de force}_{(\text{net})} = \frac{\text{moment angulaire}_{(\text{final})} \times \text{moment angulaire}_{(\text{initial})}}{\text{durée}}$$

$$M_{(\text{net})} = \frac{L_f - L_i}{t_2 - t_1}$$

$$M_{(\text{net})} \times (t_2 - t_1) = L_f - L_i$$

Cette dernière équation est celle de l'impulsion angulaire, où :

$M_{(net)}$ x t = impulsion angulaire (moment de force multiplié par le temps)

$L_f - L_i$ = variation du moment angulaire (final – initial)

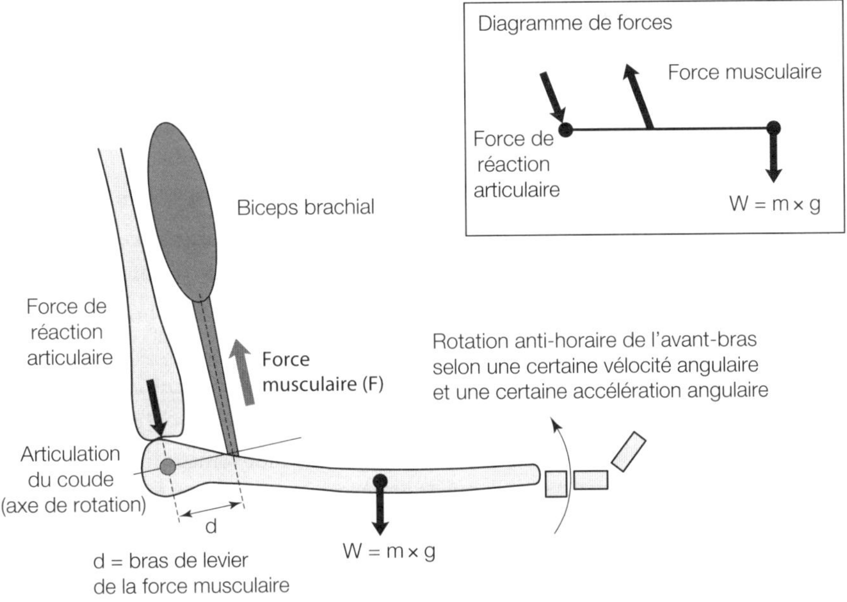

Fig. C2.5 : Flexion et extension du coude.

4. Application

Dans l'exemple de la Figure C2.3, le plongeur produit un moment angulaire en exerçant une force sur la planche. Cette force s'accompagne d'une force de réaction de la planche sur le plongeur. Ces forces produisent des moments de force car elles s'appliquent à distance du centre de gravité (axe de rotation) du plongeur. Nous avons vu que l'accélération angulaire (ou taux de variation de vélocité angulaire) dépend du moment de force et du moment d'inertie ($M = I \times \alpha$). Si le moment d'inertie du plongeur est important, son accélération angulaire est faible : la variation de vélocité angulaire est faible et le plongeur reste plus longtemps en contact avec la planche. Le moment de force pourra s'exercer sur une plus grande durée (augmentation de l'impulsion angulaire), d'où une plus grande variation du moment angulaire. Le plongeur quittera la planche avec un moment angulaire important et une fois dans les airs, il réduira son moment d'inertie pour augmenter sa vélocité angulaire et effectuer un plus grand nombre de rotations.

L'augmentation de la durée d'application du moment de force permet d'augmenter la variation de moment angulaire (**impulsion angulaire = variation de moment angulaire**). De nombreuses disciplines sportives fournissent des exemples où l'augmentation du moment angulaire permet d'augmenter les vélocités linéaires ou angulaires : rotation finale du torse au lancer de javelot pour augmenter la vélocité, phase d'élan en course circulaire au lancer de disque, rotation des épaules et des hanches au golf pour transmettre l'accélération au club

5. Troisième loi de Newton

La troisième loi de Newton du mouvement linéaire est la suivante :

Tout corps A exerçant une force sur un corps B subit une force d'intensité égale, de même direction mais de sens opposé, exercée par le corps B.

Cette loi peut-être reformulée de la façon suivante pour s'appliquer au mouvement angulaire :

Tout corps A exerçant un moment de force sur un corps B subit un moment de force d'intensité égale mais de sens opposé, exercé par le corps B.

Il est important de souligner que, comme pour le mouvement linéaire, ce sont les forces et les moments de force qui sont égaux et opposés, et non leurs effets. Les moments de force égaux et opposés agissent différemment sur les corps A et B car ces deux corps sont différents. L'axe de rotation est le même pour les deux moments de force.

Dans la Figure C2.5, le biceps brachial exerce un moment de force sur l'avant-bras. Ce moment de force est à l'origine de la rotation anti-horaire de l'avant-bras. Il s'accompagne en réaction d'un moment de force égal et opposé qui s'exerce sur l'humérus. Ce moment s'exerçant sur l'humérus peut être ressenti au cours de la musculation du biceps. Le moment de force s'exerçant sur l'avant-bras et celui s'exerçant sur l'humérus sont égaux et opposés (leur somme est nulle) mais ils s'appliquent indépendamment à deux corps différents. La rotation dépend du moment d'inertie de l'avant-bras et de la magnitude du moment de force. La magnitude du moment de force dépend elle-même de l'intensité de la force appliquée et du bras de levier sur lequel elle est appliquée. La Figure C2.6 donne des exemples de moments de force d'action-réaction dans différentes disciplines sportives.

Au cours d'un coup droit au tennis, par exemple, le moment de force qui s'exerce sur l'avant-bras s'accompagne d'un moment de force égal et opposé s'exerçant sur l'humérus. Ces moments peuvent être à l'origine d'un « tennis elbow » (épicondylite latérale ou médiale). Lors d'un tir au football, le moment de force anti-horaire s'exerçant sur la jambe s'accompagne d'un moment de force horaire s'exerçant le pelvis. Ces moments de force peuvent provoquer la lésion des muscles ischio-jambiers. Au golf, les moments de force des épaules et des hanches au cours de la montée et de la descente du club s'accompagnent d'un moment de force pouvant léser les vertèbres lombaires.

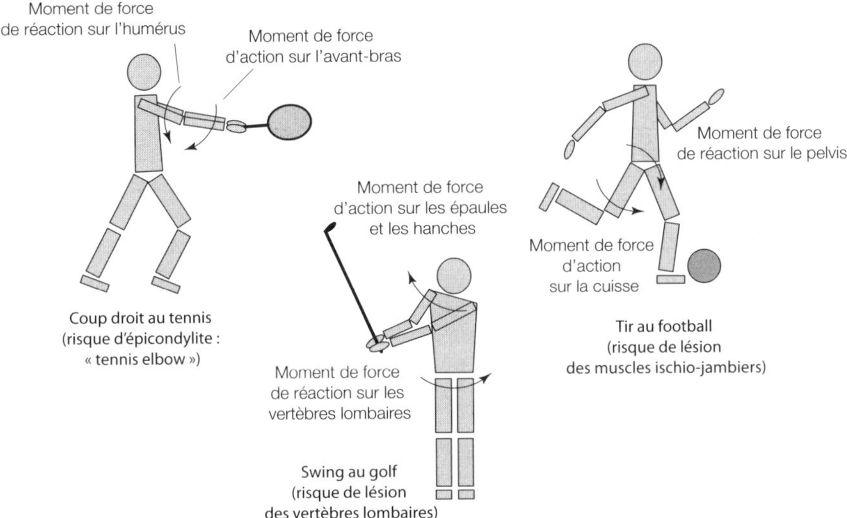

Fig. C2.6 : Troisième loi de Newton appliquée au mouvement angulaire : moments de force d'action et de réaction.

Chapitre 3

Moment d'inertie et conservation du moment angulaire

Points clés	
Moment d'inertie	Le moment d'inertie d'un corps représente sa tendance à maintenir invariable son mouvement angulaire. Il est égal au produit de la masse du corps par sa distance par rapport à l'axe de rotation au carré ($I = mr^2$). Le moment d'inertie varie selon la répartition de la masse autour de l'axe de rotation (position droite ou groupée lors d'un saut périlleux par exemple).
Théorème des axes parallèles	Il s'agit d'une méthode permettant de calculer le moment d'inertie d'un corps ou d'un segment du corps autour d'un axe donné : le moment d'inertie d'un corps autour d'un axe est égal à son moment d'inertie autour d'un axe parallèle au premier plus le produit de sa masse par le carré de la distance qui sépare ces deux axes.
Moment angulaire	C'est le produit du moment d'inertie d'un corps par sa vélocité angulaire. Il demeure constant en l'absence de tout moment de force externe s'exerçant sur ce corps. Durant la phase de vol d'un corps, son moment angulaire demeure constant car la gravité n'exerce pas de moment de force (la force gravitationnelle passe par le centre de gravité du corps : le bras de levier et donc le moment de force sont nuls). Il est possible de transférer un moment angulaire à différents segments du corps selon divers axes de rotation. Il est également possible d'initier une rotation malgré un moment angulaire total nul (mouvement asymétrique du bras au cours d'un plongeon par exemple). Dans ce cas, le moment angulaire doit être contrebalancé par un moment angulaire opposé d'un autre segment du corps (respect du principe de conservation du moment angulaire). Le moment angulaire d'un segment du corps correspond à la somme de son moment angulaire autour de son centre de gravité et de son moment angulaire autour du centre de gravité du corps entier. Le moment angulaire du corps entier est égal à la somme des moments de tous les segments du corps. Le moment angulaire d'un corps varie en fonction de sa masse, de la répartition de cette masse, de sa vélocité angulaire et de l'axe de rotation considéré.

Nous avons vu dans le Chapitre B3 que la quantité de mouvement d'un corps en mouvement linéaire est égale au produit de sa masse par sa vélocité linéaire :

$$\text{Quantité de mouvement} = (\text{kg}.\frac{\text{m}}{\text{s}}) = \text{masse x vélocité}$$

Le **moment angulaire** d'un corps en rotation est égal au produit de son moment d'inertie par sa vélocité angulaire :

$$\text{Quantité de mouvement} = (\text{kg}.\frac{\text{m}^2}{\text{s}}) = \text{masse x vélocité}$$

L moment angulaire d'un corps autour d'un axe donné demeure constant en l'absence d'un moment de force ou d'un couple de forces s'exerçant sur ce corps.

De nombreuses disciplines sportives mettent en application ce principe du moment angulaire : moment angulaire de la jambe d'un footballeur lors d'un tir, moment angulaire du club transmis à la balle de golf

1. Moment d'inertie

L'**inertie** d'un corps représente sa tendance à maintenir invariable son mouvement linéaire ; elle est proportionnelle à la masse du corps. Le **moment d'inertie**, quant à lui, représente la tendance d'un corps à maintenir invariable son mouvement angulaire autour d'un axe. Il dépend de la masse du corps et de sa répartition autour de l'axe de rotation. Le moment d'inertie n'a de signification que lorsqu'il est défini par rapport à un axe de rotation donné. Il s'exprime en kg.m².

La Figure C3.1 donne des valeurs du moment d'inertie dans différentes situations en sport. Le moment d'inertie est défini par rapport à un axe de rotation (centre de gravité lors d'un plongeon ou barre fixe en gymnastique). La Figure C3.1 montre que le moment d'inertie augmente quand la masse est répartie à une plus grande distance de l'axe de rotation. Il atteint son maximum quand le corps en extension effectue une rotation autour d'un axe passant par les mains (soleil à la barre fixe).

Le moment d'inertie (I) d'un corps par rapport à un axe de rotation A est défini par la formule suivante :

$$\text{Moment d'inertie (par rapport à l'axe A)} = \text{masse x rayon}^2$$

$$I_A = m \times r^2$$

La Figure C3.2 montre le calcul du moment d'inertie d'un objet de 15 kg qui effectue une rotation, d'abord à 4 m de l'axe de rotation puis à 6 m. Le moment d'inertie à 4 m est inférieure au moment d'inertie à 6 m. Dans cet exemple, l'objet est un solide rigide : on peut l'assimiler à un point unique possédant une masse de

15 kg pour simplifier le calcul. La situation est légèrement différente pour le corps humain, dont la masse peut être répartie de façons différentes en fonction de la posture, mais le principe reste le même : le moment d'inertie est plus faible quand les segments du corps sont proches de l'axe de rotation (voir Fig. C3.1).

Il faut également souligner que le moment d'inertie est proportionnel au rayon (distance entre la masse et l'axe de rotation) **au carré**. La variation du rayon aura plus d'effet sur le moment d'inertie que la variation de la masse. Le moment d'inertie d'une masse donnée est **quadruplé** quand le rayon est **doublé**.

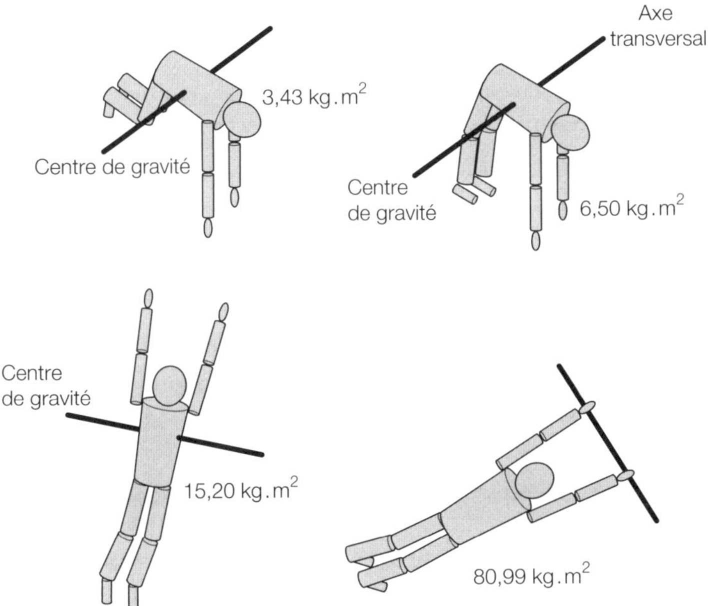

Fig. C3.1 : Moments d'inertie du corps humain lors du plongeon et de la rotation autour d'une barre fixe (source : Hay JG. The Biomechanics of Sports Techniques. Prentice Hall, Inc. Englewood Cliffs, NJ, 1978).

2. Calcul du moment d'inertie

$$I_A = m \times r^2$$

Où

I_A = moment d'inertie (kg.m²) autour de l'axe de rotation A

m = masse (kg)

r = rayon ou distance entre la masse et l'axe de rotation (m)

Le calcul du moment d'inertie dans la Figure C3.2 donne donc :

Pour une distance de 6 m

$I = mr^2$

$= 15 \times 6^2$

$= 540$ kg.m^2

Pour une distance de 4 m

$I = mr^2$

$= 15 \times 4^2$

$= 240$ kg.m^2

Le moment d'inertie d'un corps de forme régulière autour d'un axe de rotation A peut être calculé en prenant des mesures de la masse du corps en plusieurs points du corps. La somme des moments d'inertie de tous ces points donne le moment d'inertie du corps entier (voir Fig. C3.3) :

Moment d'inertie$_A = m_1 r_1^{\,2} + m_2 r_2^{\,2} + m_3 r_3^{\,3} + \ldots + m_n r_n^{\,2}$

Où n = nombre de points de mesures

$$I_A = \Sigma m_n r_n^{\,2}$$

Ce calcul est difficile à réaliser pour un corps complexe comme le corps humain. On utilise donc de préférence des tables donnant les valeurs du moment d'inertie des différents segments du corps autour de son centre de gravité (voir Tableau C3.1). Ces valeurs ont été précédemment calculées par des biomécaniciens.

Le moment d'inertie du corps entier dépend de l'axe de rotation considéré. Ce moment est différent selon que le corps effectue une rotation autour de l'axe longitudinal (pirouette au patinage artistique) ou autour de l'axe transversal (saut périlleux). Les moments d'inertie des équipements sportifs varient également selon les axes considérés. Imaginez un enfant essayant de manier un club de golf d'adulte. L'enfant doit déplacer ses mains plus bas sur le club de golf pour pouvoir effectuer un swing : il réduit ainsi la distance entre l'axe de rotation et le centre de gravité du club et donc le moment d'inertie du club. C'est également pour cette raison qu'il est plus facile pour un adulte de manier un fer 9 qu'un driver (plus long) : le moment d'inertie du fer 9 est inférieur à celui du driver. C'est encore ce même principe qui fait qu'un footballeur fléchit sa jambe avant de tirer dans un ballon. Cette flexion rapproche la jambe de l'axe de rotation, d'où une réduction de son moment d'inertie. Un moment de force donné imprimera une plus grande vélocité angulaire à la jambe. L'extension de la jambe juste avant la frappe du ballon ralentit sa rotation et permet un meilleur contrôle du tir.

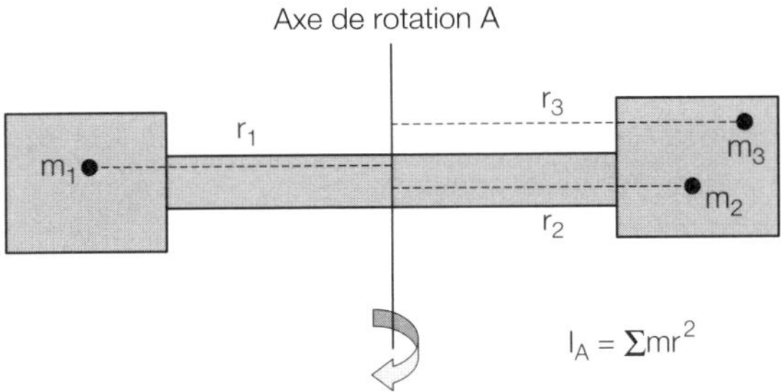

Fig. C3.3 : Calcul du moment d'inertie d'un objet de forme régulière.

Segment	Moment d'inertie (en kg.m²)
Tête	0,024
Tronc	1,261
Bras (de l'épaule au coude)	0,021
Avant-bras	0,007
Main	0,0005
Cuisse	0,105
Jambe	0,050
Pied	0,003

Tableau C3.1 : Moments d'inertie des segments du corps humain autour d'un axe transversal passant par le centre de gravité du segment considéré (source : Hay JG. The Biomechanics of Sports Techniques. Prentice Hall, Inc. Englewood Cliffs, NJ, 1978).

3. Théorème des axes parallèles

Le **théorème des axes parallèles** est une méthode permettant de calculer le moment d'inertie du corps entier ou d'un segment du corps autour d'un axe donné (par exemple : moment d'inertie du membre inférieur autour de l'axe de rotation de la hanche). Notez qu'en réalité les mouvements du corps humain sont des mouvements complexes, tridimensionnels et autour de plusieurs axes de rotation. Ces mouvements sont ici simplifiés (rotations autour d'un axe unique et en deux dimensions) pour pouvoir comprendre le principe de base.

Le théorème des axes parallèles stipule que le moment d'inertie d'un corps autour d'un axe est égal à son moment d'inertie autour d'un axe parallèle au premier plus le produit de sa masse par le carré de la distance qui sépare ces deux axes. Si l'axe parallèle passe par le centre de gravité, le théorème peut s'écrire de la façon suivante :

$$I_A = I_{cdg} + md^2$$

Où

I_A = moment d'inertie autour d'un axe de rotation A

I_{cdg} = moment d'inertie autour d'un axe de rotation parallèle à l'axe A et passant par le centre de gravité du corps ou du segment

m = masse du corps ou du segment

d = distance entre les deux axes parallèles

4. Exemple : calcul du moment d'inertie du membre inférieur

La Figure C3.4 montre comment sont déterminés ces axes parallèles dans l'exemple du membre inférieur se préparant à tirer dans un ballon. La Figure C3.5 donne les distances séparant le centre de gravité de chaque segment de l'axe de rotation de la hanche. Le tableau C3.1 donne les valeurs du moment d'inertie des segments du corps humain autour d'un axe passant par le centre de gravité du segment considéré ($\mathbf{I_{cdg}}$). On calcule le moment d'inertie de chaque segment du membre inférieur à partir de la formule :

$$I_A = I_{cdg} + md^2$$

La masse de chaque segment est déterminée à partir des rapports anthropométriques donnés dans le Tableau C3.2. Par exemple, la masse de la cuisse d'un footballeur de 75 kg est de 0,100 x 75 = 75 kg.

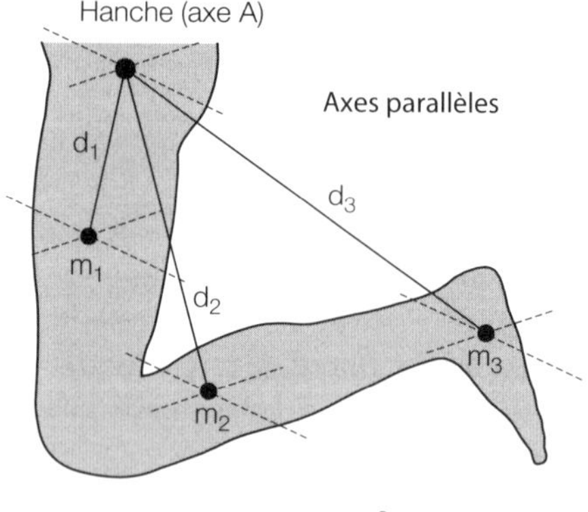

Fig. C3.4 : Application du théorème des axes parallèles pour calculer le moment d'inertie du membre inférieur autour de l'axe de rotation transversal de la hanche.

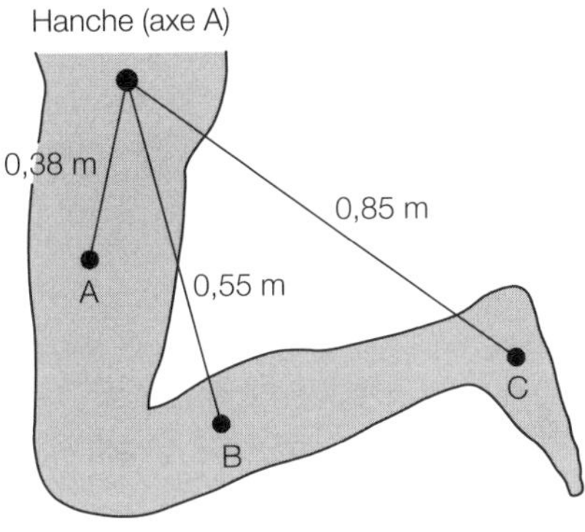

Fig. C3.5 : Distances séparant le centre de gravité de chaque segment du membre inférieur de l'axe de rotation transversal de la hanche.

Main	0,006
Avant-bras	0,016
Bras (de l'épaule au coude)	0,028
Avant-bras et main	0,022
BRAS ENTIER	0,050
Pied	0,0145
Jambe	0,0465
Cuisse	0,100
Jambe et pied	0,061
JAMBE ENTIÈRE	0,161

Tableau C3.2 : Rapports anthropométriques entre la masse de chaque segment du corps et la masse du corps entier (source : Winter D. Biomechanics and Motor Control of Human Movement (2nd edition). Wiley-Interscience Publishers, New York, 1990).

A. Moment d'inertie de la cuisse

$I_A = I_{cdg} + md^2$

$I_A = 0{,}105 + ((0{,}100 \times 75)) \times 0{,}38^2$

$I_A = 0{,}105 + 1{,}083$

$I_A = 1{,}188 \text{ kg.m}^2$

B. Moment d'inertie de la jambe

$I_A = I_{cdg} + md^2$

$I_A = 0{,}050 + ((0{,}0465 \times 75)) \times 0{,}55^2$

$I_A = 0{,}050 + 1{,}055$

$I_A = 1{,}105 \text{ kg.m}^2$

C. Moment d'inertie du pied

$I_A = I_{cdg} + md^2$

$I_A = 0{,}003 + ((0{,}0145 \times 75)) \times 0{,}85^2$

$I_A = 0{,}003 + 0{,}786$

$I_A = 0{,}789 \text{ kg.m}^2$

Moment d'inertie total du membre inférieur

$I_A = I_{A\ (cuisse)} + I_{A\ (jambe)} + I_{A\ (pied)}$

$I_A = 1{,}188 + 1{,}105 + 0{,}789$

$I_A = 3{,}08 \text{ kg.m}^2$

Le moment d'inertie total du membre inférieur en position de flexion autour de l'axe de rotation transversal de la hanche est de 3,08 kg.m². Le footballeur peut réduire ce moment d'inertie en fléchissant plus le membre inférieur (répartition de la masse plus proche de l'axe de rotation). Le même principe s'applique au sprinter qui souhaite déplacer rapidement sa jambe pour reprendre contact avec le sol le plus tôt possible, ou au golfeur qui fléchit les coudes lors du swing pour réduire le moment d'inertie du club et ainsi augmenter sa vélocité angulaire.

5. Moment angulaire

Le **moment angulaire** (L) est égal au produit du moment d'inertie (en kg.m²) par la vélocité angulaire (en radians/s). Il s'exprime en **kg.m²/s.**

Moment angulaire = moment d'inertie x vélocité angulaire

$$L = I\ \omega$$

La Figure C3.6 reprend l'exemple d'un objet de 15 kg situé à 6 m de son axe de rotation mais possédant maintenant une vélocité angulaire de 3,5 radians/s. Le moment angulaire calculé est de **1890 kg.m²/s**. Comme le calcul du moment d'inertie, le calcul du moment angulaire fait appel au rayon au carré. Si le rayon est doublé (12 m), le moment angulaire est quadruplé (**7560 kg.m²/s**).

Comme le moment d'inertie, le moment d'angulaire n'a de signification que lorsqu'il est défini par rapport à un axe de rotation donné et le moment angulaire du corps entier est égal à la somme des moments angulaires de tous les segments du corps. Le théorème des axes parallèles peut servir dans le calcul du moment angulaire :

$$L_A = I_A \omega$$
$$L_A = (I_{cdg} + md^2)\omega$$
$$L_A = I_{cdg}\,\omega + md^2\,\omega$$

Où

L_A = moment angulaire (en kg.m²/s) autour d'un axe de rotation A

I_{cdg} = moment d'inertie (en kg.m²) autour d'un axe parallèle à l'axe A et passant par le centre de gravité du corps ou du segment

m = masse (en kg) du corps ou du segment

d = distance (en m) entre les deux axes parallèles

ω = vélocité angulaire (en radians/s)

Le moment angulaire d'une structure composée de plusieurs segments est égal à la somme des moments angulaires de tous les segments. La Figure C3.7 montre le calcul du moment angulaire total du membre inférieur à partir des moments angulaires des segments qui le composent.

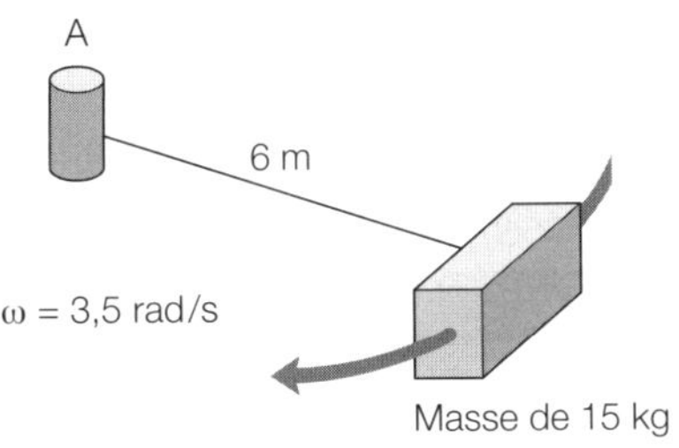

Moment angulaire $= I\omega$
$= (15 \times 6^2) \times 3,5$
$= 1890$ kg.m²/s

Fig. C3.6 : Calcul du moment angulaire.

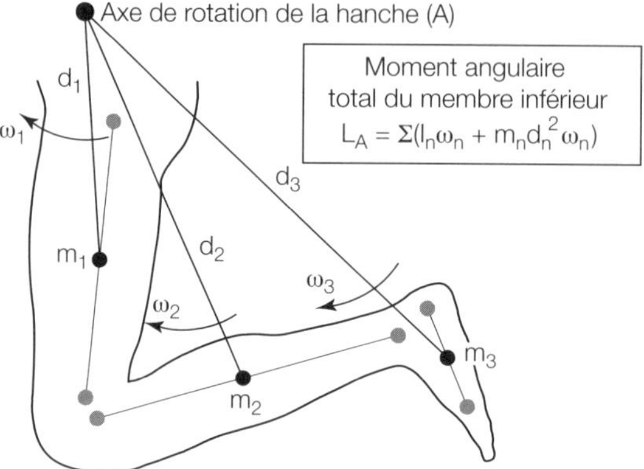

Fig. C3.7 : Moment angulaire du membre inférieur (plan transversal).

6. Conservation et transfert du moment angulaire

Selon la première loi de Newton appliquée au mouvement angulaire :

Le moment angulaire d'un corps demeure constant en l'absence de tout moment de force externe s'exerçant sur ce corps.

La gravité n'exerce pas de moment de force externe sur un corps quand celui-ci est dans les airs car la force gravitationnelle passe par le centre de gravité du corps, d'où un bras de levier et un moment de force nuls.

Pour effectuer une rotation dans les airs, le plongeur doit générer un moment angulaire quand il est en contact avec la planche (en appliquant des forces à distance de son centre de gravité pour générer des moments de force). Ce moment angulaire demeure constant une fois que le plongeur est dans les airs. Ce dernier peut modifier son moment d'inertie pour faire varier sa vélocité angulaire : la position groupée diminue le moment d'inertie, d'où une augmentation de la vélocité angulaire (et un plus grand nombre de rotations en un temps donné). Avant d'entrer dans l'eau, le plongeur se place en position droite (extension du corps entier) pour augmenter son moment d'inertie et pénétrer dans l'eau avec un minimum de vélocité angulaire.

Le moment angulaire d'un corps autour d'un axe de rotation donné peut être transféré à un autre axe de rotation de ce corps. C'est ainsi que le plongeur parvient à effectuer des vrilles autour de différents axes de rotation même s'il ne possède un moment angulaire qu'autour d'un seul axe de rotation au moment de son envol. Le plongeur peut également initier la rotation d'un segment de son corps (son bras par exemple) en vol. Le moment angulaire ainsi produit doit être contrebalancé par un moment angulaire opposé d'un autre segment (rotation des jambes par exemple) : le moment angulaire total du corps demeure constant. Le moment d'inertie du bras est relativement faible : sa vélocité angulaire est élevée pour un moment angulaire donné. Les jambes peuvent posséder un moment d'inertie relativement important (en position carpée pour l'axe longitudinal par exemple) : leur vélocité angulaire est faible pour un moment angulaire donné. C'est ainsi que la rotation du bras à vélocité angulaire élevée peut être contrebalancée par une rotation des jambes à faible vélocité angulaire : les moments angulaires opposés sont égaux et le moment angulaire total demeure constant.

La Figure C3.8 illustre le principe de conservation du moment angulaire. Pour que le moment angulaire ($L = I\ \omega$) demeure constant, ω doit augmenter quand I diminue ; de même, ω doit diminuer quand I augmente.

De nombreuses disciplines sportives appliquent les différents principes et concepts du mouvement angulaire :

- Le patineur sur glace ramène ses bras contre son corps quand il effectue une pirouette pour diminuer son moment d'inertie et augmenter sa vélocité angulaire.
- Le gymnaste change de position pour diminuer son moment d'inertie autour de divers axes de rotation, ce qui lui permet d'effectuer un certain nombre de vrilles et sauts périlleux avant d'atterrir.
- Dans les compétitions de descente, les skieurs utilisent des skis longs dont les moments d'inertie importants rendent les virages difficiles. Les skieurs de slalom utilisent des skis plus courts pour tourner plus facilement.
- Les clubs de golf et les raquettes de tennis pour enfant ont des manches plus courts et des masses plus faibles que ceux des adultes. Leurs moments d'inertie plus faibles les rendent plus faciles à manier.
- Quand un joueur de basketball réalise un slam dunk, il doit contrebalancer la rotation de ses bras par une rotation de ses jambes.
- Les joueurs de tennis professionnels exécutent leur service en fléchissant le bras pour réduire le moment d'inertie du bras et de la raquette, d'où une vélocité de la balle plus importante.

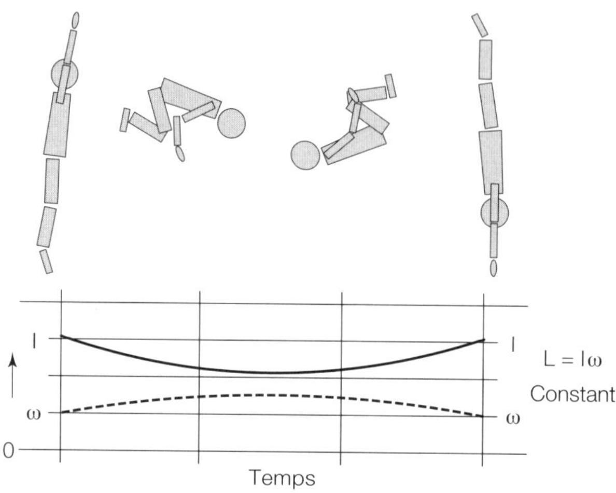

Fig. C3.8 : Conservation du moment angulaire au cours d'un plongeon (un saut périlleux et demi).

Chapitre 4

Centre de gravité et centre de masse

Points clés	
Centre de gravité	Le centre de gravité est le point où s'applique la résultante des forces de gravitation agissant sur l'ensemble du corps. En d'autres termes, on considère que c'est le point où s'applique le poids total du corps.
Centre de masse	Le centre de masse est le barycentre (ou « point moyen ») de l'ensemble de points possédant une masse d'un corps.
Points imaginaires	Le centre de gravité et le centre de masse sont des points imaginaires : ils n'ont pas d'existence physique réelle.
Position du centre de gravité du corps humain	La position du centre de gravité du corps humain varie en fonction de la posture. Il peut se situer à l'intérieur comme à l'extérieur du corps humain. Le centre de gravité du sauteur en hauteur passe en dessous de la barre durant la phase de franchissement. La stabilité d'un corps représente sa capacité à maintenir un équilibre statique. Elle dépend de la position du centre de gravité. Plus le centre de gravité est proche de la base d'appui d'un corps, plus le corps est stable. Un objet est considéré comme stable quand la droite verticale passant par son centre de gravité coupe sa base d'appui. Un objet est considérée comme instable quand cette droite passe en dehors de sa base d'appui.
Détermination du centre de gravité du corps humain	Plusieurs méthodes permettent de déterminer le centre de gravité du corps humain. Une méthode simple consiste à déterminer le centre de gravité d'un corps statique en utilisant une planche et une balance. Des méthodes plus complexes font appel à l'analyse tridimensionnelle d'enregistrements vidéos de la position de repères anatomiques pour déterminer le centre de gravité d'un corps en mouvement. Ces différentes méthodes sont toutes basées sur le principe des moments : le centre de gravité est déterminé à partir de l'analyse des moments autour de différents axes.

Application	L'analyse biomécanique de la motricité humaine passe par l'étude de la position du centre de gravité. Le déplacement du centre de gravité influe de façon importante sur les performances dans la course de haies. L'analyse du déplacement du centre de gravité est essentielle pour caractériser un trouble de la marche ou de l'équilibre chez l'enfant.

1. Centre de gravité

Le **centre de gravité (cdg)** d'un corps est le **point** où l'on considère que s'applique le **poids total** du corps. La force gravitationnelle s'exerce sur l'ensemble du corps : le centre de gravité est le point où s'applique la résultante des forces en chaque point du corps. Le **centre de masse** est le barycentre (ou « point moyen ») de l'ensemble de points possédant une masse d'un corps. En biomécanique, les termes centre de gravité de gravité et centre de masse sont souvent synonymes. Le centre de gravité et le centre de masse sont des points imaginaires (ils n'ont pas d'existence physique réelle) qui représentent la répartition du poids ou de la masse d'un corps.

Le centre de gravité d'un corps à densité uniforme se situe au centre géométrique de ce corps. Le centre de gravité d'un corps à densité non uniforme est plus difficile à déterminer. Le corps humain est de densité non uniforme, de forme irrégulière et peut adopter différentes postures : son centre de gravité se déplace constamment (voir Fig. C4.1). Il peut se situer à l'intérieur comme à l'extérieur du corps humain : au cours du saut en hauteur, par exemple, le centre de gravité passe en dessous de la barre pendant que l'athlète passe au-dessus.

La **stabilité** d'un corps représente sa capacité à **maintenir un équilibre statique**. Elle dépend de la position du centre de gravité : un corps est considéré comme stable quand la droite verticale passant par son centre de gravité coupe sa base d'appui ; il est considéré comme instable quand cette droite passe en dehors de sa base d'appui. Plus le centre de gravité est proche de la base d'appui d'un corps, plus la stabilité de ce corps est importante. La stabilité d'un corps augmente quand la surface de sa base d'appui augmente. Les corps lourds sont généralement plus stables que les corps légers car le moment de force nécessaire pour faire basculer un corps lourd est plus important. Imaginez-vous en position debout (votre centre de gravité se situe à environ 55-57 % de votre hauteur) et en position allongée : votre corps est plus stable en position allongée car votre centre de gravité est plus proche du sol et votre base d'appui est plus importante. Le corps humain passe souvent d'une position stable à une position instable pour se déplacer. La position à la limite de l'instabilité du sprinter dans les starting-blocks lui permet d'effectuer un départ rapide. Le sprinter maintient ensuite une position instable tout au long de sa course pour réaliser des foulées rapides. Les Figures C4.2 et C4.3 montrent la position du centre de gravité de différents corps, stables ou instables.

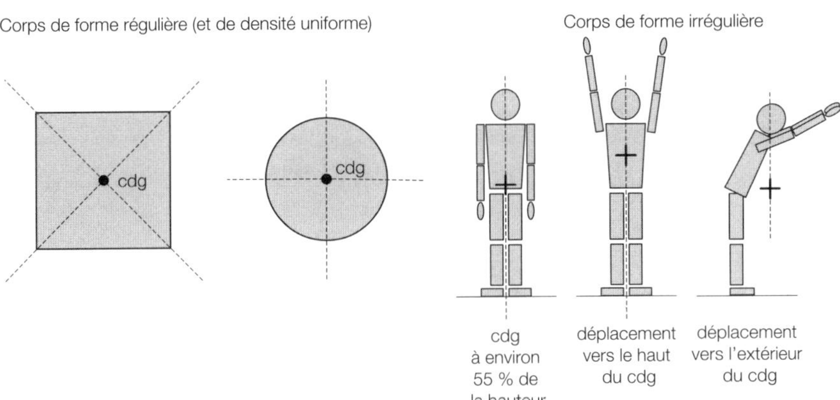

Fig. C4.1 : Centre de gravité (cdg).

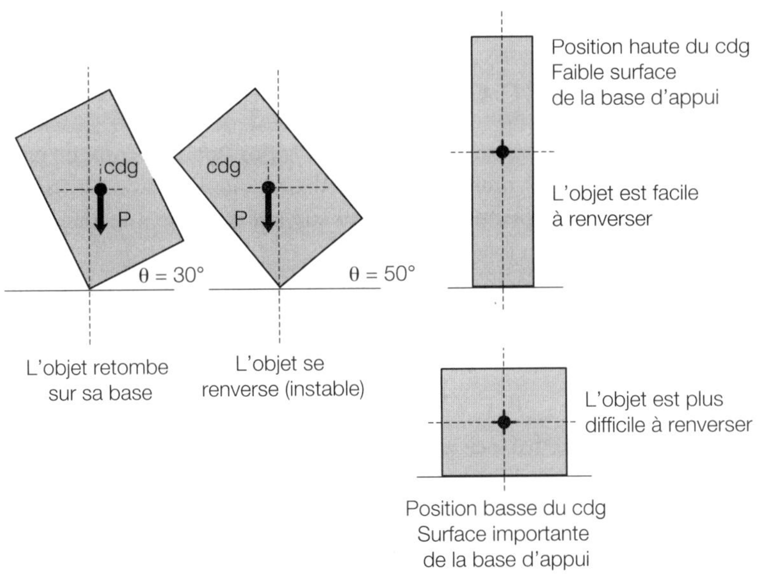

Fig. C4.2 : Positions stables et instables.

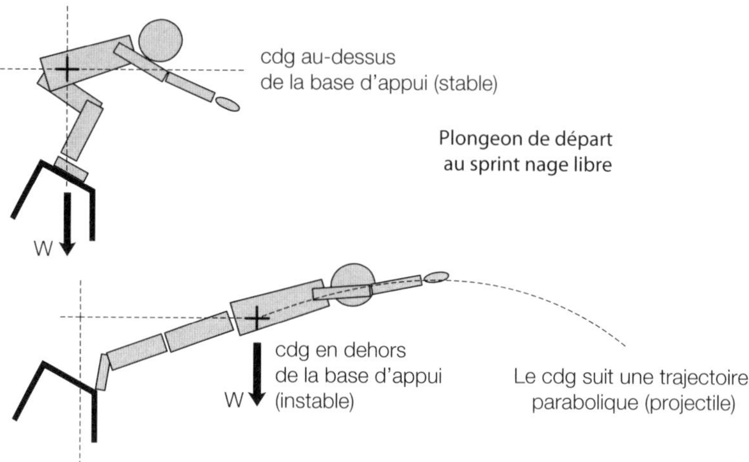

Fig. C4.3 : Stabilité statique et stabilité dynamique.

2. Détermination du centre de gravité

Le principe des moments permet de déterminer la position du centre de gravité d'un corps. La Figure C4.4 montre comment déterminer la position verticale du centre de gravité d'un corps humain allongé sur une planche à l'aide d'une balance.

Les moments de force sont ici produits par les poids s'exerçant sur les bras de leviers par rapport à l'axe de rotation (pivot). La seconde condition d'équilibre ($\Sigma Mh + \Sigma Mah = 0$; voir Chapitre C1) nous permet d'écrire ce qui suit :

$$P_1 x_1 + P_2 x_2 = P_3 d$$

La réglage du zéro de la balance prend en compte le poids de la planche à vide (la balance indique zéro s'il n'y a rien sur la planche). Ce réglage permet d'écrire :

$$P_2 x_2 = 0$$

Donc

$$P_1 x_1 = P_3 d$$

La distance horizontale du centre de gravité par rapport au pivot (x_1) est donnée par la formule suivante :

$$x_1 = \frac{P_3 d}{P_1}$$

Cette distance horizontale correspond à la position verticale du centre de gravité car le sujet est allongé sur la planche avec les pieds au niveau du pivot de la planche. La position horizontale du cdg sera calculée selon le même principe mais avec le sujet debout sur la planche. On pourra également déterminer la position du cdg en fonction de la posture : le cdg sera situé plus bas si le sujet ramène ses bras contre son corps. Cette méthode permet donc de calculer les positions du cdg dans différents plans et selon différents axes mais pas de manière simultanée (un seul plan et un seul axe à la fois).

Cette méthode peut être améliorée pour pouvoir mesurer les positions verticale et horizontale du centre de gravité de manière simultanée. La méthode de calcul reste la même mais le sujet se tient sur une planche qui dispose maintenant de deux balances à des points différents : les positions du cdg sur les axes OX et OY sont mesurés simultanément.

La méthode de la planche ne permet pas de mesurer les variations en temps réel de la position du cdg au cours des mouvements. Pour analyser ces variations, on réalise un enregistrement vidéo du sujet en mouvement. La vidéo est ensuite numérisée pour repérer la position de certains repères anatomiques (épaule, coude, hanche, genou, cheville, etc.). On obtient une représentation du corps « en fil de fer », chaque trait représentant un segment du corps. Le tableau C4.1 donne les repères anatomiques utilisés dans la représentation « en fil de fer ».

Segment	Repères
Tête et cou	Vertèbres C7-T1 et 1re côte / canal auditif
Tronc	Grand trochanter / articulation scapulo-humérale
Bras (de l'épaule au coude)	Articulation scapulo-humérale / articulation du coude
Avant-bras	Articulation du coude / processus styloïde de l'ulna
Main	Articulation du poignet / 2e articulation du majeur
Cuisse	Grand trochanter / condyles fémoraux
Jambe	Condyles fémoraux / malléole interne
Pied	Malléole externe / tête du 2e métatarse

Tableau C4.1 : Repères anatomiques (source : Winter D. Biomechanics and Motor Control of Human Movement (2nd edition). Wiley-Interscience Publishers, New York, 1990).

Le cdg de chaque segment peut être exprimé selon sa position par rapport aux extrémités distale et proximale du segment (voir Tableau C4.2) et reporté sur la représentation « en fil de fer » (voir Fig. C4.7). Notez que d'autres méthodes (telles l'Imagerie par Résonance Magnétique, IRM) permettent de déterminer les positions des centres de gravités des segments du corps.

Segment	Position du centre de gravité (en % par rapport à chaque extrémité)		Poids relatif (en % du poids total)
	Proximale	Distale	
Tête et cou	100	0	8,1
Tronc	50	50	49,7
Tronc, tête et cou	66	34	57,8
Bras (de l'épaule au coude)	43,6	56,4	2,8
Avant-bras	43	57	1,6
Main	50,6	49,4	0,6
Cuisse	43,3	56,7	10,0
Jambe	43,3	56,7	4,65
Pied	50	50	1,45
Total			100

Tableau C4.2 : Centre de gravité et poids relatif de chaque segment (source : Winter D. Biomechanics and Motor Control of Human Movement (2nd edition). Wiley-Interscience Publishers, New York, 1990).

On calcule ensuite les moments de force de chaque segment par rapport aux axes OX et OY

Moment de force = force x distance perpendiculaire à l'axe

Par exemple, le moment de force du bras (de l'épaule au coude) gauche d'un sujet de 75 kg par rapport à l'axe OX est le suivant :

Moment de force par rapport à OX (bras gauche) = ((0,028 x 75) x 9,81) x 1,20
= 24,72 Nm

Où

0,028 = masse relative du bras par rapport à la masse du corps entier

75 = masse du sujet (en kg)

9,81 = accélération gravitationnelle (en m/s)

1,20 = distance perpendiculaire entre le centre de gravité et l'axe OX (en m)

De même, le moment de force du bras gauche par rapport à OY est le suivant :

Moment de force par rapport à OY (bras gauche) = ((0,028 x 75) x 9,81) x 1,50
= 30,90 Nm

On fait ensuite la somme des moments de force de tous les segments par rapport à l'axe OX et la somme des moments de force de tous les segments par rapport à l'axe OY. Ces deux sommes correspondent aux moments de force du corps entier par rapport à l'axe OX et par rapport à l'axe OY. En les divisant par le poids total, on obtient les coordonnées OX et OY du centre de gravité du corps entier voir Fig. C4.7).

De nombreux programmes informatiques emploient cette méthode pour déterminer la position du centre de gravité. Certains permettent de calculer la position du cdg sur l'axe OZ pour une analyse tridimensionnelle du mouvement. Les tables anthropométriques donnant les masses et les positions relatives des segments du corps peuvent varier selon les programmes, d'où de légères différences de calcul.

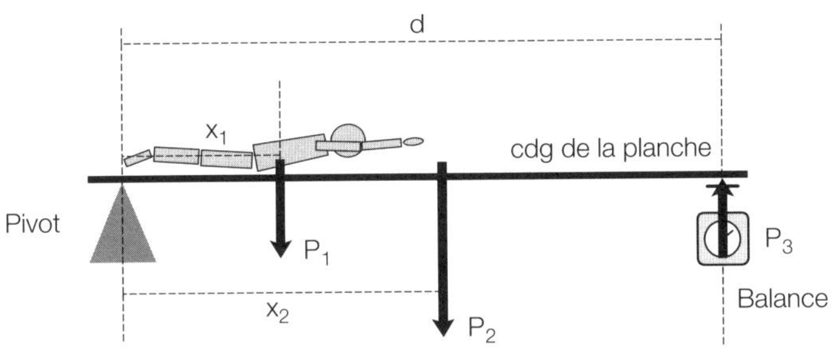

Remplacer « W1, W2 et W3 » par « P1, P2 et P3 »
Où
P_1 = poids du sujet s'exerçant à son cdg
P_2 = poids du de la planche s'exerçant à son cdg
x_1 = distance entre le pivot et le cdg du sujet
x_2 = distance entre le pivot et le cdg de la planche
d = distance entre le pivot et la balance
P_3 = poids mesuré par la balance

Fig. C4.4 : Calcul de la position du centre de gravité.

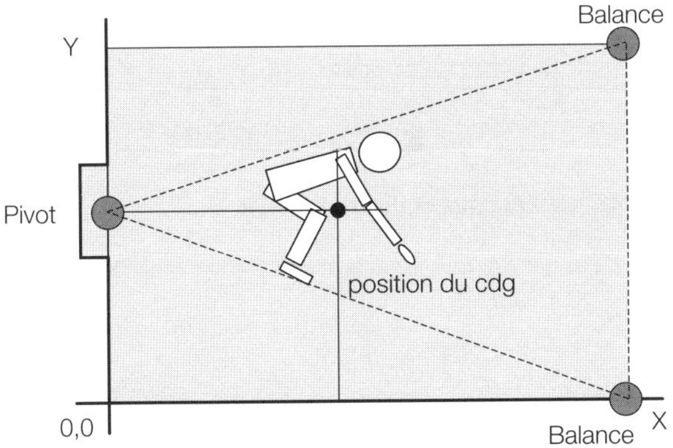

Fig. C4.5 : Calcul de la position du centre de gravité en 2D.

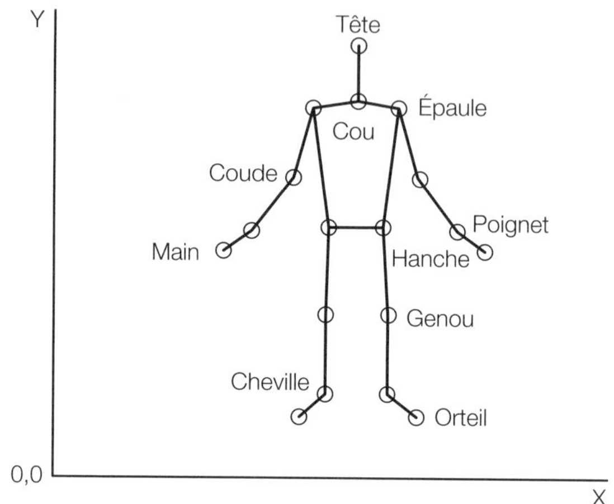

Fig. C4.6 : Représentation « en fil de fer » du corps humain.

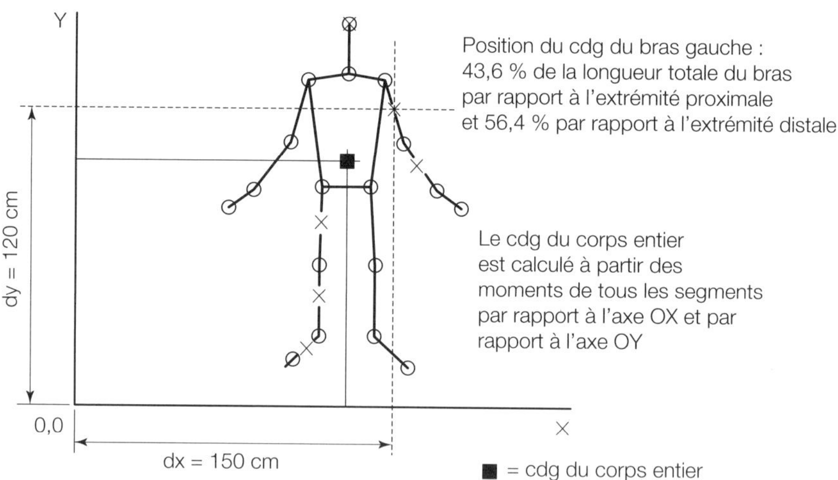

Fig. C4.7 : Centres de gravité de tous les segments et du corps entier (plan frontal – vue antérieure).

Chapitre 5

Équilibre et stabilité

Points clés	
Équilibre	Un corps est dit en équilibre quand il suit un mouvement uniforme (c'est-à-dire à vélocité constante). On parle d'équilibre statique quand le corps est stationnaire et d'équilibre dynamique quand le corps suit un mouvement uniforme à vélocité constante non-nulle (accélération nulle).
Première et seconde conditions d'équilibre	Ces conditions doivent être remplies pour qu'un corps soit considéré en équilibre. La première condition d'équilibre est remplie quand la somme des forces externes s'exerçant sur un corps est nulle ($\Sigma F = 0$). La seconde condition d'équilibre est remplie quand la somme des moments de force (force x bras de levier) s'exerçant sur un corps est nulle ($\Sigma Mh + \Sigma Mah = 0$).
Stabilité	La stabilité d'un corps représente sa capacité à maintenir son état d'équilibre (ou en d'autres termes, à résister à une perturbation de son état d'équilibre). La stabilité d'un corps dépend de la position de son centre de gravité par rapport à sa base d'appui. Un corps est considéré comme instable quand la droite verticale passant par son centre de gravité passe en dehors de sa base d'appui. Plus la surface de la base d'appui d'un corps est importante, plus sa stabilité est importante.
Application	En natation, la position de départ du nageur est à la limite de l'instabilité, ce qui lui permet de plonger rapidement dans l'eau. Le coureur de 100 m adopte également une position à la limite de l'instabilité pour effectuer un départ rapide. À l'inverse, le boxeur adopte la position la plus stable possible pour éviter d'être renversé. De nombreuses disciplines sportives nécessitent de passer alternativement d'une position stable à une position instable (pour réaliser diverses figures en gymnastique artistique par exemple).

1. Équilibre

Un corps est dit en équilibre quand il suit un mouvement uniforme (c'est-à-dire à vélocité constante). On parle d'**équilibre statique** quand le corps est stationnaire et d'**équilibre dynamique** quand le corps suit un mouvement uniforme à vélocité constante non-nulle (accélération nulle). La première condition d'équilibre est remplie quand la somme des forces externes s'exerçant sur un corps est nulle ($\Sigma F = 0$). Un corps est en **équilibre statique** quand la somme des **forces externes** qui s'y exercent est nulle et que ce corps n'effectue pas de déplacement linéaire (pas de translation).

La Figure C5.1 montre les forces qui s'exercent sur un objet posé sur une table : ces forces sont le poids (dirigé vers le bas) et la force de réaction de la table (dirigée vers le haut). La somme des forces externes est nulle et l'objet ne se déplace pas : l'objet est en équilibre statique.

Dans la Figure C5.2, l'objet subit l'action de plusieurs forces externes et la somme de ces forces est nulle. Ces forces peuvent être représentées par un **polygone** en accolant les vecteurs de forces « de la pointe à la queue ». Si un objet reste stationnaire malgré l'action de deux forces ou plus, la première condition d'équilibre permet d'affirmer que la résultante des forces est nulle.

Dans la Figure C5.3, deux forces coplanaires (dans le même plan) s'exercent sur un objet mais l'objet reste stationnaire. Il doit donc exister une troisième force pour maintenir l'équilibre (à moins que les deux forces soient égales et opposées). La **résultante** des deux premières forces peut être déterminée graphiquement ou mathématiquement. La troisième force peut ensuite être calculée à partir de la première condition d'équilibre ($\Sigma F = 0$).

La Figure C5.4 montre la résolution graphique de ces forces à l'aide d'un **diagramme de forces** (diagramme représentant les forces externes comme des vecteurs). Les Figures C5.5 et C5.6 montrent la résolution mathématique de ces forces.

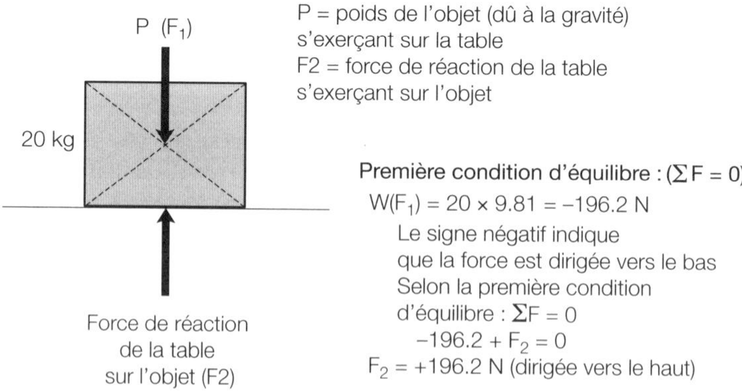

Fig. C5.1 : Équilibre statique.

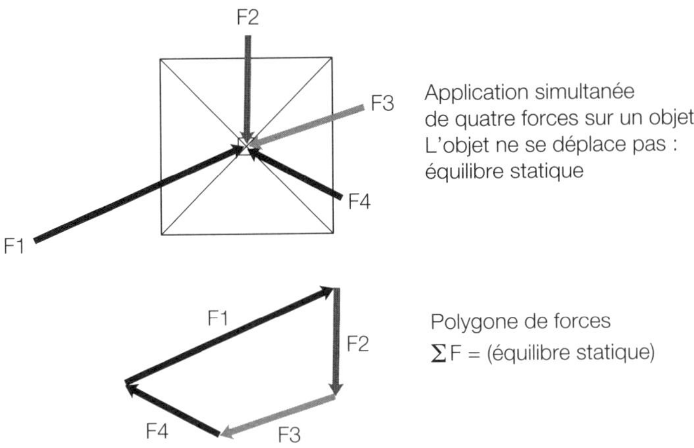

Fig. C5.2 : Équilibre statique (polygone de forces).

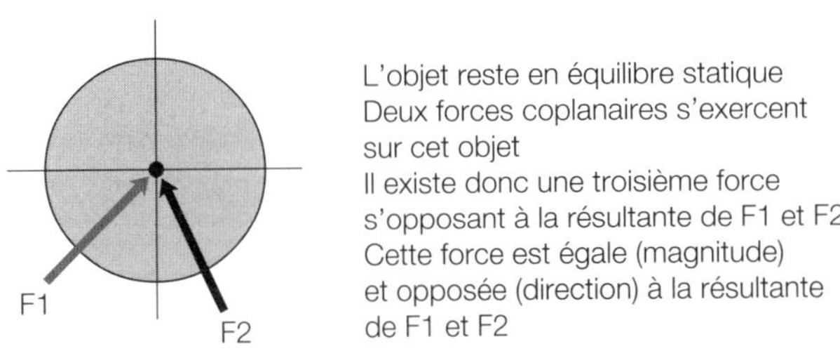

Fig. C5.3 : Objet stationnaire malgré l'application de deux forces coplanaires.

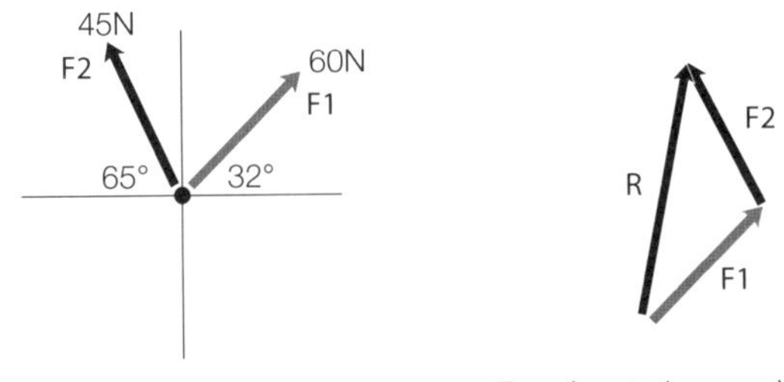

Fig. C5.4 : Résolution graphique des forces (diagramme de forces).

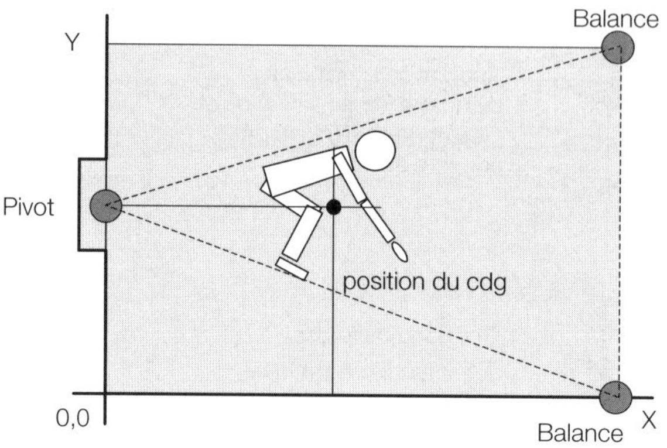

Fig. C5.5 : Résolution mathématique des forces

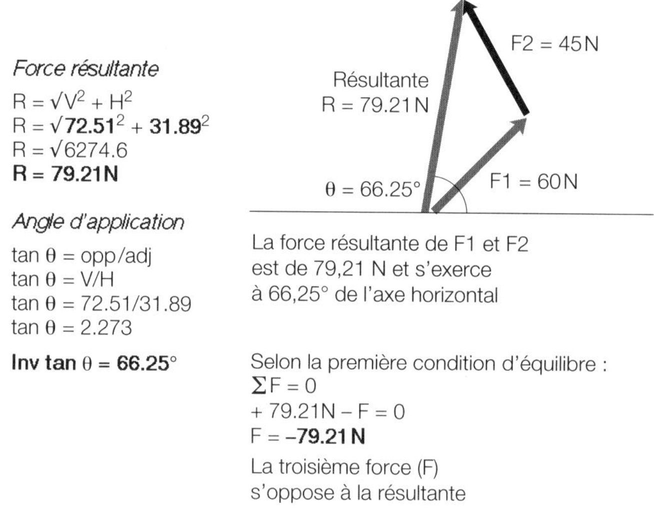

Fig. C5.6 : Résolution mathématique des forces.

2. Première et seconde conditions d'équilibre

Les exemples précédents concernaient le mouvement linéaire et la première condition d'équilibre. En motricité humaine, il est également nécessaire de considérer le mouvement angulaire et la seconde condition d'équilibre. Le **moment d'une force** est égale au produit de la **force** par son **bras de levier**. La seconde condition d'équilibre est remplie quand la somme des moments de force s'exerçant sur un corps est nulle :

Σmoments de force horaires (MH) + Σmoments de force anti-horaires (MAH) = 0

La Figure C5.7 montre l'exemple d'un équilibre statique du bras avec le coude fléchi à environ 90°. Le biceps brachial exerce une force F_1 qui produit un moment de force anti-horaire. Le poids F_2 de l'avant-bras et de la main produit un moment de force horaire La force F_1 nécessaire pour maintenir le bras dans cette position peut être calculée à partie de la seconde condition d'équilibre (voir Fig. C5.8).

Une force F_1 de 382,59 N produit un moment de force horaire égal et opposé au moment de force anti-horaire dû au poids de l'avant-bras et de la main : le bras est maintenu en équilibre statique (position stationnaire).

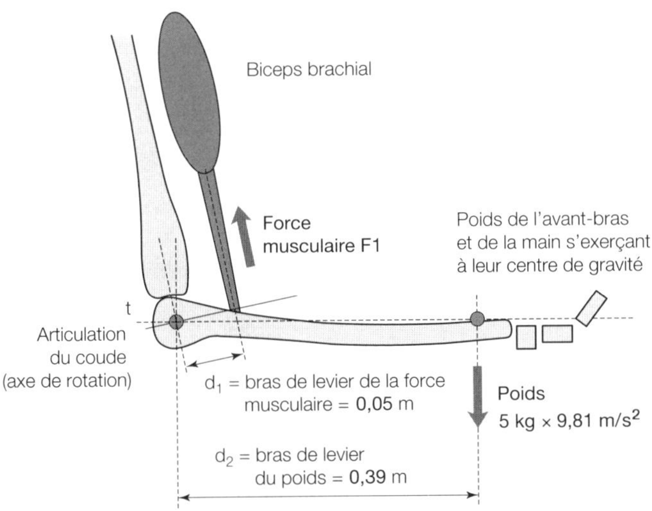

Fig. C5.7 : Équilibre statique du bras.

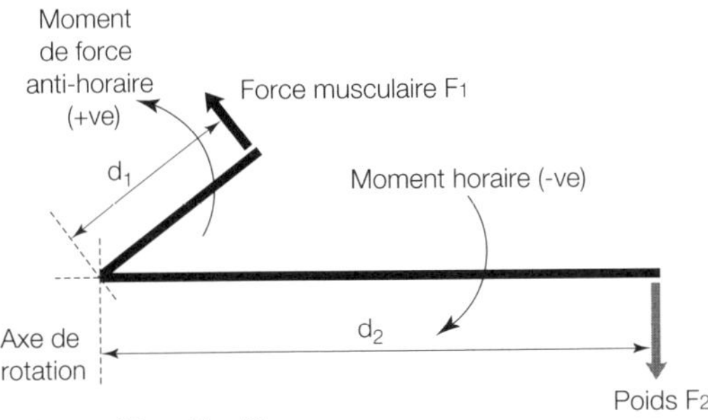

Selon la seconde condition d'équilibre :

Σ moments de force horaires (MH) + Σ moments de force anti-horaires (MAH) = 0

$-((5 \times 9{,}81) \times 0{,}39) + (M \times 0{,}05) = 0$

$$M = \frac{((5 \times 9{,}81) \times 0{,}39)}{0{,}05}$$

$W \times d_2$ = moment de force horaire (négatif)
$M \times d_1$ = moment de force anti-horaire (positif)

Muscle force = 382,59 N

Fig. C5.8 : Seconde condition d'équilibre.

3. Équilibre dynamique

Un corps est dit en **équilibre dynamique** quand il suit un mouvement uniforme à vélocité constante non-nulle (accélération nulle). La première et la seconde conditions d'équilibre peuvent être reformulées de la façon suivante :

Première condition d'équilibre (dynamique)

$$\Sigma F - ma = 0$$

(quand le corps est en équilibre dynamique, l'accélération est nulle et l'on retrouve la formule $\Sigma F = 0$)

Seconde condition d'équilibre (dynamique)

$$\Sigma M - I\alpha = 0$$

(quand le corps est en équilibre dynamique, l'accélération angulaire est nulle et l'on retrouve la formule $\Sigma M = 0$)

Où

Σ = somme des

F = forces

M = moments de force

m = masse

a = accélération linéaire

I = moment d'inertie

α = accélération angulaire

Écrire les conditions d'équilibre sous cette forme permet de calculer la **force nécessaire pour accélérer un corps** (voir Chapitre C9).

4. Stabilité

La stabilité d'un corps représente sa capacité à maintenir son état d'équilibre (ou en d'autres termes, à résister à une perturbation de son état d'équilibre). Plus un corps est stable, plus il offrira de résistance à une perturbation de son état d'équilibre. La masse d'un corps affecte sa stabilité : en général, un corps est d'autant plus stable que sa masse est importante. Une masse plus importante implique qu'il faudra exercer une plus grande force pour le déplacer (ou modifier son état d'équilibre).

La stabilité d'un corps dépend également de la surface de sa base d'appui : plus cette surface est grande, plus le corps est stable. Comparez votre stabilité quand vous vous tenez debout sur une ou sur deux jambes. Votre base d'appui est plus grande quand vous vous tenez sur deux jambes : cette position est plus stable.

La stabilité d'un corps dépend enfin de la position de son centre de gravité par rapport à sa base d'appui. La stabilité est maximale quand la projection verticale du centre de gravité sur la base d'appui se situe au milieu de la base d'appui. La stabilité diminue quand la projection verticale du cdg se rapproche des bords de la base d'appui. Le corps devient instable quand la projection verticale du cdg passe en dehors de la base d'appui. Enfin, un corps est d'autant plus stable que la position de son cdg est basse (proche de sa base d'appui) (voir Fig. C5.9).

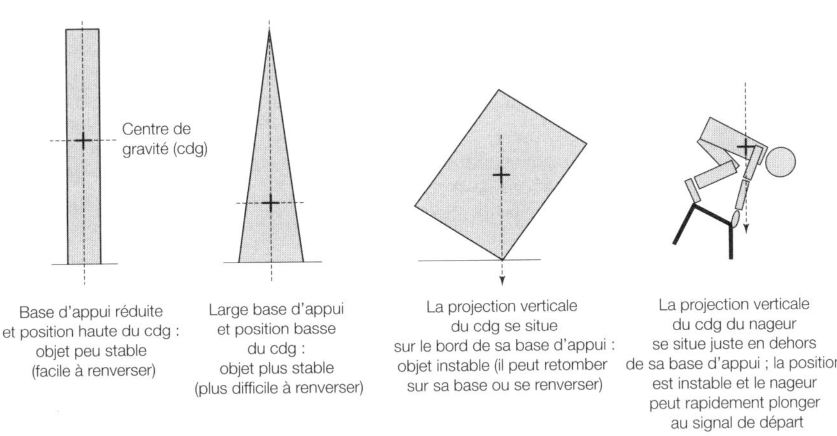

Fig. C5.9 : Stabilité.

5. Application

Le concept de stabilité est essentiel dans les différentes disciplines sportives (voir Fig. C5.10). En natation, la position de départ du nageur est à la limite de l'instabilité : une force minimale suffit pour perturber son équilibre, ce qui lui permet de plonger rapidement au signal de départ. Le coureur de 100 m adopte également une position à la limite de l'instabilité pour effectuer un départ rapide (cette position « limite » peut être responsable de faux départs). Le boxeur essaie d'adopter la position la plus stable possible pour éviter d'être renversé par un coup. En gymnastique artistique, le gymnaste passe alternativement de positions stables à des positions instables : les positions instables lui permettent d'effectuer des mouvements rapides alors que les positions stables lui confèrent un meilleur contrôle de ses mouvements (à la réception par exemple).

Plongeon de départ en natation

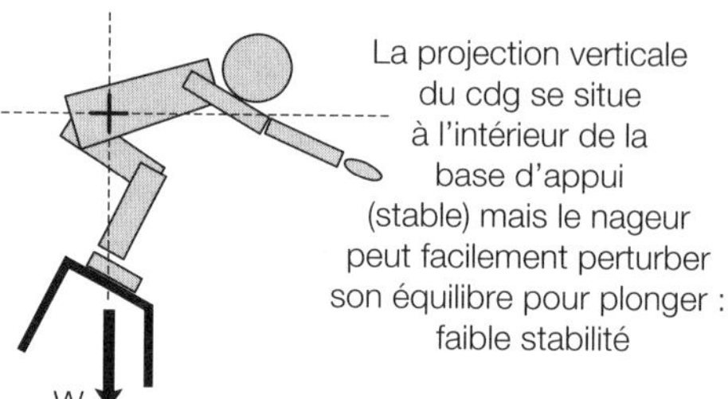

Gymnaste sur une poutre

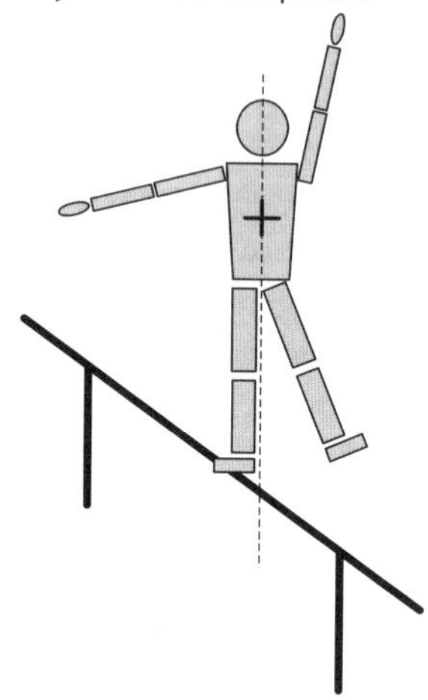

Le gymnaste est en équilibre
mais sa stabilité est faible
pour pouvoir effectuer
des mouvements rapides

Rugbyman

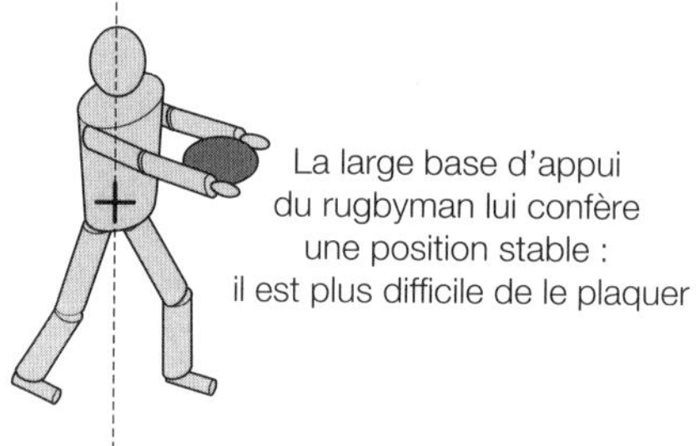

Fig. C5.10 :Stabilité.

Chapitre 6

Leviers

Points clés	
Principe des leviers	Le principe des leviers est en fait celui des moments de force et de la seconde condition d'équilibre. Ce chapitre traite des leviers de façon pratique, dans des termes compréhensibles pour des non-biomécaniciens (entraîneurs, médecins, sportifs)
Levier	Un levier est une barre rigide en rotation autour d'un axe ou d'un pivot. Une force doit être appliquée à ce levier pour vaincre une résistance et pouvoir le déplacer. Dans le corps humain, les os ou les segments du corps correspondent à des leviers et les articulations à des pivots ou des points de rotation. Les « charges » (dues à la gravité, à un contact ou à une collision) qui s'exercent sur le corps ou sur un segment du corps correspondent à des résistances et les muscles produisent les forces nécessaires pour vaincre ces résistances.
Levier de première classe	On parle de levier de première classe quand la force appliquée et la résistance se situent de part et d'autre du pivot (axe de rotation). Le hochement de la tête implique un levier de première classe : les muscles du cou exercent une force en arrière du pivot (ici, l'atlas) pour vaincre la résistance du poids de la tête qui s'exerce en avant du pivot.
Levier de seconde classe	On parle de levier de seconde classe quand le pivot et la force se situent aux extrémités du levier, la résistance entre les deux. Se mettre sur la pointe des pieds implique un levier de seconde classe : le pivot se situe au niveau des orteils, le mollet (muscle gastrocnémien) exerce une force sur le tendon d'Achille et la résistance est due au poids du corps s'exerçant au niveau de l'avant-pied.
Levier de troisième classe	On parle de levier de troisième classe quand le pivot et la résistance se situent aux extrémités du levier, la force entre les deux. La flexion du bras lors de la musculation du biceps implique un levier de troisième classe : le pivot se situe au niveau du coude, le biceps exerce une force sur l'avant-bras et la résistance est due au poids de l'haltère (et de l'avant-bras).

L'étude des leviers peut être vue comme une approche pratique de l'étude des moments. Les notions de moments de force et de seconde condition d'équilibre devraient vous être familières après les chapitres précédents mais il peut être utile de savoir décrire ces principes en des termes non techniques à des entraîneurs, des médecins, des sportifs ou même des enfants.

6. Levier

Un **levier** est une **barre rigide** en rotation autour d'un **axe** ou d'un **pivot**. Dans le corps humain, les os ou les segments du corps correspondent à des leviers et les articulations à des pivots ou des points de rotation. Une force doit être appliquée à ce levier pour vaincre une résistance (force opposée) et pouvoir le déplacer. Les « charges » (dues à la gravité, à un contact ou à une collision) qui s'exercent sur le corps ou sur un segment du corps correspondent à des résistances et les muscles produisent les forces nécessaires pour vaincre ces résistances (voir Fig. C6.1).

Les leviers peuvent être classés en trois groupes différents. On parle de **levier de première classe** quand la force appliquée et la résistance se situent de part et d'autre du pivot (axe de rotation). On parle de **levier de seconde classe** quand le pivot et la force se situent aux extrémités du levier, la résistance entre les deux. On parle de **levier de troisième classe** quand le pivot et la résistance se situent aux extrémités du levier, la force entre les deux (voir Fig. C6.2).

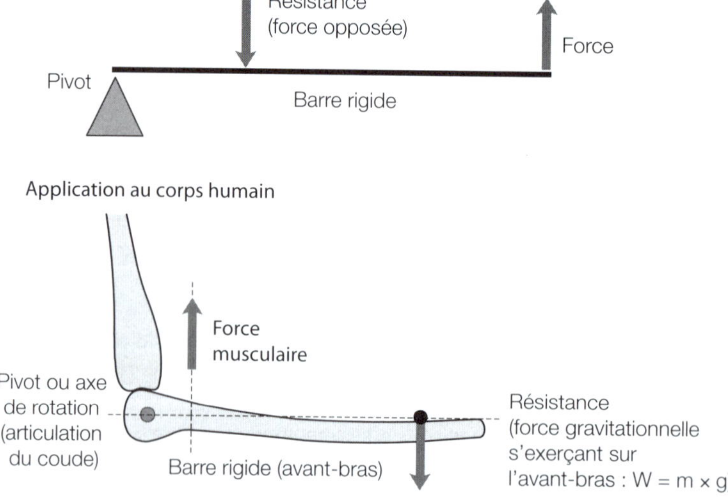

Fig. C6.1 : Leviers (principe et application au corps humain).

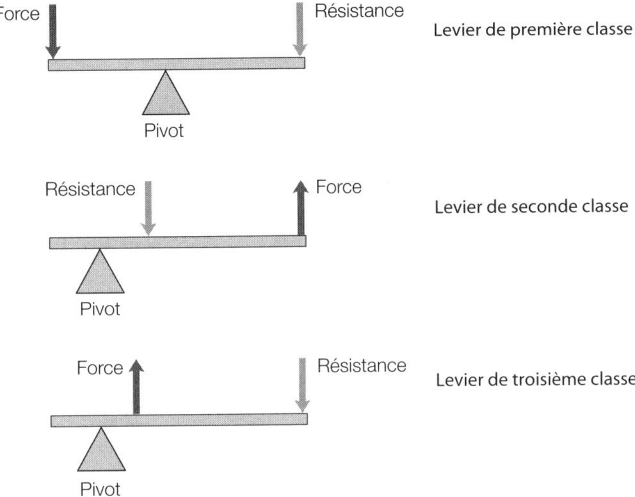

Fig. C6.2 : Leviers (classification)

7. Levier de première classe

L'exemple le plus simple de levier de première classe est la balançoire à bascule. Les deux enfants se tiennent de part et d'autre du pivot central et chacun exerce une force (poids, qui dépend de la masse) à une certaine distance du pivot. Si les deux enfants se tiennent à distances égales du pivot, la balançoire bascule du côté de l'enfant le plus lourd. Une paire de ciseaux correspond également à un levier de première classe. Le pivot se situe au point d'intersection des deux lames et la main exerce une force à une extrémité des lames pour vaincre la résistance à l'autre extrémité (résistance du papier ou de l'objet à découper). En motricité humaine, le hochement de la tête ou le lancer d'une balle impliquent des leviers de première classe (voir Fig. C6.3).

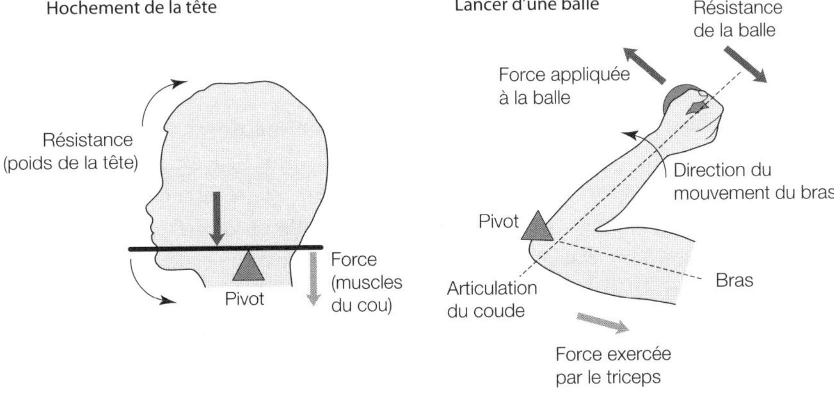

Fig. C6.3 : Leviers de première classe en motricité humaine.

8. Levier de seconde classe

Dans un levier de seconde classe, la force et la résistance se situent du même côté de la barre rigide (par rapport au pivot) mais la force est plus éloignée du pivot que la résistance. La force à appliquer est inférieure à la résistance car son bras de levier est plus long : il existe un **avantage mécanique** en faveur de la force. Des leviers de seconde classe sont impliqués dans les actions suivantes : soulever une brouette, ouvrir un ordinateur portable ou se mettre sur la pointe des pieds (voir Fig. C6.4).

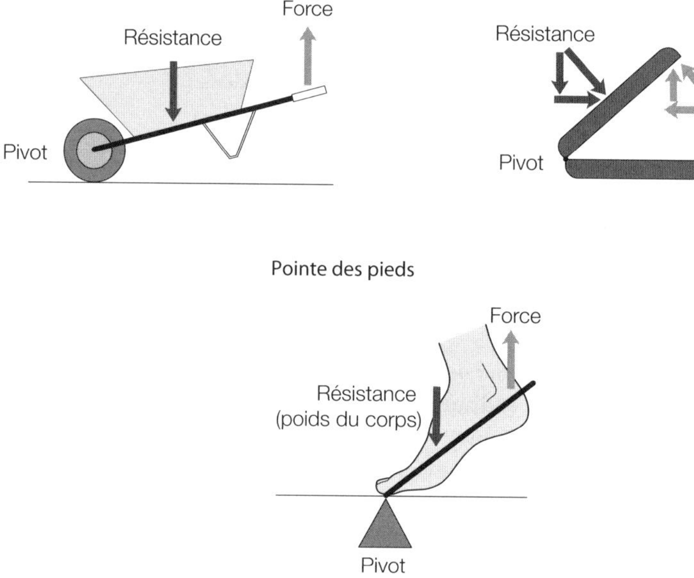

Fig. C6.4 : Leviers de seconde classe.

9. Levier de troisième classe

Dans un levier de troisième classe, la force et la résistance se situent du même côté de la barre rigide (par rapport au pivot) mais la résistance est plus éloignée du pivot que la force. La force à appliquer est supérieure à la résistance (**désavantage mécanique** pour la force). Le maniement d'une pelle ou d'une pagaie implique des leviers de troisième classe. La flexion du coude constitue également un exemple de levier de troisième classe en motricité humaine : le biceps exerce une force proche du pivot (articulation du coude) pour vaincre la résistance s'exerçant plus loin sur l'avant-bras (voir Fig. C6.5).

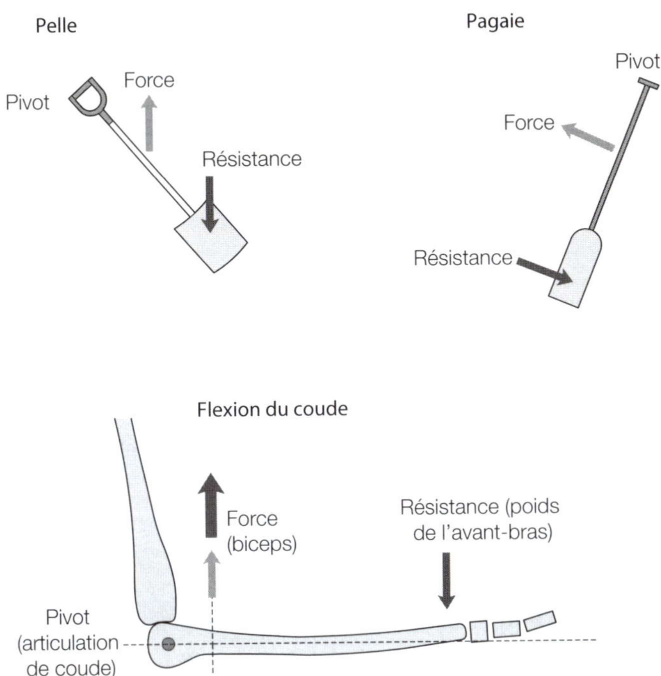

Fig. C6.5 : Leviers de troisième classe.

10. Avantage mécanique

L'**avantage mécanique** est défini comme le rapport entre le bras de levier (distance par rapport au pivot) de la force et le bras de levier de la résistance.

Quand le bras de levier de la force est **plus long** que celui de la résistance (comme dans un levier de seconde classe), la force à appliquer pour vaincre la résistance est **inférieure** à la résistance : **avantage mécanique** (en faveur de la force). Quand le bras de levier de la force est **plus court** que celui de la résistance (comme dans un levier de troisième classe), la force à appliquer pour vaincre la résistance est **supérieure** à la résistance : **i.**

Reprenons l'exemple de la balançoire à bascule (voir Fig. C6.6) mais cette fois en terme d'avantage mécanique. L'enfant 1 possède une masse de 28 kg ; l'enfant 2 possède une masse de 35 kg et se situe à 1,2 m du pivot. À quelle distance doit se tenir l'enfant 1 pour que la balançoire soit en équilibre ? Ce problème peut être résolu à l'aide de la seconde condition d'équilibre.

L'enfant 2 exerce une force de 343 N (P=mg (due à la gravité)) sur un bras de levier de 1,2 m : il produit donc un moment de force horaire (signe négatif) de

412 Nm (343 N x 1,2 m). L'enfant 1 exerce une force de 274 N. Selon la seconde condition d'équilibre :

$$F_1 \times d_1 = F_2 \times d_2$$

$$d_1 = \frac{F_2 \times d_2}{F_1}$$

$$d_1 = \frac{412 \text{ Nm}}{274 \text{ N}}$$

$$d_1 = 1{,}50 \text{ m}$$

L'enfant 1 doit s'asseoir à une distance de 1,5 m pour équilibrer la balançoire. En considérant l'enfant 1 comme la force et l'enfant 2 comme la résistance, l'avantage mécanique est le suivant :

$$\text{Avantage mécanique} = \frac{1{,}5 \text{ Nm}}{1{,}2 \text{ N}}$$

On parle d'**avantage mécanique** en faveur de la force quand le rapport entre le bras de levier de la force et celui de la résistance est **supérieur à 1**. Dans l'exemple de la balançoire , l'enfant 1 bénéficie d'un avantage mécanique par rapport à l'enfant 2, ce qui lui permet d'équilibrer la balançoire malgré un poids inférieur à celui de l'enfant 2 (274 N contre 343 N).

La Figure C6.7 montre comment s'applique la notion d'avantage mécanique à un levier de première classe. Dans les **leviers de seconde classe** (voir Fig. C6.8), le **rapport est toujours supérieur à 1** : avantage mécanique en faveur de la force. Dans les **leviers de troisième classe** (voir Fig. C6.9), le **rapport est toujours inférieur à 1** : avantage mécanique en faveur de la résistance (*ou* désavantage mécanique pour la force). On pourrait croire que les leviers de troisième classe sont toujours inefficaces (la force doit toujours être supérieure à la résistante) mais un autre facteur doit être pris en compte : le déplacement linéaire. Dans les leviers de seconde classe, la force doit être appliquée sur une grande distance (déplacement linéaire important) pour n'obtenir qu'un faible déplacement linéaire de la résistance. Dans les leviers de troisième classe, la force à appliquer est certes plus importante mais un déplacement linéaire réduit de la force produit un déplacement linéaire important de la résistance. Les deux systèmes présentent donc des avantages et des inconvénients.

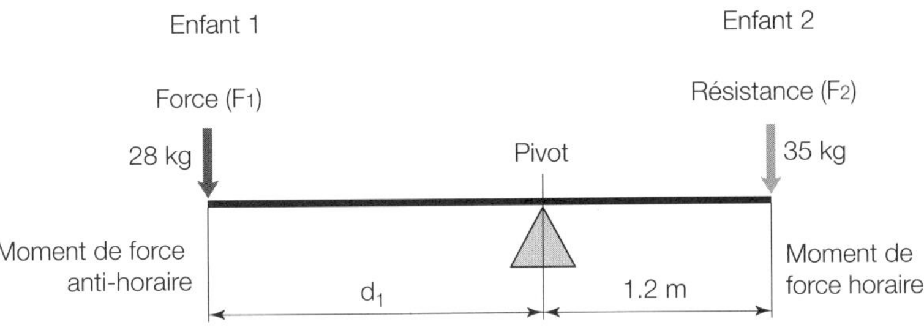

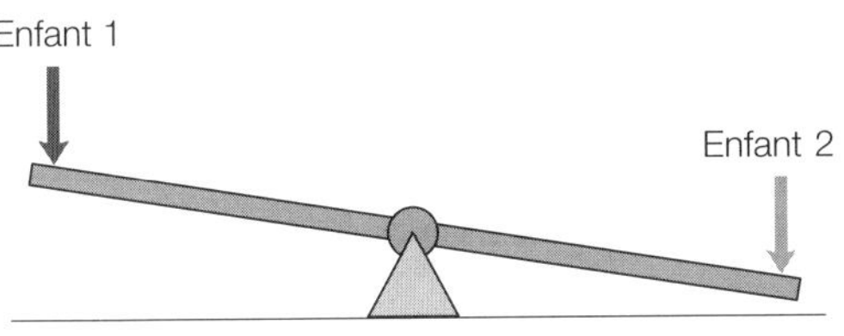

Note : position de la balançoire
si les deux enfants se tiennent à distances égales du pivot

Fig. C6.6 : Balançoire à bascule (levier de première classe).

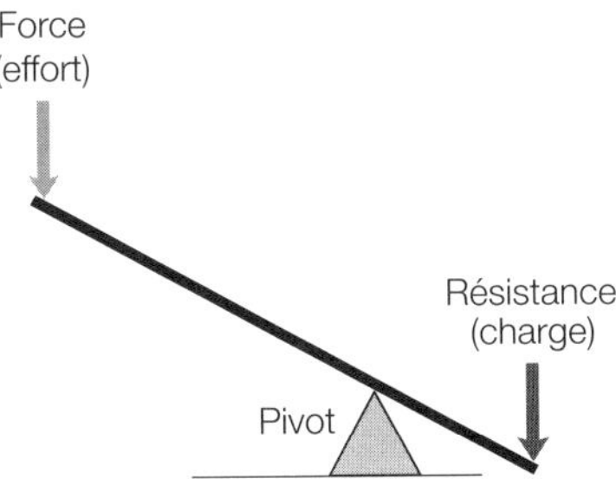

La charge s'exerce en un point plus proche du pivot que l'effort.
Un effort moins important permet de déplacer une charge donnée.
L'avantage mécanique en faveur de l'effort permet de soulever des objets lourds avec un effort relativement faible. Ce principe est employé dans les crics : un faible effort (humain) permet de soulever une charge importante (voiture)

Fig. C6.7 : Avantage mécanique (levier de première classe).

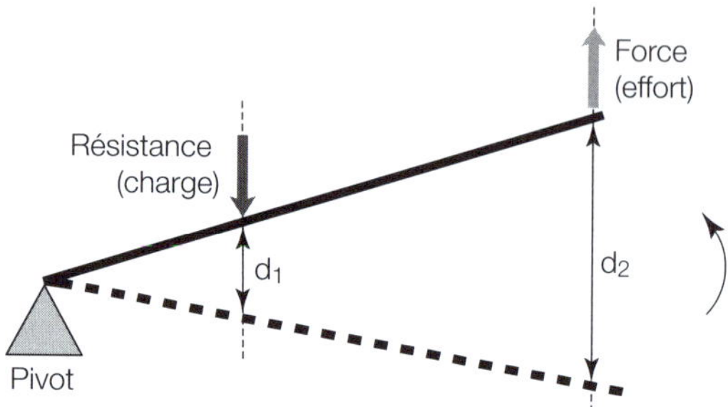

Avantage mécanique en faveur de la force (effort) : le bras de levier de la force est plus long que celui de la résistance. La force nécessaire pour déplacer la résistance est inférieure à la résistance. Cette force effectue un déplacement linéaire (d2) plus important que celui de la résistance (d1)

Fig. C6.8 : Avantage mécanique (levier de seconde classe).

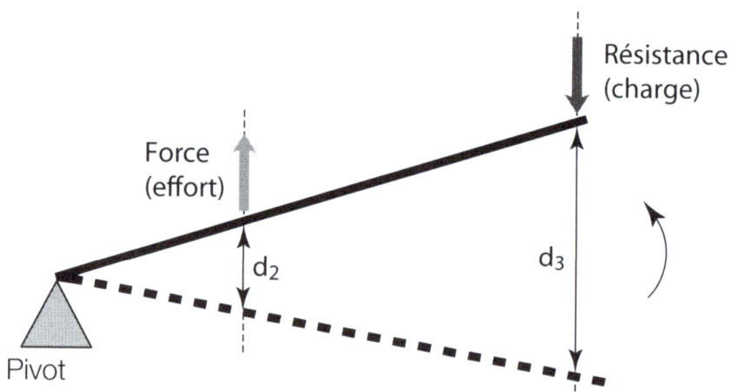

Avantage mécanique en faveur de la résistance (charge) : le bras de levier de la résistance est plus long que celui de la force. La force nécessaire pour déplacer la résistance est supérieure à la résistance. Cette force effectue un déplacement linéaire (d2) moins important que celui de la résistance (d3)

Fig. C6.9 : Avantage mécanique (levier de troisième classe).

11. Application

Les avantages (ou désavantages) mécaniques des muscles du corps humain varient selon les muscles considérés et, pour un même muscle, selon les mouvements. La Figure C1.8 du Chapitre C1 montre le biceps brachial dans deux positions différentes du bras. Quand le coude est en extension, le bras de levier du biceps est relativement court : le moment de force du biceps est relativement faible pour une force musculaire donnée. Quand le coude est fléchi à 90°, le bras de levier du biceps est plus long : le moment de force est plus important.

Le bras de levier d'un muscle (et donc son moment de force pour une force donnée) varie tout au long du mouvement. La plupart des appareils d'exercice modernes sont conçus pour s'adapter à ces variations de moments de force des muscles : ils offrent une résistance maximale au point où les muscles peuvent développer un moment de force maximal. Un autre exemple d'application du principe des leviers sera fourni dans le Chapitre F8 intitulé « Dynamométrie isocinétique ».

Les muscles agissent souvent en opposition les uns par rapport aux autres au cours des mouvements (muscles agonistes et antagonistes). Par exemple, le quadriceps (muscle antérieur de la cuisse) provoque l'extension de la jambe au niveau du genou alors que les muscles ischio-jambiers (muscles postérieurs de la cuisse) s'opposent à ce mouvement, agissant en antagonistes du quadriceps (ils provoquent la flexion de la jambe au niveau du genou).

Lors d'un tir dans un ballon (Voir Fig. C6.10), le quadriceps agit d'abord dans un système de levier de troisième classe puis, vers la fin du tir, les muscles ischio-jambiers interviennent pour créer un système de levier de seconde classe qui ralentit l'extension de la jambe. La motricité humaine offre de nombreux exemples d'application du principe des leviers, dont certains seront développés plus loin.

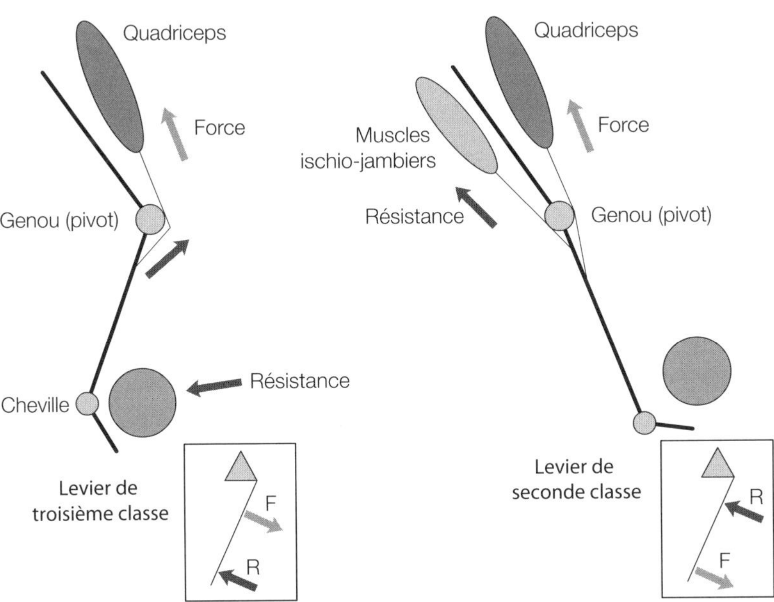

Fig. C6.10 : Leviers en motricité humaine.

Chapitre 7

Force centripète et accélération centripète

Points clés	
Force centripète	La force centripète (F_c) est la force qui s'exerce sur un corps quand il suit une trajectoire circulaire. Cette force est dirigée vers le centre de rotation et permet de maintenir le corps dans une trajectoire circulaire.
Accélération centripète	Selon la seconde loi de Newton ($\Sigma F = ma$), toute force s'exerçant sur un corps produit une accélération de ce corps. La force centripète produit donc une accélération centripète.
Facteurs influant sur la force centripète	Deux équations permettent de décrire la force centripète : $F_{centripète} = m.r.\omega^2$ $F_{centripète} = m.v^2 / 2$ La force centripète dépend du rayon de rotation (r) du corps, de sa masse (m) et de sa vélocité angulaire (ω) ou linéaire (v). Plus un objet est lourd, rapide et éloigné du centre de rotation, plus la force centripète nécessaire pour le maintenir dans sa trajectoire circulaire doit être importante.

1. Force centripète

Selon la **première loi de Newton**, tout corps persévère dans l'état de repos ou de mouvement uniforme en ligne droite dans lequel il se trouve, à moins qu'une force n'agisse sur lui, et ne le contraigne à changer d'état. Cette loi implique qu'une force doit s'exercer sur un corps pour changer sa trajectoire linéaire en une trajectoire courbe . Cette force est nommée **force centripète** (« qui tend à rapprocher du centre » en latin). Le lancer de marteau nécessite par exemple l'application d'une force centripète durant la phase d'élan (voir Fig. C7.1).

Selon la **seconde loi de Newton**, la force centripète produit une accélération (appelée **accélération centripète**) dans la même direction que cette force :

$F_{centripète} = m.a_{centripète}$

L'accélération centripète est à l'origine du mouvement circulaire d'un corps. Ce mouvement circulaire s'effectue à une certaine **vélocité angulaire** (ω) et à une certaine distance (**rayon de rotation**, r) du centre de rotation :

$a_{centripète} = r.\omega^2$

Nous avons vu dans le Chapitre A4 que . L'équation de l'accélération centripète peut donc être réécrite de la façon suivante :

$a_{centripète} = r.(v^2 / r^2) = v^2 / r$

Deux équations permettent donc de décrire la force centripète :

$F_{centripète} = m.r.\omega^2$

$F_{centripète} = m.v^2 / r$

En biomécanique, il existe généralement un lien physique entre le corps en mouvement et le centre de rotation. Dans le cas du lancer de marteau, ce lien est assuré par une corde en acier attachée à la tête du marteau (voir Fig. C7.2). Durant la phase d'élan, la force qui s'exerce sur la corde a deux composantes : une force centripète dirigée vers le centre de rotation et une force tangentielle à la trajectoire circulaire. La force tangentielle provoque l'accélération de la tête du marteau et la force centripète lui permet de maintenir sa trajectoire circulaire. Quand le marteau atteint la vélocité maximale souhaitée par l'athlète, celui-ci n'exerce plus qu'une force centripète pour maintenir la trajectoire circulaire avant de lâcher le marteau (voir Fig. C7.2b).

Le terme de **force centrifuge** (« qui tend à éloigner du centre ») est souvent employé à tort ou mal compris. Selon la **troisième loi de Newton**, toute force s'accompagne d'une force de réaction égale et opposée. La tension de la corde dans le lancer de marteau est à l'origine de la force centripète s'exerçant sur la tête du marteau. La même tension est également à l'origine d'une force de réaction égale et opposée s'exerçant sur le lanceur de marteau : il s'agit d'une force centrifuge. Le lanceur ressent une force tirant ses mains vers l'extérieur. Cette sensation peut faire croire que la force s'exerçant sur le marteau est centrifuge alors qu'elle est en fait centripète.

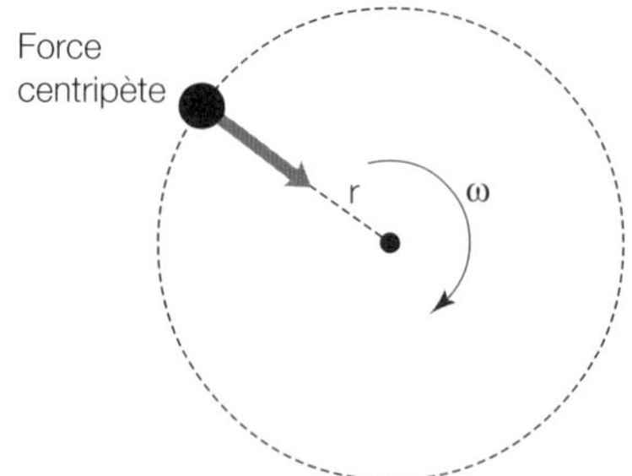

Fig. C7.1 : Force centripète durant le lancer de marteau.

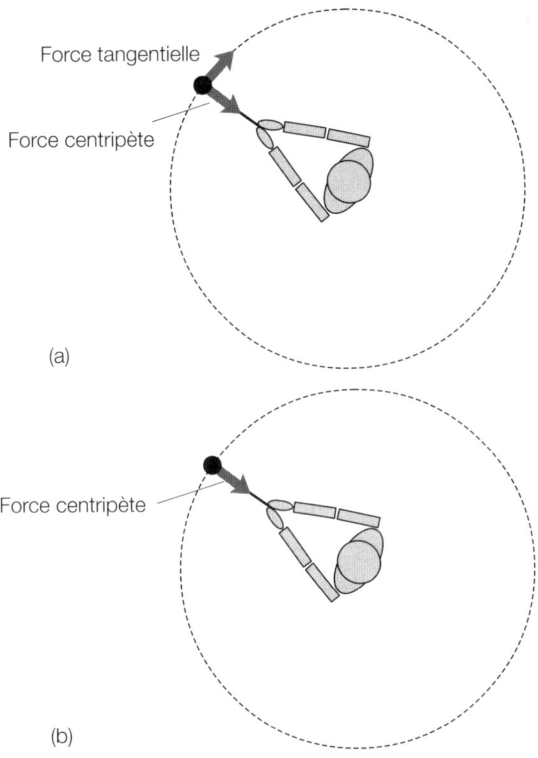

Fig. C7.2 : Composantes de la force appliquée au marteau durant sa phase d'accélération (a) et quand il atteint sa vélocité maximale avant le lâcher (b).

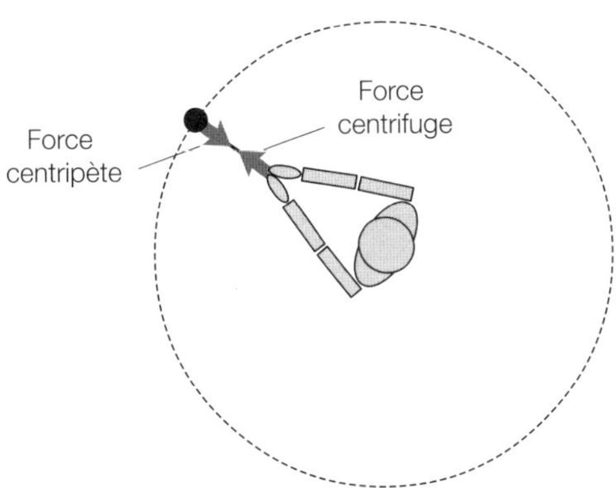

Fig. C7.3 : Force centrifuge s'exerçant sur le lanceur de marteau.

2. Application : grand tour en gymnastique

Le grand tour consiste en une rotation de 360° du corps autour d'une barre transversale (Fig. C7.4). La force centripète est due à la tension s'exerçant sur les bras. Cette tension varie tout au long du mouvement et atteint son maximum quand la vélocité angulaire du gymnaste est maximale, c'est-à-dire quand il passe sous la barre.

La tension possède deux composantes : la force centripète et la force gravitationnelle. La force gravitationnelle est due à l'action de la gravité sur le centre de gravité du gymnaste, incliné selon un angle θ par rapport à la verticale. La tension (T) dans les bras est égale à la somme à la somme de la force centripète et de la force gravitationnelle :

$$T = m. R. \omega^2 + m.g.\cos\theta$$

La tension est maximale quand θ=0 et l'équation peut alors s'écrire de la façon suivante pour décrire la tension en fonction du poids (m g) :

$$T = m.g. (R. \omega^2/ g + 1)$$

Un grand tour s'effectue en moyenne à une vélocité angulaire de 5,5 rad/s, avec une distance de 1,3 m entre la barre et le centre de gravité : la tension maximale atteint alors environ cinq fois le poids du corps. Cette force élevée explique la nécessité d'une musculature importante chez les gymnastes.

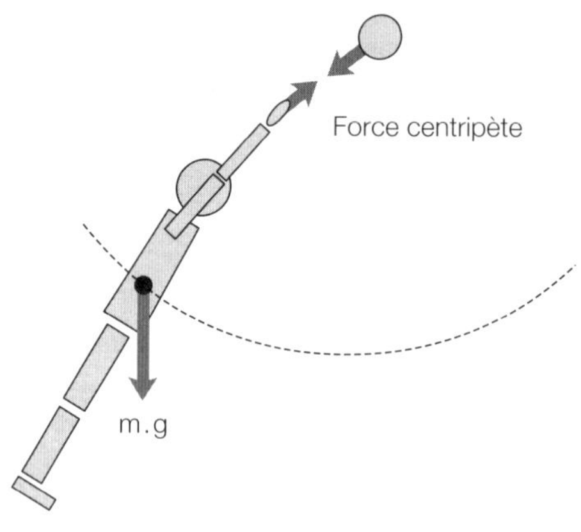

Fig. C7.4 : Grand tour en gymnastique.

3. Application : virage sur une piste plate

Les athlètes se penchent quand ils négocient un virage sur une piste plate (voir Fig. C7.5). Cette inclinaison (selon un angle θ par rapport à la verticale) produit une force de frottement latérale à l'origine de la force centripète. Le moment de la force de réaction normale (horaire) et le moment de la force de frottement (anti-horaire) autour du centre du gravité doivent être égaux pour que l'athlète soit en équilibre :

Note : les termes des équations suivantes sont exprimés en valeurs absolues car on ne s'intéresse qu'à la magnitude des forces et non à leur direction.

$N.x = F.y$

Donc

$F / N = x / y = \tan \theta$

La force de réaction normale est égale au poids de l'athlète :

$N - m.g = 0$

La force de frottement correspond à la force centripète :

$F = m. v^2 / r$

En combinant les équations (1), (2) et (3), on obtient :

$F / N = v^2 / r.g = \tan \theta$

Donc

$\theta \tan^{-1} (v^2 / r.g)$

Cette équation permet de déterminer l'angle d'inclinaison nécessaire à l'athlète pour négocier un virage en fonction de sa vélocité linéaire (v) et du rayon de rotation du virage (r). Pour une vélocité de 10 m/s et un rayon de rotation du virage de 40 m, l'athlète doit s'incliner selon un angle de 14°. Les virages sont généralement plus prononcés sur une piste couverte (rayon de rotation de 20 m) : l'athlète doit alors s'incliner selon un angle de 27°.

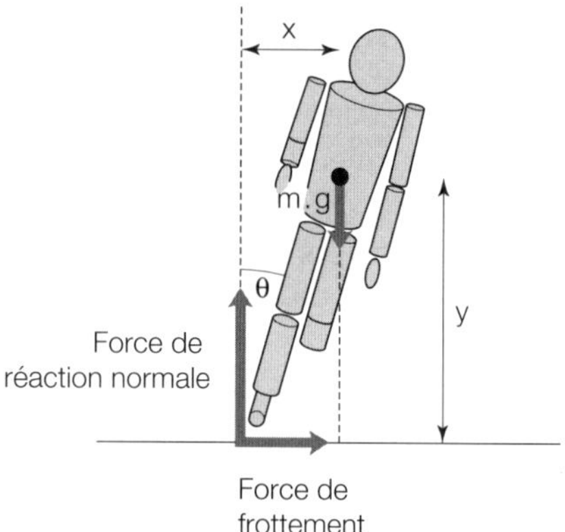

Fig. C7.5 : Diagramme des forces s'exerçant sur un athlète négociant un virage sur une piste plate..

4. Application : virage relevé

Les virages sont généralement plus prononcés sur les pistes couvertes : ils sont alors relevés (inclinés selon un certain angle) pour éviter que l'athlète n'ait à se pencher selon un angle trop important (risque de dérapage et de chute). L'angle d'inclinaison idéal du virage est celui pour lequel il n'existe pas de force de frottement latérale entre le pied et la piste (voir Fig. C7.6). À la différence de l'exemple précédent, c'est maintenant la composante verticale de la force de réaction normale qui est égale au poids :

$N \cos \theta - m\, g = 0$

La composante horizontale de la force de réaction normale correspond à la force centripète :

$N \sin \theta - m\, v^2 / r$

En divisant (2) par (1), on obtient :

$\tan \theta = v^2 / r.g$

Cette équation est la même que celle du calcul de l'angle d'inclinaison de l'athlète dans l'exemple précédent. L'angle d'inclinaison des virages d'une piste couverte sera toutefois plus élevé que l'angle d'inclinaison de l'athlète dans un virage sur une piste plate en raison du rayon de rotation plus court des virages d'un piste couverte (virages plus prononcés que ceux d'une piste plate en plein air). Les pistes couvertes de cyclisme sont inclinés et courbes pour s'adapter aux variations de vélocité du cycliste : le cycliste parcourt l'intérieur de la piste (moins incliné) quand sa vélocité est faible et remonte progressivement vers l'extérieur (plus incliné) quand sa vélocité augmente.

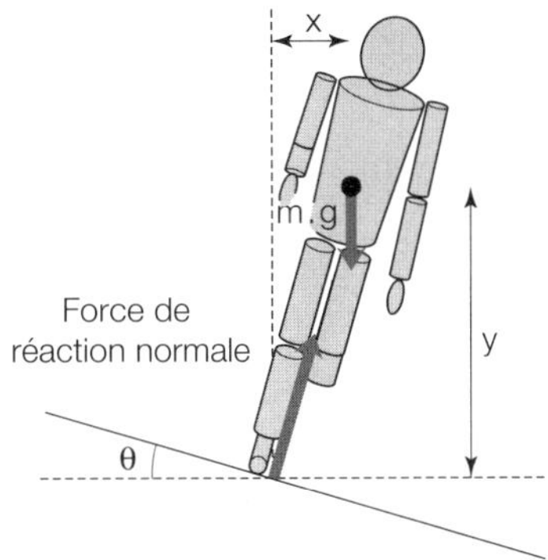

Fig. C7.6 : Diagramme des forces s'exerçant sur un athlète négociant un virage incliné.

5. Application : golf

Dans les exemples précédents, l'application d'une force centripète permettait de maintenir une trajectoire circulaire : tension de la corde dans le lancer de marteau, force de frottement latérale pour les virages dans la couse Dans d'autres disciplines sportives, certains mouvements visent à obtenir à une vélocité importante en réduisant la force centripète : tir dans un ballon, swing au golf, service au tennis, lancer d'une balle Ces mouvements se caractérisent par une séquence proximo-distale.

Ces mouvements sont effectués par un membre du corps composé de deux ou trois segments (cuisse et jambe pour le tir dans un ballon ; bras, avant-bras et raquette pour le service au tennis). Au début du mouvement, les segments sont fléchis et commencent leur rotation autour d'un axe. Le sportif réduit ensuite la force centripète qui maintenait les segments fléchis et ceux-ci commencent leur extension. Cette extension provoque l'augmentation du rayon de rotation et donc l'augmentation de la vélocité linéaire à l'extrémité du membre concerné.

Ce type de mouvement se retrouve lors du swing au golf. Le swing comporte deux temps : un premier temps où le poignet est fléchi pour maintenir une certaine orientation du club et un second temps où le poignet entre en extension, ce qui permet d'augmenter le rayon de rotation de la tête du club avant l'impact (voir Fig. C7.7).

Le mouvement de la tête du club vers l'extérieur n'est pas dû à une force centrifuge mais à une **absence de force centripète**.

Fig. C7.7 : Déplacement de la tête du club de golf vers l'extérieur lors d'un swing. A-B : le poignet est maintenu fléchi et la tête du club est relativement proche de l'axe de rotation. B-C : le poignet entre en extension et la tête du club s'éloigne de l'axe de rotation, d'où une augmentation de sa vélocité linéaire.

Chapitre 8

Forces musculaires et articulaires en condition statique

Points clés	
Condition statique	Les calculs en condition statique sont à la base de la dynamique inverse, qui est une méthode permettant d'estimer les forces musculaires et articulaires. Les calculs en condition statique des forces musculaires et articulaires sont essentiels pour la prévention du risque de blessure et l'amélioration des performances.
Diagramme de forces	Le diagramme de forces est une méthode graphique permettant de représenter l'ensemble des forces qui agissent sur un système en équilibre. La première ($\Sigma F = 0$) et la seconde ($\Sigma M = 0$) conditions d'équilibre interviennent souvent dans le calcul des forces impliquées.
Forces musculaires	Elles sont déterminées à partir de la seconde condition d'équilibre (la somme des moments horaires et anti-horaires est nulle). Les muscles interviennent dans la stabilité active (dynamique) des articulations.
Forces articulaires	Elles sont déterminées à partir de la première condition d'équilibre (la somme des forces est nulle). Les ligaments offrent une résistance passive au mouvement d'une articulation (stabilité passive). Le terme passif fait ici référence au fait que la résistance du ligament est toujours la même : elle ne varie pas en fonction du mouvement initial.
Risque de blessure	Des forces musculaires ou articulaires excessives sont susceptibles de léser un muscle ou une articulation.
Performances	L'estimation des forces musculaires en condition statique permet d'évaluer l'efficacité des méthodes d'entraînement (musculation par exemple).

1. Condition statique

Les calculs en condition statique sont à la base de la dynamique inverse, qui est une méthode fréquemment utilisée dans les programmes informatiques de modélisation biomécanique. Les calculs en condition statique des forces musculaires et articulaires sont essentiels pour la prévention du risque de blessure et l'amélioration des performances. Ces calculs sont réalisés sur une représentation bidimensionnelle (le plus souvent dans le plan sagittal) d'une situation réelle tridimensionnelle. Cette simplification reste cependant valable et suffisante pour le calcul des forces au cours de mouvements basiques (tels l'accroupissement ou la flexion des bras en haltérophilie, par exemple). Les calculs en condition statique font appel aux équations mécaniques de bases, à la trigonométrie et aux diagrammes de forces.

2. Diagramme de forces

Le diagramme de forces est une méthode graphique permettant de représenter **l'ensemble** des forces qui agissent sur un système en équilibre. Chaque force est représentée par un vecteur indiquant la magnitude et la direction de la force. La première ($\Sigma F = 0$) et la seconde ($\Sigma M = 0$) conditions d'équilibre permettent ensuite d'analyser et de décrire l'effet des forces résultantes. Le diagramme de forces peut comprendre les forces suivantes : **poids, forces appliquée, de contact, normale, de tension, compressive, articulaire, musculaire, de frottement** et **de réaction du sol**. Pour construire un diagramme de forces, il faut d'abord **identifier le système** et **les forces externes** qui s'y exercent puis choisir un **système de coordonnées** pour exprimer **les magnitudes et les angles d'application** (signe positif ou négatif) des forces.

3. Application : forces musculaires et articulaires au niveau du genou

La vue sagittale de la jambe en position debout montre que le poids du corps passe approximativement par l'axe de rotation du genou (voir Fig. C8.1). Le bras de levier du poids est donc nul et la force musculaire nécessaire pour maintenir la position est négligeable. Le membre inférieur est en position d'équilibre statique. L'électromyographie du quadriceps et des muscles ischio-jambiers en position debout montre une activité minimale de ces muscles.

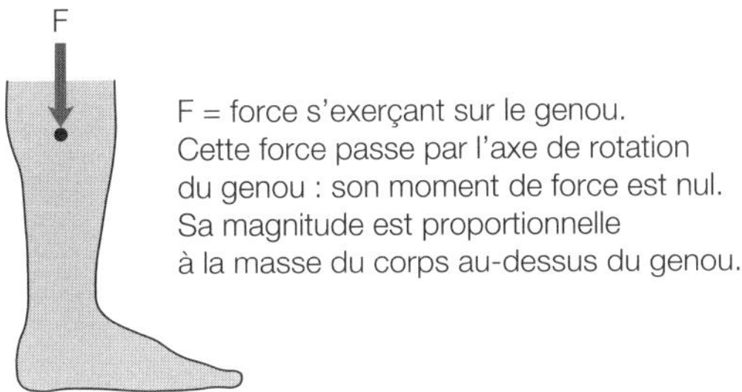

Fig. C8.1 : Force s'exerçant sur le genou en position debout.

Q. Pour un sujet de 75 kg, quelle est la magnitude de la force de compression s'exerçant sur le genou en position debout ?

Cette valeur de 736 N correspond au poids total du corps. Si le sujet se tient sur ses deux pieds, la force de réaction du sol est de **368 N** au niveau de chaque pied (voir Fig. C8.2).

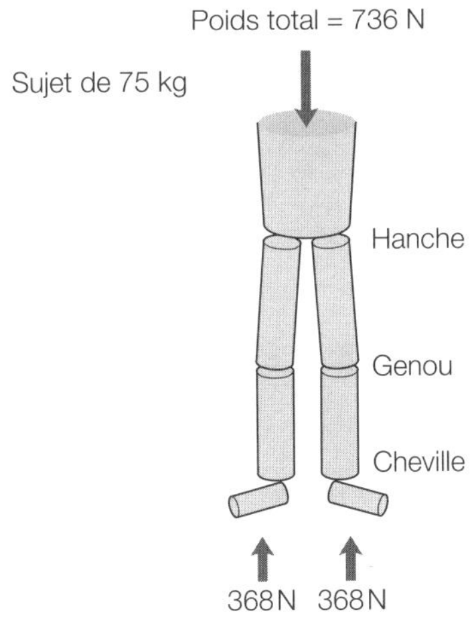

Fig. C8.2 : Vue frontale de la portion inférieure du corps.

Pour déterminer la force de compression au niveau du genou, il faut soustraire le poids de la jambe et du pied. Le tableau C8.1 donne les rapports anthropométriques permettant de calculer la masse de la jambe et du pied.

Main	0,006
Avant-bras	0,016
Bras (de l'épaule au coude)	0,028
Avant-bras et main	0,022
BRAS ENTIER	0,050
Pied	0,0145
Jambe	0,0465
Cuisse	0,100
Jambe et pied	0,061
JAMBE ENTIÈRE	0,161

Tableau C3.2 : Rapports anthropométriques entre la masse de chaque segment du corps et la masse du corps entier (source : Winter D. Biomechanics and Motor Control of Human Movement (2nd edition). Wiley-Interscience Publishers, New York, 1990).

Pour un sujet de 75 kg, la masse de la jambe et du pied est la suivante :

jambe et pied : $= 0{,}061 \times m$

$= 0{,}061 \times 75$

$= 4{,}58$ kg

La multiplication de cette masse par l'accélération gravitationnelle donne le poids de la jambe et du pied :

poids de la jambe et du pied : $= m \times g$

$= 4{,}58 \times 9{,}81$

$= 44{,}93$ N

$= 45$ N

Les forces s'exerçant au niveau du membre inférieur peuvent être représentées par le diagramme de forces suivant :

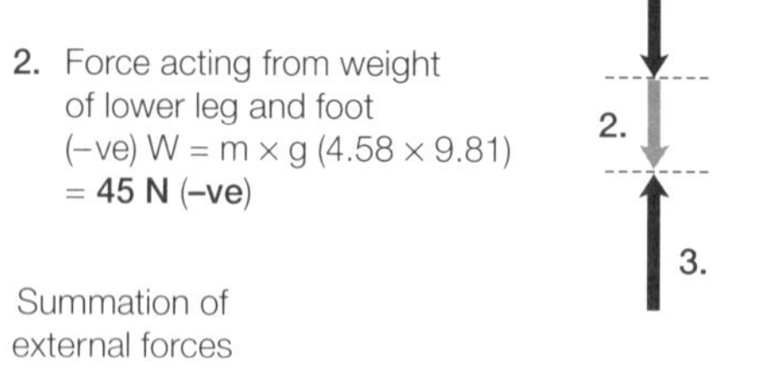

Selon la première condition d'équilibre :

$\Sigma M = 0$

$368 + (-F_1) + (-45N) = 0$

$368 - 45 = F_1$

$323\ N = F_1$

La force de compression F_1 s'exerçant sur le genou est de 323 N, dirigée vers le bas (signe négatif). Les notions de compression et de tension sont rappelées dans la figure C8.3. Dans cet exemple, la compression du fémur contre le tibia est due au poids du corps au-dessus du genou et à la force de réaction égale et opposée à ce poids.

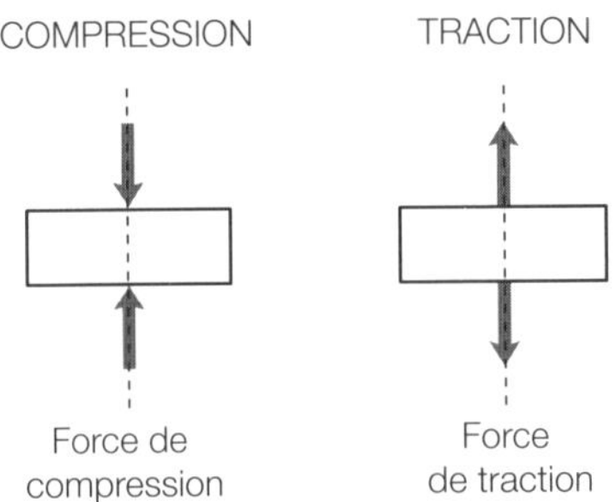

Fig. C8.3 : Forces de compression et de traction.

4. Forces musculaires

Lors de la flexion du genou, le poids s'exerce à distance de l'axe de rotation du genou (bras de levier non-nul) et produit donc un moment de force (voir Fig. C8.4). L'angle de flexion reste généralement inférieur à 20° durant les différentes phases de la marche (voir Fig. C8.5). Les forces musculaires du quadriceps et des muscles ischio-jambiers varient constamment pour contrebalancer ce moment de force. Ces forces musculaires dépendent de nombreux facteurs, tels que le frottement, la masse du corps et la vélocité du mouvement.

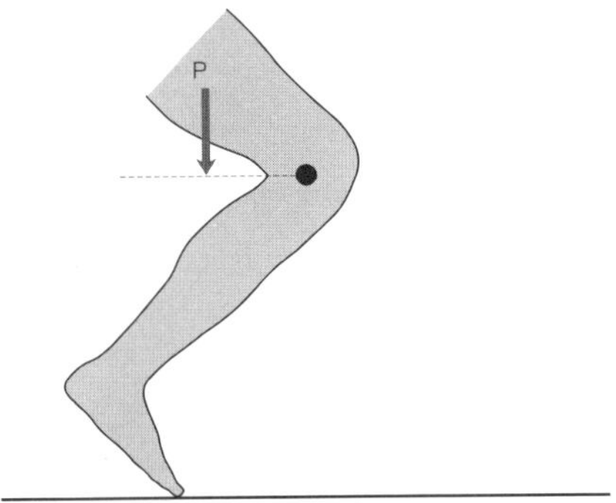

Fig. C8.4 : Moment de force lors de la flexion du genou.

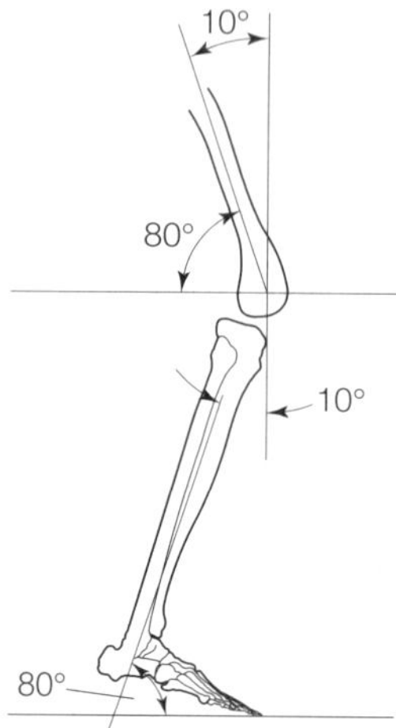

Fig. C8.5 : Flexion du genou de 20°.

Q. Pour un sujet de 75 kg, quelle est la force musculaire nécessaire pour maintenir une position de flexion du genou de 20° avec appui unilatéral (sur une seule jambe) ?

Il faut dans un premier temps calculer le poids du sujet au-dessus du genou. Notez que le sujet se tient sur une seule jambe dans cet exemple.

75 x 9,81 = 736 N

0,061 x 75 = 4,58 kg

4,58 x 9,81 = 45 N

736 – 45 = 691 N

Il faut ensuite déterminer le bras de levier du poids (**dp**) et celui de la force musculaire (**dm**) par rapport à l'axe de rotation du genou (voir Fig. C8.6).

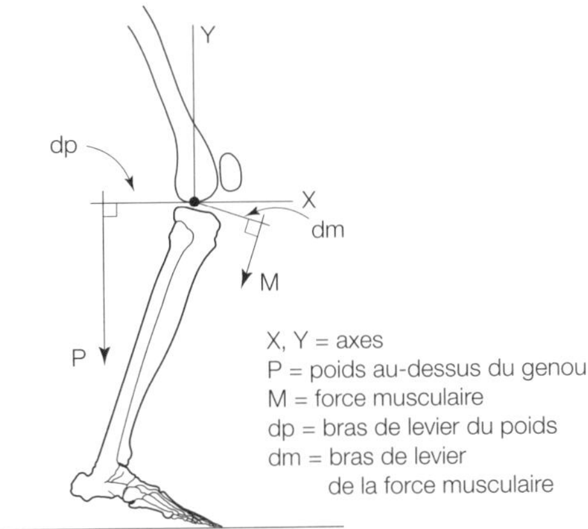

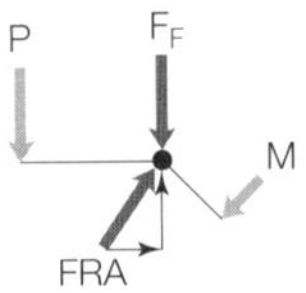

P = poids au-dessus du genou
FF = force de contact du fémur
FRA = force de réaction articulaire
M = force musculaire
Notez que FF et FRA passent par l'axe de rotation (leurs moments de force sont nuls)

Fig. C8.6 : Moments de force autour de l'articulation du genou.

Le bras de levier de la force musculaire (dm) est mesuré radiologiquement et celui du poids au-dessus du genou (dp) est déterminé par analyse cinématique de vidéos numériques :

La Figure C8.7 montre les moments de force autour de l'axe de rotation du genou. Selon la seconde condition d'équilibre, la somme des moments de force horaires et des moments de force anti-horaires est égale à zéro.

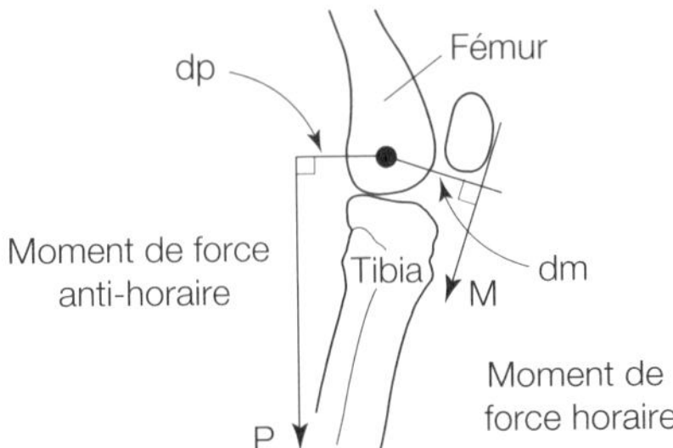

Fig. C8.7 : Moments de force autour de l'axe de rotation du genou.

Seconde condition d'équilibre

$$W.dw + M.dm = 0$$

Où W.dw est un moment de force anti-horaire (signe positif) et est un moment de force horaire (signe négatif) :

$$W.dw + M.dm = 0$$

$$(691 \times 0{,}064) + (-M \times 0{,}05) = 0$$

d'après le diagramme de force

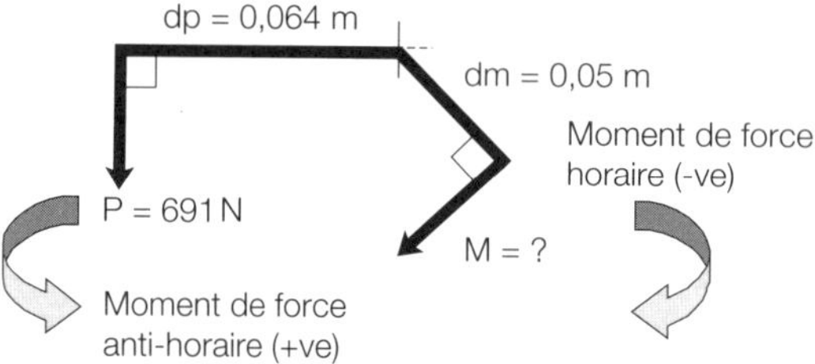

Un sujet de 75 kg doit exercer une force musculaire de 880 N pour maintenir une position de flexion du genou de 20° avec appui unilatéral (sur une seule jambe). Plusieurs remarques sont nécessaires :

- la force musculaire varie constamment au cours de la marche (la marche n'étant pas un état statique) ;
- d'autres facteurs peuvent influer sur les forces musculaires et articulaires : le frottement entre le pied et le sol, le frottement au sein de l'articulation, la morphologie musculaire, les forces et moments de force des autres segments du corps…
- la représentation bidimensionnelle (ici dans le plan sagittal) n'est qu'une simplification de la situation réelle tridimensionnelle ;
- les forces musculaires et articulaires ne s'exercent que très rarement dans des conditions purement statiques. Le squat en haltérophilie consiste en une série d'accroupissements en portant la barre sur les épaules : on ne peut parler de condition statique que lorsque la vélocité verticale est nulle (c'est-à-dire en position accroupi ou debout mais pas entre les deux).

5. Forces articulaires

La Figure C8.8 montre les forces qui s'exercent quand un sujet de 75 kg se tient sur une jambe avec le genou fléchi à 20°. Selon la première condition d'équilibre, la somme des forces s'exerçant sur un système en équilibre est nulle. Il existe donc une force s'opposant à la résultante de la force musculaire (M) et de la force de réaction du sol (S) : il s'agit de la force de réaction articulaire (A).

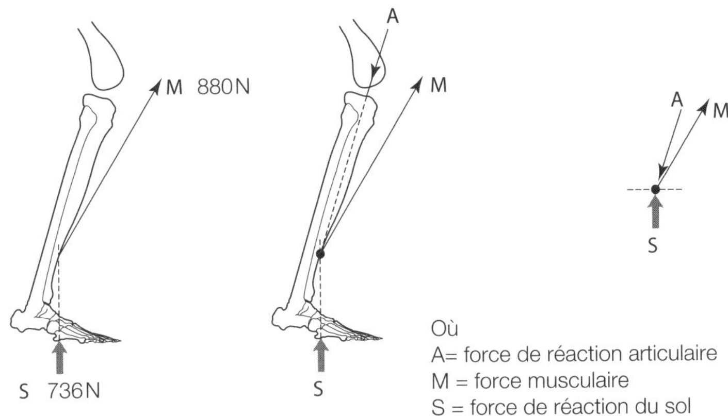

Fig. C8.8 : Système de forces coplanaires au niveau du genou, en position debout avec appui unilatéral.

6. Résolution des forces

Il nous faut dans un premier temps calculer la résultante des forces M et S, c'est-à-dire la force unique qui aurait le même effet que ces deux forces, pour obtenir ensuite la force de réaction de réaction articulaire A s'opposant à cette résultante. Nous utiliserons pour cela la même méthode que dans le Chapitre C5, méthode basée sur la première condition d'équilibre et la trigonométrie.

L'angle selon lequel s'exerce la force musculaire du quadriceps peut être déterminé par analyse cinématique de vidéos numériques ou par mesures radiologiques (radiographie ou échographie). La Figure C8.9 montre que la force musculaire du quadriceps s'exerce sur le tendon patellaire (ou tendon rotulien dans l'ancienne nomenclature). Le tendon patellaire relie le quadriceps à la tubérosité tibiale (saillie osseuse sur la face antérieure du tibia). La contraction du quadriceps met en tension le tendon patellaire : l'angle du tendon patellaire correspond à l'angle d'application de la force musculaire du quadriceps. Pour une flexion du genou de 20°, cet angle est de 60° par rapport à l'horizontale.

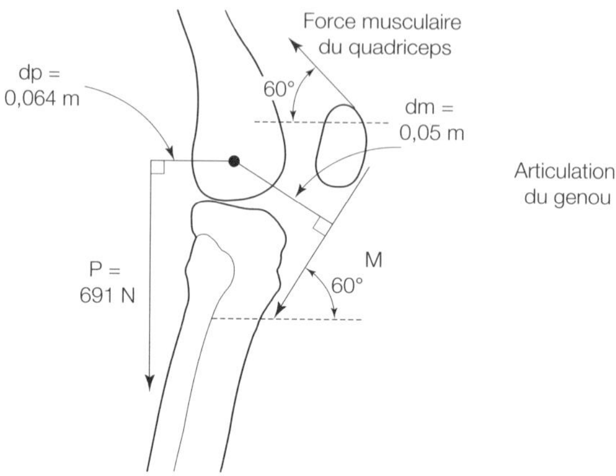

Fig. C8.9 : Angle d'application de la force musculaire du quadriceps.

En condition statique, la force de réaction du sol est verticale, dirigée vers le haut. Notez que ce n'est pas le cas en condition dynamique où la force de réaction du sol s'exerce selon un angle qui dépend des composantes verticale, horizontale et médio-latérale.

Les Figures C8.10 et C8.11 représentent les forces musculaire et de réaction du sol exprimées à la même origine.

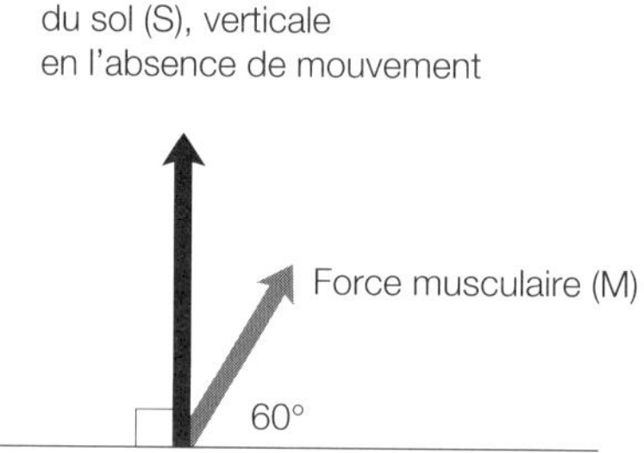

Fig. C8.10 : Angles d'application des forces musculaire et de réaction du sol.

Fig. C8.11 : Forces musculaire et de réaction du sol (à l'échelle).

Somme des composantes verticales (R_v)

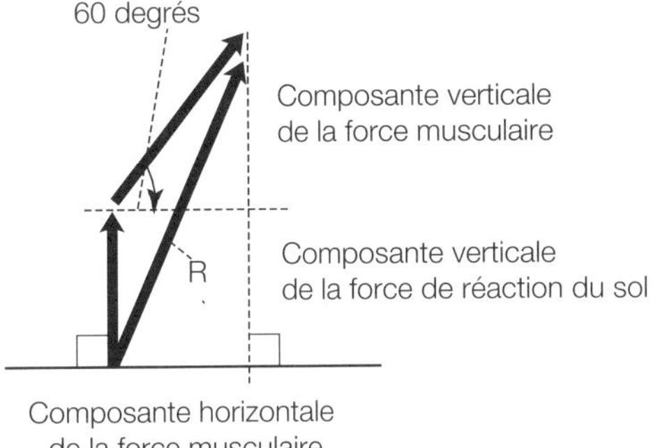

Somme des composantes horizontales (R_h)

F	=	F cos θ
	=	880 cos 60°
	=	880 x 0,5
Fh	=	440 N

Magnitude de la résultante (R)

R	=	$\sqrt{1498^2 + 440^2}$
	=	$\sqrt{2437604}$
	=	1561,3 N

Direction de la résultante

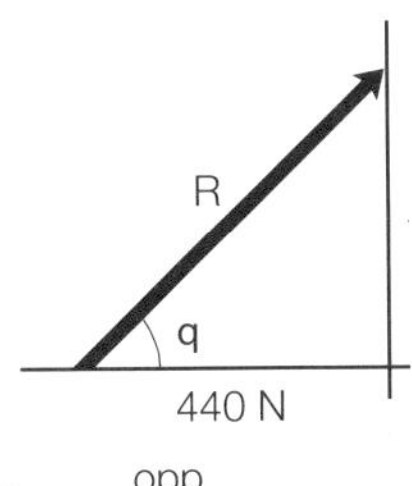

La résultante des forces musculaire et de réaction du sol est donc une force de 1561,3 N s'exerçant selon un angle de 74°. La force de réaction articulaire est la force égale et opposée à cette résultante (voir Fig. C8.12). Cette force de réaction de réaction articulaire peut elle même être vue comme la résultante de deux forces : la force de compression et la force de cisaillement.

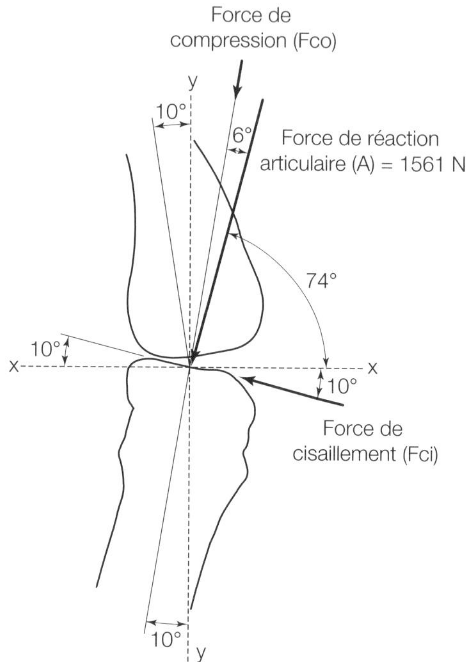

Fig. C8.12 : Force de réaction articulaire, force de compression et force de cisaillement.

7. Forces de compression et de cisaillement au niveau de l'articulation du genou

La force de compression (Fco) est la force perpendiculaire au plateau tibial et parallèle au grand axe du tibia.

La force de cisaillement (Fci) est parallèle au plateau tibial et perpendiculaire au grand axe du tibia.

Dans cet exemple de flexion du genou de 20°, le fémur et le tibia forment chacun un angle de 10° par rapport à la verticale (voir Fig. C8.5). Le plateau tibial forme donc un angle de 10° par rapport à l'horizontale (voir Fig. C8.12).

La force de réaction articulaire forme un angle de 6° par rapport au grand axe du tibia (A). La Figure C8.13 donne les différents angles au niveau de l'articulation du genou.

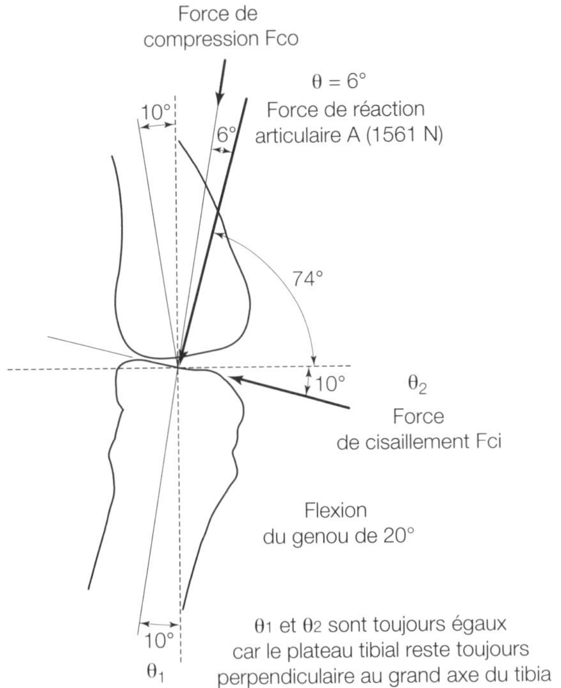

Fig. C8.13 : Forces de compression et de cisaillement (angles d'application).

Les forces peuvent donc être représentées par le polygone suivant :

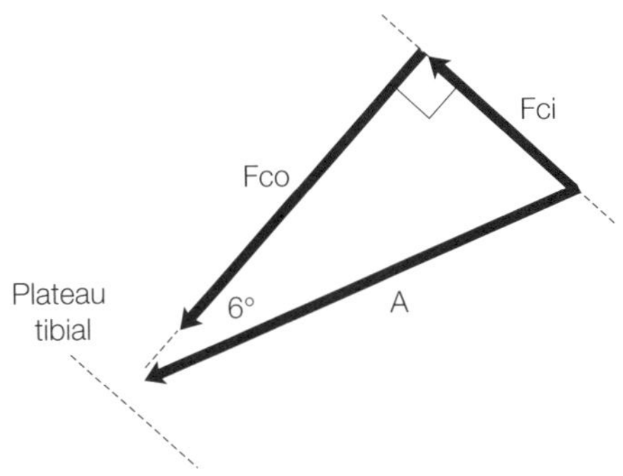

Calcul de la force de compression

$$
\begin{aligned}
Rc &= R \cos \theta \\
&= 1561 \cos 6° \\
&= 1561 \times 0{,}994 \\
&= 1552 \text{ N}
\end{aligned}
$$

Calcul de la force de cisaillement

$$
\begin{aligned}
Rs &= R \sin \theta \\
&= 1561 \sin 6° \\
&= 1561 \times 0{,}104 \\
&= 162 \text{ N}
\end{aligned}
$$

Dans cet exemple, la **force de cisaillement pousse le tibia vers l'arrière** (tiroir postérieur) **par rapport au fémur** et met en tension le **ligament croisé postérieur** (voir Fig. C8.14). Le **ligament croisé postérieur** relie la partie postérieure du tibia à la partie antérieure du fémur ; il offre une **résistance passive au tiroir postérieur du tibia par rapport au fémur**. Quand la force de cisaillement est dirigée vers l'avant, elle **pousse le tibia vers l'avant** (tiroir antérieur) **par rapport au fémur** et met en tension le **ligament croisé antérieur**. Le **ligament croisé antérieur** relie la partie antérieure du tibia à la partie postérieure du fémur ; il offre une **résistance passive au tiroir antérieur du tibia par rapport au fémur.** Les **ligaments** sont des structures fibreuses qui relient **un os à un autre os** ; ils offrent une **résistance passive** au mouvement articulaire (stabilité articulaire). Une force de cisaillement excessive peut provoquer la rupture d'un ligament, entraînant une instabilité de l'articulation. Le test de Lachman consiste à essayer de provoquer un tiroir antérieur du tibia pour confirmer une lésion du ligament croisé antérieur. Rappelons enfin que les ligaments offrent une stabilité passive à l'articulation alors que les muscles lui confèrent une stabilité active (dynamique).

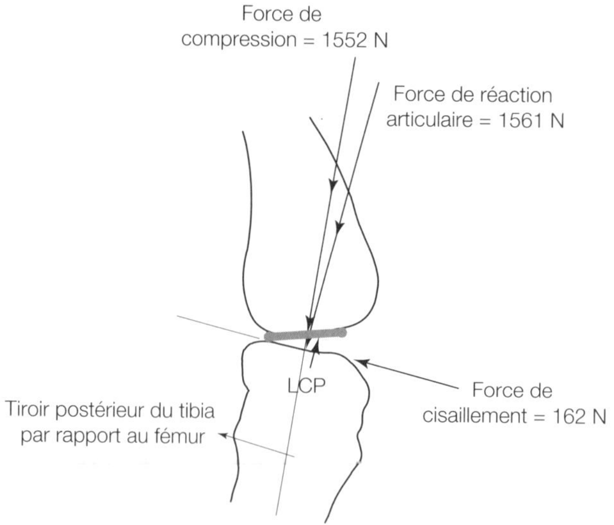

Fig. C8.14 :Tiroir postérieur du tibia par rapport au fémur.

8. Résumé

Dans cet exemple d'un sujet de 75 kg maintenant une position en appui unilatéral avec une flexion du genou de 20°, les forces impliquées sont les suivantes :

- force musculaire du quadriceps : **880 N** (soit **1,20 fois le poids du corps**) ;
- force de réaction articulaire : **1561 N** (soit **2,12 fois le poids du corps**) ;
- force de compression : **1552 N** (soit **2,10 fois le poids du corps**) ;
- force de cisaillement : **162 N** (soit **0,22 fois le poids du corps**).

Certaines de ces forces peuvent être à l'origine de lésions (telle la force de cisaillement pouvant causer la rupture des ligaments croisés). Différentes structures peuvent être atteintes en fonction de la magnitude et de la direction de ces forces. Notez enfin que les magnitudes des forces impliquées sont relativement importantes (de 0,22 à 2,12 fois le poids total du corps), et ce en l'absence de toute contrainte supplémentaire (haltères par exemple).

9. Exercice

Un haltérophile de 90 kg se tient en position accroupie en portant un haltère de 170 kg (barre et poids). La masse est répartie de façon égale entre les deux pieds et la projection verticale du centre de gravité passe à 0,30 m en arrière de l'axe de rotation du genou. Chaque cuisse forme un angle de 50° avec la jambe correspondante. La distance perpendiculaire entre le tendon patellaire et l'axe de rotation du genou est de 0,05 m. Le tendon patellaire forme un angle de 35° par rapport à l'horizontale. Le tendon quadricipital est considéré comme horizontal.

Q. Calculez la force musculaire du quadriceps nécessaire pour maintenir cette position, les forces de réaction articulaire tibio-fémorale et fémoro-patellaire, la force de cisaillement tibio-fémorale et la force de compression tibio-fémorale. Exprimez les résultats en valeurs absolues et par rapport au poids du corps.

Tracez les diagrammes de forces illustrant vos réponses.

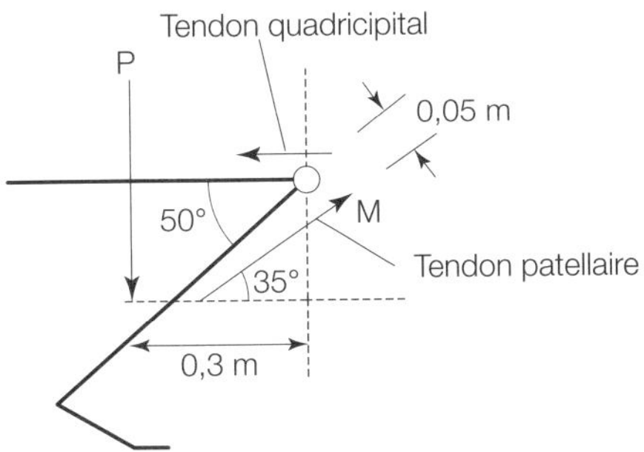

10. Solution

Calcul de la force musculaire de quadriceps

Poids de l'haltérophile et de l'haltère

Masse de l'haltérophile = 90 kg
Masse de l'haltère = 170 kg
Masse d'une jambe et d'un pied = 0,061× M relative (*cf* table anthropométrique)

Force de réaction du sol sur chaque pied

90 + 170 = 260 kg
260 × 9,81 = 2550,6 N

Poids s'exerçant sur chaque genou (soustraction du poids de la jambe et du piec

1275,3 N

Force musculaire par rapport au poids du corps

0,061 × 90 = 5,49 kg
5,49 × 9,81 = 53,86 N
1275,3 – 53.86
= 1221,44 N sur chaque genou

Calcul de la force musculaire du quadriceps
à partir de la seconde condition d'équilibre () S M = 0

W. dw – M. dm = 0
1221,44 × 0,30 + M × 0,05 = 0
366,43 + M × 0,05 = 0

$$M = -\frac{366,43}{0,05}$$

M = –7328,6 N

Poids = 90 × 9.81 = 882,9

$$\text{soit} \quad = \frac{7328,6}{882,9}$$

$$= 8,30 \times P$$

Calcul de la force de réaction articulaire tibio-fémorale

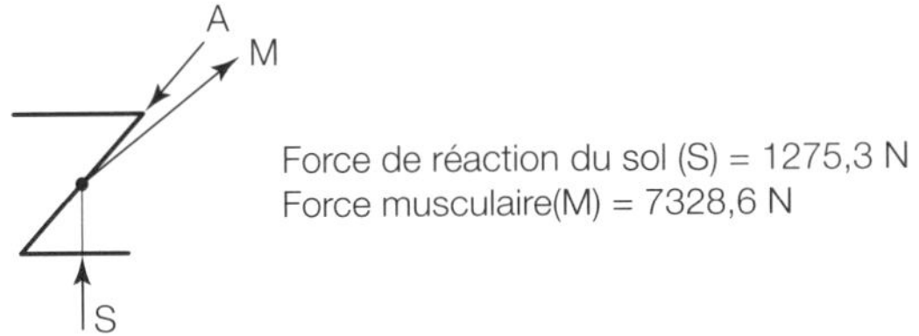

Forces exprimées à la même origine

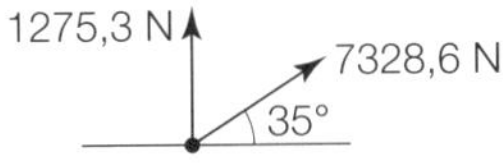

Somme des composantes verticales (Fv)

$F \sin \phi$
$1275{,}3 + 7328{,}6 \sin 35°$
$1275{,}3 + 7328{,}6 \times 0{,}573$
$1275{,}3 + 4199{,}29$
$\mathbf{+5474{,}59\ N}$

Somme des composantes horizontales (Fh)

$F \cos \phi$
$7328{,}6 \cos 35°$
$7328{,}6 \times 0.819$
$\mathbf{+6002{,}12\ N}$

La force de réaction articulaire (A) tibio-fémorale est la force égale et opposée à cette résultante :

Magnitude de la résultante (R)

$R = \sqrt{FV^2 + FH^2}$
$= \sqrt{5474{,}59^2 + 6002{,}12^2}$
$= \sqrt{65996580{,}16}$
$= \mathbf{8123{,}83\ N}$ (9,21 × Bw)

Direction de la résultante

$\tan \phi = \frac{FV}{FH}$
$= \frac{5474{,}59}{6002{,}12}$
$= 0{,}9121$
$\phi = 42.36°$
$\phi = 42°22'$

Transfert au diagramme

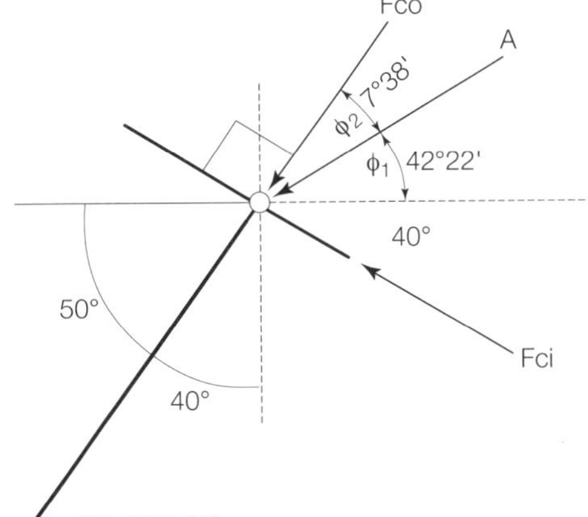

Calcul de la force de compression tibio-fémorale

R cos ϕ
8123.83 cos 7°38'
8123.83 × 0.9911
8151.52 N (9.12 × P)

Calcul de la force de cisaillement tibio-fémorale

R sin ϕ
8123.83 sin 7°38'
8123.83 × 0.1328
1078.8 N (1.22 × P)

Calcul de la force de réaction articulaire fémoro-patellaire

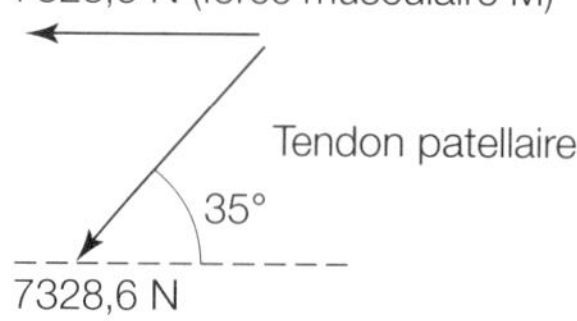

Somme des composantes verticales (Rv)

F sin ϕ
–7328.6 sin 35°
–7328.6 × 0.5735
–4202.95 N

Somme des composantes horizontales (Rh)

F cos ϕ
7328,6 + 7328,6 cos 35°
7328,6 + 7328,6 × 0,8191
7328,6 + 6002,86
+13331,46

Magnitude de la résultante (R)

$R = \sqrt{FV^2 + FH^2}$
$R = \sqrt{4202{,}95^2 + 13331{,}46^2}$
$R = \sqrt{17664788{,}7 + 177727825{,}7}$
$R = \sqrt{195392614{,}4}$
R = 13978,29 (15,85 × Bw)

Direction de la résultante

C'est la bissectrice de l'angle formé par les tendons quadricipital et patellaire :
ie. 35° ÷ 2 = 17,5°

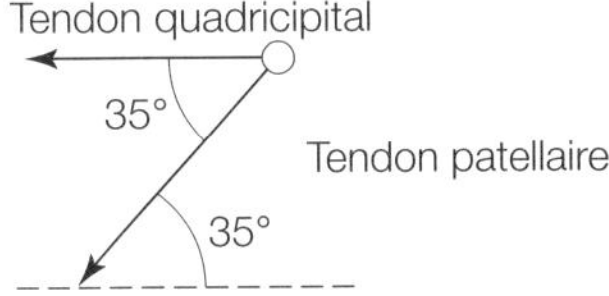

Égalité des angles alternes-internes
entre deux droites parallèles

$$\tan \phi = \frac{FV}{HV}$$
$$= \frac{4202.95}{13331{,}46}$$
$$= 0{,}3152$$
$$= 17{,}49°$$
$$= \mathbf{17° \, 29' \, 53{,}76''}$$

La force de réaction articulaire (A') fémoro-patellaire est la force égale et opposée à cette résultante :

Résumé

Force musculaire	7328,6 N
Force de réaction articulaire tibio-fémorale	8123,83 N
Force de compression	8151,52 N
Force de cisaillement	1078,8 N
Force de réaction articulaire fémoro-patellaire	13978,29 N

Chapitre 9

Forces musculaires et articulaires en condition dynamique

Points clés	
Introduction	La méthode de dynamique inverse est à la base des calculs de modélisation en biomécanique. Cette méthode prend en compte l'accélération et permet donc de modéliser de façon réaliste les forces impliquées dans un mouvement (condition dynamique).
Moment d'inertie	Le moment d'inertie d'un solide uniforme est déterminé par la formule suivante : $I = \Sigma m r^2$ Où r est la distance entre un point de masse m de l'objet et l'axe de rotation. Le moment d'inertie des segments du corps humain est déterminé par la formule suivante : $I = mk^2$ Où k est le rayon de giration du segment par rapport à l'axe de rotation.
Rayon de giration	La forme et la répartition de la masse des segments du corps humain sont complexes. On utilise le concept de rayon de giration pour simplifier le calcul du moment d'inertie : le rayon de giration est la distance à l'axe de rotation à laquelle il faut placer un point de masse égale à celle du segment pour que ce point ait le même moment d'inertie que le segment. La position de ce point dépend de l'axe de rotation du segment (proximal ou distal). La rotation de l'avant-bras peut par exemple s'effectuer autour de l'axe de rotation du coude (proximal) ou autour de l'axe de rotation du poignet (distal).
En condition statique	Les calculs font appel à la première et à la seconde condition d'équilibre.

En condition dynamique	L'accélération doit être prise en compte : $\Sigma CWM + \Sigma ACWM = I\alpha$ Où $I\alpha$ est le moment de force net. Notez que si $\alpha = 0$, on retrouve l'équation de la seconde condition d'équilibre ($\Sigma M = 0$).
Résumé	La méthode de dynamique inverse permet d'analyser les variations de forces lors de l'accélération d'un segment dans une direction donnée. Par exemple, l'augmentation des forces musculaires et articulaires lors de l'épaulé-jeté en haltérophilie permet l'accélération vers le haut de l'haltère. Ces variations de forces peuvent être à l'origine de lésions.

1. Introduction

La méthode de dynamique inverse est à la base des calculs de modélisation en biomécanique. La prise en compte de l'accélération permet d'analyser l'effet des forces musculaires et articulaires sur le mouvement. En condition statique, les moments de force horaires (Mh) sont contrebalancés par les moments de force anti-horaires (Mah) et le moment de force net est nul (pas d'accélération angulaire). En condition dynamique, le moment de force net est différent de zéro, d'où une certaine accélération angulaire. Le moment de force net est à l'accélération angulaire ce que la force nette est à l'accélération linéaire. Le moment d'inertie représente la tendance d'un corps à maintenir invariable sa vélocité angulaire.

2. Moment d'inertie

Le moment d'inertie est la résistance d'un corps à initier ou modifier sa rotation. Pour les corps assimilés à un point où est concentré toute leur masse, le moment d'inertie est donné par la formule suivante :

$$I = \Sigma\, m\, r^2$$

Où

I = moment d'inertie

m = masse de l'objet

r = distance entre la masse et l'axe de rotation

Si l'objet effectue une rotation selon différents axes ou si la masse est r-répartie, alors le moment d'inertie est modifié (de la même façon que la distance de r change).

Le moment d'inertie varie en fonction de l'axe de rotation considéré et de la répartition de la masse.

On définit généralement un moment d'inertie de référence (I_{cdg}) autour d'un axe passant par le centre de gravité de l'objet. Ce moment d'inertie de référence permet de calculer les moments d'inertie autour d'autres axes de rotation à partir du théorème des axes parallèles (Voir Chapitre C3) :

$$I_A = I_{CdG} + md^2$$

Où

I_A = moment d'inertie autour d'un axe de rotation A

I_{cdg} = moment d'inertie autour d'un axe parallèle à A et passant par le centre de gravité

m = masse de l'objet

d = distance entre les deux axes parallèles

Les segments du corps humain (cuisse, jambe, avant-bras, tête) effectuent leurs rotations autour d'axes situés aux extrémités proximales ou distales de ces segments. L'extrémité proximal d'un segment est l'extrémité la plus proche du point d'attachement du membre/segment au corps ; l'extrémité distale est l'extrémité la plus éloignée du point d'attachement du membre/segment au corps. Quand un sujet fait la roue, la rotation s'effectue autour de l'extrémité distale de l'avant-bras (poignet). Lors d'un exercice de musculation du biceps, la rotation s'effectue autour de l'extrémité proximal de l'avant-bras (coude).

3. Rayon de giration

La forme et la répartition de la masse des segments du corps humain rendent difficile le calcul de leur moment d'inertie. Le concept de rayon de giration permet de simplifier ce calcul :

$$I_A = mk^2$$

Où

m = masse du segment

k = rayon de giration

Le rayon de giration (k) est la distance à l'axe de rotation A à laquelle il faut placer un point de masse égale à celle du segment pour que ce point ait le même moment d'inertie que le segment. Le Tableau C9.1 donne les positions des centres de giration des différents segments en fonction de l'axe de rotation (proximal ou distal) ; ces positions sont exprimées en pourcentages de la longueur du segment. Les masses des différents segments ont été précédemment données dans le tableau C3.2.

Segment	% par rapport à l'extrémité proximale	% par rapport à l'extrémité distale
Tête, cou et tronc	83,0	60,7
Bras (de l'épaule au coude)	54,2	64,5
Avant-bras	52,6	64,7
Main	58,7	57,7
Avant-bras et main	82,7	56,5
Membre supérieur	64,5	59,6
Cuisse	54,0	65,3
Jambe	52,8	64,3
Pied	69,0	69,0
Jambe et pied	73,5	57,2
Membre inférieur	56,0	65,0

Tableau C9.1 : Rayons de giration des segments du corps humain, exprimées en pourcentages de la longueur du segment (source : Winter D. Biomechanics and Motor Control of Human Movement (2nd edition). Wiley-Interscience Publishers, New York, 1990).

4. Calcul des forces musculaires et articulaires en condition dynamique

Un sujet de 75 kg maintient son coude fléchi à 90°, avec son avant-bras à l'horizontale (voir Figs. C9.1 et C9.2). La distance (dp) entre le centre de gravité de l'avant-bras et l'axe de rotation du coude est de 0,154 m. La force musculaire du biceps brachial s'exerce selon un angle de 80° en un point de l'avant-bras situé à 0,05 m de l'axe du coude.

Question 1 : Calculez la force musculaire nécessaire pour maintenir cette position.

Question 2 : Calculez la force musculaire nécessaire pour fléchir le coude (rotation anti-horaire) avec une accélération angulaire de 80 rad/s².

Calculez la force de réaction articulaire dans les deux cas.

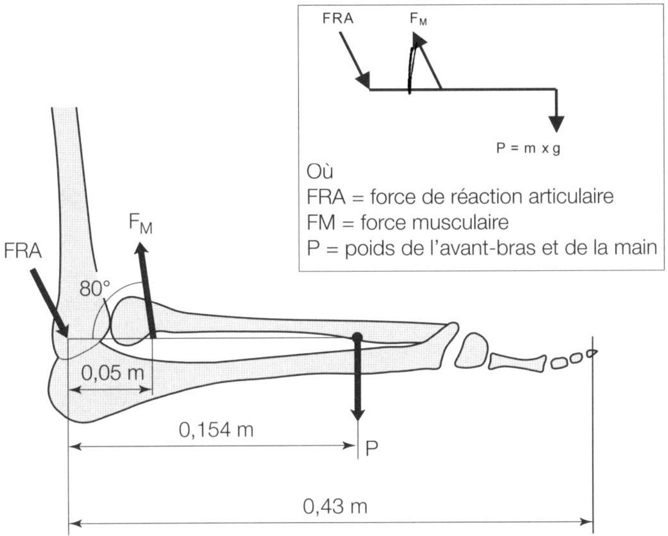

Fig. C9.1 : Flexion du coude de 90° (avant-bras à l'horizontale).

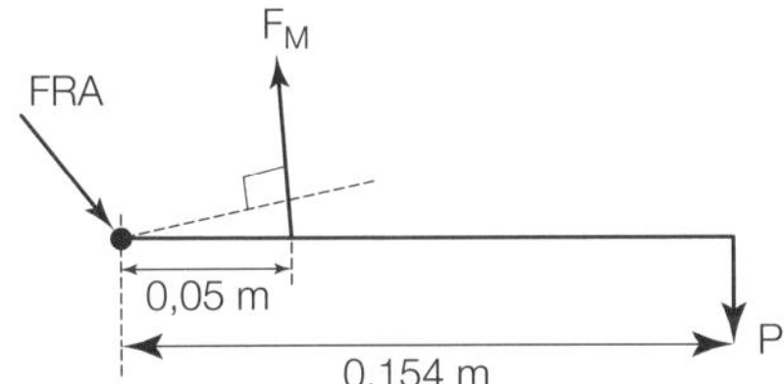

Fig. C9.2 : Diagramme de forces.

Question 1 : Condition statique (accélération angulaire nulle)

Il faut d'abord calculer le poids de l'avant-bras et de la main. Le tableau C3.2 donne la masse relative des segments par rapport à la masse totale du corps :

$$-\ \Sigma CWM + \Sigma ACWM = 0$$

$$-\ (16{,}19 \times 0154) - (10 \times 9{,}81 \times 0{,}35) \times (F_M \times \sin 80 \times 0{,}05) = 0$$

Le système étant en équilibre statique, la seconde condition d'équilibre nous permet d'écrire :

$F_M = (2{,}49 + 34{,}3) / 0{,}049$

$F_M = 750{,}8$ N

Le biceps brachial doit exercer une force de 50,82 N pour maintenir une position de flexion du coude à 90°. La force de réaction articulaire entre l'ulna/radius et l'humérus peut être calculée à partir de la première condition d'équilibre. La

Figure C9.3 donne les détails de ce calcul. Rappelez vous qu'il ne s'agit que d'une schématisation bidimensionnelle d'une situation réelle tridimensionnelle.

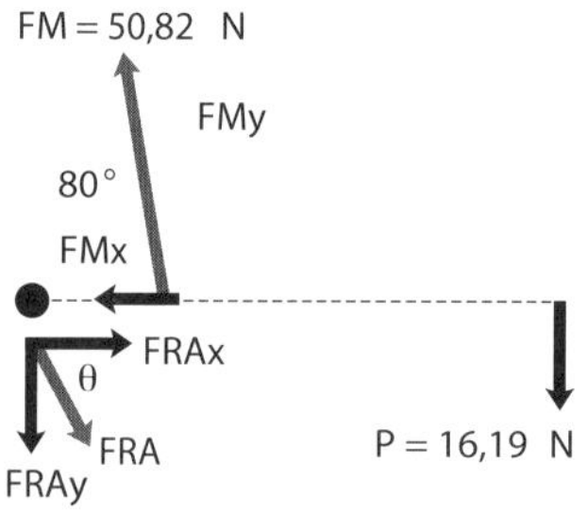

Note : la force de réaction articulaire FRA a été légèrement déplacée vers le bas pour plus de clarté

La composante verticale de la force musculaire est égale à :
$F_{My} = F_M \sin \theta = 50,82 \sin 80 = 50,05$ N
La composante horizontale de la force musculaire est égale à :
$F_{Mx} = F_M \cos \theta = 50,82 \cos 80 = 8,83$ N

Selon la première condition d'équilibre : $\Sigma F = 0$

C'est-à-dire $\Sigma Fx = 0$ et $\Sigma Fy = 0$

La force nette verticale est nulle ($\Sigma Fy = 0$)
$\Sigma y = F_{My} - F_{Jy} - F_W = 0$
Donc
$F_{Jy} = F_{My} - F_W$
$= 50,05 - 16,18 = 33,87$ N

La force nette horizontale est nulle ($\Sigma Fx = 0$)
$\Sigma x = -F_{Mx} + F_{Jx} = 0$
Donc
$F_{Jx} = F_{Mx} = 8,83$N

La magnitude de la force de réaction articulaire résultante est donc :

$= \sqrt{(F_{Jx}{}^2 + F_{Jy}{}^2)}$ at $\tan^{-1} (F_{Jy} / F_{Jx})$
$= \sqrt{(33.87^2 + 8.83^2)}$ at $\tan^{-1} (33.87/8.83)$
$= 35$ N

Fig. C9.3 : Calcul de la force de réaction articulaire (F_{RA}) au niveau du coude en condition statique.

Question 2 : Condition dynamique (accélération angulaire anti-horaire de 80 rad/s²)

L'augmentation de la force musculaire entraîne la flexion du coude. Le calcul de cette force musculaire nécessite de combiner la seconde condition d'équilibre et l'accélération angulaire pour obtenir l'équation suivante :

$$- \Sigma CWM + \Sigma ACWM = I\alpha$$

Où

I = moment d'inertie du segment autour d'un axe de rotation donné

α = accélération angulaire (rad/s²)

(Note : un signe négatif est attribué par convention aux moments de force horaires)

Nous avons vu dans le Chapitre C2 que $I\alpha$ correspond au moment de force net. Si $\alpha = 0$, on retrouve l'équation de la seconde condition d'équilibre ($\Sigma M = 0$).

Il faut dans un premier temps calculer le moment d'inertie de l'avant-bras et de la main autour de l'axe de rotation du coude (proximal) :

$I_{coude} = m_{avant\text{-}bras+main} * k^2_{avant\text{-}bras}$

La masse de l'avant-bras et de la main a été calculé précédemment. Le rayon de giration (k_{coude}) peut être calculé à partir des données du Tableau C9.1 :

longueur
de l'avant-bras+main = 0,43 m

axe de rotation = coude

rayon de giration = 82,7 % de la longueur du segment
= 82,7 % x 0,43 = 0,356 m depuis l'axe de rotation

Donc

moment d'inertie (Icoude) = mk^2 = $1{,}65 \times 0{,}356^2$ = $0{,}209\ kg.m^2$

Nous pouvons à présent utiliser l'équation des moments de force pour déterminer la force musculaire :

$$-\Sigma CWM + \Sigma ACWM = I\alpha$$

$$-(16{,}19 \times 0{,}154) + F_M \times 0{,}049 = 0{,}209 \times 80$$

Pour effectuer une rotation horaire de l'avant-bras sous une accélération angulaire de 80 rad/s², le biceps brachial doit exercer une force musculaire de 392 N (soit 7,7 fois la force musculaire nécessaire pour maintenir un équilibre statique).

Calcul de la force de réaction articulaire

La force de réaction articulaire se calcule de manière similaire à celle en condition statique (voir Fig. C9.3) mais en prenant en compte l'accélération linéaire du centre de gravité dans les directions horizontale et verticale :

$$\Sigma Fx = m.a_x$$

$$\Sigma Fy = m.a_y$$

Où

a_x = accélération linéaire du centre de gravité dans la direction horizontale

a_y = accélération linéaire du centre de gravité dans la direction verticale

L'accélération angulaire demeure constante au cours de la rotation du segment mais les accélérations linéaires varient en fonction de l'angle Φ entre le segment et l'horizontale. :

$a_x = -r.\alpha.\sin\phi$

$a_y = r.\alpha.\cos\phi$

Où

r = distance entre le centre de gravité du segment et l'axe de rotation (0,154m)

α = accélération angulaire du segment (80 rad/s²)

Φ = angle entre le segment et l'horizontale

(Note : dans cet exemple, on attribue un signe négatif à l'accélération horizontale et un signe positif à l'accélération verticale car l'avant-bras se déplace vers l'arrière et vers le haut)

Pour cet exercice, nous allons calculer la force de réaction articulaire à la position de départ (avant-bras horizontal : Φ = 0°). Pour Φ = 0°, les accélérations linéaires sont respectivement et . La Figure C9.4 donne les détails du calcul de la force de réaction articulaire.

Certaines caractéristiques des articulations ont été négligées dans cet exemple car elles n'avaient que peu d'influence sur les calculs. Il existe par exemple une force de frottement au niveau de l'articulation mais elle est rendue négligeable grâce au liquide synovial entre les surfaces en contact.

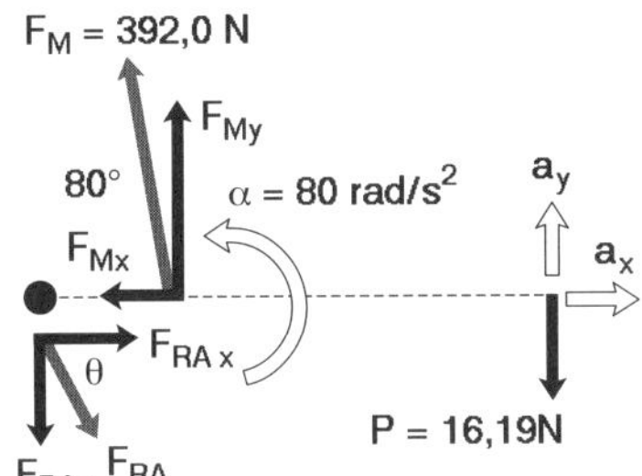

Note : la force de réaction articulaire FRA a été légèrement déplacée vers le bas pour plus de clarté

Les forces articulaires et musculaires sont exprimée en fonction de leurs composantes horizontales et verticales respectives

(F_{My}, F_{Mx}, F_{RAx}, F_{JRAy})

La composante verticale de la force musculaire est égale à :

$F_{My} = F_M \sin\theta = 392{,}0 \sin 80 = 386{,}0$ N

La composante horizontale de la force musculaire est égale à :

$F_{Mx} = F_M \cos\theta = 392{,}0 \cos 80 = 68{,}1$ N

et

La force nette verticale est égale à : ($\Sigma Fy = ma_y$)

$\Sigma y = F_{My} - F_{Jy} - F_W = ma_y$

Donc

$F_{Jy} = F_{My} - F_W - ma_y$

$= 392.0 - 16.18 - (1.65).(12.32)$

$= 355.5$ N

La force nette horizontale est nulle ($\Sigma Fx = ma_x = 0$)

$\Sigma Fx = - F + F = 0$

Donc

$F_{Jx} = F_{Mx} = 68.1$ N

La magnitude de la force de réaction articulaire résultante est donc :

$= \sqrt{(F_{Jx}^2 + F_{Jy}^2)}$ at $\tan^{-1} (F_{Jy}/F_{Jx})$

= 361.9 N at an angle θ = 79.2°

Son angle d'application est :

Fig. C9.4 : Calcul de la force de réaction articulaire (F_{RA}) au niveau du coude en condition dynamique.

5. Exercice

Un sujet de 75 kg tient un haltère de 10 kg dans la main avec le coude fléchi à 90° (avant-bras à l'horizontale). L'haltère se situe à 0,35 m de l'axe de rotation du coude et la longueur de l'avant-bras et de la main est de 0,43 m. La force musculaire du biceps brachial s'exerce selon un angle de 80° en un point de l'avant-bras situé à 0,05 m de l'axe du coude (voir Figs. C9.5 et C9.6).

Question 1 : Calculez la force musculaire nécessaire pour maintenir cette position.

Question 2 : Calculez la force musculaire nécessaire pour fléchir le coude (rotation anti-horaire) avec une accélération angulaire de 80 rad/s².

Calculez la force de réaction articulaire dans les deux cas.

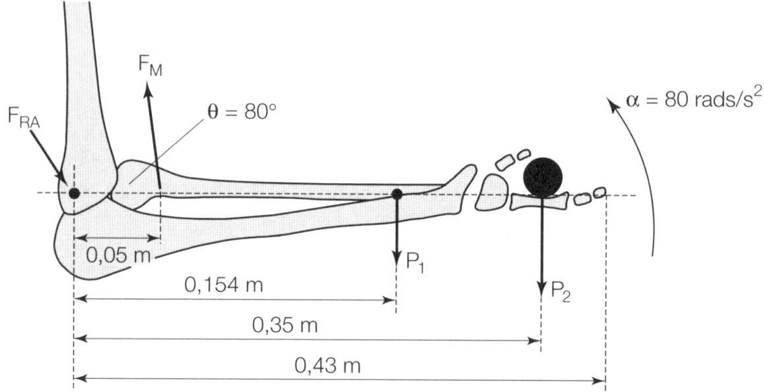

Fig. C9.5 : Flexion du coude de 90° (avant-bras à l'horizontale) avec un haltère de 10 kg tenu dans la main.

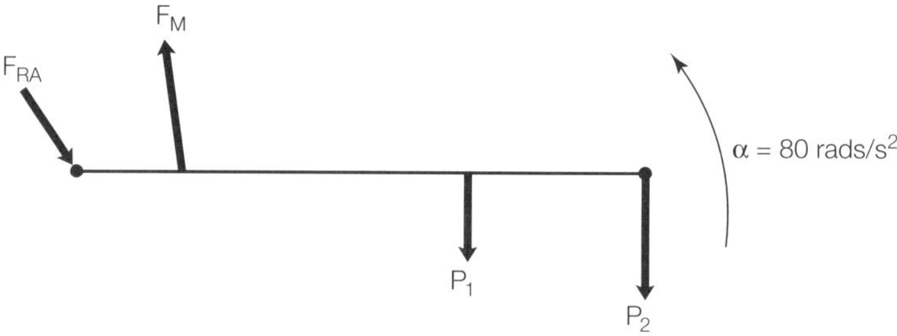

Fig. C9.6 : Diagramme de forces.

Question 1 : Condition statique

Le poids de l'avant-bras et de la main a été calculé précédemment (16,19 N). Le poids de l'haltère de 10 kg s'exerce à 0,35 m de l'axe de rotation. La seconde condition d'équilibre nous permet d'écrire :

$$-\Sigma CWM + \Sigma ACWM = 0$$

$$-(16{,}19 \times 0{,}154) - (10 \times 9{,}81 \times 0{,}35) + (F_M \times \sin 80 \times 0{,}05) = 0$$

$$F_M = (2{,}49 + 34{,}3) / 0{,}049$$

$$F_M = 750{,}8 \text{ N}$$

Les forces articulaires et musculaires sont exprimées en fonction de leurs composantes horizontales et verticales respectives (F_{My}, F_{Mx}, F_{RAx}, F_{RAy}).

La composante verticale de la force musculaire est égale à :

$F_{My} = F_M \sin\theta = 750{,}8 \sin 80 = 739{,}4$ N

La composante horizontale de la force musculaire est égale à :

$F_{Mx} = F_M \cos\theta = 750{,}8 \cos 80 = 130{,}4$ N

Selon la première condition d'équilibre :

$$\Sigma F = 0$$

C'est-à-dire $\Sigma Fx = 0$ et $\Sigma Fy = 0$

La force nette verticale est nulle :

$\Sigma Fy = F_{My} - F_{Jy} - F_{W1} - F_{W2} = 0$

Donc

$F_{Jy} = F_{My} - F_{W1} - F_{W2} = 739{,}4 - 16{,}19 - 98{,}1 = 625{,}1$ N

La force nette horizontale est nulle ($\Sigma Fx = -F_{Mx} + F_{Jx} = 0$)

Donc $F_{Jx} = F_{Mx} = 130{,}4$ N

La magnitude de la force de réaction articulaire résultante est donc :

$= \sqrt{(F_{Jx}^2 + F_{Jy}^2)}$ at $\tan^{-1} (F_{Jy}/F_{Jx})$

$= \sqrt{(625{,}1^2 + 130{,}4^2)}$ at $\tan^{-1} (625{,}1/130{,}4)$

$= 638{,}6$ N

Son angle d'application est :

$\theta = 78{,}2°$

Question 2 : Condition dynamique

Le moment d'inertie du système (avant-bras, main et haltère) se calcule de la façon suivante :

$$I_{coude} = m_{avant\text{-}bras} k^2_{avant\text{-}bras} + m_{poids}.r^2_{poids}$$
$$= 1{,}65 \times (82{,}7\ \% \times 0{,}43)^2 + 10 \times (0{,}35)^2$$
$$= 0{,}209 + 1{,}225 = 1{,}434 \text{ kg.m}^2$$

La position D du centre de gravité du système par rapport à l'axe de rotation est la suivante :

$(m_{avant\text{-}bras} + m_{poids}).D = m_{avant\text{-}bras}(0{,}154) + m_{poids}.(0{,}35)$

D'où D = 0,322 m

$$-\Sigma CWM + \Sigma ACWM = I\alpha$$

$$-(16{,}19 \times 0{,}154) - (10 \times 9{,}81 \times 0{,}35) + (FM \times \sin 80 \times 0{,}05) = 1{,}434 \times 80$$

Nous pouvons à présent utiliser l'équation des moments de force pour déterminer la force musculaire :

$F_M = (2,49 + 34,3 + 114,72) / 0,049$

$F_M = 3092$ N

La force de réaction articulaire est calculée à la position de départ (avant-bras à l'horizontale, $\Phi = 0$). Les accélérations linéaires horizontale et verticale du centre de gravité du système sont respectivement :

$a_x = 0$

$a_y = \alpha D = 25,76$ m/s²

Les forces articulaires et musculaires sont exprimées en fonction de leurs composantes horizontales et verticales respectives (F_{My}, F_{Mx}, F_{RAx}, F_{RAy})

La composante verticale de la force musculaire est égale à :

$F_{My} = F_M \sin\theta = 3092 \sin 80 = 3045$N

La composante horizontale de la force musculaire est égale à :

$F_{Mx} = F_M \cos\theta = 3092 \cos 80 = 536,9$N

En utilisant $\Sigma Fx = ma$ (c'est-à-dire $\Sigma Fx = ma$ et $\Sigma Fy = ma$) la force nette verticale est égale à :

$\Sigma Fy = F_{My} - F_{Jy} - F_{W1} - F_{W2} = ma_y$

Donc $F_{Jy} = F_{My} - F_{W1} - F_{W2} - ma_y$

$= 3045 - 16,19 - 98,1 - (1,65 + 10)(25,76)$

$= 2631$N

La force nette horizontale est nulle ($\Sigma Fx = ma_x = 0$)

$\Sigma Fx = - F_{Mx} + F_{Jx} = 0$

Donc $F_{Jx} = F_{Mx} = 536,9$N

La magnitude de la force de réaction articulaire résultante est donc :

$\sqrt{(F_{Jy}^2 + F_{Jx}^2)}$ at $\tan^{-1}(F_{Jy}/F_{Jx})$

$= \sqrt{(2631^2 + 536,9^2)}$ at $\tan^{-1}(2631/536,9)$

$= 2685$N

Son angle d'application est :

$\theta = 78,5°$

Partie D

Notions spécifiques

Énergie, travail et puissance

Points clés	
Travail	Le travail (W) d'une force est l'énergie fournie par cette force lorsque son point d'application se déplace. Le travail est égal au produit de la force (F) par le déplacement (d) de son point d'application dans la direction de la force. Il s'exprimé en Joules (J).
Travail positif et travail négatif	Le travail est positif quand le déplacement se produit dans le même sens que la force (épaulé-jeté en haltérophile par exemple). Ce travail positif nécessite une dépense d'énergie chimique par les muscles. Le travail est négatif quand le déplacement se produit dans le sens opposé à celui de la force (pose de l'haltère sur le sol par exemple). Ce travail négatif nécessite également une dépense d'énergie chimique par les muscles mais une partie du travail est fournie par l'énergie potentielle élastique des tendons.
Puissance	La puissance (P) permet de décrire le travail en fonction du temps. Soulever rapidement un haltère est différent de le soulever lentement, bien que le résultat final soit le même. Plus le mouvement s'effectue rapidement, plus la puissance à générer est importante. La puissance est la quantité de travail (W) fournie sur une intervalle de temps t. Elle s'exprime en Watts (W, à ne pas confondre avec le symbole du travail).
Énergie	L'énergie est la capacité d'un système à produire un travail. Elle s'exprime en Joules, comme le travail. Il existe différentes formes d'énergie : en biomécanique, les plus importantes sont l'énergie potentielle (de pesanteur et élastique) et l'énergie cinétique (linéaire et angulaire).
Travail et énergie	Le travail et l'énergie partagent la même unité (le Joule) et sont étroitement liés. Le travail est en quelque sorte de l'énergie en mouvement. L'énergie passe d'une forme à l'autre sous l'effet d'un travail. L'énergie peut être emmagasinée mais pas le travail.

1. Travail

Dans le langage courant, le terme de **travail** fait référence à une tâche nécessitant un effort. En biomécanique, le travail d'une force correspond à l'énergie fournie par cette force lorsque son point d'application se déplace. Le travail est égal au produit de la force (F) par le déplacement (d) de son point d'application dans la direction de cette force :

travail mécanique = force – déplacement

$$W = F.d$$

Le travail est exprimé en **Joules** (J). Ce n'est pas une quantité directement observable, seuls ses effets sont apparents : déplacement ou déformation d'un objet, production de chaleur (voir Figs. D1.1 et D1.2).

Problème
Un athlète effectue un développé-couché avec un haltère de 60 kg qu'il parvient à soulever lentement de 40 cm.
Calculez le travail fourni.

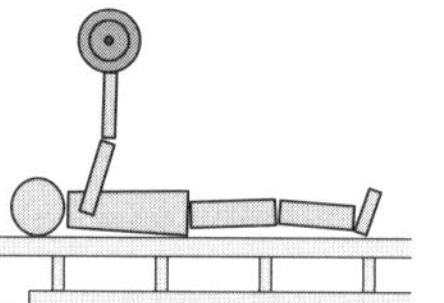

Solution
L'accélération est considérée comme nulle car le mouvement est lent. La force exercée est donc approximativement égale au poids de l'haltère (F = 60. g Newton).
Le déplacement de la force correspond au déplacement de l'haltère ().
Le travail est donc égal à : W = (60. g).(0,4) = 235,4 joules

Ce travail a pour effet de vaincre la force gravitationnelle s'exerçant sur l'haltère.

Fig. D1.1 : Exemple de travail (déplacement).

Problème
Lors d'un tir, une force de 1000 N est appliquée à un ballon qui se déforme de 10 cm.
Calculez le travail fourni.

Solution
La force appliquée au ballon est de 1000 N et le déplacement de la force correspond à la déformation du ballon (10 cm).
Le travail est donc égal à : (1000) x (0,1) = 100 Joules

Ce travail a pour effet de déformer le ballon.

Fig. D1.2 : Exemple de travail (déformation)

2. Travail positif et travail négatif

La force n'exerce un travail que lorsque son point d'application se déplace : le travail est nul si le point d'application reste immobile. Par exemple, le travail reste nul si un haltérophile essaye de soulever un haltère mais n'y parvient pas, et ce quel que soit l'effort déployé. Les muscles se sont contractés et ont dépensé de l'énergie mais l'haltère ne s'est pas déplacé : aucun travail n'a été produit.

Le travail peut être positif ou négatif, selon que le déplacement s'effectue dans le sens de la force ou dans le sens opposé. Dans l'exemple du développé-couché, le travail est positif durant l'ascension de l'haltère (le déplacement et la force sont dirigés vers le haut). Ce travail positif a pour effet de vaincre la force gravitationnelle qui s'exerce sur l'haltère. Le travail est par contre négatif durant la descente de l'haltère (la force est toujours dirigée vers le haut mais le déplacement s'effectue vers le bas). Le signe négatif signifie que le travail est maintenant produit par l'haltère et s'exerce sur l'haltérophile. Ce travail négatif sera dissipé sous forme de production de chaleur dans les muscles.

Dans certaines disciplines sportives, la déformation des structures du corps (notamment des muscles et des tendons) permet d'emmagasiner une partie de l'énergie fournie par le travail pour la restituer ensuite sous forme d'un autre travail. Ce phénomène peut être observé dans le développé-couché où l'haltérophile fait « rebondir » l'haltère sur son torse.

3. Puissance

La **puissance** (P) permet de décrire le travail en fonction du temps. Soulever rapidement un haltère est différent de le soulever lentement, bien que le résultat final soit le même. La montée d'une côte par un cycliste fournit un autre exemple : l'effort à fournir est d'autant plus important que le cycliste monte rapidement la côte. Dans ces deux exemples, le travail à fournir reste le même : c'est la puissance qui varie. Plus un mouvement s'effectue rapidement, plus la puissance à générer est importante. La puissance est la quantité de travail (W) fournie sur une intervalle de temps t :

$$\text{puissance} = \text{travail}/\text{temps}$$

$$P = W / t$$

La puissance est exprimée en Watts (W, à ne pas confondre avec le symbole du travail).

Nous avons vu que W = F.d, ce qui nous permet d'écrire :

$$P = F.d / t$$

Or d / t, donc : $P = F.v$

Cette équation est particulièrement utile car de nombreuses méthodes permettent de mesurer la force et la vélocité linéaire de manière simultanée (voir Figs. D1.3 et D1.4).

Problem
(a) Calculez la puissance générée dans l'exemple du développé-couché de la Figure D1.1 si le mouvement est réalisé en 2 s.
(b) Un cycliste monte une côte de 50 m en 3 min 45 s. La masse du cycliste et de son vélo est de 100 kg. Calculez la puissance générée.

Solution (a)
Le travail exercé sur l'haltère a été calculé précédemment (W = 235,4 J).
Ce travail est fourni sur un intervalle de temps de 2 s.

Solution (b)
Le travail fourni pour monter la côte est
Ce travail est fourni sur un intervalle de temps de 225 s.

Fig. D1.3 : Puissance.

Problème

Quelle est la puissance générée au cours d'un saut vertical ?

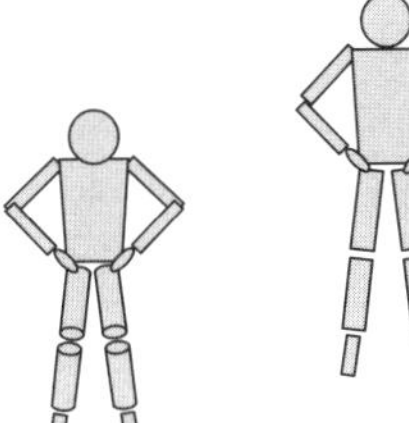

Solution

Une plaque de force enregistre la force nette (force de réaction du sol moins poids du sujet) au cours du saut (ligne pleine sur le graphique). L'intégration de la force nette permet de calculer l'accélération et la vélocité du centre de gravité (voir Chapitre A6). La puissance (ligne en pointillés) est égale au produit de la force par la vélocité. Notez que durant une courte période, la puissance instantanée atteint 6000 Watts.

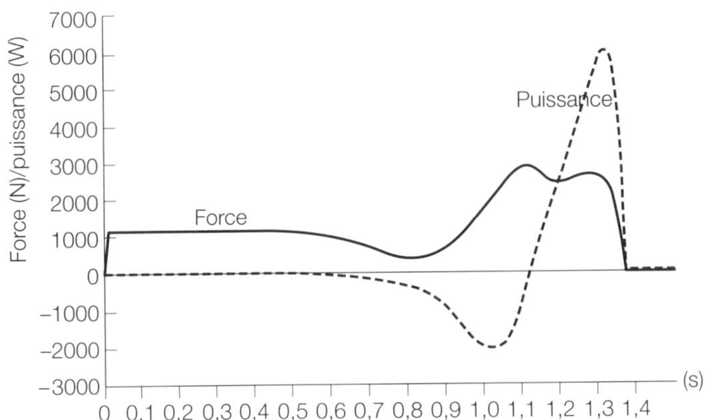

Fig. D1.4 : Puissance.

4. Énergie

L'énergie est la capacité d'un système à produire un travail. Elle s'exprime en **Joules**, comme le travail. Contrairement au travail, l'énergie peut être emmagasinée.

Il existe différentes formes d'énergie, dont l'énergie chimique dépensée lors de la contraction musculaire, mais en biomécanique, on s'intéressera particulièrement à deux formes d'énergie **mécanique** : l'**énergie potentielle de pesanteur** et l'**énergie potentielle élastique**. Le terme **potentielle** fait référence au fait que cette énergie est emmagasinée et *peut* ensuite être transformée en énergie **cinétique** (énergie associée au mouvement).

L'**énergie potentielle de pesanteur** est l'énergie que possède un corps du fait de sa position dans un champs de pesanteur. L'énergie potentielle de pesanteur d'un objet situé sur Terre à une hauteur h (distance au sol) est la suivante :

$$E_{GPE} = m.g.h$$

Dans l'exemple de la Figure D1.1, l'haltère était soulevé de 0,4 m par rapport à sa position initiale. À cette hauteur, l'haltère voit son énergie augmenter de 235,4 J () par rapport à sa position de départ. Cette variation d'énergie est égale au travail fourni pour amener l'haltère à cette position. L'énergie nécessaire pour ce travail provient des stocks d'énergie chimique du corps humain, transformée par les muscles en énergie cinétique. C'est un exemple des transformations successives de l'énergie : l'énergie chimique est transformée en énergie cinétique qui est à son tour transformée en énergie potentielle de pesanteur.

L'**énergie potentielle élastique** est l'énergie que possède un corps du fait de sa déformation. Elle dépend de la déformation (distance d d'allongement ou de raccourcissement) et de la constante de rigidité k du corps solide déformé :

$$E_{SE} = ½k.d^2$$

La rigidité d'un corps solide est sa capacité à résister à une déformation (voir Chapitre D3). Elle dépend de la forme et de la composition du corps. Un corps est dit souple quand une force relativement faible suffit pour le déformer. Un corps est dit rigide quand la force nécessaire pour le déformer est relativement importante. L'équation de l'énergie potentielle élastique est non-linéaire : la distance est au carré. Cela signifie qu'il faut fournir une énergie/travail de plus en plus importante au fur et à mesure que la déformation augmente. Le ressort est un parfait exemple de ce phénomène : l'extension d'un ressort nécessite peu d'énergie au début mais cette énergie augmente rapidement avec l'extension et vers la fin de l'extension, d'importantes quantités d'énergie ne produiront qu'un allongement minimal du ressort.

L'**énergie cinétique** est l'énergie associée au mouvement d'un corps. Elle existe sous deux formes : l'**énergie cinétique linéaire** et l'**énergie cinétique angulaire**.

L'**énergie cinétique linéaire** (E_{CL}) d'un corps dépend de sa vélocité linéaire (v) et de sa masse (m) :

$$E_{LKE} = ½m.v^2$$

Cette énergie est l'énergie que possède un corps du fait de son mouvement linéaire. Elle représente le travail à fournir pour déplacer un corps de masse m à une vélocité linéaire v. Au départ d'un sprint, par exemple, les muscles des jambes transforment l'énergie chimique en énergie cinétique pour augmenter la vélocité linéaire du coureur. L'énergie fournie reste la même à chaque foulée mais la variation de vélocité diminue au fur et à mesure que la vélocité augmente (voir Fig. D1.5). Ceci est dû au terme non-linéaire v^2 de l'équation. Plus la vélocité augmente, plus il devient difficile de l'augmenter encore. Il faut quatre fois plus d'énergie pour augmenter la vélocité du coureur de 2,3 à 4,6 m/s que pour l'augmenter de 0 à 2,3 m/s, bien que la variation de vélocité soit la même dans les deux cas.

L'énergie cinétique linéaire d'un corps doit être dissipée pour que ce corps s'arrête (énergie cinétique linéaire nulle). Dans la course, le déplacement est freiné par l'extension des jambes. La réception d'un saut consiste à répartir l'énergie cinétique en fléchissant les différents segments du corps. Lors de la réception d'un balle, l'énergie cinétique de la balle est répartie dans le bras. Tous ces mouvements visent à dissiper l'énergie cinétique linéaire de manière contrôlée. L'augmentation et la diminution de l'énergie cinétique linéaire nécessitent toutes deux une dépense d'énergie chimique. Il en résulte que les sports impliquant d'importantes variations d'énergie cinétique (football, tennis) font dépenser une grande quantité d'énergie chimique. Rappelons enfin que l'énergie cinétique linéaire est proportionnelle à la masse : plus une personne est lourde, plus il lui est difficile d'initier ou d'arrêter son mouvement linéaire.

L'**énergie cinétique angulaire** (E_{CA}) d'un corps dépend de sa vélocité angulaire (ω) et de son moment d'inertie (I) :

$$E_{RKE} = \frac{1}{2} I.\omega^2$$

Cette énergie est l'énergie que possède un corps du fait de sa rotation. De l'énergie chimique musculaire est dépensée lors de l'augmentation de la vélocité angulaire d'un segment, mais également lors de son ralentissement ou d'un changement de direction. Les sports impliquant de nombreuses rotations de segments du corps (sprint par exemple) font donc dépenser une grande quantité d'énergie chimique.

Problème

Calculez la vélocité et la variation de vélocité d'un sprinter de 75 kg sur ses 5 premières foulées si l'énergie fournie à ses jambes est de 200 J à chaque foulée.

Solution

L'équation de l'énergie cinétique linéaire est la suivante :
Donc la vélocité est donnée par la formule suivante :

Foulée	Énergie (J)	Vélocité (m/s)	Variation de la vélocité
0	0	0	–
1	200	2.31	2.31
2	400	3.27	0.96
3	600	4.00	0.73
4	800	4.62	0.62
5	1000	5.16	0.54

La plus grande variation vélocité se produit à la première foulée. L'énergie fournie reste la même à chaque foulée mais la variation de vélocité diminue au fur et à mesure que la vélocité augmente.

Fig. D1.5 : Énergie cinétique linéaire.

5. Travail et énergie

Le travail et l'énergie partagent la même unité (le Joule) et sont étroitement liés. L'énergie peut être emmagasinée mais pas le travail. Le travail correspond à la variation d'une forme d'énergie (c'est-à-dire à la quantité d'énergie transformée en une autre forme d'énergie) :

$$\text{travail} = \Delta E = E_{\text{final}} - E_{\text{initial}}$$

Dans l'exemple de la Figure D1.5, la variation d'énergie de 200 J à chaque foulée est dû à un travail de 200 J sur chaque foulée. La Figure D1.6 fournit un autre exemple.

Problème

Un athlète applique une force de 2000 N sur une distance de 0,4 m durant la phase de préparation d'un saut en hauteur. Calculez sa vélocité d'envol.

Solution

L'athlète possède une vélocité verticale nulle au début de la phase de préparation du saut (initial) et une vélocité verticale maximale à son envol (final). Dans cet exemple :
Travail = variation d'énergie cinétique linéaire

L'énergie cinétique linéaire initiale étant nulle (v = 0 m/s) :

Formula	$F.d = [\frac{1}{2} m.v^2]_{final} - [\frac{1}{2} m.v^2]_{initial}$
As initial KE = 0	$F.d = [\frac{1}{2} m.v^2]_{final}$
	2000 ¥ 0.4 =½ 70.v^2
therefore	$v^2 = 22.85$
and	$v^2 = 4.78$ m/s

Fig. D1.6 : Travail et énergie.

Conservation de l'énergie

Points clés	
Loi de la conservation de l'énergie	La loi de la conservation de l'énergie stipule que l'énergie ne peut ni se créer ni se détruire mais uniquement se transformer d'une forme à une autre ou être échangée d'un système à un autre. La quantité d'énergie totale d'un système isolé demeure toujours constante. Il s'agit d'une loi fondamentale en physique mais il est difficile de l'appliquer en biomécanique car les formes d'énergie sont trop nombreuses. On utilise donc une version plus restrictive de cette loi.
Principe de la conservation de l'énergie mécanique	La biomécanique peut se limiter à l'étude des formes d'énergie mécanique : on utilise alors le principe de conservation de l'énergie mécanique. Ce principe s'intéresse aux échanges entre deux formes d'énergie : l'énergie potentielle de pesanteur et l'énergie cinétique (linéaire et angulaire). Le principe de conservation de l'énergie mécanique permet d'analyser les trajectoires des projectiles quand la résistance de l'air est négligeable. Ce principe ne peut être appliqué aux situations impliquant des pertes d'énergie importantes (par frottement ou autres résistances).

1. Loi de la conservation de l'énergie

La loi de la conservation de l'énergie stipule que l'énergie ne peut ni se créer ni se détruire mais uniquement se transformer d'une forme à une autre ou être échangée d'un système à un autre. La quantité d'énergie totale d'un système isolé demeure toujours constante. Il s'agit d'une loi fondamentale en physique mais il est difficile de l'appliquer en biomécanique car les formes d'énergie sont trop nombreuses. On utilise donc une version plus restrictive de cette loi.

Nous avons vu dans le Chapitre D1 qu'il existait plusieurs formes d'**énergie mécanique**, notamment l'**énergie potentielle de pesanteur**, l'**énergie potentielle**

élastique, l'**énergie cinétique linéaire** et l'**énergie cinétique angulaire**. L'énergie chimique est utilisée par les muscles pour provoquer leur contraction. Le muscle peut être vu comme un dispositif permettant de transformer l'**énergie chimique en énergie mécanique**. Cette transformation s'accompagne d'une production de chaleur. Cette chaleur contribue à maintenir la température corporelle (intérêt biologique) mais elle ne participe pas au mouvement : elle est considérée comme un gaspillage d'énergie en biomécanique. La plupart des transformations d'énergie s'accompagne d'une production de chaleur. Quand une balle rebondit sur le sol, par exemple, la hauteur qu'elle atteint diminue à chaque rebond. La transformation de son énergie potentielle de pesanteur en énergie potentielle élastique puis la transformation inverse s'accompagnent d'une perte d'énergie sous forme de chaleur. Le rendement de la transformation est toujours inférieur à 100 %. La balle se réchauffe à chaque rebond : cette propriété est utilisé au squash, où une balle « chaude » rebondit avec une plus grande vélocité qu'une balle « froide ».

Seule la transformation de l'énergie potentielle de pesanteur en énergie cinétique peut s'effectuer sans production de chaleur (rendement de 100 %). Ce principe, appelé principe de conservation de l'énergie mécanique, permet d'étudier les mouvements impliquant ce type de transformation d'énergie.

2. Principe de conservation de l'énergie mécanique

Il s'agit d'une version plus restrictive de la loi de conservation de l'énergie qui ne s'intéresse qu'aux échanges entre deux formes d'énergie : l'énergie potentielle de pesanteur ($\mathbf{E_{PP}}$) et l'énergie cinétique (linéaire, $\mathbf{E_{CL}}$ et angulaire, $\mathbf{E_{CA}}$). Ce principe s'exprime par l'équation suivante :

$$E_{GPE} + E_{LKE} + E_{RKE} = \text{énergie mécanique totale}$$

L'énergie mécanique totale demeure constante.

Il est important de préciser les situations où ce principe **ne s'applique pas**. Il ne s'applique pas aux déformations (énergie potentielle élastique) car la déformation s'accompagne d'un frottement des molécules entre elles entraînant une perte d'énergie. De manière générale, ce principe ne s'applique pas aux situations impliquant une perte d'énergie due aux frottements (toboggan, descente de ski). Ce principe ne peut pas être utilisé si la résistance de l'air est non-négligeable (c'est-à-dire, en pratique, si la vitesse relative du vent est supérieure à 5-6 m/s).

Ce principe **s'applique** principalement aux projectiles se déplaçant à faible vitesse dans les airs. On pourra ainsi étudier les sauts en athlétisme, les plongeons, les lancers et d'autres activités sportives. Ce principe permet par exemple d'expliquer le rôle de la force gravitationnelle dans l'accélération de la raquette lors d'un coup droit ou d'un revers au tennis.

Application

Un athlète s'apprête à effectuer une chandelle (saut vertical sans rotation) sur un trampoline (voir Fig. D2.1). Sa vélocité verticale est maximale au moment de son envol. La vélocité diminue au fur et à mesure que l'athlète gagne en hauteur. La vélocité devient nulle quand il atteint la hauteur maximale. L'athlète commence alors à redescendre, sa vélocité augmente dans la direction négative et la hauteur diminue jusqu'à ce qu'il reprenne contact avec le trampoline.

Dans cet exemple, l'énergie mécanique totale demeure constante durant toute la phase de vol. Si l'on considère la période entre l'envol et le sommet de la trajectoire, le principe de conservation de l'énergie mécanique nous indique que :

$$[E_{GPE} + E_{LKE}]_{décollage} = [E_{GPE} + E_{LKE}]_{sommet}$$

Comme E_{PP} est nulle à l'envol et E_{CL} est nulle au sommet, nous pouvons écrire :

$$[E_{LKE}]_{décollage} = [E_{GPE}]_{sommet}$$

$$\frac{1}{2}\, m.v^2_{décollage} = m.g.h_{sommet}$$

$$v = \sqrt{(2.g.h)}$$

Cette équation, reliant la vélocité à la hauteur, est très souvent utilisée dans l'étude des trajectoires des projectiles.

Dans l'exemple du saut en hauteur du Chapitre D1, si la vélocité d'envol de l'athlète est de 4,78 m/s, son centre de gravité se déplace verticalement de : . En ajoutant la hauteur de départ du centre de gravité (environ 1 m), on obtient la hauteur maximale du saut, soit 2,16 m. L'athlète devra de plus effectuer une rotation pour passer la barre.

Cette équation permet également de calculer la vélocité finale (quand il entre dans l'eau) d'un plongeur qui saute d'une hauteur de 10 m :

$$v = \sqrt{(2.g.h)} = \sqrt{(2.g.10)} = 14{,}01 \text{ m/s}.$$

Dans les exemples ci-dessus, la résistance de l'air est toujours négligée. Or la résistance de l'air ne peut pas être négligée quand la vélocité est élevée. Une vitesse relative du vent supérieure à 5-6 m/s influe sur la trajectoire de manière perceptible (voir Chapitre D6). Cette limite doit être gardée à l'esprit quand on utilise le principe de conservation de l'énergie mécanique. Ainsi dans l'exemple du plongeur, la vélocité calculée représente la vélocité maximale théorique que peut atteindre le plongeur. En pratique, la résistance de l'air réduira légèrement la vélocité (mais le plongeur heurtera tout de même l'eau avec une vélocité élevée).

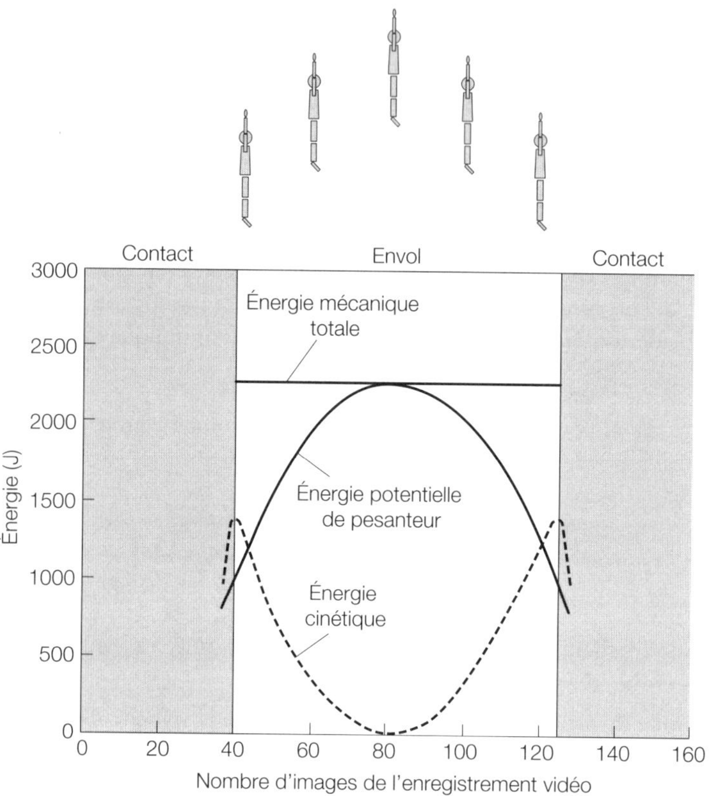

Fig. D2.1 : Transformations d'énergie lors d'un saut en trampoline.

3. Rotation

Nous ne nous sommes jusqu'ici intéressés qu'au mouvement linéaire. Si l'athlète effectue une rotation lors de son saut sur trampoline, une partie de l'énergie est consacrée à la rotation d'où une diminution de l'énergie cinétique linéaire et donc de la hauteur maximale du saut. C'est la raison pour laquelle, en trampoline, les athlètes effectuent d'abord des chandelles pour gagner de la hauteur avant de réaliser des sauts plus complexes qui leur font perdre de la hauteur. Après deux ou trois sauts complexes, ils doivent à nouveau effectuer un saut simple pour regagner de la hauteur.

Prenons maintenant l'exemple d'un sujet tombant par terre en gardant les jambes rigides (rotation autour de l'axe des pieds). Pour calculer la vélocité angulaire lorsqu'il heurte le sol, il faut connaître la masse du sujet (70 kg), la position de son centre de gravité (à 1 m du sol) et son moment d'inertie autour de l'axe de rotation des pieds. Dans cet exemple, l'énergie potentielle de pesanteur initiale est égale à l'énergie cinétique angulaire finale :

$$m.g.h = \frac{1}{2}\, I.\omega^2$$

$$\omega = \sqrt{(2.m.g.h/I)}$$

$$\omega = \sqrt{(2{,}70 \times 9{,}81 \times 1/80)}$$

$$\omega = \sqrt{(1373{,}4/80)}$$

$$\omega = \sqrt{17{,}16}$$

$$\omega = 4{,}14 \text{ rad/s}$$

Le rayon de rotation du centre de gravité étant d'1 m, la vélocité linéaire correspondant à cette vélocité angulaire est donc :

Le centre de gravité heurte donc le sol à une vélocité de 4,14 m/s. La vélocité de la tête est plus importante (6-7 m/s) car son rayon de rotation est plus grand. L'énergie cinétique linéaire de cette chute sera transformée en énergie potentielle élastique au niveau des structures du corps, ce qui peut provoquer une fracture de certains os (fracture de la clavicule chez l'enfant et fracture de la hanche chez la personne âgée) :

$$m.g.h = \frac{1}{2}\, k.\Delta x^2 = \frac{1}{2}\, m.v^2$$

Chapitre 3

Propriétés mécaniques des matériaux

Points clés	
Charge et déformation	Les corps solides tendent à se déformer lorsqu'ils sont soumis à une charge. La déformation dépend de la charge appliquée : extension sous l'effet d'une traction, raccourcissement sous l'effet d'une compression, glissement sous l'effet d'un cisaillement ou torsion sous l'effet d'un couple de torsion.
Contrainte et déformation	La contrainte correspond à la force s'exerçant sur un corps par unité de surface ; elle représente la distribution de la force à la surface du corps. La déformation est égale au rapport de la variation de longueur d'un corps sur sa longueur initiale ; elle s'exprime le plus souvent en pourcentages.
Loi de Hooke	La loi de Hooke stipule que la déformation est proportionnelle à la contrainte. Cette loi reste valable jusqu'à ce que le corps atteigne sa limite d'élasticité.
Élasticité	L'élasticité est la propriété d'un corps lui permettant de se déformer sous l'effet d'une contrainte et de reprendre sa forme initiale quand la contrainte est levée. Un corps est dit élastique quand il se déforme et reprend forme facilement (ressort par exemple). Un corps est dit inélastique quand il se déforme et reprend forme difficilement (béton par exemple).
Rigidité et module d'élasticité	Ces deux termes permettent d'exprimer l'élasticité d'un corps. La rigidité correspond au rapport de la force appliquée sur la variation de longueur du corps sous l'effet de cette force. Le module d'élasticité correspond au rapport de la contrainte (force par unité de surface) sur la déformation (variation de la longueur en pourcentages). En biomécanique, l'élasticité d'un corps est le plus souvent caractérisée par sa rigidité.
Hystérésis	L'hystérésis est la perte d'énergie qui se produit entre la déformation d'un corps et son retour à sa forme originale.

Sols à souplesse de grande surface et à souplesse ponctuelle	Les revêtements de sol des salles de sport peuvent être classés en deux catégories : les sols à souplesse de grande surface et les sols à souplesse ponctuelle. Les sols à souplesse de grande surface se déforment sur une large surface sous l'action d'une force. Ils sont souvent qualifiés de « sols durs » et offrent des avantages en termes de retour d'énergie (rebond plus important d'un ballon par exemple). Les sols à souplesse ponctuelle ne se déforme que localement sous l'action d'une force.

1. Introduction

Les corps peuvent être solides ou fluides. Les corps fluides seront abordés dans le Chapitre D6. Les corps solides sont caractérisés par certaines propriétés mécaniques qui peuvent influer sur les performances sportives et les risques de blessure.

2. Charge et déformation

Les corps solides peuvent se déformer lorsqu'ils sont soumis à une charge. Cette charge peut être une force, un moment de force ou une combinaison des deux. La charge appliquée peut être **graduelle** (levée d'un haltère par exemple) ou **impulsive** (impact du talon lors de la course par exemple). La charge peut être appliquée une seule fois (charge **unique**) ou plusieurs fois (charge **répétée**). En ce qui concerne le mécanisme des blessures, les charges uniques peuvent provoquer des fractures ou des ruptures de tendons alors que les charges répétées sont le plus souvent associées à des lésions d'usure.

La déformation du corps dépend du type de charge qui lui est appliquée. La **traction** d'un corps tend à provoquer son extension (Fig. D3.1a) ; sa **compression** tend à provoquer son raccourcissement (Fig. D3.1b) ; son **cisaillement** tend à provoquer le glissement d'une partie du corps sur une autre (Fig. D3.1c) ; un **couple de torsion** (deux moments de force opposés agissant aux extrémités d'un corps) tend à provoquer sa torsion (Fig. D3.1d). Des combinaisons de forces et de moments de force peuvent entraîner des déformations plus complexes qui ne seront pas abordées dans ce chapitre.

L'arraché en haltérophilie fournit un parfait exemple de déformation de corps solides. Lorsque la barre est soulevée au dessus de la tête, les bras exercent une force dirigée vers le haut sur le centre de la barre alors que les masses situées aux extrémités exercent leur poids vers le bas : ces forces produisent un cisaillement qui fait ployer la barre.

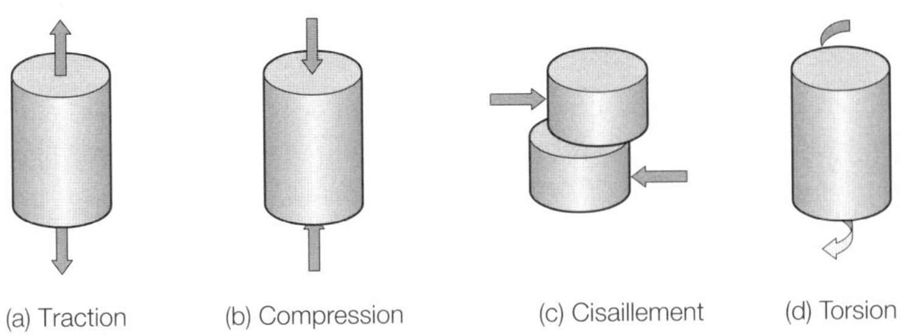

Fig. D3.1 :Types de déformation des corps solides.

3. Contrainte et déformation

Considérons un corps solide en extension sous l'effet d'une traction due à l'application d'une force à chacune de ses extrémités (voir Fig. D3.2). Si la force (F) s'exerce sur une surface (A), on dit que le corps subit une **contrainte** qui correspond à la force par unité de surface (F/A). Cette contrainte représente la distribution de la force à la surface du corps. Le corps subit une **déformation** (dans ce cas, une extension) sous l'effet de cette contrainte. Cette déformation est égale au rapport de la variation de longueur du corps sur sa longueur initiale. Elle est souvent exprimée en pourcentages. Par exemple, la déformation du tendon d'Achille est de 3 % lors de la phase de contact de la course. La loi de Hooke stipule que la déformation d'un corps est proportionnelle à la contrainte qu'il subit (relation linéaire). Cette loi reste valable jusqu'à ce que le corps atteigne sa limite d'élasticité, où il commence à se déformer de manière irréversible, puis son point de rupture, où il se rompt. Pour le tendon d'Achille, cela se produit quand la déformation atteint 10 %.

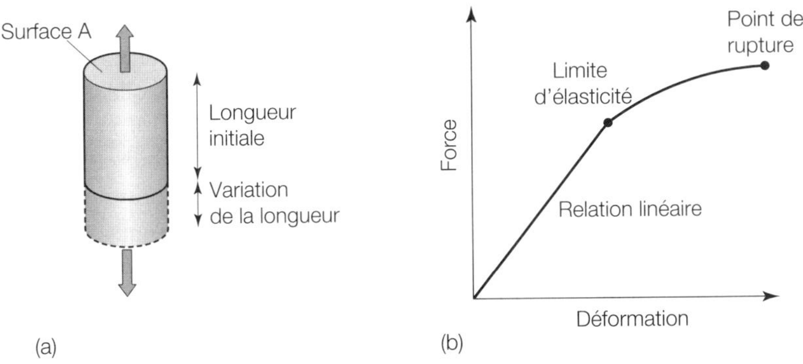

Fig. D3.2 : Contrainte (force par unité de surface) et déformation d'un corps solide.

4. Élasticité

L'élasticité est la propriété d'un corps lui permettant de se déformer sous l'effet d'une contrainte et de reprendre sa forme initiale quand la contrainte est levée. Un corps est dit élastique quand il se déforme et reprend forme facilement (ressort par exemple). Un corps est dit inélastique quand il se déforme et reprend forme difficilement (béton par exemple). Des matériaux d'élasticités différentes sont utilisés dans les diverses disciplines sportives. Le trampoline ou le tir à l'arc font appel à des matériaux très élastiques. Le tremplin en gymnastique et la perche du saut à la perche sont constitués de matériaux à élasticité modérée. La balle de squash est très peu élastique.

La relation linéaire de la loi de Hooke implique que le rapport force/variation de longueur et le rapport contrainte/déformation sont des constantes. Le rapport force/variation de longueur est appelé **rigidité** et le rapport contrainte/déformation est appelé module d'élasticité. En biomécanique, il est plus simple de mesurer la force (F) et la variation de longueur (d), on utilisera donc préférentiellement la rigidité (k) :

$$\text{Force (F)} = \text{rigidité (k).déformation (d)}$$

$$F = k.d$$

Le point d'application de la force se déplace et produit donc un travail (voir Chapitre D1). Ce travail est emmagasiné dans le corps sous forme d'énergie potentielle élastique (E_{PE}) :

$$E_{SE} = \frac{1}{2}\, k.d^2$$

Cette énergie potentielle élastique correspond également à la surface sous la courbe force-variation de longueur (surface grisée dans la Figure D3.3 a).

Le corps reprend sa forme initiale quand la contrainte est levée : ce phénomène est appelé **restitution**. La force de restitution est toujours inférieure à la force de déformation initiale (voir Fig. D3.3b). La surface gris foncé représente l'énergie restituée : c'est une mesure de la **résilience** du corps (c'est-à-dire de sa capacité à revenir à son état initial). La surface gris clair représente la perte d'énergie durant la restitution : cette perte est appelée **hystérésis**. Le rebond d'une balle constitue un parfait exemple d'hystérésis : une balle ne rebondit jamais à la même hauteur que celle où elle a été lâchée. La balle subit une compression quand elle heurte le sol, ce qui augmente son énergie potentielle élastique. La restitution permet à la balle de repartir vers le haut mais une partie de l'énergie a été transformée en chaleur sous l'effet des forces de frottement entre les molécules durant la compression. L'énergie restituée ne permet donc pas à la balle d'atteindre sa hauteur initiale. Le même principe s'applique pour le contact entre la raquette et la balle de tennis. La raquette et la balle ne sont pas très efficaces pour restituer l'énergie mais les cordes le sont. Les tennismen professionnels utilisent de préférence des cordes en boyau qui sont plus élastiques et donc meilleures en terme de restitution d'énergie, bien qu'elles soient plus chères et durent moins longtemps.

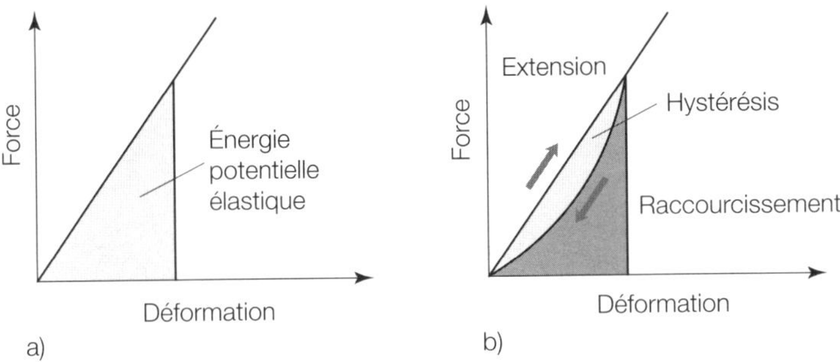

Fig..D3.3 : Énergie de déformation (a) et énergie de restitution. Leur différence correspond à l'hystérésis (perte d'énergie).

Autres caractéristiques

Les revêtements de sol des salles de sport varient selon les propriétés recherchées. La gymnastique et le tumbling se pratiquent sur des sols à souplesse de grande surface qui se déforment sur une large surface et sont très élastiques. Les parquets des terrains de basketball sont également des sols à souplesse de grande surface. Les surfaces de type gazon (naturel ou artificiel) sont des sols à souplesse ponctuelle : ils se déforment localement et leur élasticité est généralement faible (voir Fig. D3.4).

La déformation irréversible d'un corps solide est appelée **déformation plastique**. La déformation plastique des chaussures de course constitue un facteur de risque reconnu de blessure. La semelle des chaussures de course contient une couche de mousse expansée qui amortit les chocs des contacts entre le pied et le sol. Cette mousse est constituée de bulles qui éclatent sous l'effet de la pression due aux chocs. Au fil du temps, la semelle devient plus fine et plus rigide et ne joue donc plus le rôle d'amortisseur. Des chaussures montrant de tels signes d'usure doivent être remplacées.

La **dureté** d'un corps solide est sa capacité à résister à une pénétration. Un corps dur est un corps difficile à rayer ou à pénétrer (par exemple, les billes des roulements à billes). Les matelas de réception pour les sauts en hauteur sont par contre très mous. Différentes échelles permettent de mesurer la dureté d'un matériau. L'échelle de Shore A permet de mesurer la dureté des matériaux de duretés intermédiaires (semelle de chaussure de sport par exemple). Son principe consiste à mesurer la pénétration dans le matériau d'une pointe fixée à un ressort. La puissance du ressort doit être adaptée au matériau étudié (pour les matériaux très durs, on utilisera un ressort très puissant). Les matériaux utilisés dans la fabrication des semelles de chaussures de sport ont une dureté qui va de 20 (dur) à 50 (mou) sur l'échelle de Shore A.

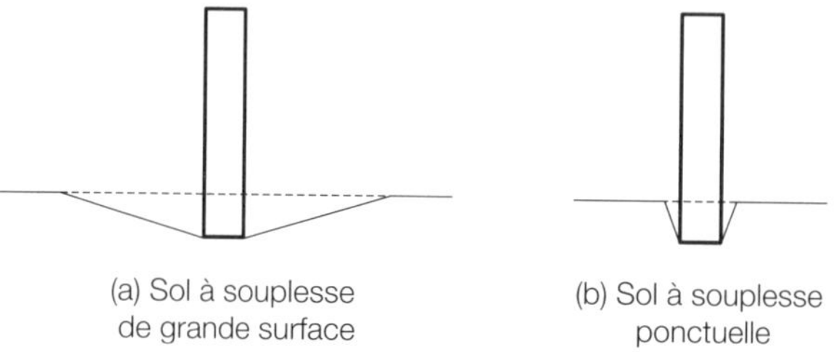

Fig. D3.4 : Sols à souplesse de grande surface et à souplesse ponctuelle.

Chapitre 4

Impacts

Points clés	
Impact	Un impact correspond à l'application d'une force importante sur une courte durée. Deux grands principes régissent l'étude des impacts : la conservation de la quantité de mouvement et le coefficient de restitution.
Conservation de la quantité de mouvement	La conservation de la quantité de mouvement est une loi fondamentale de la mécanique qui permet d'analyser les situations de collision en sport. Cette loi stipule que la quantité de mouvement d'un système composé de corps entrant en collision demeure constante, avant et après collision.
Coefficient de restitution	Le coefficient de restitution (e) permet de quantifier la restitution d'énergie d'un corps déformé par une collision avec un autre corps. Ce coefficient dépend des propriétés élastiques des deux corps en collision. La plus petite valeur que peut prendre e est zéro : un objet lâché retombe sur le sol sans rebondir (il reste collé au sol). La valeur la plus élevée que peut prendre e est 1 : l'objet lâché rebondit à la même hauteur qu'à son lâcher (exemple théorique, impossible en pratique).
Collisions et impact central	La collision correspond à l'interaction de deux corps au cours de leur impact. L'impact central est une situation particulière où la vélocité de chacun des deux corps est dirigée vers le centre de gravité de l'autre corps : les deux vélocités se situent sur une même ligne d'impact (collision frontale).

1. Impact

Un **impact** correspond à l'application d'une **force importante** sur une **courte durée**. Le contact d'une tête et d'un ballon de football (environ 1000 N sur 20 ms), d'une raquette et d'une balle de tennis (4000 N sur 5 ms) ou d'un club et d'une balle de golf (10 000 N sur 0,5 ms) sont des exemples d'impact.

L'impact dépend de la nature des deux objets entrant en contact. En général, plus un objet est souple, plus la durée de contact est longue et plus la force est faible. Deux grands principes régissent l'étude des impacts : la **conservation de la quantité de mouvement** et le **coefficient de restitution**.

2. Conservation de la quantité de mouvement

La **conservation de la quantité de mouvement** (voir également Chapitre B4) est une loi fondamentale de la mécanique. Cette loi s'applique aux systèmes composés de plusieurs corps, mais nous ne nous intéresserons ici qu'aux systèmes composés de deux corps. Cette simplification reste valable en biomécanique du sport, où les collisions se produisent généralement entre deux objets (tête et ballon au football, raquette et balle au tennis, club et balle au golf).

Considérons deux masses (m_A et m_B) se déplaçant respectivement à des vélocités v_A et v_B (voir Fig. D4.1). Après leur collision, ces deux masses repartent avec des vélocités v'_A et v'_B. La **loi de conservation de la quantité de mouvement** stipule la quantité de mouvement totale du système demeure constante avant et après collision. Cette loi peut s'exprimer par l'équation suivante :

$$m_A.v_A + m_B.v_B = m_A.v_A + m_B.v'_B$$

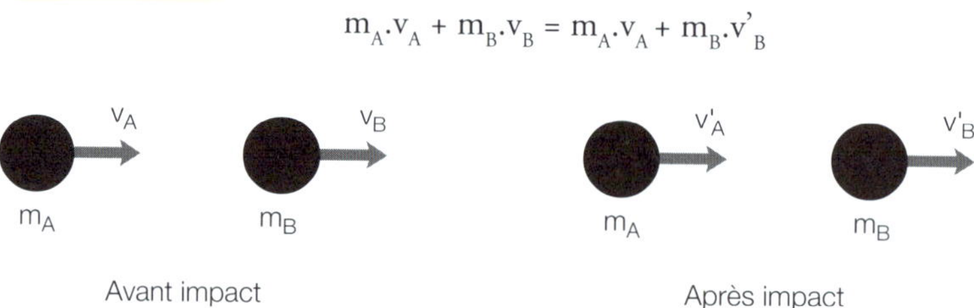

Fig. D4.1 : Conservation de la quantité de mouvement.

3. Coefficient de restitution

Le coefficient de restitution (e) permet de quantifier la restitution d'énergie d'un corps déformé par une collision avec un autre corps. Ce coefficient est le reflet des propriétés élastiques des corps en collision. En reprenant l'exemple de la balle qui rebondit sur le sol, si la balle est lâché d'une hauteur $H_{initiale}$ et qu'elle rebondit à une hauteur H_{finale}, le coefficient de restitution est le suivant :

$$e = \sqrt{\frac{H_{rebond}}{H_{lancer}}}$$

D'après cette équation, la plus petite valeur que peut prendre e est zéro : la balle ne rebondit pas et reste collée au sol ($H_{finale} = 0$). La plus grande valeur que peut prendre e est 1 : la balle rebondit à la même hauteur qu'à son lâcher. Cette dernière situation représente un cas idéal qui ne se produit jamais en réalité.

Nous avons vu dans le chapitre D2 l'équation reliant la hauteur à la vélocité :

$$e = \sqrt{(2.g.h)}$$

Si l'on remplace la hauteur par l'expression de la vélocité dans l'équation du coefficient de restitution, on obtient :

$$e = \frac{V_{rebond}}{V_{lancer}}$$

Les vélocités sont ici exprimées en valeurs absolues : le coefficient de restitution est toujours positif, compris entre 0 et 1. Cette équation peut être adaptée pour correspondre aux situations plus complexes où deux corps libres entrent en collision et repartent avec des vélocités différentes (exemple du paragraphe précédent : conservation de la quantité de mouvement). En remplaçant la vélocité par la différence des vélocités des deux corps, on obtient l'équation suivante :

$$e = \frac{V'_A - V'_B}{V_B - V_A}$$

Cette équation est essentielle pour l'étude des impacts. Elle prend en compte les vélocités relatives avant impact ($V_A - V_B$) et après impact ($V'_A - V'_B$) et le changement de directions (par un signe négatif qui inverse les positions de v_A et v_B dans le dénominateur). Si l'on applique cette équation à l'exemple de la balle qui rebondit sur le sol, en considérant que la balle représente la masse A et le sol la masse B (dont la vélocité reste nulle avant et après impact), on obtient l'équation suivante :

$$e = \frac{V'_A}{-V}$$

Le signe négatif représente ici le changement de direction de la balle après son rebond.

Il est relativement simple de calculer le coefficient de restitution de différentes balles lâchées sur une même surface. Ainsi, les coefficients calculés pour des balles lâchées sur un sol en béton sont de 0,75 pour des ballons de basketball et de football, de 0,67 pour une balle de tennis et de 0,32 pour une balle de cricket. Les coefficients sont plus faibles si les balles sont lâchées sur des surfaces plus souples, telles que le bois ou le gazon. Cette expérience montre que le coefficient de restitution dépend de la nature des deux corps en contact. Le coefficient de restitution (et donc la hauteur de rebond) est plus faible quand le sol et/ou la balle sont plus souples ou que la pression interne de la balle est plus faible.

4. Collisions et impact central

Deux corps peuvent entrer en collision de deux manières différentes : selon un impact central ou selon un impact oblique. Les impacts obliques seront étudiés dans le chapitre suivant. Dans l'**impact central**, la vélocité de chacun des deux corps est dirigée vers le centre de gravité de l'autre corps : les deux vélocités se situent sur une même **ligne d'impact**. Ceci représente un **collision frontale**. La Figure D4.3 donne un exemple de calcul des vélocités à partir des équations de la conservation de la quantité de mouvement et du coefficient de restitution.

Problème

Lors d'un match de rugby, un ailier de 60 kg se déplace à une vélocité de 8 m/s vers la droite et percute un avant de 100 kg qui se tient immobile. Après la collision, l'avant se déplace à une vélocité de 3,6 m/s vers la droite. Calculez la vélocité de l'ailier après la collision et le coefficient de restitution entre les deux joueurs.
Les interactions avec le sol sont ici négligées.

Solution

Variables connues :

$m_A = 60$, $m_B = 100$, $v_A = +8$, $v_B = 0$, $v'_A = ?$, $v'_B = +3.6 = ?$

Selon la loi de conservation de la quantité de mouvement :

$$m_A.v_A + m_B.v_B = m_A.v'_A + m_B.v'_B$$
$$60(8) + 100(0) = 60v'_A + 100(3.6)$$

D'où $$v'_A = 2.0 \text{ m/s}$$

Calcul du coefficient de restitution :

$$e = (v'_A - v'_B)/(v_B - v_A)$$
$$e = (3.6 - 2.0)/(8.0 - 0)$$

D'où $$e = 0.2$$

Fig. D4.3 : Exemple d'impact central.

5. Application : tir au football

Lors de certains impacts, la vélocité finale de la masse B peut être plus importante que la vélocité initiale de la masse A : il y a un gain de vélocité. Au football, par exemple, le ballon peut atteindre une vélocité de 25 m/s après son impact avec le pied se déplaçant à 20 m/s. Ce gain de vélocité provient de la différence des masses A et B.

La vélocité initiale du ballon étant nulle, les équations de la conservation de la quantité de mouvement et du coefficient de restitution s'écrivent de la façon suivante :

$$m_{pied}.v_{pied}. = m_{pied}.v'_{pied} + m_{ballon}.v'_{ballon}$$

$$e = \frac{V'_{pied} - V'_{ballon}}{-V_{pied}}$$

Ces équations peuvent être combinées pour exprimer la vélocité du ballon après impact (v'_{ballon}) en fonction de la vélocité initiale du pied (v_{pied}) :

$$v'_{ballon} = v_{pied} \{[m_{pied} / (m_{pied} + m_{ballon})] \times [1 + e]\}$$

Le terme $[m_{pied} / (m_{pied} + m_{ballon})]$ représente la masse relative du pied par rapport à la masse totale du pied et du ballon : elle est d'environ 0,8 pour un pied et un ballon de tailles normales. Le terme représente l'efficacité de l'impact, qui dépend de la rigidité du ballon (pression interne) et de la rigidité du pied : il est égal à environ 1,5. La vélocité finale du ballon est donc :

$$v'_{ballon} = 1{,}2\ v_{pied}$$

Lors d'un tir typique au football, la vélocité du ballon est supérieure d'environ 20 % à celle du pied. Ceci est dû à la masse plus importante du pied par rapport au ballon. Le gain de vélocité peut être encore plus important si la masse du pied est augmentée (chaussure plus lourde) ou si l'efficacité de l'impact est améliorée (en gardant le pied le plus rigide possible).

Impacts obliques

Points clés	
Impact oblique	L'impact oblique correspond à une collision où les vélocités des deux corps ne se situent pas sur la même ligne d'impact (à l'inverse de l'impact central). Les équations de la conservation de la quantité de mouvement et du coefficient de restitution permettent également d'étudier les impacts obliques. Il faut cependant prendre en compte les directions initiales et finales des corps en collision, ce qui rajoute quatre variables lorsqu'il s'agit d'une collision entre deux corps.
Interaction « lisse »	Dans ce chapitre, les interactions sont considérées comme « lisses », c'est-à-dire que les forces de frottement sont négligées. Dans ces conditions, les vélocités perpendiculaires à la ligne d'impact demeurent constantes avant et après impact. Cela nous procure deux nouvelles équations pour analyser les impacts obliques.
Impact contre une surface immobile	L'impact oblique est plus simple à analyser quand l'un des corps en collision est une surface immobile. Il est donc relativement simple d'analyser le rebond d'un ballon de football, d'une balle de tennis ou de ping-pong sur une surface. Les forces de frottement et les effets imprimés à ces balles seront négligés car la complexité de ces situations les excluent du cadre de ce texte.

1. Impacts obliques

Dans les **impacts centraux**, les vélocités des deux corps sont dirigées l'une vers l'autre et se situent sur la même **ligne d'impact**. Dans les **impacts obliques**, les vélocités des deux corps forment des angles θ_A et θ_B avec la ligne d'impact (voir Fig. D5.1). Après l'impact, les objets repartent avec des vélocités et des angles différents (θ'_A et θ'_B). Les impacts centraux comprennent **sept variables** (m_A, m_B, v_A, v_B, v'_A, v'_B et e), les impacts obliques en comprennent **onze** (rajout de θ_A, θ_B, θ'_A et θ'_B).

Pour résoudre ce problème, il est nécessaire de calculer les composantes des vélocités : composantes **sur la ligne d'impact** et composantes **perpendiculaires à la ligne d'impact** (voir Fig. D5.2).

Les composantes sur la ligne d'impact d'un impact oblique peuvent être assimilées à un impact central. Selon la loi de la conservation de la quantité de mouvement :

$$m_A.v_A + m_B.v_B = m_A.v'_A + m_B.v'_B$$

En remplaçant les vélocités par leurs composantes sur la ligne d'impact, on obtient l'équation suivante :

$$m_A.v_A.\cos\theta_A + m_B.v_B.\cos\theta_B = m_A.v'_A.\cos'\theta_A + m_B.v'_B.\cos'\theta_B$$

De manière similaire, l'équation du coefficient de restitution devient la suivante :

$$e = \frac{v'_A.\cos'\theta_A - v'_B.\cos'\theta_B}{v_B.\cos\theta_B - v_A.\cos\theta_B}$$

Les forces de frottement étant négligées, les composantes **perpendiculaires à la ligne d'impact** ne sont pas modifiées par l'impact oblique, ce qui s'exprime par les équations suivantes :

$$v_A.\sin\theta_A = v'_A.\sin'\theta_A$$

$$v_B.\sin\theta_B = v_A.\sin\theta_A$$

La Figure D5.3 donne un exemple de calcul des vélocités à partir de ces nouvelles équations.

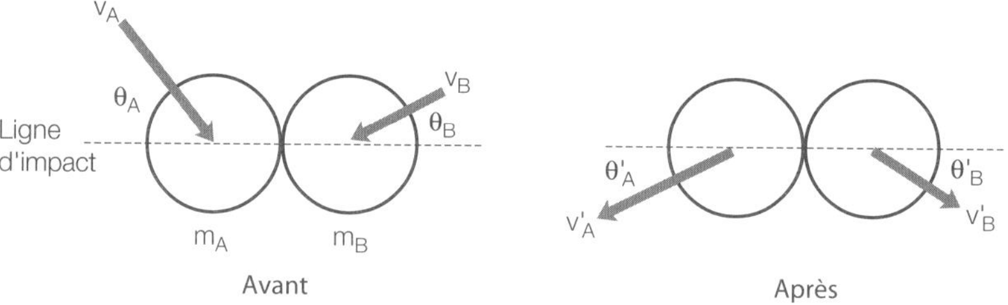

Fig. D5.1 : Impact oblique.

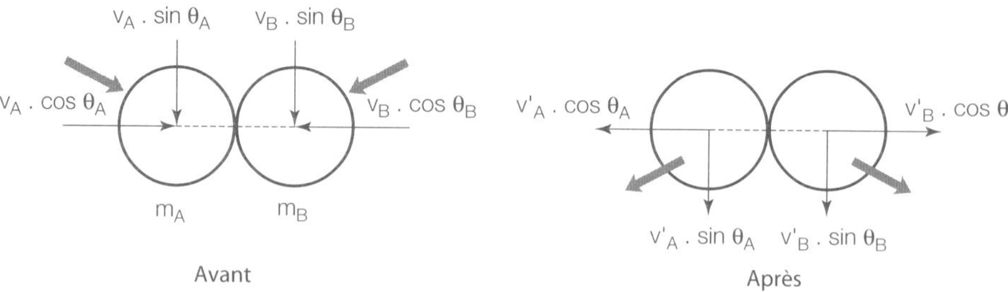

Fig. D5.2 : Impact oblique : composantes des vélocités sur la ligne d'impact et perpendiculaires à la ligne d'impact.

Problème

Deux balles lisses de masses égales entrent en collision avec les vélocités et les directions données dans le schéma ci-dessous. Le coefficient de restitution entre ces deux balles est de 0,9. Calculez la vélocité et la direction de chaque balle après l'impact.

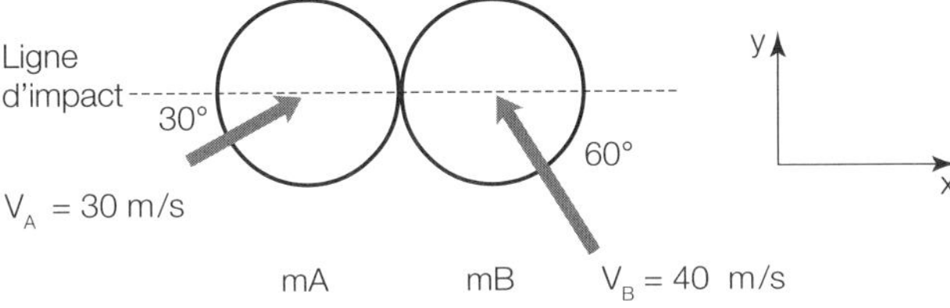

Fig. D5.3 : Exemple d'impact oblique.

Solution

Il faut dans un premier temps calculer les composantes des vélocités avant l'impact :

$(V_A)x = V_A\,.\cos 30 = 26{,}0$ m/s $\quad (V_B)x = -V_B.\cos 60 = -20{,}0$ m/s

$(V_A)y = V_A\,.\sin 30 = 15{,}0$ m/s $\quad (V_B)y = V_B.\sin 60 = 34{,}6$ m/s

(i) Aucune force ne s'exerce dans la direction perpendiculaire à la ligne d'impact (axe y), les composantes perpendiculaires demeurent donc constantes :

$(V'_A)\ y = 15{,}0$ m/s $\quad (V'_B)\ y = 34{,}6$ m/s

(ii) Dans la direction de la ligne d'impact (axe x), les équations de la conservation de la quantité de mouvement et du coefficient de restitution sont les suivantes.

(a) Selon la loi de la conservation de la quantité de mouvement :

$mA\,(V_A)\,x + mB\,(V'_B)x = mA\,(V'_A)\,x + mB\,(V'_B)\,x$

Les masses sont égales et les valeurs de vAx et vBx sont connues, donc :

$(V'_A)\,x + (V'_B)\,x = 6{,}0$ m/s (1)

(b) Selon l'équation du coefficient de restitution :

$$e = \frac{(V'A)x - (V'_B)\,x}{(V_B)\,x - (V_A)\,x}$$

D'où $(V'_A)\,x - (V'_B)\,x = -41{,}4$ m/s (2)

À partir des équations (1) et (2), on trouve $(V'_A)\,x = -17{,}7$, $(V'_B)\,x = 23{,}7$ m/s

Les vélocités finales des deux balles sont donc les suivantes :

$V'_A = \sqrt{[(V'_A)\,x^2 + V'_A\,y^2]} = 23{,}2$ m/s, $V'_B = 41{,}9$ m/ s

Les directions finales des deux balles sont les suivantes :

$\theta A = \tan^{-1}\,[(V'_A)\,y/(V'_A)\,x] = 40{,}3°$, $\theta B = 55{,}6°$

2. Impact contre une surface immobile

Quand une balle heurte le sol selon un certain angle (impact oblique), elle rebondit selon un angle plus faible car sa vélocité verticale diminue en raison de la perte d'énergie alors que sa vélocité horizontale demeure constante (voir Fig. D5.4). Le même principe s'applique à tout type d'impact oblique contre une surface immobile. La Fig. D5.5 donne l'exemple d'une balle de squash rebondissant contre un mur vertical.

Les forces de frottement ont été négligées dans les exemples précédents mais cette simplification n'est pas valable en conditions réelles. Les balles sont soumises à une force de frottement pendant la durée de contact avec la surface. Les traces laissées sur les balles de tennis lors d'une partie sur terre battue sont dues à ces frottements. La force de frottement ralentit la balle dans la direction parallèle à la surface : la balle subit donc en réalité une diminution de sa vélocité perpendiculaire *et* de sa vélocité parallèle à la surface. La balle peut donc rebondir selon un angle plus grand que son angle d'impact si sa vélocité parallèle diminue de façon plus importante que sa vélocité perpendiculaire. Les revêtements des courts de tennis diffèrent par leurs propriétés de frottement : la terre battue provoque des frottements importants (c'est un terrain « lent ») alors que le gazon en provoque peu (terrain « rapide »). Sur un terrain rapide, la balle rebondit selon un angle faible car les faibles frottements ralentissent peu sa vélocité parallèle. On utilise des balles d'élasticités différentes en fonction du type de revêtement.

Il faut également noter que la force de frottement s'exerce sur un bras de levier par rapport au centre de gravité de la balle et produit donc un moment de force qui entraîne la rotation de la balle. Cette rotation imprime un effet à la balle. L'effet peut également être imprimé lors de la frappe par la raquette. Dans ce cas, la balle possède déjà un effet lorsqu'elle heurte le sol, ce qui modifie la direction dans laquelle elle rebondit. Ce type d'interaction est complexe et dépasse le cadre de ce texte.

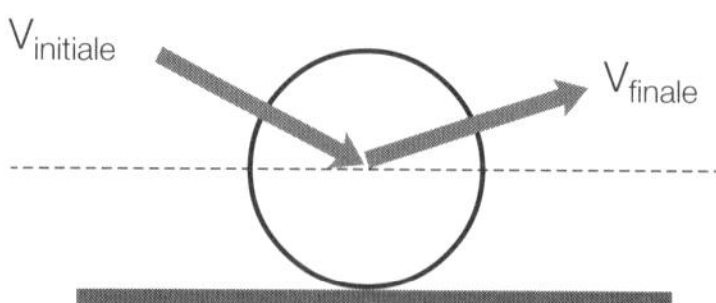

Fig. D5.4 : Impact oblique contre une surface immobile.

Problème

Une balle de squash heurte un mur verticale lisse avec une vélocité de 20 m/s selon un angle de 60°. Le coefficient de restitution entre la balle et le mur est de 0,4. Calculez la vélocité et la direction de la balle après l'impact.

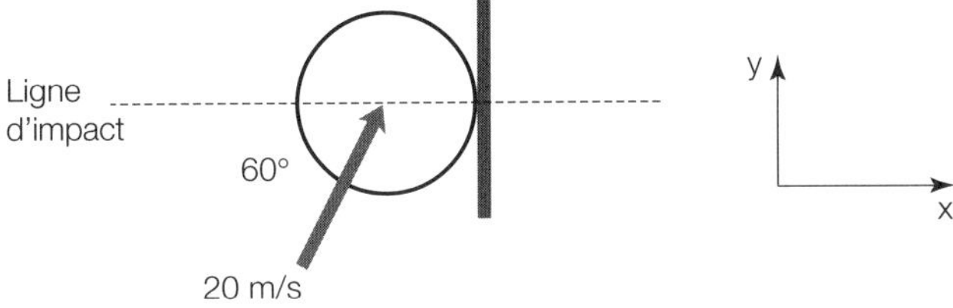

Solution

Il faut dans un premier temps calculer les composantes de la vélocité de la balle avant l'impact :

Horizontal x — Vx direction = 20.cos 60 = 10 m/s
Vertical y — Vy direction = 20.sin 60 = 17.3 m/s

Le mur est lisse donc la vélocité verticale demeure constante :

d'où $V'y = 17.3$ m/s

Le mur étant immobile (v = 0), l'équation du coefficient de restitution suffit pour calculer la vélocité horizontale après l'impact :

$$e = \frac{V'x - 0}{0 - Vx} =$$

d'où $V'x = e.Vx = (0.4)$ ¥ $(10) = 3$ m/s

La vélocité de la balle après l'impact est la suivante :

$V' = \sqrt{[(V'x)^2 + (V'y)^2]} = 17.8$ m/s,

La direction de la balle après l'impact est la suivante :

$q = \tan^{-1} (V'y/V'x) = 77.0°$

La balle rebondit à une vélocité plus faible et selon un angle plus proche du mur.

Fig. D5.5 : Exemple d'impact oblique contre une surface immobile.

Chapitre 6

Forces dans un fluide

Points clés	
Fluides	Les fluides sont des corps parfaitement déformables composés de particules. L'appellation fluide regroupe les liquides et les gaz.
Propriétés des fluides	Les deux principales caractéristiques d'un fluide sont sa densité, qui est le rapport de sa masse sur son volume, et sa viscosité, qui caractérise la façon dont il s'écoule.
Écoulement des fluides	L'écoulement d'un fluide peut être laminaire (écoulement sous forme de lames parallèles) ou turbulent (déplacement désordonné des particules). L'écoulement turbulent est souvent associé à la formation de courants tourbillonnaires.
Poussée	La poussée est une force qui agit perpendiculairement à la surface d'un fluide, donc généralement à la verticale, dirigée vers le haut. Elle est égale au poids du volume de fluide déplacé (principe d'Archimède). Cette force s'exerce sur le centre de poussée qui est situé au centre géométrique du corps immergé. La position du centre de poussée varie donc en fonction de la forme du corps immergé.
Flottabilité et stabilité	Un corps flotte quand la force de poussée est égale à son poids. Un corps coule quand son poids est plus élevé que la force de poussée maximale (la force de poussée est maximale quand le corps est entièrement immergé). La stabilité d'un corps flottant dépend des positions de son centre de gravité et de son centre de poussée et de l'interaction entre le poids et la force de poussée.
Équation de Bernoulli	L'équation de Bernoulli relie la vélocité et la pression d'un fluide. La pression d'un fluide diminue quand sa vélocité augmente. Les différences de pressions sont à l'origine des forces de traînée et de portance.

Traînée	La traînée est une force générée par le mouvement relatif d'un corps dans un fluide (soit le corps se déplace et le fluide reste stationnaire, soit le corps reste stationnaire et le fluide s'écoule autour). Cette force est dirigée à l'opposé du déplacement du corps. Elle est appelée résistance de l'air quand le fluide est l'air et résistance hydrodynamique quand le fluide est l'eau. La traînée dépend du coefficient de traînée (représentant le profilage du corps), de la densité du fluide, de l'aire de la section transversale du corps et de la vélocité au carré.
Portance	La portance est une force générée par l'écoulement d'un fluide autour d'un corps qui cause une différence de pression perpendiculaire à la direction de l'écoulement. Cette force est perpendiculaire à la direction de l'écoulement du fluide. La portance peut être générée par : 1) une surface plane inclinée par rapport à la direction de l'écoulement qui détourne le fluide de sa direction initiale ; 2) une surface portante profilée de manière à produire un écoulement asymétrique qui engendre une différence de pression ; 3) la rotation d'une balle qui engendre une différence de pression (effet Magnus) ; 4) des rugosités différentes pour les deux hémisphères d'une balle (balle de cricket). La portance dépend du coefficient de portance, de la densité du fluide, de l'aire de la section transversale du corps et de la vélocité au carré.

1. Fluides

Les **solides** ont une forme définie qui dépend de l'arrangement des particules qui les composent sous forme de structure fixe. Les **fluides** sont des corps parfaitement déformables dans lesquelles les particules ne sont pas liées de façon fixe. L'appellation fluide regroupe les **liquides** et les **gaz**. Un liquide peut changer de forme mais conserve le même volume alors qu'un gaz tend à occuper tout le volume disponible (sa densité n'est pas fixe). Les fluides étudiés en biomécanique du sport sont généralement l'eau pour les liquides et l'air pour les gaz.

2. Propriétés des fluides

Un fluide se caractérise notamment par sa **densité**, définie comme le rapport de sa masse sur son volume :

$$p = \frac{m}{v} \text{ kg/m}^2$$

La densité des **liquides** diminue quand leur température augmente. Cette propriété affecte la poussée. La présence d'impuretés minérales dans un liquide augmente sa densité : une concentration de sel d'1 % augmente la densité de 2,3 %. La pression n'influe que très légèrement sur la densité d'un liquide : les liquides sont des fluides incompressibles. La densité de l'eau est de 1000 kg/m^3 dans des conditions normales.

La densité des **gaz** diminue quand leur température augmente mais augmente quand leur pression augmente : les gaz sont des fluides compressibles. La compressibilité est une propriété importante des gaz : en plongée, par exemple, l'air respiré en profondeur est comprimé et tend à se dilater à la surface, d'où l'importance de respecter les paliers de décompression. La densité de l'air est de 1,2 kg/m^3 dans des conditions normales.

3. Écoulement des fluides

Les fluides se déforment très facilement, même sous l'action d'une **force de cisaillement** très faible. Dans un solide, la force de cisaillement provoque une torsion ou une rotation mais dans un liquide, elle provoque son écoulement (Fig. D6.1a). Par exemple, l'eau dévale une pente sous l'effet d'une force de cisaillement due à la gravité.

L'écoulement d'un fluide peut être **laminaire** ou **turbulent**. Dans un écoulement laminaire, le fluide se déplace sous forme de lames (ou couches) parallèles glissant les unes sur les autres. Dans un écoulement turbulent, les particules se déplacent de façon désordonnée. L'écoulement turbulent est souvent associé à la formation de courants tourbillonnaires (voir Fig. D6.1b).

La **viscosité** caractérise la façon dont un fluide s'écoule. Un fluide de viscosité importante (sirop par exemple) s'écoule très lentement alors qu'un fluide de faible viscosité (alcool par exemple) s'écoule très rapidement. La viscosité peut être vue comme les frottements qui existent entre les différentes couches d'un fluide s'écoulant de façon laminaire. Dans des conditions normales, la viscosités de l'air est de $1{,}8 \times 10^{-5}$ Pa.s (Pascal-seconde) et la viscosité de l'eau de $1{,}00 \times 10^{-3}$ Pa.s.

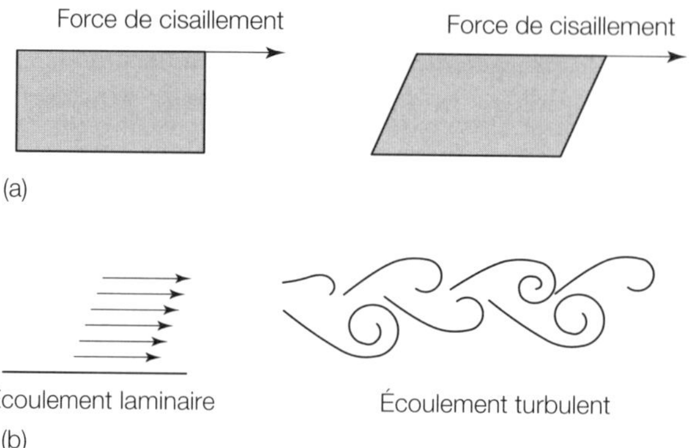

Fig. D6.1 : Forces de cisaillement provoquant l'écoulement d'un fluide.

4. Poussée

La **pression hydrostatique** d'un fluide augmente avec la profondeur. Cette augmentation peut être ressentie lors d'un plongeon sous l'eau où l'augmentation de pression comprime l'air présent dans les oreilles et les poumons. Cette pression s'exerce à la surface de tout corps immergé et crée une force de **poussée** (U) dont l'expression est la suivante :

$$U = V.\rho.g \text{ Newtons}$$

Le **principe d'Archimède** stipule que **tout corps plongé dans un fluide subit une force de poussée opposée et égale au poids du volume de fluide déplacé**.

La poussée est une force du domaine de la **statique des fluides**. Un corps coule quand son poids est supérieur à la poussée du fluide. Si son poids est inférieur à la poussée du fluide, le corps remonte jusqu'à ce que son poids soit égale à la poussée : on dit alors que le corps **flotte**.

Considérons l'exemple d'un ballon de plage de 15 cm de rayon (volume de 0,014 m^2) immergé sous l'eau. La poussée de l'eau exercée sur le ballon est :

$$U = 0{,}014 \times 1000 \times 9{,}81 = 137 \text{ N}$$

Cette poussée est relativement importante et un certain effort sera nécessaire pour maintenir ce ballon immergé.

Flotter en surface

Certaines personnes ont du mal à flotter sur l'eau douce en raison de leur densité trop élevée. Ceci peut être dû à une faible masse grasse corporelle et/ou à une densité minérale osseuse importante. Le remplissage des poumons peut avoir un effet majeur sur la poussée. Il est plus difficile d'apprendre à nager pour les personnes subissant une faible poussée. Le corps flotte plus haut sur de l'eau de mer que sur de l'eau douce en raison de la densité plus élevée de l'eau de mer qui exerce une force de poussée plus importante.

Plongée sous-marine

Les combinaisons de plongée contiennent des bulles d'air qui se compriment quand la profondeur augmente, réduisant ainsi la poussée qui s'exerce sur le plongeur. Celui-ci doit alors se débarrasser d'une partie du lest qui lui a permis de plonger s'il ne veut pas continuer à descendre.

Objets aéroportés

La poussée s'exerce dans n'importe quel fluide, y compris l'air bien qu'elle y soit plus faible. Les montgolfières s'élèvent dans les airs car elles sont remplies d'air chaud, moins dense que l'air froid qui les entourent.

5. Flottabilité et stabilité

La poussée est dirigée vers le haut et s'exerce sur le centre de poussée qui est situé au centre géométrique du corps immergé. Le centre de poussée ne se situe donc pas forcément au centre de gravité du corps. La stabilité d'un corps immergé dépend des positions relatives du centre de poussée et du centre de gravité et de l'interaction entre le poids et la poussée. Le corps est stable quand le centre de poussée est au-dessus du centre de gravité, c'est-à-dire quand la poussée (U) s'exerce au-dessus du poids (P). Une quille lestée permet d'améliorer la stabilité d'un yacht en abaissant son centre de gravité. À l'inverse, les canoës sont instables car leur centre de gravité se situe au-dessus de leur centre de poussée : le poids tend à faire chavirer le canoë quand il penche (Voir Fig. D6.2).

La position d'un nageur dépend également des positions relatives du centre de poussée et du centre de gravité. Le centre de poussée est plus proche de la tête que le centre de gravité en raison de la densité moindre des poumons. La poussée tend à faire flotter le haut du corps alors que le poids fait couler le bas du corps : il faut donc battre des jambes pour maintenir le bas du corps à la surface.

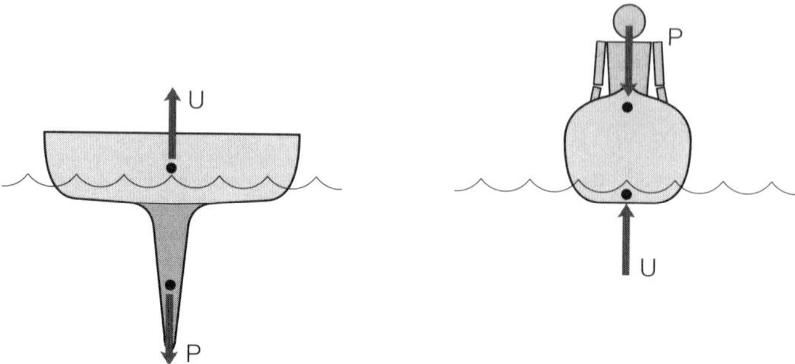

Stable : U s'exerce au-dessus de P grâce à la quille lestée

Instable : P s'exerce au dessus de U en raison de la masse du canoéiste

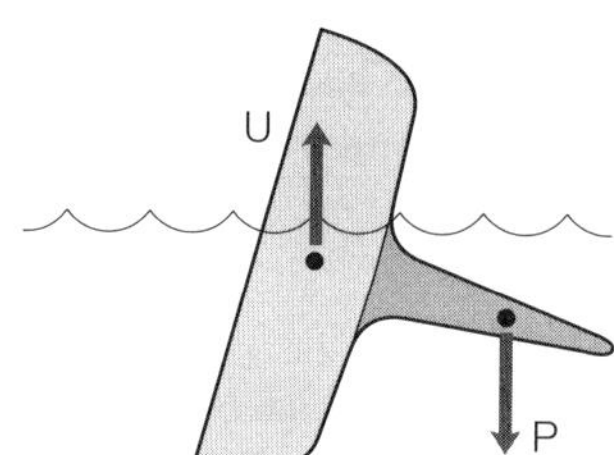

Embarcation inchavirable : quand le bateau penche, le couple de force poids-poussée ramène le pont du bateau à la surface.

Fig. D6.2 : Stabilité d'un yacht et d'un canoë.

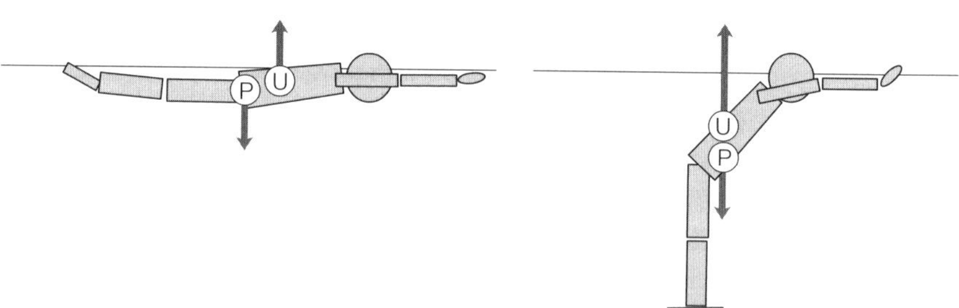

Fig. D6.3 : Position d'un nageur à la surface.

6. Traînée

La traînée est une force générée par le mouvement relatif d'un corps dans un fluide (soit le corps se déplace et le fluide reste stationnaire, soit le corps reste stationnaire et le fluide s'écoule autour). C'est une force du domaine de la **dynamique des fluides** qui s'exerce dans la direction opposée au déplacement du corps. Elle est appelée **résistance de l'air** quand le fluide est l'air et **résistance hydrodynamique** quand le fluide est l'eau. La traînée ($F_{traînée}$) dépend de plusieurs facteurs et son expression est la suivante :

$$F_{drag} = C_D.0{,}5.p.v^2.A$$

Où ρ = densité du fluide, v = vélocité relative du fluide par rapport au corps, A = aire de la section transversale du corps et C_T = coefficient de traînée (représentant le profilage du corps). Cette formule est valable pour l'air comme pour l'eau : la densité de l'eau étant environ 1000 fois celle de l'air, la résistance hydrodynamique est d'environ 1000 fois la résistance de l'air pour un même corps se déplaçant à la même vélocité.

La traînée peut être modifiée en faisant varier la valeur des termes de son équation. En cyclisme, par exemple, le coefficient de traînée peut être réduit en améliorant le profilage du cycliste et de son équipement, d'où une réduction du coefficient de traînée (roues trois bâtons, combinaison en lycra et casque aérodynamique par exemple). Le cycliste peut également rabattre les reposes-mains pour réduire l'aire de la section transversale dans la direction du mouvement. La densité de l'air ne peut guère être modifiée (mais certains records ont été établis en altitude, où la densité de l'air est plus faible). Le cycliste recherche bien sûr une vélocité maximale mais, quand il est fatigué, il peut réduire sa vitesse pour minimiser la résistance de l'air contre laquelle il lutte.

Le profilage des objets reste le moyen le plus efficace pour réduire la traînée. Certains objets très profilés ont un C_T de 0,1. En sport, les balles et les ballons ont généralement un C_T d'environ 0,5. Les objets peu profilés ont un C_T supérieur à 1.

La traînée est due à une différence de pression entre l'avant et l'arrière du corps lors de son déplacement dans un fluide. Certains concepts fondamentaux doivent être expliqués pour comprendre ce phénomène.

La couche limite

La couche limite est la couche de fluide ralentie que l'on rencontre à la surface du corps le long duquel le fluide s'écoule. Le ralentissement est dû à la viscosité du fluide : la première couche de fluide adhère à la surface du corps et le ralentissement se propage aux lames adjacentes sous l'effet des forces de frottement entre les couches (voir Fig. D6.4). Le fluide conserve sa vélocité initiale à une certaine distance du corps (écoulement libre) car les forces de frottement sont alors négligeables.

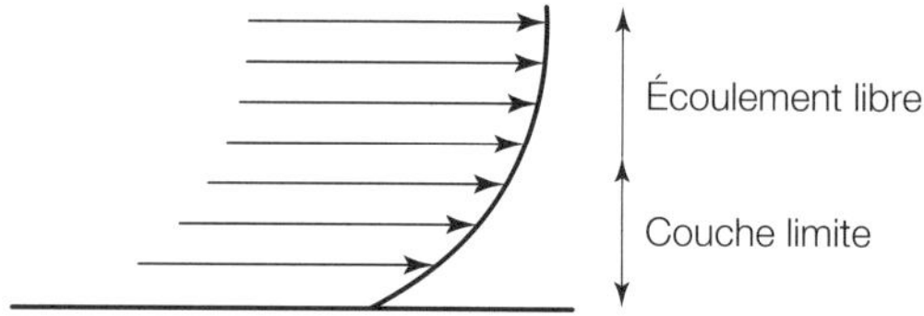

Fig. D6.4 : Couche limite.

7. Équation de Bernoulli

Équation de Bernoulli : pression et vélocité

L'équation de Bernoulli décrit la relation entre la pression et la vélocité d'un fluide : la **pression diminue** quand la **vélocité augmente**. Dans le cas de l'écoulement laminaire d'un fluide autour d'un corps sphérique (voir Fig. D6.5), il existe une zone de très haute pression en amont du corps, là où le fluide heurte le corps. La vélocité du fluide augmente quand il s'écoule autour de la sphère ce qui entraîne une zone de basse pression (BP dans la Fig. D6.5). Le fluide essaie de reprendre son écoulement laminaire initial en aval du corps : sa vélocité diminue et sa pression augmente. La pression de la zone en aval du corps reste cependant inférieure à celle en amont en raison des pertes d'énergie par frottements autour de la sphère. L'écoulement devient turbulent en amont du corps et il existe une différence de pression entre l'amont et l'aval du corps. L'équation de Bernoulli relie la vélocité et la pression ; son expression est la suivante :

$$P + 0,5\ p.v^2 + p.g.h = \text{constante}$$

Où P = pression compressive externe,

$0,5\ p.v^2$ = pression dynamique dû au mouvement de fluide,

et p.g.h = pression hydrostatique.

La pression hydrostatique peut être considérée comme constante lorsque l'écoulement se produit à l'horizontal et l'équation devient alors :

$$P + 0,5\ p.v^2 = \text{constante}$$

Cela signifie que si la vélocité augmente, la pression doit diminuer de manière à conserver la somme des termes constante.

La différence de pression est à l'origine de la force de **traînée**. La traînée sera plus faible si le fluide subit moins de pertes d'énergie lorsqu'il contourne le corps, d'où l'intérêt du profilage des objets se déplaçant dans un fluide.

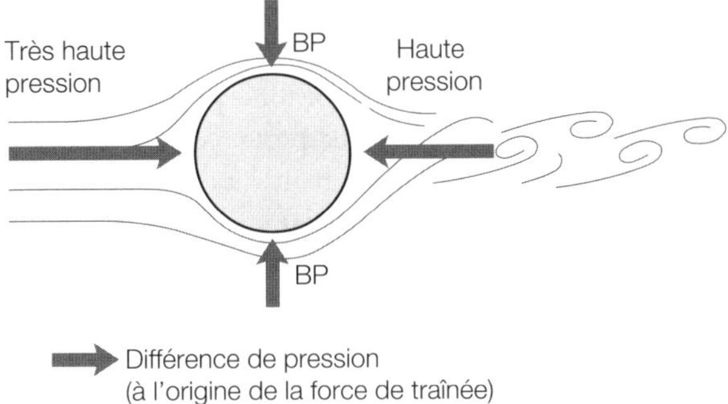

Fig. D6.5 : Écoulement d'un fluide autour d'un corps sphérique.

Couche limite turbulente

Le phénomène de **couche limite turbulente** permet d'expliquer certaines situations en sport où des balles et des ballons se déplacent plus vite et plus loin qu'à la normale. La couche limite est normalement laminaire mais elle peut devenir **turbulente** si la vélocité du fluide est très importante ou si la surface du corps est très rugueuse (voir Fig. D6.6). Cette couche limite turbulente agit comme une « bulle » qui réduit les pertes d'énergie par frottements : la différence de pression et la **traînée** sont donc plus faibles. La formation d'une couche limite turbulente dépend de la taille de la balle et de sa rugosité. La couche limite d'un ballon de football peut facilement devenir turbulente, ce qui permet aux gardiens d'effectuer de très longs dégagements. Les balles de ping-pong sont trop petites et trop lisses pour bénéficier d'une couche limite turbulente et sont donc soumises à une traînée importante qui les ralentit considérablement. Les alvéoles d'une balle de golf facilitent la formation d'une couche limite turbulente et augmente ainsi la distance du drive.

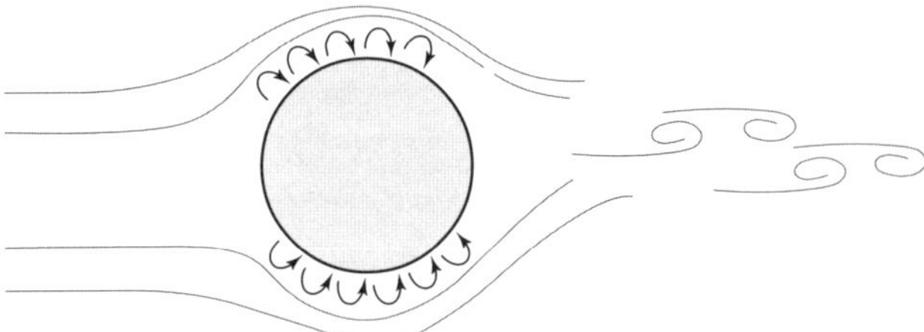

Fig. D6.6 : Couche limité turbulente.

8. Portance

Dans certaines circonstances, le fluide peut générer une force **perpendiculaire à son écoulement** : cette force est appelée **portance**. La portance peut s'exercer dans n'importe quelle direction (pas seulement vers le haut). La portance trouve de nombreuses applications en sport, depuis l'aquaplaning au ski nautique jusqu'aux crochets intérieurs (hook) et extérieurs (slice) au golf. La portance se calcule par la formule suivante :

$$F_{portance} = C_L \times 0{,}5\ p.v^2.A$$

Où ρ = densité du fluide, v = vélocité relative du fluide par rapport au corps, A = aire de la section transversale du corps et C_T = coefficient de portance (dépendant de la forme du corps). Différents phénomènes peuvent participer à la création d'une force de portance.

Déviation de l'écoulement du fluide

L'inclinaison d'un corps peut détourner une partie du fluide de sa direction initiale et pousser le corps dans la direction opposée à cette déviation (voir Fig. D6.7). Les skis nautiques et les bateaux de type hydroptère génèrent ainsi leur portance. La forme du corps peut être conçue de manière à maximiser la portance. Dans la Figure D6.8, le fluide doit parcourir une plus grande distance à la surface supérieure qu'à la surface inférieure du corps. La vélocité du fluide est donc plus importante à la surface supérieure et, selon l'équation de Bernoulli, la pression y est plus faible. La différence de pression est à l'origine de la portance. La conception de surfaces portantes les plus efficaces possibles permet d'améliorer la vitesse des avions et des navires tout en réduisant leur consommation en carburant.

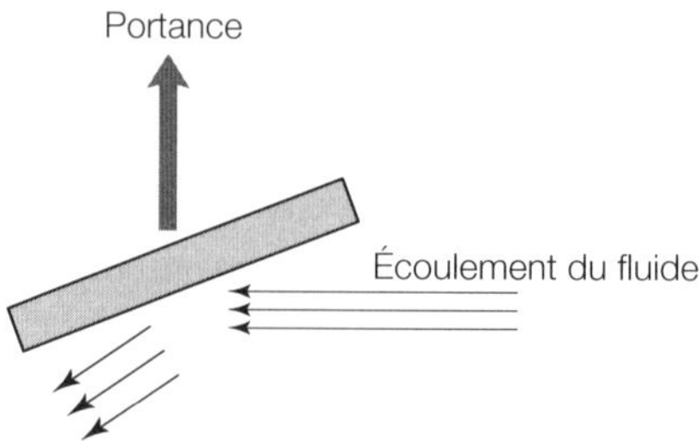

Fig. D6.7 : Portance générée par l'inclinaison d'un corps.

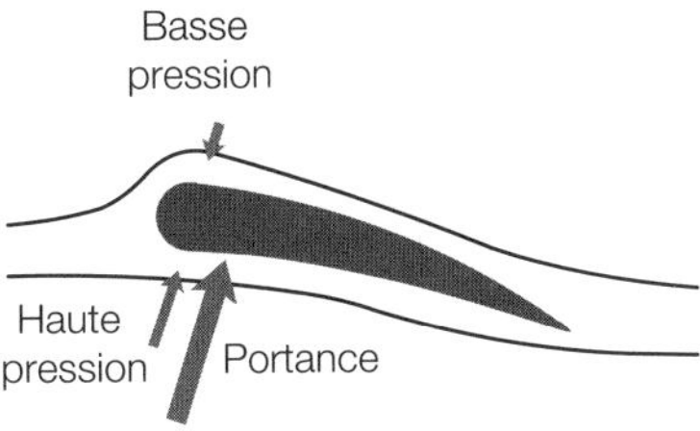

Fig. D6.8 : Surface portante d'une aile d'avion.

Rotation d'un corps — effet Magnus

Quand une sphère **en rotation** se déplace dans un fluide, elle augmente la vélocité du fluide sur l'un de ses hémisphères et la diminue sur l'autre (voir Fig. D6.9). Selon l'équation de Bernoulli, cette différence de vélocité entraîne une différence de pression perpendiculaire à l'écoulement du fluide. Cette différence de pression génère une force de portance également appelée **force de Magnus**. La force de Magnus augmente de façon non-linéaire avec la vélocité angulaire de la sphère (elle est liée à la vélocité au carré). La force de Magnus est dirigée vers la zone où règne la plus basse pression.

L'effet Magnus permet d'expliquer la déviation du mouvement des balles et ballons en rotation (effets) : par exemple, les services liftés au ping-pong et au tennis, les crochets intérieurs et extérieurs au golf, les passes vissées au rugby, les frappes brossées au football.

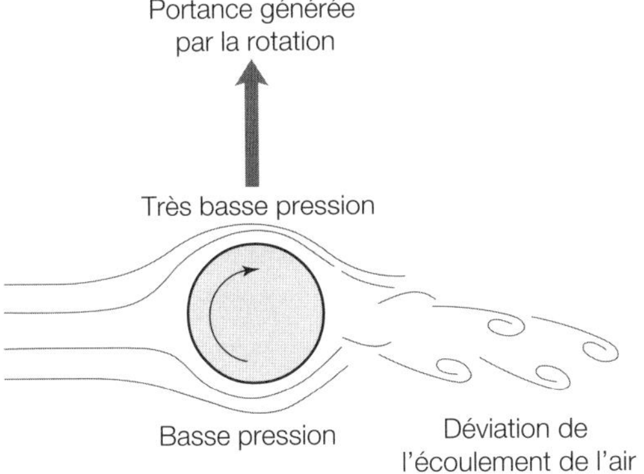

Fig. D6.9 : Effet Magnus : portance générée par la rotation.

Différence de rugosité — déviation de la trajectoire d'une balle de cricket

La trajectoire de la balle de cricket peut dévier quand elle atteint des vélocités importantes, ce qui représente un aspect tactique crucial de ce sport. Cette déviation est obtenue en rendant un hémisphère de la balle plus rugueux que l'autre au cours d'une partie.

Le lanceur essaie de conserver lisse un hémisphère de la balle et d'endommager l'autre hémisphère pour le rendre rugueux. L'écoulement de l'air est laminaire du côté lisse et turbulent du côté rugueux. La couture de la balle peut faciliter la formation de cet écoulement turbulent (voir Fig. D6.10). La vélocité du fluide est plus importante du côté turbulent que du côté lisse ce qui entraîne une différence de pression d'après l'équation de Bernoulli. La balle subit l'effet d'une portance qui la fait dévier dans la direction du côté rugueux. Au cours de la partie, la balle s'use et devient rugueuse sur ses deux hémisphères, ce qui supprime son asymétrie et l'effet de portance.

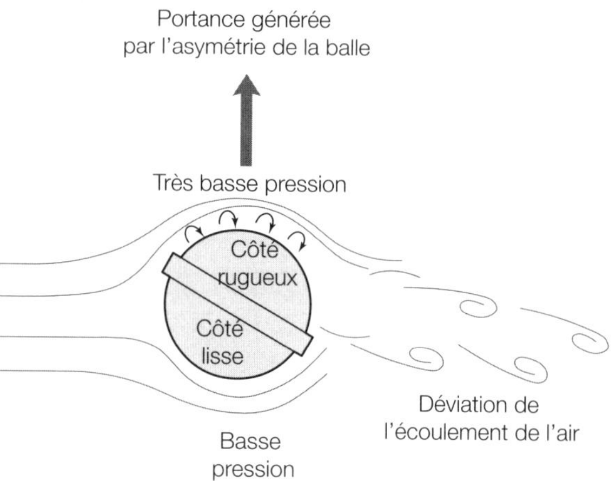

Fig. D6.10 : Déviation de la trajectoire d'une balle de cricket.

Partie E

Applications

Description biomécanique de la marche

Points clés	
Cycle de marche	Le cycle de marche comporte une phase d'appui (quand le pied est sur le sol) et une phase oscillante (quand le pied est en l'air). La phase d'appui comprend une période de simple appui et deux périodes de double appui.
Enjambée	Une enjambée correspond à l'intervalle entre le moment où un talon touche le sol et celui où le même talon touche à nouveau le sol. Chaque enjambée est composée de deux pas.
Vitesse	La vitesse de la marche se calcule en multipliant la cadence (nombre d'enjambées par seconde) par la longueur de l'enjambée.
Forces s'exerçant au cours de la marche	Au cours de la marche, la force verticale nette atteint des pics légèrement supérieurs au poids du corps. Ces pics se produisent lorsque le poids est transféré d'un pied à l'autre lors des périodes de double appui. La force horizontale nette est initialement négative et agit comme un frein dans la direction opposée au mouvement, puis elle devient positive et propulse le corps en avant jusqu'au prochain pas.
Mouvement de la partie supérieure du corps	Au cours de la marche, les bras se balancent dans un mouvement opposé à celui des jambes : quand la jambe gauche est en avant, le bras gauche est en arrière. Ce mouvement permet de compenser le moment angulaire de la partie inférieure du corps et réduit le coût énergétique de la marche.

1. Cycle de la marche

La marche est une fonction complexe, impliquant de nombreuses interactions articulaires et musculaires. C'est la raison pour laquelle il faut 3 à 4 ans à un enfant pour maitriser parfaitement la marche.

Le cycle de marche comporte une phase d'appui (quand le pied est sur le sol) et une phase oscillante (quand le pied est en l'air). La marche se caractérise par des périodes de double appui, où les deux pieds sont en contact avec le sol, séparant des périodes de simple appui où un seul pied est en contact avec le sol. La marche ne comporte pas de phase d'envol où les deux pieds quittent le sol.

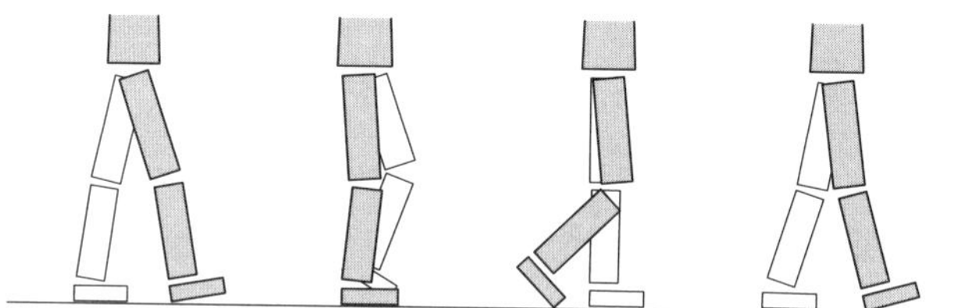

Fig. E1.1a : Cycle de marche complet, de la frappe du talon droit à la frappe du talon droit

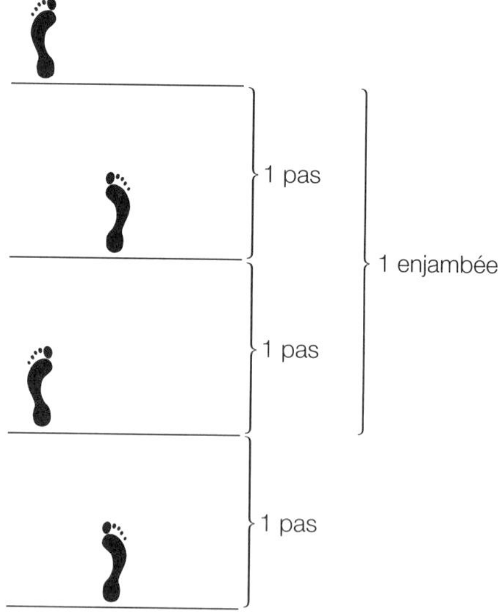

Fig. E1.1b : Enjambée et pas : chaque enjambée est composée de deux pas.

2. Enjambée

Une enjambée correspond à un cycle de marche complet, c'est-à-dire l'intervalle entre le moment où un talon touche le sol et celui où le même talon touche à nouveau le sol (voir Fig. E1.1). Chaque enjambée est composée de deux pas. La longueur de l'enjambée est la distance parcourue par une enjambée. La cadence est le nombre d'enjambées par seconde. La vitesse (ou la vélocité) de la marche se calcule de la façon suivante :

longueur de l'enjambée x cadence = vitesse

La vitesse augmente quand la longueur de l'enjambée et/ou la cadence augmentent.

Exemple

Si la longueur de l'enjambée est de 1,2 m et la cadence de 1,5 Hz (1,5 enjambées par seconde), la vitesse est de :

1,2 m x 1,5 Hz = 1,8 m.s-1 (~ 6,5 km/heure)

3. Cycle de la marche

La description de la marche passe par l'analyse des mouvements articulaires et des actions des muscles durant les différentes phase du cycle de la marche. Chaque phase ou période peut être exprimée en pourcentage de la durée totale d'une enjambée.

Le cycle de marche se divise d'abord en une phase d'appui et une phase oscillante, selon que le pied soit sur le sol ou en l'air. La phase d'appui représente 60 % de la durée totale de l'enjambée et la phase oscillante 40 %.

Ces phases sont elles-mêmes divisées en cinq phases (voir Fig. E1.2). Ces mêmes phases seront utilisées pour la description de la course.

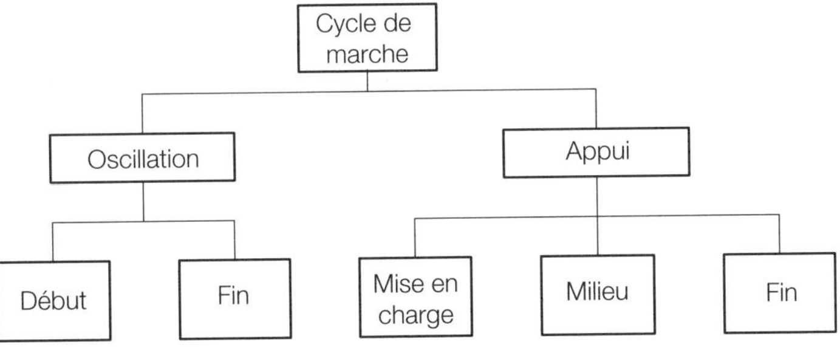

Fig. E1.2 : Les cinq phases du cycle de la marche.

La chronologie de ces phases est la suivante :

Phase oscillante	De	Décollage des orteils
	À	Frappe du talon
Phase de début d'oscillation	De	Décollage des orteils
	À	Début de l'extension du genou
Phase de fin d'oscillation	De	Début de l'extension du genou
	À	Frappe du talon
Phase d'appui	De	Frappe du talon
	À	Décollage des orteils
Phase de mise en charge	De	Frappe du talon
	À	Pied à plat
Phase de milieu d'appui	De	Pied à plat
	À	Décollage du talon
Phase de fin d'appui	De	Décollage du talon
	À	Décollage des orteils

Les mouvements articulaires au cours de ces différentes phases sont résumés dans les tableaux suivants :

Phase oscillante

Phase de début d'oscillation

Articulation	Mouvement	Amplitude du mouvement
Hanche	Flexion	De 9°en extension (ext) à 30° en flexion (flex)
Genou	Flexion	De 30° flex à 60°flex
Cheville	Dorsiflexion	De 5° FP à 0° DF

Phase de fin d'oscillation

Articulation	Mouvement	Amplitude du mouvement
Hanche	Extension	De 30° flex à 25° flex
Genou	Extension	De 60° flex à 10°flex
Cheville	Dorsiflexion	De 0° DF à 5° DF

DF = Dorsiflexion
FP = Flexion plantaire

Phase d'appui

Phase de mise en charge

Articulation	Mouvement	Amplitude du mouvement
Hanche	Flexion	De 25° flex à 30° flex
Genou	Flexion	De 10° flex à 20°flex
Cheville	Flexion plantaire	De 5° DF à 10° FP

Phase de milieu d'appui

Articulation	Mouvement	Amplitude du mouvement
Hanche	Extension	De 30° flex à 0° ext
Genou	Extension	De 20° flex à 5°flex
Cheville	Dorsiflexion	De 10° FP à 20° DF

Phase de fin d'appui

Articulation	Mouvement	Amplitude du mouvement
Hanche	Extension	De 0° ext à 9°ext
Genou	Flexion	De 5° flex à 30°flex
Cheville	Flexion plantaire	De 20° DF à 5° FP

DF = Dorsiflexion
FP = Flexion plantaire

Ces mouvements du membre inférieur sont caractéristiques de la marche normale. Il existe cependant une certaine variabilité inter-individuelle de l'amplitude des mouvements articulaires, sans pour autant que la marche soit pathologique.

Les mouvements articulaires sont provoqués par les contractions des muscles du membre inférieur. La Figure E1.3 montre l'activité des muscles du membre inférieur au cours des différentes phases du cycle de marche. Les muscles interviennent principalement dans l'initiation et l'arrêt du mouvement articulaire. Le balancement du membre inférieur est dû à un effet de pendule exercé par la gravité et qui ne nécessite pas d'effort musculaire significatif.

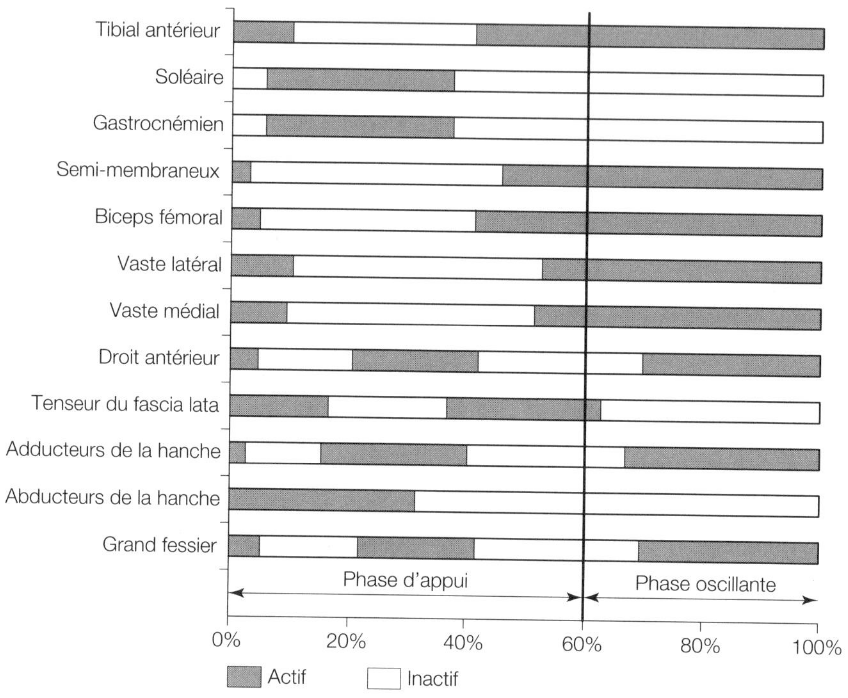

Fig. E1.3 : Activité musculaire au cours de la marche. L'axe horizontal représente la durée d'un cycle de marche complet, de 0 % à la frappe d'un talon jusqu'à 100 % à la nouvelle frappe du même talon.

4. Forces s'exerçant au cours de la marche

Un individu effectue en moyenne 1200 pas par kilomètre. Il est important de connaître les forces qui s'exercent lors du contact entre le pied et le sol. La première loi de Newton nous indique qu'une force nette doit s'exercer pour qu'un mouvement puisse s'effectuer. L'étude des forces qui régissent la marche représente une partie importante de l'analyse de la marche.

La Fig. E1.4 montre un tracé de la force verticale nette au cours de la marche. Ce tracé met en évidence les périodes de simple et de double appui caractéristiques de la marche. Le transfert du poids d'un pied à l'autre s'effectue durant la phase de double appui. La pente de la courbe reste relativement faible, ce qui indique que ce transfert se fait de manière contrôlée et progressive. La force verticale reste relativement proche du poids du corps durant les périodes de simple appui, avec des pics lors de la frappe du talon (décélération du corps) et du décollement des orteils (accélération du corps). La force verticale est inférieure au poids durant la phase de milieu d'appui, ce qui traduit une accélération vers le bas du centre de gravité quand il passe au-dessus du pied.

Les forces antéro-postérieures (horizontales) peuvent être des forces de freinage ou de propulsion selon leur direction par rapport au déplacement (voir Fig. E1.5). Lors de la frappe du talon, la force horizontale nette est une force de freinage car elle s'oppose au déplacement. La force devient positive quand le centre de gravité passe au-dessus du pied et agit alors comme une force de propulsion. Le point où la force de freinage devient une force de propulsion se situe généralement à 45-50 % de la durée totale de l'enjambée. Un temps différent doit faire évoquer un trouble de la marche.

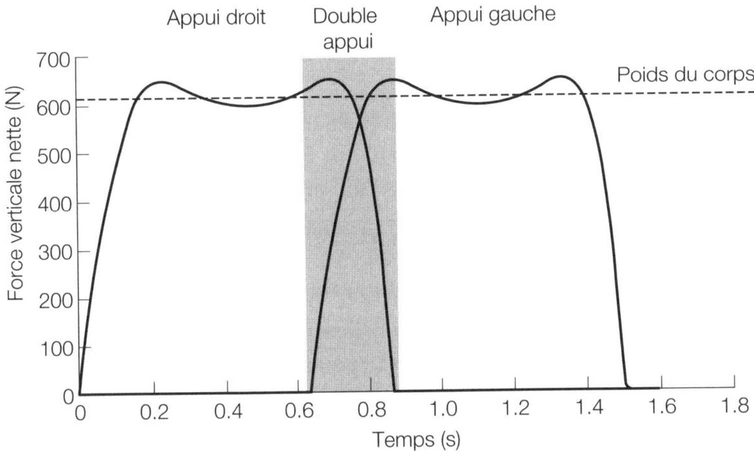

Fig. E1.4 : Force verticale nette au cours de la marche.

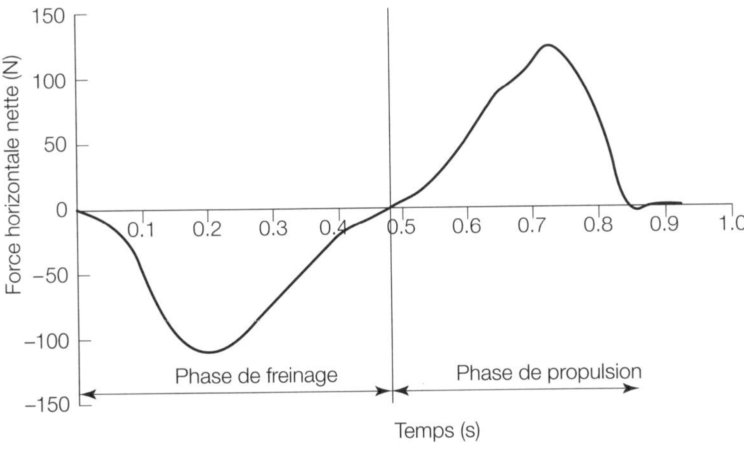

Fig. E1.5 : Force horizontale nette au cours de la marche.

5. Mouvement de la partie supérieure du corps

Au cours de la marche, la partie supérieure du corps agit comme un stabilisateur en réduisant le moment angulaire du corps, ce qui permet d'attribuer un maximum d'énergie cinétique au déplacement en ligne droite. Sans le balancier de la partie supérieure, la partie inférieure perdrait une grande partie de son énergie dans des rotations excessives du bassin.

Les membres supérieurs effectuent des mouvements strictement opposés à ceux des membres inférieurs : le bras droit atteint son maximum de flexion quand les orteils de la jambe droite décollent du sol et son maximum d'extension quand le talon droit frappe le sol. La partie supérieure du corps possède donc un moment angulaire opposé à celui de la partie inférieure, ce qui permet de réduire le moment angulaire de l'ensemble du corps.

Notez que les bras parviennent à développer un moment angulaire presque égal à celui des jambes malgré leur masse bien plus faible. Ceci est dû à la position du point d'attachement des bras qui est plus éloigné de la ligne centrale que celui des jambes : leur moment d'inertie est comparable à celui des jambes pour une masse bien plus faible.

Les bras n'ont aucun effet dans la direction horizontale car ils se déplacent dans des directions opposées, un vers l'avant et l'autre vers l'arrière. Verticalement, ils contribuent pour environ 5 % à soulever le poids du corps.

Chapitre 2

Description biomécanique de la course

Points clés

Cycle de course	Le cycle de course comporte une phase d'appui (quand le pied est sur le sol) et une phase oscillante (quand le pied est en l'air). Il comprend des périodes d'envol (quand les deux pieds ne touchent pas le sol) mais pas de période de double appui.
Vitesse de course	La vitesse de course est le produit de la longueur de la foulée par la cadence. Jusqu'à une vitesse de 7 m/s, l'augmentation de la vitesse est principalement due à l'allongement de la foulée, après quoi elle dépend principalement de l'augmentation de la cadence. L'augmentation de la cadence est généralement associée à une augmentation du coût énergétique par unité de distance.
Pronation	Durant la course, l'articulation sous-talienne (articulation entre le talus et le calcanéum) effectue des mouvements de pronation et de supination. La pronation consiste à abaisser la voûte plantaire par le biais d'une éversion, d'une abduction et d'une dorsiflexion. La supination consiste à élever la voûte plantaire par le biais d'une inversion, d'une adduction et d'une flexion plantaire. L'articulation sous-talienne passe d'une supination de 10° lors de l'impact du pied à une pronation de 10° lors de la phase de milieu d'appui.
Forces s'exerçant durant la course	Durant la course, la force nette verticale atteint des pics équivalents à 2-2,5 fois le poids du corps lors des impacts. La magnitude de la force d'impact dépend du poids du corps et de la vitesse de course. La force augmente rapidement et atteint un pic 50 à 100 ms après l'impact du pied. La force d'impact verticale peut être réduite en courant sur des revêtements souples avec des chaussures adaptées.

Forces s'exerçant durant la course (suite)	La force horizontale nette agit initialement comme une force de freinage qui ralentit le corps. Elle devient positive à environ 50 % de la phase d'appui et agit alors comme une force de propulsion qui accélère le corps jusqu'à la prochaine phase d'envol.
Impact du pied	Les impacts varient en fonction de la partie du pied qui atterrit en premier sur le sol. On distingue ainsi les coureurs de l'arrière-pied (atterrissage sur l'arrière-pied), les coureurs du moyen-pied et les coureurs de l'avant-pied. L'atterrissage sur le moyen-pied ou l'avant-pied permet d'absorber les impacts dans les structures musculaires du membre inférieur : le tracé de la force verticale nette ne montre alors pas de pic.

1. Cycle de la course

Le cycle de la course comporte une phase d'appui (quand le pied est sur le sol) et une phase oscillante (quand le pied est en l'air). La course se caractérise par des périodes de simple appui (un seul pied en contact avec le sol) séparant des périodes d'envol (les deux pieds ne touchant pas le sol) ; elle ne comprend pas de période de double appui (les deux pied en contact avec le sol). La phase d'appui représente en moyenne 40 % de la durée totale du cycle et la phase oscillante 60 %. Ces rapports dépendent de la vitesse : la phase d'appui ne représente plus que 20 % de la durée totale du cycle quand la vitesse est maximale. L'enjambée est généralement appelée **foulée** quand on s'intéresse à la description de la course.

2. Vitesse de course

La vitesse de course peut être augmentée en allongeant la foulée et/ou en augmentant la cadence. Jusqu'à une vitesse de 7 m/s, l'augmentation de la vitesse est principalement due à l'allongement de la foulée, après quoi elle dépend principalement de l'augmentation de la cadence. L'allongement de la foulée se produit en premier car il existe une cadence optimale pour laquelle le coût énergétique par unité de distance est minimal. Ce coût augmente de façon importante quand la cadence augmente.

Contrairement à ce qu'on pourrait penser, la longueur de la foulée dépend moins de la taille du sujet que de sa force et de sa flexibilité.

La course peut être décrite selon les mêmes phases que celles de la marche. Les tableaux suivants donne les amplitudes des mouvements articulaires au cours des différentes phases de la course. Notez que ces amplitudes peuvent varier avec la vitesse : elles sont généralement plus importantes quand la vitesse est élevée.

Phase oscillante

Phase de début d'oscillation

Articulation	Mouvement	Amplitude du mouvement
Hanche	Flexion	De 9°en extension (ext) à 55° en flexion (flex)
Genou	Flexion	De 25° flex à 90°flex
Cheville	Dorsiflexion	De 20° FP à 10° DF

Phase de fin d'oscillation

Articulation	Mouvement	Amplitude du mouvement
Hanche	Extension	De 55° flex à 45° flex
Genou	Extension	De 90° flex à 20°flex
Cheville	Flexion plantaire	De 10° DF à 5° DF

DF = Dorsiflexion
FP = Flexion plantaire

Phase d'appui

Phase de mise en charge

Articulation	Mouvement	Amplitude du mouvement
Hanche	Flexion	De 45° flex à 50° flex
Genou	Flexion	De 20° flex à 40°flex
Cheville	Dorsiflexion	De 5° DF à 20° DF

Phase de milieu d'appui

Articulation	Mouvement	Amplitude du mouvement
Hanche	Extension	De 50° flex à 15° flex
Genou	Flexion	De 40° flex à 40°flex
Cheville	Dorsiflexion	De 20° DF à 30° DF

Phase de fin d'appui

Articulation	Mouvement	Amplitude du mouvement
Hanche	Extension	De 15° ext à 9°ext
Genou	Extension	De 40° flex à 25°flex
Cheville	Flexion plantaire	De 30° DF à 20° FP

DF = Dorsiflexion
FP = Flexion plantaire

Malgré certaines similarités avec les mouvements de la marche, les mouvements de la course diffèrent sur les points suivants :

- Hanche : la hanche est fléchie à 45° lors de l'impact du pied (30° pour la marche). La flexion de la hanche atteint 55° durant la phase oscillante (25°pour la marche).
- Genou : le genou est fléchi à environ 25° lors de l'impact du pied (10° pour la marche). La flexion du genou atteint 40° durant la phase de milieu d'appui (20° pour la marche) et jusqu'à 90° durant la phase oscillante (60° pour la marche).
- Cheville : la dorsiflexion de la cheville atteint 30° durant la phase de milieu d'appui (20° pour la marche). La flexion plantaire de la cheville atteint 20° lors du décollement des orteils (5° pour la marche).

La flexion de la hanche et du genou augmente quand la vitesse augmente, ce qui permet de réduire le moment d'inertie du membre inférieur pour obtenir une oscillation plus rapide. La flexion du genou peut légèrement augmenter sous l'effet de l'impact.

La Figure E2.1 montre l'activité des muscles du membre inférieur au cours des différentes phases du cycle de course. L'activité musculaire est maximale autour du moment de l'impact (anticipation juste avant et compensation juste après). La contraction musculaire est plus importante à l'impact que lors de la préparation de la phase d'envol. L'activité musculaire augmente quand la vitesse augmente : l'activité musculaire contribue alors de manière importante à la phase oscillante. L'augmentation de l'amplitude des mouvements articulaires est due à un allongement de la période d'activité des muscles durant toutes les phases du cycle.

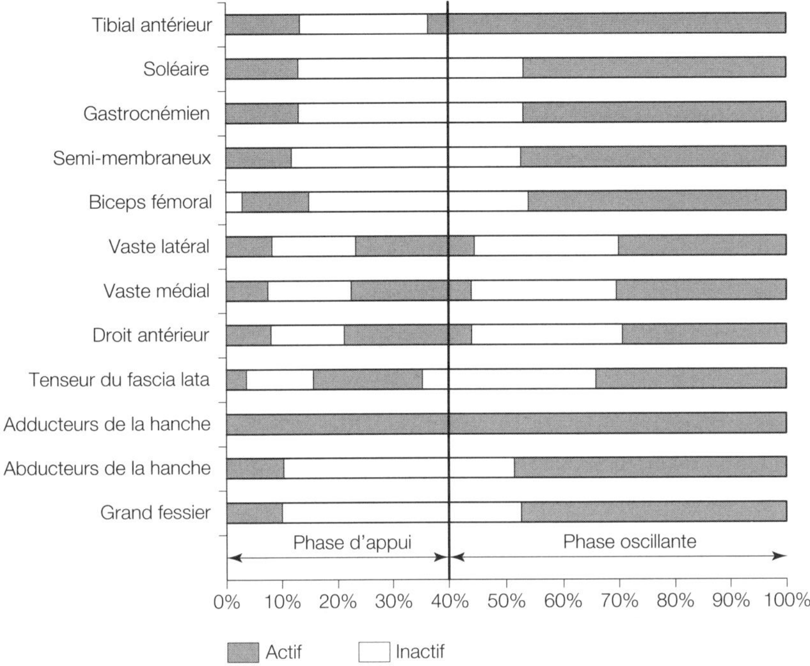

Fig. E2.1 : Activité musculaire durant la course. L'axe horizontal représente la durée d'un cycle de course complet, de 0 % à la frappe d'un talon jusqu'à 100 % à la nouvelle frappe du même talon.

Nous n'avons jusqu'ici considéré que les mouvements dans le plan sagittal. Les mouvements dans les autres plans, bien que plus réduits, ont toutefois leur importance dans les mécanismes de lésions.

De nombreuses études se sont intéressées au rôle des mouvements de l'articulation sous-talienne dans l'étiologie des blessures. L'articulation sous-talienne se compose du talus (au-dessus) et du calcanéum (en dessous). Elle se situe sous l'articulation de la cheville et est responsable des mouvements d'**inversion** (plante du pied tournée vers l'intérieur) et d'**éversion** (plante du pied tournée vers l'extérieur).

3. Pronation

Les mouvements de l'articulation sous-talienne et d'autres articulations du pied servent à amortir les impacts. Le pied est en supination (inversion, adduction et flexion plantaire) juste avant l'impact, de manière à ce que ce soit la partie latérale du pied qui prenne contact avec le sol. Le pied passe en pronation (éversion, abduction et dorsiflexion) juste après l'impact pour que l'ensemble du pied touche le sol. Ce mouvement met en tension les muscles du pied et l'aponévrose plantaire (ensemble des ligaments et des tendons soutenant la voûte plantaire). La décélération du corps se fait de manière graduelle pour amortir l'impact.

Le pied reste en pronation durant la phase de milieu d'appui puis repasse en supination pour prendre appui sur les orteils avant la phase d'envol. La Figure E2.2 montre la variation de l'angle de pronation/supination de l'arrière-pied au cours de la phase d'appui. L'amplitude du mouvement est de 10° en supination à 10° en pronation. Le mouvement est très rapide et l'angle maximal de pronation est atteint entre 0,05 et 0,1 s après la frappe du pied.

Le pied perd sa fonction d'amortissement du choc s'il frappe le sol en pronation ou si l'aponévrose plantaire et les muscles sont lâches (peu de résistance au mouvement). Le mouvement de l'articulation sous-talienne s'associe à une rotation du tibia : la pronation s'accompagne d'une rotation interne du tibia et la supination d'une rotation externe. Une pronation supérieure à 20° entraîne une rotation interne du tibia excessive. Il en résulte un déséquilibre de l'articulation du genou qui peut provoquer une douleur articulaire antérieure.

De nombreux facteurs influent sur l'amplitude de la pronation/supination durant le cycle de course. La charge qui s'exerce sur le pied est d'autant plus importante que le poids du corps est important. Un poids excessif tend à affaisser la voûte plantaire et à produire une pronation plus ample ou plus rapide. L'angle de supination tend à augmenter quand la vitesse augmente mais l'angle de pronation reste relativement constant. La pronation s'effectue plus rapidement quand la vitesse est élevée car la durée de la phase d'appui est alors réduite.

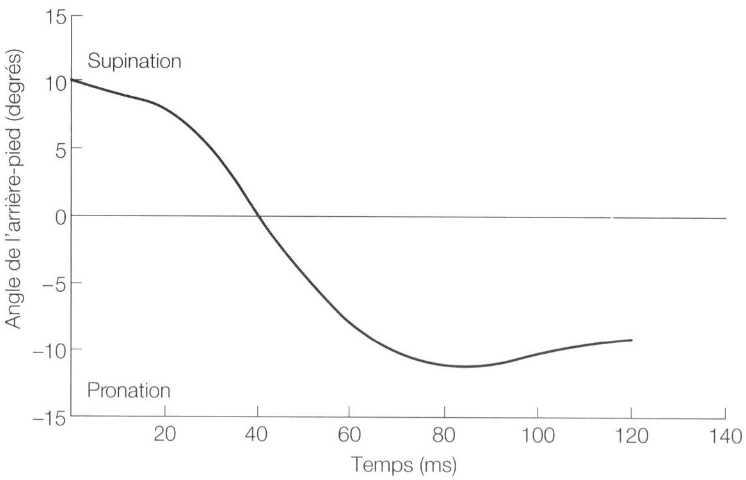

Fig. E2.2 : Mouvement de l'arrière-pied durant la course. La courbe s'interrompt à la phase de milieu d'appui car il est impossible de mesurer précisément l'angle de l'arrière-pied une fois que le talon a décollé du sol : la courbe ne montre donc pas le retour du pied en supination pour prendre appui sur les orteils.

4. Forces s'exerçant durant la course

Le déplacement vertical du corps est plus important durant la course que durant la marche en raison des phases d'envol. La vélocité verticale à l'impact est plus élevée car le corps tombe de plus haut. La pente de la courbe force-temps (voir Fig. E2.3) est plus prononcée, avec un pic atteint 0,05 s après l'impact (contre 0,15 s pour la marche). Cela signifie que les structures du pied sont plus rapidement mises en charge et subissent une contrainte plus importante. Cette courbe montre la différence entre l'impact sur une seule jambe de la course et le transfert graduel d'une jambe à l'autre de la marche (durant la phase de double appui).

La force verticale nette est directement liée au poids du corps : elle représente généralement 2 à 2,5 fois le poids du corps. La force d'impact verticale (pic) augmente quand la vitesse augmente. Une accélération de 3 m/s à 6 m/s se traduit par une augmentation de la force d'impact d'environ une fois le poids du corps (c'est-à-dire d'environ 2 fois le poids du corps à 3 fois le poids du corps). La force de propulsion verticale n'est pas affectée par la vitesse et reste relativement constante. La variation des forces est plus rapide quand la vitesse augmente car la phase d'appui dure moins longtemps.

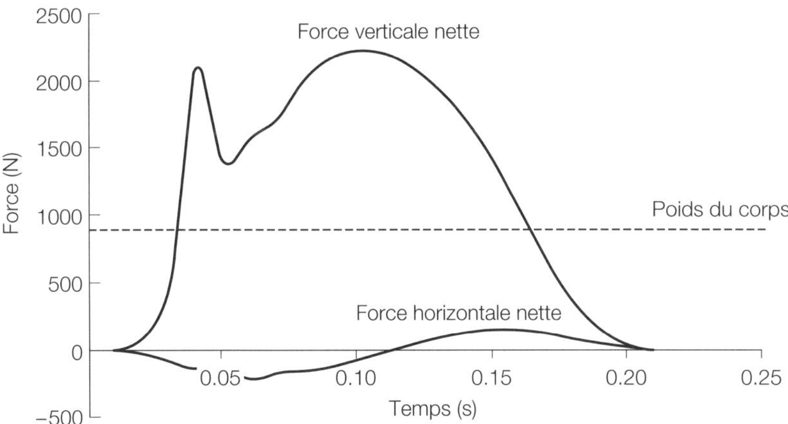

Fig. E2.3 : Forces horizontale et verticale nettes durant la phase d'appui de la course.

5. Impact du pied

Le tracé des forces de la Figure E2.3 est celui d'un coureur atterrissant sur le talon, ce qui est le cas pour environ 80 % des coureurs. Différents styles de course peuvent être définis en fonction de la portion du pied où se produit l'impact.

On distingue ainsi les coureurs de l'arrière-pied (qui atterrissent sur leur arrière-pied), les coureurs du moyen-pied et les coureurs de l'avant-pied. Les coureurs du moyen-pied et de l'avant-pied subissent une force d'impact moins importante car l'impact est amorti par la contraction des muscles du mollet.

Les chaussures de course modernes sont conçues de manière à amortir les chocs en allongeant la durée de l'impact, ce qui permet de réduire la contrainte exercée sur le système musculo-squelettique. Le revêtement du sol influe également sur la magnitude des forces : plus une surface est dure, plus les forces sont importantes. Les surfaces plus souples allongent la durée de l'impact et réduisent les forces d'impact. En revanche, la course sur une surface souple consomme plus d'énergie : la cadence est plus faible et le coureur se fatigue plus rapidement (course sur du sable par exemple).

Les variations de la position verticale et de la vélocité horizontale du corps durant la course se traduisent par des variations d'**énergie potentielle de pesanteur** et d'**énergie cinétique**. L'énergie potentielle de pesanteur dépend du poids du corps et de sa distance au sol (masse x gravité x taille). L'énergie cinétique dépend de sa masse et de sa vélocité (1/2 masse x vitesse^2). Durant la course, les variations d'énergies sont en phase : l'énergie cinétique est élevée quand l'énergie potentielle de pesanteur est élevée. La course est parfois comparée au saut sur un pogo stick, le corps passant d'une position basse au milieu de la phase d'appui à une position haute durant la phase d'envol. Deux mécanismes permettent de réduire le coût énergétique total de la course :

- le stockage puis l'utilisation de l'énergie potentielle élastique produite par la déformation des structures élastiques ;
- le transfert passif d'énergie d'un segment du corps à un autre.

Durant la phase de freinage, la vélocité et la hauteur du centre de gravité diminuent, d'où une diminution de l'énergie cinétique et de l'énergie potentielle de pesanteur. Une partie de l'énergie est emmagasinée dans les structures du membre inférieur (tendon d'Achille par exemple) sous forme d'énergie potentielle élastique. Durant la phase de propulsion, cette énergie est utilisée pour augmenter la vélocité et la hauteur du centre de gravité. L'énergie potentielle élastique contribue au travail et permet d'économiser l'énergie métabolique consommée par la contraction musculaire.

Chapitre 3

Description biomécanique du saut

Points clés	
Contre-mouvement	La phase de préparation du saut comporte généralement un déplacement du centre de gravité vers le bas appelé « contre-mouvement ». Ce contre-mouvement permet d'allonger la longueur du saut d'environ 10 % en augmentant l'amplitude du mouvement de propulsion et en améliorant le cycle étirement-détente.
Cycle étirement-détente	Le cycle étirement-détente correspond à une séquence de mouvements où un muscle subit d'abord une extension (étirement) associée une contraction excentrique puis un raccourcissement (détente) associé à une contraction concentrique. La détente du muscle génère une force plus importante si elle est précédée d'une phase d'étirement.
Hauteur du saut	La hauteur d'un saut vertical dépend de la vélocité d'envol selon la formule : $\text{hauteur du saut} = \frac{\text{vitesse d'envol}^2}{2g}$ La vélocité verticale dépend de l'impulsion verticale générée durant la période de contact selon la formule : $\text{vitesse d'envol} = \frac{\text{Force x temps}}{\text{Masse}}$ L'impulsion peut être déterminée en mesurant et en intégrant la force de réaction du sol verticale.

Rotation des bras au cours du saut	La rotation des bras permet d'allonger la distance de saut d'environ 10 à 20 %. Ceci est probablement dû d'une part à une contribution directe à la quantité de mouvement du centre de gravité et d'autre part à la création d'une force de réaction du sol plus importante. La quantité de mouvement du centre de gravité du corps humain est égale à la somme des quantités de mouvement de tous les segments du corps. Le déplacement vers le haut et vers l'avant des bras participe au déplacement du centre de gravité du corps dans cette même direction.
Contrôle du moment angulaire	Le corps a tendance à effectuer une rotation durant la phase de vol en raison du moment angulaire qu'il possède à son envol. moment angulaire = moment d'inertie x vélocité angulaire Cette rotation peut être contrôlée en repositionnant les membres pour modifier le moment d'inertie. Le moment d'inertie est important quand le corps est en extension, ce qui ralentit la rotation. Au saut en longueur, la technique de saut en double ciseau (mouvement de pédalage des bras et des jambes) permet de ralentir la rotation en effectuant un transfert de moment.

Le saut est un mouvement de base pour un grand nombre de disciplines sportives. L'objectif du saut peut être d'atteindre la plus grande distance horizontale ou verticale possible (saut en longueur ou saut en hauteur) ou d'intercepter un objet en l'air (tête au football). Le saut peut s'effectuer à partir d'une position stationnaire ou après une course d'élan et en prenant appui sur un ou sur deux pieds. Il existe donc plusieurs types de saut, chacun répondant à une description biomécanique spécifique.

Le saut à pieds joints sans course d'élan est le plus simple à analyser. Les mouvements de base du saut vertical sont les mêmes que ceux du saut horizontal. Le saut peut être décomposé selon les phases suivantes :

Contre-mouvement	De	Premier mouvement
	À	Flexion maximale du genou
Propulsion	De	Flexion maximale du genou
	À	Envol
Vol	De	Envol
	À	Réception
Réception	De	Réception
	À	Fin du mouvement

1. Contre-mouvement

Le contre-mouvement consiste en une flexion des hanches, des genoux et des chevilles. L'amplitude de la flexion dépend du type et de l'objectif du saut. En général, plus la hauteur du saut est importante, plus les hanches sont fléchies. La flexion des genoux et des chevilles reste plus ou moins constante.

Le contre-mouvement permet d'une part de positionner le corps de façon optimale pour la phase de propulsion et d'autre part d'améliorer le cycle étirement-détente. Un sujet ne peut développer qu'une poussée très limitée s'il se tient absolument droit car ses articulations sont très proches de leur extension maximale. Seule la flexion plantaire permet d'effectuer un saut dans cette position. Le contre-mouvement place les articulations en flexion ce qui permet une plus grande amplitude de mouvement durant la phase de propulsion.

Cette plus grande amplitude de mouvement permet de générer une impulsion plus importante (la force s'exerce sur une plus longue durée) et donc une vélocité d'envol plus élevée : le sujet saute une plus grande distance (horizontale ou verticale).

2. Cycle étirement-détente

Lors du contre-mouvement, la flexion des articulations est due à la force gravitationnelle s'exerçant sur le corps. Cette flexion s'accompagne d'une contraction excentrique des muscles extenseurs de la hanche, du genou et de la cheville. Ces muscles exercent une force de résistance opposée à la flexion pendant qu'ils s'allongent. La contraction excentrique est souvent appelée phase de pré-étirement car elle précède la contraction concentrique de ces mêmes muscles durant la phase de détente. La phase de pré-étirement permet au muscle de générer une plus grande force durant la phase de détente. Ce phénomène est connu sous le nom de **cycle d'étirement-détente**. La force générée est d'autant plus grande que la durée d'étirement et l'intervalle de temps entre l'étirement et la détente sont courts. Le contre-mouvement doit donc être rapide et le délai entre sa fin et le début de la phase de propulsion doit être court.

3. Hauteur du saut

Le saut groupé part d'une position accroupie et ne comporte donc pas de contre-mouvement puisque les articulations sont déjà en flexion. La hauteur atteinte par un saut groupé est inférieure d'environ 10 % à celle atteinte par un saut comparable avec contre-mouvement : on en déduit que le contre-mouvement permet d'allonger d'environ 10 % la longueur du saut.

Les articulations de la hanche, du genou et de la cheville entrent en extension durant la phase de propulsion. L'extension de la hanche se produit en premier et accélère le lourd segment du tronc. Les extensions du genou et de la cheville suivent de peu. Elles peuvent être simultanées ou séquentielles (genou puis cheville ou cheville puis genou) mais l'ordre semble n'avoir aucune influence sur les performances du saut.

4. Rotation des bras au cours du saut

Le mouvement des bras contribue de manière significative aux performances du saut. Les bras se déplacent en arrière et en bas durant le contre-mouvement puis en haut et en avant durant la phase de propulsion. La rotation des bras permet d'allonger la distance de saut d'environ 10 à 20 %. Pour un maximum d'efficacité les bras doivent atteindre leur vélocité maximale à l'instant de l'envol.

Le mécanisme exact par lequel les bras allongent la distance de saut n'a pas encore été déterminé. Ceci est probablement dû d'une part à une contribution directe à la quantité de mouvement du centre de gravité et d'autre part à la création d'une force de réaction du sol plus importante. La quantité de mouvement (masse x vélocité) du centre de gravité du corps humain est égale à la somme des quantités de mouvement de tous les segments du corps. Le déplacement vers le haut et vers l'avant des bras participe donc au déplacement du centre de gravité du corps dans cette même direction.

Considérons le cas d'un saut vertical sans course d'élan. La hauteur du saut dépend de la vélocité d'envol, qui dépend elle-même de l'impulsion verticale :

impulsion = variation de quantité de mouvement

Force (N) x Temps (s) = Masse (kg) x variation de vitesse ($m.s^{-1}$)

La vélocité initiale est nulle lors d'un saut vertical sans élan. La variation de vitesse est alors égale à la vélocité d'envol :

Force x Temps = Masse x vitesse d'envol

D'où

Vélocité d'envol = Force x Temps / Masse

Le corps est soumis à une accélération négative due à la gravité (-g) après son envol : le corps ralentit jusqu'à une vélocité nulle au sommet de sa trajectoire. La hauteur du saut peut être déterminée à partir d'une équation du mouvement sous accélération uniforme :

$$V^2 = U^2 + 2 \times a \times d$$

Où V = vélocité finale, U = vélocité initiale, a = accélération et d = déplacement

$$d = (V^2 - U^2) / (2 \times a)$$

Dans cet exemple, V est la vélocité au sommet de la courbe (nulle), U est la vélocité d'envol, a est l'accélération gravitationnelle (g) et d est la hauteur du saut, donc :

$$d = U^2 / 2g$$

$$\text{hauteur de saut} = \text{vélocité d'envol}^2 / 2 \text{ x gravité}$$

La vélocité d'envol peut être déterminée à partir de force de réaction du sol verticale mesurée par une plaque de force. L'intégration de la courbe force-temps donne l'impulsion et .

La hauteur d'un saut vertical peut aussi être calculée à partir du temps de vol. Ce calcul fait appel à une autre équation du mouvement sous accélération uniforme :

$$d = U \times T + ½ a \times t^2$$

Où d = déplacement, t = temps, a = accélération

Si l'envol et la réception se font à la même hauteur, le sommet de la trajectoire est atteint à la moitié du temps de vol. En prenant le sommet de la trajectoire comme point de départ, la vélocité initiale est nulle puis le corps effectue un déplacement jusqu'à la réception durant la moitié du temps de vol :

$$d = 0 \times T + ½ \times g \times t^2$$

U = 0, t = ½ du temps de vol (t_v), a = g (le signe négatif est supprimé car la direction n'a pas d'importance)

$$d = ½ \times g \times (½\, t_v)^2$$

Les sauts en sport sont le plus souvent des sauts sur une jambe précédée d'une course d'élan. La course d'élan procure au corps une vélocité initiale qui doit être prise en compte dans le calcul de la vélocité d'envol. Dans le saut en longueur, par exemple, l'athlète essaie d'atteindre une vitesse élevée durant la course d'élan pour sauter le plus loin possible ; il existe un coefficient de corrélation de 0,8-0,9 entre la vélocité d'élan et la longueur du saut. Notez toutefois que l'athlète n'atteint pas sa vitesse de course maximale durant la course d'élan. Il existe une vitesse d'élan optimale, spécifique à chaque individu et inférieure à leur vitesse maximale. Les performances sont moins bonnes quand la vitesse d'élan dépasse cette valeur optimale car l'athlète ne parvient plus à générer une impulsion suffisante à l'envol.

Les mouvements du saut sur une seule jambe sont similaires à ceux du saut sur deux jambes : on observe une flexion initiale (phase de compression) de la hanche, du genou et de la cheville de la jambe d'appui, suivie par leur extension (phase de propulsion). La phase de compression est comparable au contre-mouvement mais avec une amplitude des mouvements articulaires plus réduite.

La jambe controlatérale ne prend pas appui sur le sol et est appelée « jambe libre ». Le mouvement de la jambe libre et des bras contribue de façon importante (de 10 à 15 %) à la vélocité d'envol, de la même manière que la rotation des bras dans le saut sur deux jambes.

5. Contrôle du moment angulaire

Le corps est soumis à des forces horizontales et verticales durant la phase d'envol du saut. Ces forces peuvent s'exercer à distance du centre du gravité et produire un moment de force causant une rotation du corps. Le moment de force créé par la force de réaction du sol tend à faire exécuter un saut périlleux avant. Durant l'envol, ce moment de force génère une impulsion angulaire (force x temps) qui modifie le moment angulaire (moment d'inertie x vélocité angulaire) du corps. Une fois dans les airs, l'athlète doit contrôler son moment angulaire pour modifier sa rotation. Le moment angulaire demeure constant durant toute la phase de vol.

Dans le saut en longueur et le triple saut, l'athlète contrôle son moment angulaire pour atteindre une position de réception optimale. Deux méthodes permettent de contrôler la rotation. La première provient de la définition même du moment angulaire :

$$\text{moment angulaire } (kg.m^2.s^{-1}) = \text{moment d'inertie } (kg.m^2) \times \text{vélocité angulaire } (rad.s^{-1})$$

Le moment angulaire demeurant constant durant la phase de vol, la variation du moment d'inertie doit s'accompagner d'une variation inverse de la vélocité angulaire. L'extension du corps permet d'augmenter son moment d'inertie, d'où une diminution de sa vélocité angulaire et une rotation moindre. Une des techniques employée au saut en longueur consiste à lever les bras les bras au dessus de la tête tout en étendant les jambes.

La deuxième méthode nécessite d'analyser de la contribution de chaque segment du corps au moment angulaire total du corps. Le moment angulaire total est égale à la somme des moments angulaires de tous les segments. Un groupe de segments peut effectuer une rotation de manière à générer un moment angulaire égal et opposé au moment angulaire total : le moment angulaire net autour du centre de gravité est alors nul (pas de rotation). La technique du double ciseau consiste à effectuer un mouvement de pédalage des bras et des jambes pour compenser le moment angulaire du corps et empêcher sa rotation en avant.

Chapitre 4

Description biomécanique du lancer

Points clés	
Phases du lancer	Le lancer comprend les phases suivantes : l'armée, l'accélération et l'accompagnement. La phase d'accélération est généralement divisée en accélération précoce et accélération tardive. La durée et l'amplitude des mouvements au cours de ces différentes phases varient en fonction du type de lancer.
Phase d'armée	La phase d'armée positionne le corps de manière à augmenter l'amplitude du mouvement et à pré-étirer la musculature. Ceci permet d'augmenter l'impulsion (force × temps) générée durant la phase d'accélération. Durant cette phase, l'abduction et l'extension horizontale du bras provoquent l'étirement des muscles antérieurs de l'épaule. Ce pré-étirement augmente la force générée lors de la détente des muscles (cycle étirement-détente) et donc la vélocité du mouvement.
Phase d'accélération	La phase d'accélération est celle où la vélocité du mouvement augmente. Durant la phase d'accélération précoce, la rotation du pelvis et du thorax accélère l'axe de l'épaule dans le plan horizontal et entraîne la rotation externe du bras fléchi en arrière. Durant la phase d'accélération tardive, le bras effectue une rotation interne autour de l'axe de l'épaule pendant que le coude entre en extension. La phase d'accélération consiste en une accélération séquentielle des articulations : le moment angulaire est transféré des articulations proximales aux articulations distales. Les muscles pré-étirés durant la phase d'armée se détendent (contraction concentrique) lors de l'accélération précoce du pelvis et du thorax.

Phase d'accompagnement	La phase d'accompagnement correspond à la décélération du mouvement de lancer de manière contrôlée. Cette décélération est due à la contraction excentrique des muscles du bras. La contraction des muscles est d'autant plus forte que la phase d'accompagnement est courte.

Les mouvements de lancer varient en fonction de l'objet lancé et de l'objectif du lancer. Ce chapitre décrira l'aspect général du mouvement sans s'intéresser aux spécificités de chaque lancer.

Le lancer est un mouvement en **chaîne ouverte**, c'est-à-dire un mouvement dans lequel l'extrémité distale de la chaîne osseuse se déplace librement dans l'espace. À l'inverse, les mouvements en **chaîne fermée** sont ceux où l'extrémité distale est soumis à une charge et ne se déplace pas librement dans l'espace (musculation en portant un haltère par exemple). La distinction des mouvements en chaîne ouverte ou chaîne fermée présente plus d'intérêt en physiothérapie qu'en biomécanique.

Phases du lancer

Le lancer comprend les phases suivantes : l'armée, l'accélération et l'accompagnement.

Phase d'armée	De	Premier mouvement en arrière de la main
	À	Extension horizontale maximale de l'épaule
Phase d'accélération	De	Extension horizontale maximale de l'épaule
	À	Lâcher de l'objet
Phase d'accompagnement	De	Lâcher de l'objet
	À	Extension maximale de l'épaule

La phase d'accélération comprend elle-même une accélération précoce et une accélération tardive :

Accélération précoce	De	Extension horizontale maximale de l'épaule
	À	Rotation externe maximale de l'épaule
Accélération tardive	De	Rotation externe maximale de l'épaule
	À	Lâcher de l'objet

La durée et l'amplitude des mouvements au cours de ces différentes phases varient en fonction du type de lancer. Les tableaux suivants donnent les mouvements articulaires effectués au cours des différentes phases du lancer :

Phase d'armée

Articulation	**Mouvement**
Tronc	Flexion latérale (vers la gauche) Rotation (vers la droite) Hyper-extension
Épaule	Extension horizontale Abduction
Coude	Flexion
Poignet	Extension

Phase d'accélération précoce

Articulation	**Mouvement**
Tronc	Rotation (vers la gauche) Flexion
Épaule	Flexion horizontale Rotation externe
Coude	Pas de mouvement
Poignet	Pas de mouvement

Phase d'accélération tardive

Articulation	**Mouvement**
Tronc	Rotation (vers la gauche) Flexion
Épaule	Rotation interne
Coude	Extension
Poignet	Flexion

Phase d'accompagnement

Articulation	Mouvement
Tronc	Rotation (vers la gauche) Flexion
Épaule	Adduction Rotation interne Extension
Coude	Flexion
Poignet	Flexion Pronation

Ces mouvements sont les mêmes pour tous les types de lancer, seules leurs amplitudes varient.

La phase d'armée positionne le corps de manière à augmenter l'amplitude du mouvement et à pré-étirer la musculature.

La phase d'accélération est celle où la vélocité du mouvement augmente sous l'effet d'une accélération séquentielle du tronc et des articulations du bras. Durant la phase d'accélération précoce, la rotation du pelvis et du thorax accélère l'axe de l'épaule dans le plan horizontal et entraîne la rotation externe du bras fléchi en arrière. Le moment angulaire générée au niveau de l'épaule dépend du degré de flexion du coude. Si le coude est fléchi au-delà de 90°, le moment d'inertie du bras diminue et le moment angulaire générée au niveau de l'épaule sera plus faible. L'angle de flexion du coude doit donc être maintenu durant la phase d'accélération précoce.

Durant la phase d'accélération tardive, l'extension du coude augmente le rayon de rotation du bras, d'où une augmentation de la vélocité linéaire de son extrémité distale.

Durant la phase d'accompagnement, les mouvements du bras sont progressivement ralentis. Les forces nécessaires à cette décélération sont d'autant plus élevées que cette phase est courte.

La phase d'armée commence par une contraction concentrique des muscles agonistes des mouvements de cette phase. Ces mouvements mettent en tension les muscles antagonistes qui réagissent par une contraction excentrique (reflexe d'étirement). Les muscles ainsi étirés pourront générer une force plus importante durant leur détente (cycle d'étirement-détente), d'où une plus grande vélocité du mouvement.

La phase d'accélération consiste en une accélération séquentielle des articulations : le moment angulaire est transféré des articulations proximales aux articulations distales. Durant la phase d'accélération précoce, les muscles pré-étirés pendant la phase d'armée se détendent (contraction concentrique) et provoquent la flexion et la rotation du tronc. Les muscles antérieurs de l'épaule poursuivent leur contraction excentrique car le bras reste en arrière. Le triceps atteint son pic d'activité musculaire durant cette phase, bien qu'il n'y ait aucun mouvement de l'articulation du coude. On parle alors de contraction isométrique, c'est-à-dire une contraction sans modification de la longueur du muscle. Le coude doit rester immobile (flexion d'environ 90°) pour conserver le moment d'inertie du bras et générer un moment angulaire important au niveau de l'épaule.

Durant la phase d'accélération tardive, la vélocité angulaire du bras autour de l'épaule atteint son pic et le coude entre en extension. Cette extension ne fait pas intervenir le triceps ; elle est due au transfert de la quantité de mouvement du tronc et du segment supérieur du bras vers le segment inférieur.

Durant la phase d'accompagnement, les mouvements sont ralentis par une contraction excentrique des muscles antagonistes. Cette contraction est d'autant plus forte que l'arrêt est brutal, ce qui entraîne un risque accru de lésions. Un ralentissement progressif est préférable mais cela n'est pas toujours réalisable dans certaines disciplines sportives.

Les types de lancer diffèrent par l'amplitude des mouvements et l'orientation des segments du corps. On peut ainsi distinguer les techniques de lancer suivantes :

- le lancer à bras tendu ;
- le lancer à bras cassé ;
- le lancer « à la cuillère » (mouvement du bas vers le haut, au bowling par exemple) ;
- le lancer de type smash…

Les principales différences entre ces techniques résident dans l'orientation du tronc et le degré d'abduction de l'épaule. Différents muscles seront impliqués en fonction des orientations des divers segments. La nature des mouvements et des activités musculaires restent cependant les mêmes dans les diverses techniques de lancer.

Notons enfin que le lancer peut être précédé d'une course d'élan qui vise à augmenter la quantité de mouvement de l'ensemble du corps.

La relation entre l'impulsion et la quantité de mouvement permet de déterminer la force moyenne qui s'exerce sur l'objet lancé. Considérons l'exemple d'une balle de 0,5 kg lancée à une vélocité de 30 m/s après une phase d'accélération d'environ 0,1 s. La relation entre l'impulsion et la quantité de mouvement est la suivante :

$$\text{Force (N)} \times \text{Temps (s)} = \text{Masse (kg)} \times \text{variation de vitesse (m.s}^{-1}\text{)}$$

Donc dans cet exemple, la force moyenne exercée sur la balle est la suivante :

$$\text{Force} = (0{,}5 \times 30) / 0{,}1$$

$$\text{Force} = 150 \text{ N}$$

Il est possible de déterminer l'importance relative de chaque mouvement articulaire dans la vélocité finale de l'objet lancé. La vélocité linéaire finale de la balle est égale à la somme des vélocités linéaires de chaque segment, tel que :

$$\text{Vélocité finale} = V_{\text{épaule}} + V_{\text{humérus}} + V_{\text{avant-bras}} + V_{\text{main}}$$

La vélocité linéaire de l'épaule dépend de la course d'élan et du mouvement du tronc (déplacement vers l'avant de l'épaule). Pour les autres segments, la vélocité linéaire est égale à la somme des vélocités angulaires du mouvement articulaire multipliées par la distance perpendiculaire (rayon de rotation) entre la balle et l'articulation :

$$V = \omega.r$$

Les valeurs suivantes correspondent à un lancer à bras cassé d'une balle :

Vélocité finale de la balle : 28 m/s

Rotation interne de l'humérus : 8 m/s

Flexion du poignet : 7 m/s

Flexion horizontale de l'humérus : 6,5 m/s

Pronation de l'avant-bras : 4 m/s

Déplacement vers l'avant de l'épaule : 2,5 m/s

Le déplacement de l'épaule, la déviation de l'ulna et l'extension du coude contribuent peu à la vélocité finale de la balle mais permettent d'ajuster l'angle du lancer et d'imprimer un effet.

Chapitre 5

Propulsion dans un fluide

Points clés

Propulsion dans un fluide	En biomécanique la propulsion dans un fluide concerne généralement le déplacement d'un corps dans de l'air ou dans de l'eau. L'exemple de la natation sera employé pour expliquer les concepts abordés dans ce chapitre mais la plupart de ces concepts restent valables pour un déplacement dans tout autre type de fluide (trajectoire d'un disque dans l'air par exemple).
Vitesse de nage	La vitesse de nage est égale au produit de la cadence de nage (fréquence des cycles de nage) par la distance parcourue en un cycle de nage. Un cycle de nage complet comprend le trajet sous-marin d'un bras et son retour à sa position initiale. La distance parcourue en un cycle de nage dépend des forces propulsives et des résistances qui s'exercent sur le nageur.
Résistances	Les résistances s'exerçant sur un corps immergé sont une conséquence directe de la traînée. Celle-ci possède plusieurs composantes : la **résistance de forme**, la **résistance d'onde** et la **résistance de frottement**. La **résistance de forme** dépend de la forme du corps immergé, de l'aire de sa section transversale et de la vélocité relative de l'écoulement du fluide. La résistance de forme peut être réduite en adoptant une position plus hydrodynamique. C'est généralement la résistance la plus élevée en natation. La **résistance d'onde** est due aux vagues créées à l'interface entre le nageur et l'eau. La propulsion du nageur crée une vague importante en avant qui pousse le nageur en arrière. Il est préférable d'exécuter les mouvements rapides tels que le retour du bras dans l'air plutôt que dans l'eau pour prévenir l'apparition de ces vagues. De nombreux nageurs essaient d'éviter ces vagues en se propulsant le plus longtemps possible sous la surface de l'eau. La **résistance de frottement** dépend de la surface du corps en contact avec l'eau durant sa propulsion. Les combinaisons de natation modernes sont conçues de manière à réduire cette résistance de frottement en créant des courants tourbillonnaires autour du nageur ; l'interface eau-eau ainsi produite génère moins de frottements que l'interface eau-nageur.

Forces propulsives	La propulsion dans un fluide s'effectue grâce à des **forces de traînée** et de **portance**. Les **forces de traînée** sont produites en poussant l'eau en arrière alors que les **forces de portance** sont similaires à celles permettant le vol d'un avion. La propulsion du nageur passe par une combinaison de ces forces. Les techniques de nages modernes emploient des mouvements complexes visant à maximiser ces deux types de forces de propulsion (flexion du coude en nage libre par exemple).

1. Propulsion dans un fluide

L'exemple de la natation sera employé pour expliquer les concepts abordés dans ce chapitre mais la plupart de ces concepts restent valables pour un déplacement dans tout autre type de fluide.

2. Vitesse de nage

La **vitesse de nage** est égale au produit de la **cadence de nage** (fréquence des cycles de nage) par la **distance parcourue en un cycle de nage** :

vitesse = cadence x distance par cycle

$$V = CN \times DPC$$

Un cycle de nage complet comprend le trajet sous-marin d'un bras et son retour à sa position initiale. La distance parcourue en un cycle de nage dépend des forces propulsives et des résistances qui s'exercent sur le nageur.

La vitesse de nage peut être augmentée en augmentant la cadence de nage et/ou la distance parcourue en une cycle de nage.

Le principale désavantage de l'augmentation de la cadence est qu'elle s'accompagne souvent d'une dégradation de la technique de nage, qui devient moins efficace.

La distance parcourue en un cycle de nage peut être allongée en augmentant les **forces propulsives** et/ou en réduisant les **résistances**.

3. Résistances

Les résistances s'exerçant sur le corps immergé sont une conséquence directe de la traînée. Celle-ci possède plusieurs composantes : la **résistance de forme**, la **résistance d'onde** et la **résistance de frottement**.

La **résistance de forme** dépend de la forme du corps immergé, de l'aire de sa section transversale et de la vélocité relative de l'écoulement du fluide. La **résistance d'onde** est due aux vagues créées à l'interface entre le nageur et l'eau. La création de ces vagues dissipe une partie de l'énergie du nageur et elles ont de plus tendance à tirer le nageur en arrière. La **résistance de frottement** dépend de la surface du corps en contact avec le fluide, de sa rugosité et de la vélocité relative de l'écoulement du fluide (voir Figs. E5.1, E5.2 et E5.3).

La **résistance de forme** peut être réduite en adoptant une forme plus hydrodynamique, comme dans l'exemple A de la Figure E5.1. Dans l'exemple A, le nageur se tient à l'horizontale de la surface, ce qui réduit la poussée frontale de l'écoulement de l'eau. La résistance de forme est généralement celle qui s'oppose le plus à la propulsion en natation. La capacité à adopter une forme hydrodynamique est étroitement liée à la flottabilité du nageur : plus la flottabilité est élevée, plus il est facile d'adopter une position hydrodynamique. Notons toutefois que certains nageurs de compétition n'adoptent pas la forme la plus hydrodynamique possible : les nageurs qui possèdent un puissant battement de jambes préfèrent adopter une position plus inclinée (corps vers le haut et jambes vers le bas) pour maximiser la poussée des jambes.

La **résistance d'onde** est la deuxième en terme d'importance. Elle peut être réduite en diminuant la taille des vagues créées par le nageur. Les mouvements rapides, tels que le retour du bras, tendent à générer de grandes vagues et doivent donc de préférence être exécutés en dehors de l'eau. L'impact brutal de la main et du bras contre la surface de l'eau crée également de grandes vagues : la main doit donc glisser dans l'eau plutôt que la frapper. En nage libre, la main pénétre dans l'eau selon une certaine inclinaison de manière à ce que le bras puisse glisser dans le « trou » fait par la main. Un mouvement de lacet (oscillation latérale similaire au déplacement du serpent) trop important peut également créer de grandes vagues : le corps doit rester le plus droit possible. Les nageurs de compétition essaient d'éviter la résistance d'onde en se propulsant le plus de temps possible sous l'eau. La technique actuelle de la brasse consiste en des mouvements immergés qui ressemblent à ceux de la nage papillon et qui visent à réduire la résistance d'onde.

La **résistance de frottement** dépend de la surface du corps en contact avec l'eau (voir Fig. E5.3). Le port de combinaisons de natation de type peau de requin permet de réduire cette résistance. Ces combinaisons sont conçues de manière à créer des courants tourbillonnaires autour du nageur. L'interface eau-eau ainsi produite génère moins de frottements que l'interface nageur-eau. Le port de bonnet et le rasage de corps permettent également de réduire cette résistance mais leur effet n'est perceptible qu'à un niveau de compétition. En natation, 90 % de la traînée est due à la résistance de forme et seul 10 % est due à la résistance de frottement. Ces 10 % prennent toute leur importance dans les records mondiaux. En 1875, l'anglais Matthew Webb a traversé la Manche en portant une combinaison de 4,5 kg. En 2004, aux Jeux Olympiques d'Athènes, les combinaisons ne pesaient que 0,09 kg, soit 98 % de moins que la combinaison de 1875. Ces combinaisons permettent de réduire la résistance de frottement d'environ 8 % (en comparaison à la nage sans combinaison)

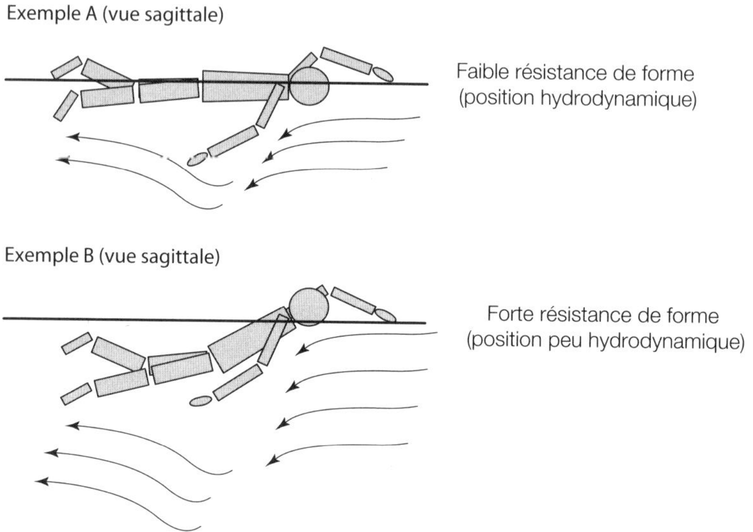

Fig. E5.1 :Résistance de forme en natation.

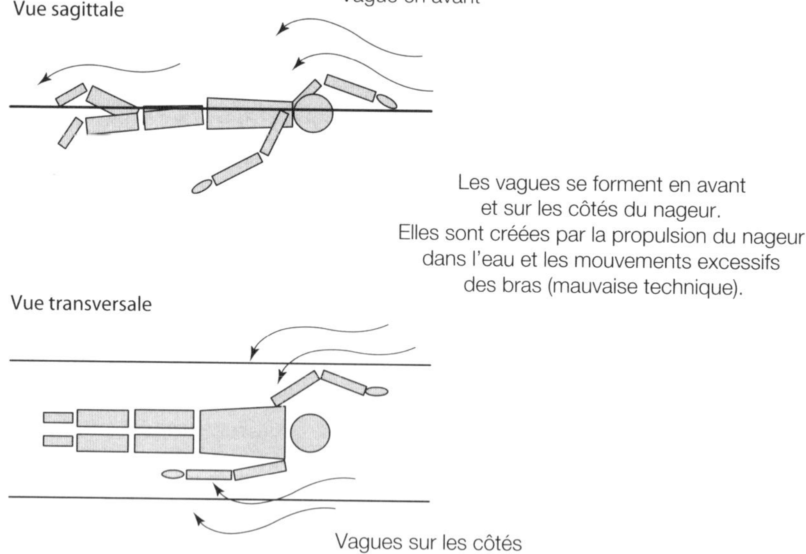

Fig. E5.2 : Résistance d'onde en natation.

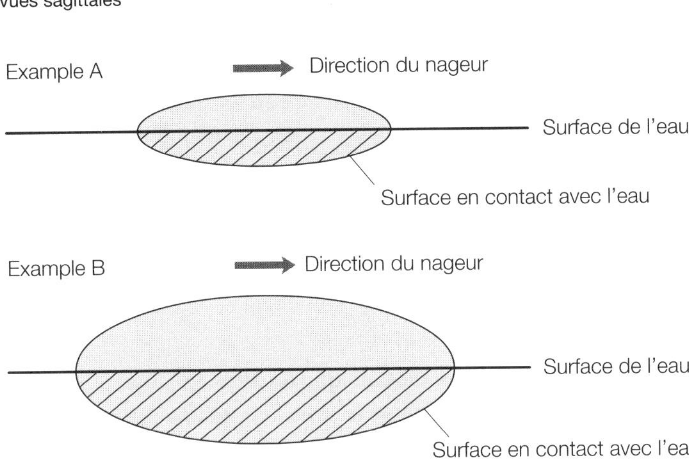

Fig. E5.3 : Résistance de frottement en natation.

4. Force propulsives

Avant les années 70, on croyait que la propulsion dans un fluide dépendait uniquement du principe des actions réciproques (troisième loi de Newton) : la poussée de l'eau en arrière entraîne la propulsion du corps en avant. Il s'agit d'une **force de traînée** car elle est produite par la poussée des mains en arrière. Dans les années 70, James Counsilman a découvert que la propulsion dépendait également de **forces de portance** générées par les mouvements latéraux et verticaux des mains dans l'eau. Les techniques de nage modernes tiennent compte de ces forces de portance.

Le terme de **portance** peut être source de confusion car il semble impliquer que la force est toujours dirigée vers le haut. En réalité, les forces de portance peuvent s'exercer dans n'importe quelle direction puisqu'elles sont perpendiculaires au déplacement du corps qui les produit. La force de portance sera donc dirigée vers le haut si le corps se déplace horizontalement mais elle sera dirigée vers l'avant si le corps se déplace verticalement.

La portance est basée sur le principe de Bernoulli en dynamique des fluides. Ce principe est le plus souvent employé en aérodynamique (propulsion dans l'air) mais il reste valable pour la propulsion dans l'eau.

La Figure E5.4 montre une coupe transversale d'une aile d'avion. Quand l'aile se déplace vers l'avant (grâce aux réacteurs de l'avion), les couches d'air en avant se séparent. Certaines se déplacent au-dessus de l'aile et d'autres en dessous. La forme et l'inclinaison de l'aile font que le trajet de l'air est plus long au-dessus qu'en dessous de l'aile. L'air se déplace donc plus rapidement au-dessus qu'en dessous de l'aile. La différence de vitesse de l'air engendre une différence de pression (principe de Bernoulli), avec une zone de haute pression en dessous de l'aile et une zone de basse pression au-dessus. Il en résulte une force de portance perpendiculaire à la direction du déplacement de l'aile (vers le haut dans cet exemple). Cette force de portance permet à un avion de prendre son envol et de maintenir son vol tant qu'il est propulsé en avant par ses réacteurs.

En natation, les mains jouent le même rôle que les ailes d'un avion et créent une force de portance qui dépend de leur forme et de leur inclinaison durant leur propulsion dans l'eau. Profitez d'un prochain trajet en voiture pour sortir votre main par la vitre en lui donnant la forme de l'aile d'avion de la Figure E5.4 : votre main se déplacera vers le haut sous l'effet de la force de portance créée par le déplacement de la voiture vers l'avant. Vous pourrez ressentir des forces de portance différentes en modifiant l'inclinaison de votre main, certaines inclinaisons produisant même des forces de portance dirigées vers le bas. L'aileron arrière des voitures de course est incliné de manière à produire une force de portance dirigée vers le bas qui améliore l'adhérence au sol à de grandes vitesses.

En natation, le déplacement de la main dans l'eau est bien plus lent mais il suffit pour créer une force de portance propulsant le corps vers l'avant. Vous pouvez par exemple vous maintenir à la surface de l'eau en n'effectuant qu'un mouvement de balayage horizontal des mains : la force de portance générée est suffisante pour vous maintenir à la surface. En nage libre, la main est inclinée et suit une trajectoire elliptique durant la phase de poussée du cycle de nage. Les forces de portance ainsi générées peuvent servir à maintenir une position horizontale ou à propulser le nageur vers l'avant (voir Fig. E5.5).

Dans l'ancien modèle de propulsion (basée uniquement sur les forces de traînée), environ la moitié de la phase de poussée était peu efficace car la poussée n'était pas dirigée directement vers l'arrière durant tout le trajet sous-marin du bras (composante verticale à l'entrée et à la sortie de l'eau). Dans le modèle moderne, la combinaison des forces de traînée et de portance permet en revanche une propulsion efficace sur l'ensemble de la phase de poussée.

L'angle d'inclinaison de la main dans l'eau est appelée **angle d'attaque**. L'augmentation de l'angle d'attaque permet de générer des forces de portance plus importantes mais elle s'accompagne également d'une force de traînée plus importante qui ralentit le mouvement de la main dans l'eau. Il existe un angle d'attaque limite pour lequel toute augmentation conduit à une réduction de la force de portance. En aérodynamique, un angle d'attaque compris entre 4° et 15° permet un rapport portance-traînée optimal. En natation, l'angle d'attaque optimal est compris entre 30° et 50°. Cette différence s'explique par le fait que le nageur peut adapter son effort : il pourra conserver une force de portance élevée en augmentant sa dépense énergétique pour lutter contre la traînée plus importante. Dans les épreuves de distance, les nageurs adoptent un angle d'attaque plus réduit, générant une force de portance moins importante ; ceci leur permet d'économiser leur énergie car ils n'ont pas à lutter contre une force de traînée très forte. Dans les épreuves de vitesse, les nageurs adoptent au contraire un angle d'attaque élevé leur permettant d'augmenter la force de portance et leur vitesse au détriment d'un coût énergétique élevé. Notez que la force de traînée dont il est question s'exerce dans la direction opposée au mouvement de la main : il ne s'agit pas de la traînée générant les résistances qui s'opposent au déplacement du nageur. La Figure E5.6 montre les rapports portance-traînée de différents angles d'attaques.

Les techniques de natation modernes sont toutes basées sur la propulsion par forces de traînée et de portance et emploient des mouvements complexes visant à maximiser ces deux types de forces (flexion du coude en nage libre, notamment dans les épreuves de distance, par exemple) (voir Fig. E5.7). La plupart de ces techniques partagent des caractéristiques communes : mouvement elliptique, cycle d'extension-flexion-extension, position haute de l'épaule, plongeon de la main visant à minimiser les éclaboussures, combinaison de forces de traînée et de portance et position hydrodynamique. La propulsion en natation répond à deux objectifs :

- Optimiser la combinaison de forces de traînée et de portance
- Minimiser les résistances s'exerçant sur le corps.

On évalue à 85 % la part du mouvement des bras dans la propulsion en natation, bien que certaines sources affirment que les jambes contribuent pour bien plus que 15 %. Nous avons vu précédemment que certains nageurs inclinent leurs corps pour profiter de leurs puissants battements de jambes. Le mouvement des jambes s'effectue selon une inclinaison, une position et une direction de mouvement du pied spécifiques visant à optimiser les forces de traînée et de portance. Notons enfin que la propulsion dépend d'une combinaison et non d'une alternance de forces de traînée et de portance : chaque mouvement des bras génère une certaine force de traînée et une certaine force de portance. Quand la main se déplace vers l'arrière, la force de traînée est la plus importante ; quand elle se déplace verticalement ou latéralement, la force de portance devient la plus importante. Un bon entraîneur doit savoir choisir et adapter la technique la plus appropriée pour un nageur. Cela nécessite une bonne connaissance de la biomécanique de la propulsion dans un fluide.

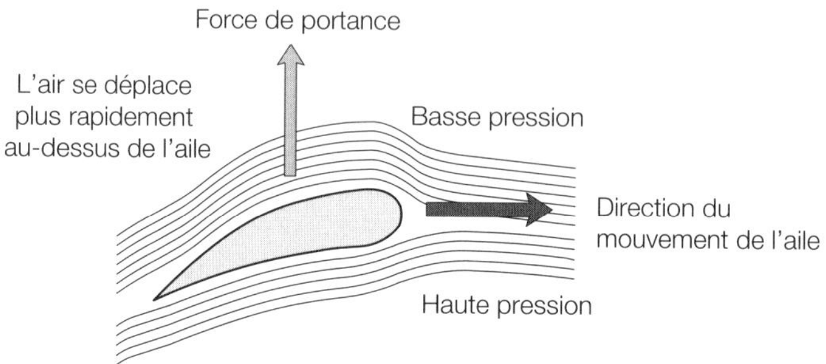

Fig. E5.4 : Force de portance s'exerçant sur une aile d'avion

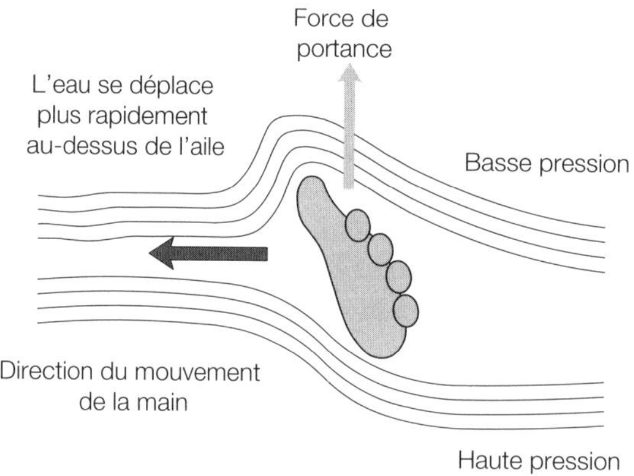

Fig. E5.5 : Force de portance s'exerçant sur la main d'un nageur.

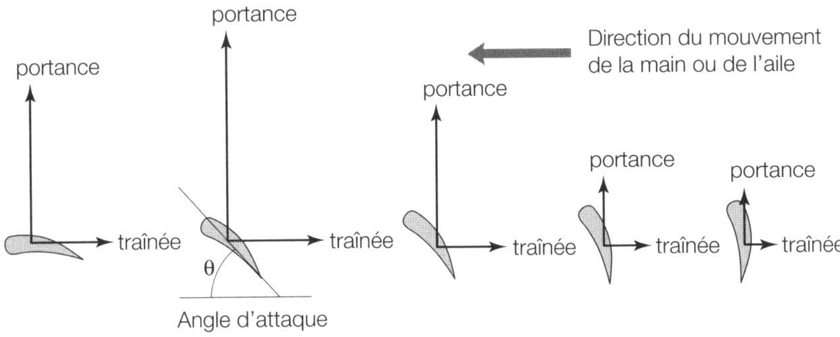

La portance augmente quand l'angle d'attaque augmente jusqu'à un certain point. Au delà de ce point-limite, la portance diminue quand l'angle d'attaque augmente.
Notez la force de traînée associée à la force de portance.

Fig. E5.6 : Rapports portance-traînée en fonction de l'angle d'attaque de la main ou de l'aile.

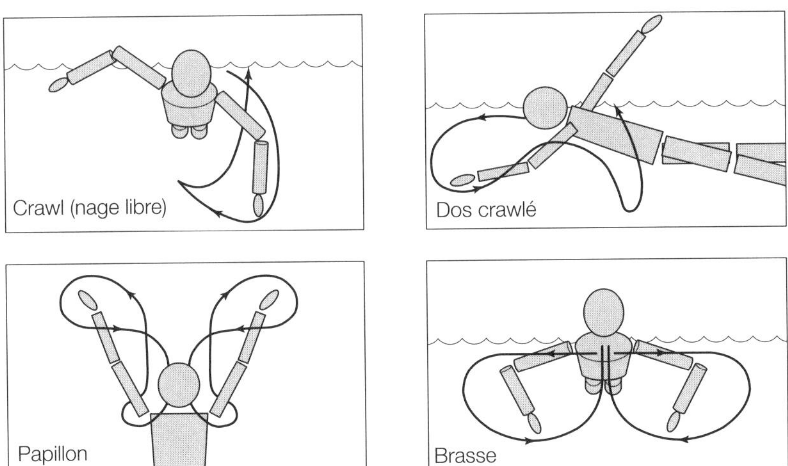

Les mouvements elliptiques visent à optimiser les forces de traînée et de portance
Notez les mouvements verticaux et latéraux des différentes techniques

Fig. E5.7 : Mouvements elliptiques des techniques de nage modernes.

Mécanismes des blessures

Points clés	
Course	La plupart des athlètes parcourent entre 75 et 150 kilomètres par semaine pour leur entraînement, ce qui représente plus de 100 000 impacts sur le sol par semaine. Le nombre de coureurs amateurs a tendance à augmenter dans tous les pays. Cette augmentation est associée à une plus grande incidence des blessures liées à la course.
Mécanisme de blessure	Une pronation/supination insuffisante ou excessive peut être à l'origine de blessures. La pronation prolongée est plus problématique que la supination prolongée. Le syndrome fémoro-patellaire est une lésion fréquente de la partie antérieure du genou, associée à la course, et qui cause des problèmes d'hyper-pronation
Symptômes et traitement	Le syndrome fémoro-patellaire se manifeste par une douleur à l'intérieur et autour du genou, exacerbée lors de la montée d'un escalier. Un déclic dans le genou peut être perçu. Le traitement comprend : une modification du programme d'entraînement, le port de chaussures de course adaptées, des anti-inflammatoires et, en dernier recours, la chirurgie.
Orthèses	Les orthèses sont des appareillages servant à compenser ou à corriger l'insuffisance d'un organe locomoteur (suite à une pronation excessive et prolongée par exemple). Les orthèses peuvent totalement contrôler le mouvement ou ne jouer que le rôle d'un amortisseur de choc. Leurs indications sont encore controversées de nos jours.

Ce chapitre offre une description biomécanique des mécanismes de blessure en sport. À la fin de ce chapitre, vous devriez maîtriser le principe et les bases de la prévention de la plupart des blessures en sport.

1. Syndrome fémoro-patellaire lié à la course

Course

Les athlètes soumettent leurs corps à de nombreuses contraintes durant leur carrière. La plupart parcourent entre 75 et 150 kilomètres par semaine pour leur entraînement, soit plus de 100 000 impacts par semaine, le plus souvent sur des surfaces dures telles le béton. Cette mise en charge répétée peut, au fil du temps, causer divers problèmes. De plus, le nombre de coureurs amateurs ne cesse d'augmenter dans tous les pays (le Marathon de Londres attire chaque année plus de 45 000 participants), d'où une plus grande incidence des blessures liées à la course dans la population générale.

Sur des distances moyennes, les coureurs frappent généralement le sol avec le talon pour adopter une phase d'appui talon moyen-pied orteils. La plupart des coureurs (80 %) sont des coureurs de l'arrière-pied qui frappent le sol avec le bord latéral (externe) du talon. Le pied heurte le sol en supination puis il effectue une pronation (au niveau de l'articulation sous-talienne) qui absorbe le choc. Le pied revient ensuite en supination pour que l'athlète puisse exercer une poussée sur le sol. Ces mouvements se retrouvent dans la marche comme dans la course (voir Chapitres E1 et E2).

Mécanisme de blessure

Une pronation du pied excessive ou insuffisante peut provoquer des blessures, de même qu'une supination excessive ou insuffisante. Il est important de noter, surtout pour les cliniciens, que la pronation/supination anormale peut être le signe d'un trouble de la marche sous-jacent.

Le tableau E6.1 donne les rapports entre la pronation/supination du pied et la rotation des autres segments du membre inférieur. Par exemple, le rapport 1:2,5 entre la pronation du pied et la rotation du tibia et de la fibula indique que pour chaque degré de pronation, le tibia et la fibula effectuent une rotation interne de 2,5°. En comparaison, chaque degré de supination s'accompagne d'une rotation externe du tibia et de la fibula de 0,5° (rapport 2:1). C'est une des raisons pour lesquelles l'hyper-pronation est plus souvent à l'origine de lésions que l'hyper-supination.

SUPINATION (rotation externe)	Rapport 2:1 avec la rotation du tibia et de la fibula Rapport 1:1,5 avec la rotation du fémur Rapport 1:1 avec la rotation du pelvis
PRONATION (rotation interne)	Rapport 1:2,5 avec la rotation du tibia et de la fibula Rapport 1:1,5 avec la rotation du fémur Rapport 2:1 avec la rotation du pelvis

Tableau E6.1 : Rapports entre la pronation/supination du pied et la rotation des articulations du membre inférieur.

Les lésions dues à une pronation/supination excessive ou insuffisante peuvent concerner le tibia, le genou, la hanche et même le dos. Le degré de pronation/supination dépend du type de chaussure, de la surface de la piste, du style de course et de l'entraînement du coureur. La pronation/supination anormale du pied peut-être le signe d'une lésion d'une autre structure du corps : le coureur peut par exemple se placer instinctivement en hyper-pronation pour éviter de déclencher une douleur.

Il faut donc identifier et traiter la cause exacte de la pronation/supination anormale plutôt que d'essayer seulement de la corriger.

Il existe divers degrés d'hyper-pronation et d'hyper-supination mais on peut identifier deux situations extrêmes. Dans la première, le coureur atterrit en pronation sur le bord médial (interne) du talon puis se place en hyper-pronation durant toute la phase d'appui. Dans la seconde, le coureur atterrit en supination sur le bord latéral du talon, n'effectue pas de pronation et reste en supination durant toute la phase d'appui (avec un appui sur le bord latéral du pied de la frappe du talon jusqu'au décollement des orteils). Dans ces deux situations extrêmes, le pied perd sa fonction d'amortisseur de choc et les impacts sont transmis à l'ensemble des structures du membre inférieur. Ces impacts peuvent provoquer diverses lésions : tendinite patellaire (ou rotulienne dans l'ancienne nomenclature), aponévrosite plantaire, périostite tibiale, syndrome de la bandelette de Maissiat (ou syndrome de «l'essuie-glace»), syndrome fémoro-patellaire Le syndrome fémoro-patellaire concerne la partie antérieure du genou ; c'est le type de lésion le plus problématique et le plus fréquent chez les coureurs.

Le pied effectue normalement une pronation entre la frappe du talon et la phase de milieu d'appui. Cette pronation consiste en une dorsiflexion de la cheville, une éversion du calcanéum et une abduction de l'avant-pied, ce qui provoque la rotation interne du tibia et de la fibula (jambe) (voir Fig. E6.1). Le degré de pronation est généralement évalué par le degré d'éversion du calcanéum. Quand la pronation est excessive et qu'elle se prolonge après la phase de milieu d'appui, la rotation interne de la jambe est également excessive et prolongée. Le genou atteint alors un point limite de rotation au delà duquel le quadriceps exerce une traction sur la patella qui la déplace latéralement (vers l'extérieur). Normalement, la jambe devrait à ce moment effectuer une rotation externe qui permettrait à la patella de glisser dans la trochlée, entre les condyles fémoraux. Mais comme la jambe reste en rotation interne en raison de l'hyper-pronation du pied, la patella va alors frotter contre le condyle fémoral externe.

Ce problème peut être plus grave si l'athlète possède des muscles du mollet trop courts (brièveté du tendon calcanéen). Normalement, la flexion du genou durant la phase de milieu d'appui s'accompagne d'une dorsiflexion de la cheville. Les muscles gastrocnémien et soléaire offrent une certaine résistance à ce mouvement. Si ces muscles sont trop courts, ils empêchent la dorsiflexion de la cheville et entraînent une flexion excessive du genou : la patella appuie plus fortement sur le condyle fémoral externe, d'où un frottement et une douleur plus importants (voir Fig. E6.2).

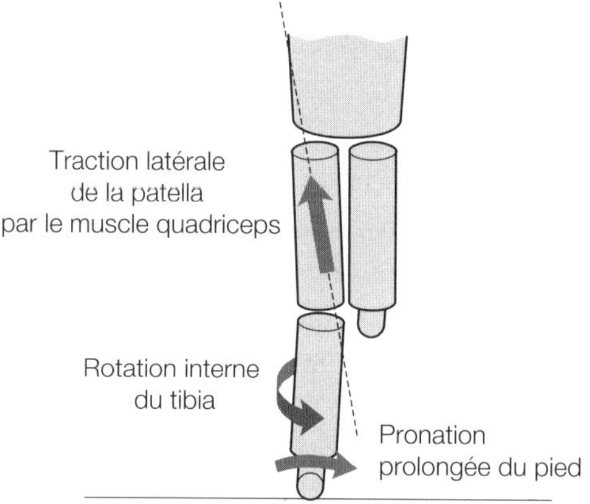

Fig. E6.1 : Mouvement de la jambe et du pied.

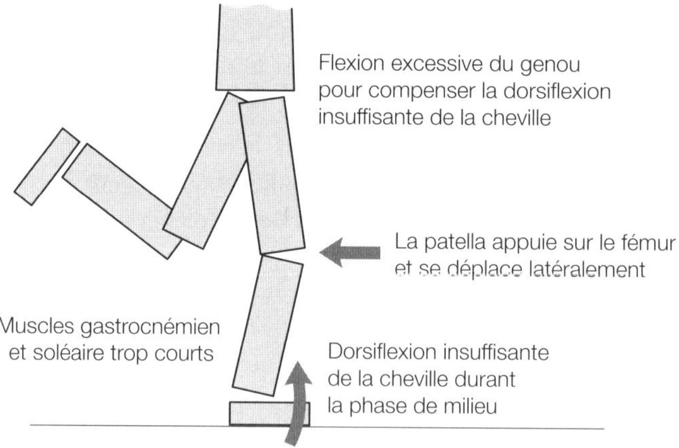

Fig. E6.2 : Aggravation du syndrome fémoro-patellaire par des muscles gastrocnémien et soléaire trop courts.

Symptômes et traitement

Le syndrome fémoro-patellaire se manifeste par une douleur à l'intérieur et autour du genou. La douleur est exacerbée par la marche, la montée d'un escalier ou le passage en position assise. Un déclic dans le genou peut être perçu. Un syndrome fémoro-patellaire ancien peut s'accompagner d'une bursite (inflammation de la bourse séreuse en arrière de la patella) et d'un œdème douloureux du genou. En l'absence de traitement, cela peut conduire à une dégénérescence de l'os patellaire. Il est important de se souvenir que le syndrome fémoro-patellaire peut lui-même être le symptôme d'une lésion d'une autre structure du corps (colonne vertébrale par exemple).

Le traitement consiste initialement en une modification du programme d'entraînement, en conseillant par exemple de courir sur des surfaces plus souples. L'administration d'anti-inflammatoires peut s'avérer nécessaire. En dernier recours, une intervention chirurgicale peut rattacher la patella dans une position plus médiale pour réduire les frottements mais il s'agit d'une méthode invasive à n'utiliser que lorsque toutes les autres options ont été épuisées. Le port de chaussures de course adaptées ou la prescription d'orthèses limitant la pronation représentent des alternatives non-invasives et doivent être envisagés.

Les chaussures de course contrôlant la pronation possèdent généralement les caractéristiques suivantes : un bord médial épaissi permettant de prévenir l'éversion excessive du calcanéum, une semelle plus rigide offrant une résistance à la pronation et un talon plus haut sur son côté médial que sur son côté latéral.

Recherchez sur internet les différents types de chaussures anti-pronation disponibles de nos jours.

Orthèses

Certaines orthèses permettent de contrôler ou de corriger une pronation excessive et prolongée (d'autres sont indiquées pour les problèmes de supination). Elles consistent en des semelles, généralement conçues par un podologue, à glisser dans la chaussure. Ces semelles peuvent être de différent types : rigides avec un amortissement des chocs limité ou souples offrant un bon amortissement des chocs. Le type de semelle dépend de la pathologie du coureur et de son style de course. Il existe actuellement une controverse scientifique pour savoir si les orthèses doivent être considérées comme une prise en charge au long cours ou comme un traitement curatif. En d'autres termes, les orthèses doivent-elles corriger le problème initial ou le contrôler pour prévenir les symptômes ?

Recherchez sur internet les arguments de ces deux camps et les différents types d'orthèse pour chaussures de course disponibles.

Points clés	
Lésions ligamentaires du genou	Au football, les lésions ligamentaires les plus fréquentes sont la lésion isolée du ligament croisé antérieur (LCA) et la lésion combinée du LCA et du ligament collatéral médial (LCM). Le risque semble être plus élevé chez les femmes que les hommes. Le LCA limite le tiroir antérieur et la rotation du genou.
Mécanisme de blessure	Ces lésions sont généralement dues à un valgus forcé du genou associé à une rotation interne du fémur et/ou une rotation externe du tibia, souvent suite à un choc contre un autre joueur.
Diagnostic	Le diagnostic est généralement réalisé par un chirurgien orthopédique. Il est basé sur des tests cliniques, l'historique de la blessure, l'IRM, l'arthroscopie, l'arthrographie, l'arthrométrie (KT1000/2000) et l'évaluation isocinétique de la force musculaire.
Traitement non-invasif	Il comprend des exercices de musculation, l'administration d'anti-inflammatoires et la pose d'attelle.
Traitement chirurgical	Le traitement chirurgicale consiste à reconstruire les ligaments à partir de tissus provenant du tendon patellaire ou du tendon du muscle semi-tendineux. Les tissus peuvent être prélevés sur le patient (autogreffe) ou sur un donneur (allogreffe). Il est également possible de greffer un ligament artificiel en Dacron ou Goretex.
Rééducation	La rééducation doit être conduite par un kinésithérapeute qualifié. Elle consiste en des exercices de musculation et une rééducation proprioceptive. L'utilisation d'un dynamomètre isocinétique Cybex ou Kincom, l'hydrothérapie et la pose d'une attelle peuvent faciliter la rééducation. La rééducation dépend généralement du sport pratiqué.

2. Rupture du ligament croisé antérieur au football

Lésions ligamentaires du genou

Le genou est la plus complexe des articulations synoviales du corps humain et les forces auxquelles il est soumis durant une activité sportive telle que le football sont considérables. Le genou peut donc très facilement se retrouver dans une position de vulnérabilité à l'origine d'une lésion de ses ligaments. Au football, les lésions ligamentaires les plus fréquentes sont la lésion isolée du ligament croisé antérieur (LCA) et la lésion combinée du LCA et du ligament collatéral médial (LCM). Des études récentes ont montré que le risque de telles lésions était plus élevé chez les femmes que les hommes. Ce chapitre ne traitera que de la rupture isolée du LCA.

Le LCA est un des principaux ligaments stabilisateurs du genou (voir Fig. E6.3) ; il limite la rotation du genou et son tiroir antérieur (translation du tibia en avant par rapport au fémur). La lésion du LCA provoque l'instabilité du genou et peut avoir de graves conséquences sur la carrière d'un footballeur.

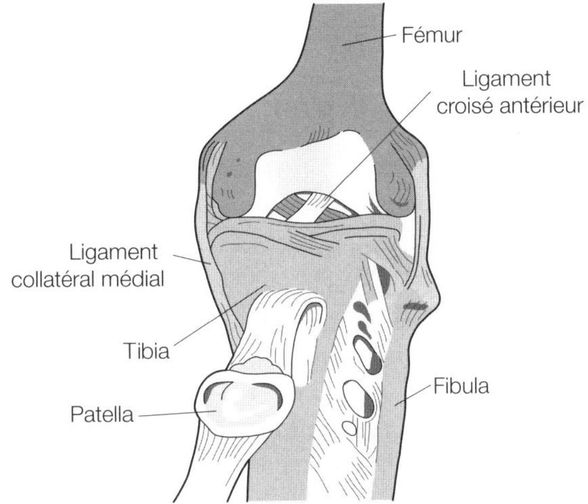

Fig. E6.3 : Ligament croisé antérieur et ligament collatéral médial.

Mécanisme de blessure

La lésion du LCA au football survient généralement suite à un valgus forcé du genou (provoqué par un tacle par exemple) associé à une rotation interne du fémur et/ou une rotation externe du tibia. La lésion du LCA peut également survenir suite à une hyper-extension et un tiroir antérieur du genou (suite à un choc contre un autre joueur par exemple). Le pied du footballeur étant « fixé » au sol par les crampons, il suffit d'une décélération brutale dans une de ces positions (voir Figs E6.4 et E6.5) pour provoquer la rupture partielle ou complète du LCA. Le footballeur perçoit généralement la rupture et sent son genou se dérober ou enfler.

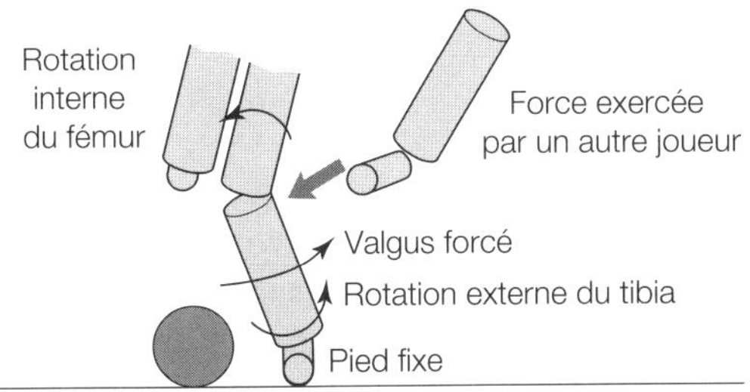

Fig. E6.4 : Lésion du LCA suite à un valgus forcé et une rotation externe.

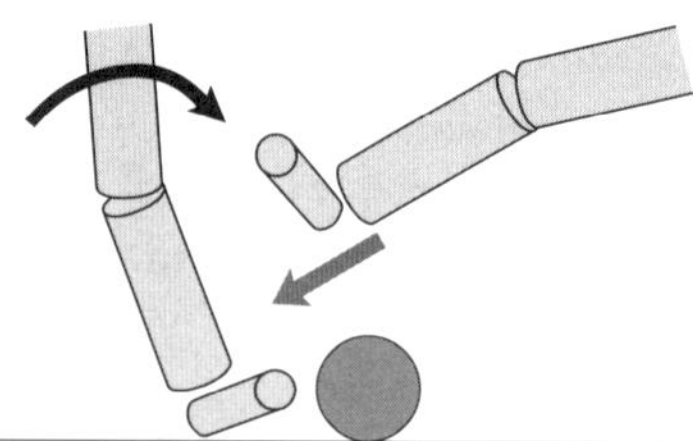

Fig. E6.5 : Lésion du LCA suite à une hyper-extension du genou.

Diagnostic

Le diagnostic est généralement réalisé par un chirurgien orthopédique. Il est basé sur des test cliniques (tels que le test de Lachman recherchant un tiroir antérieur) et l'historique de la blessure comprenant la description du choc, de l'orientation des segments du membre inférieur et des sensations qui ont suivi le choc (rupture, dérobage, gonflement). Le chirurgien confirmera ensuite son diagnostic à l'aide d'un ou plusieurs des examens suivants : l'arthroscopie (caméra à l'intérieur du genou permettant de visualiser directement les ligaments), l'arthrographie (radiographie du genou après y avoir injecté un produit de contraste), l'IRM (Imagerie par Résonnance Magnétique des tissus mous du genou) ou arthrométrie KT 1000/2000 (appareil permettant de mesurer l'instabilité du genou). Certains centres spécialisés disposent d'appareils spécifiques permettant de mesurer la laxité ligamentaire. Le chirurgien peut également demander une évaluation isocinétique de la force musculaire (dynamométrie) pour rechercher une lésion associée des muscles quadriceps ou ischio-jambiers. Les résultats de ces examens devront être transmis au kinésithérapeute qui adaptera la rééducation en fonction.

Traitement non-invasif

Un traitement non-invasif peut être prescrit si le LCA n'est pas rompu (partiellement ou totalement). Des exercices de musculation permettent de renforcer les muscles quadriceps et ischio-jambiers pour améliorer la stabilité du genou. Une attelle et des anti-inflammatoires peuvent également être prescrits. L'efficacité des ces traitements est toutefois sujette à débat et la reconstruction chirurgicale du LCA s'avère souvent nécessaire.

Traitement chirurgical

Les deux procédures les plus utilisées de nos jours consistent à reconstruire le LCA selon son anatomie originale. Ces procédures sont l'autogreffe (tissus provenant du patient) et l'allogreffe (tissus provenant d'un donneur) de tendons. Dans l'autogreffe de reconstruction ligamentaire, le chirurgien prélève des tissus sur le tendon patellaire ou sur le tendon du muscle semi-tendineux. Les deux procédures ont leurs avantages et leurs inconvénients mais elles ont toutes deux montré leur efficacité à restaurer la stabilité du genou et à permettre à un athlète de reprendre son acticité sportive. Il existe également des ligaments artificiels en Dacron, Goretex ou une combinaison des deux mais leur utilisation reste limitée par les problèmes de rejet et de résistance. Les chirurgiens leur préfèrent donc les tissus prélevés sur le patient ou sur un donneur.

Recherchez sur internet la description des différentes procédures de reconstruction ligamentaire.

Rééducation

C'est une étape-clef de la reconstruction ligamentaire et elle doit être conduite sous la supervision d'un kinésithérapeute qualifié. La rééducation dépend de la procédure chirurgicale employée : certains chirurgiens demandent qu'elle débute dès que possible alors que d'autres conseillent une période de repos et d'immobilisation. La kinésithérapie comprend des exercices de musculation à l'aide de dynamomètres isocinétiques (de type Cybex ou Kincom par exemple), une rééducation neuromusculaire et proprioceptive à l'aide de planches d'équilibre, des exercices pliométriques, l'hydrothérapie et des exercices spécifiques visant à préparer l'athlète pour son retour à son activité sportive. Le chirurgien peut prescrire le port d'une attelle durant la rééducation.

Points clés	
Blessures de golf	En 2000, on dénombrait plus de 27 millions de golfeurs aux USA seuls. Les blessures sont principalement dues à la nature répétitive des mouvements et à une technique de swing inadéquate. Les golfeurs professionnels souffrent le plus souvent de lésions des vertèbres lombaires et des poignets alors les golfeurs amateurs souffrent généralement de lésions du coude et du dos.
Mécanisme de blessure : montée (back-swing)	Les lésions dépendent principalement de l'amplitude de la rotation des hanches et des épaules.
Mécanisme de blessure :descente (down-swing)	La transition entre la fin de la montée et le début de la descente représente un point critique. L'activité musculaire et les forces s'exerçant sur la colonne vertébrale atteignent leurs maximums durant cette phase.
Mécanisme de blessure : accompagnement	La technique moderne d'accompagnement « avec les hanches » est potentiellement dangereuse car elle place la colonne vertébrale dans une position vulnérable.

Prévention et rééducation	La prévention et la rééducation passent par une amélioration de la technique de swing et un reconditionnement musculaire. La rééducation d'un golfeur requiert des exercices spécifiques. Le reconditionnement des muscles stabilisateurs de la colonne vertébrale (muscle transverse de l'abdomen et muscle transversaire épineux par exemple) est essentiel.

3. Lombalgies au golf

Blessures de golf

En 2000, on dénombrait plus de 27 millions de golfeurs aux USA seuls. Les statistiques montrent qu'un golfeur amateur souffrira en moyenne d'au moins une blessure liée au golf par an. Le golf peut être pratiqué dès l'âge de 5 ans et jusqu'à plus de 60 ans : la carrière d'un golfeur peut donc s'étaler sur plus 50 ans. Les lésions sont complexes et multifactorielles. Les golfeurs professionnels souffrent le plus souvent de lésions des vertèbres lombaires et des poignets alors les golfeurs amateurs souffrent généralement de lésions du coude et du dos. L'incidence du nombre de blessures liées au golf est en augmentation car de plus en plus de gens pratiquent le golf. Les blessures sont principalement dues à la nature répétitive des mouvements et à une technique de swing inadéquate.

Les phases du swing

Le swing comporte trois phases : la montée (ou back-swing), la descente (ou down-swing) et l'accompagnement (ou dégagé). Pour un golfeur droitier, c'est le muscle oblique externe gauche qui initie la rotation du tronc durant la phase de montée. L'activité du muscle oblique externe est proportionnelle à la charge axiale qui s'exerce sur la colonne vertébrale. Durant la phase de descente, c'est le muscle oblique externe droit qui initie la rotation du tronc (dans le sens inverse à celui de la montée). L'activité musculaire est alors maximale, de même que la charge s'exerçant sur la colonne vertébrale : c'est durant la phase de descente que le risque de blessure est le plus élevé, notamment lors de la transition entre la fin de la montée et le début de la descente. La phase d'accompagnement sollicite principalement les muscles de l'épaule et du torse (muscles sous-épineux, supra-épineux, grand dorsal et grand pectoral).

Lésion des lombaires au golf

Chez le golfeur sain, la colonne vertébrale est stabilisée par la contraction simultanée des muscles paraspinaux. Chez le golfeur souffrant de lombalgies, on observe une perte de cette simultanéité : l'activité des muscles paraspinaux est désynchronisée. Une études récente a montré un retard de la contraction du muscle oblique externe au début de la phase de montée dans un groupe de golfeurs masculins souffrant de lombalgies.

Prévention et rééducation

Les golfeurs souffrant de lombalgies doivent suivre un programme de reconditionnement musculaire. Des exercices spécifiques au golf permettent de reconditionner les muscles de la région lombo-pelvienne (muscle transverse de l'abdomen et muscle transversaire épineux). Le patient suit ensuite une rééducation fonctionnelle. Pour le golf, cette rééducation comprend des exercices d'extension des bras et des jambes en position de décubitus dorsal et à quatre pattes (l'extension alternée des bras et des jambes dans ces positions permet de reconditionner le muscle transverse de l'abdomen qui stabilise la colonne vertébrale). Le patient effectue ensuite des exercices de rotation du tronc et du pelvis en positions assise et debout, avec des bandes élastiques offrant une résistance à ces rotations. À la fin de la rééducation, il devra suivre un programme visant à rétablir et à améliorer sa technique de swing.

La rééducation doit tenir compte de la biomécanique pour parvenir à un swing le plus efficace et le plus sûr possible. La technique de swing employée de nos jours implique une rotation importante des épaules et des hanches, ce qui permet de produire un moment de force important. Des études récentes suggèrent que cette technique pourrait causer des lésions des vertèbres lombaires et qu'il serait préférable (en terme de prévention des blessures) de frapper la balle en maintenant les épaules et les hanches plus droites. Cette dernière technique ressemble à celle qu'employaient auparavant les golfeurs professionnels ; elle ne permet pas d'imprimer une grande vélocité à la balle mais peut être intéressante chez les golfeurs amateurs pour prévenir l'apparition de lombalgies.

Points clés	
Natation	Les nageurs effectuent plus d'1 million de rotations de l'épaule par an (entraînement et compétition). Le risque de lésions en natation est élevé ; il est lié à une mauvaise technique et/ou à l'usure des articulations. La pathologie de l'épaule du nageur est fréquente et associe diverses lésions : une instabilité de l'épaule, une tendinopathie du muscle supra-épineux et/ou du biceps et un syndrome de conflit sous-acromial (frottement des structures de l'épaule).
Mécanisme de blessure : phase d'appui (au crawl)	Durant la phase d'appui, l'épaule est soumise à un moment de force important, potentiellement dangereux.

Phases de traction et de poussée	La position basse du coude peut entraîner une rotation excessive de l'épaule et augmente le risque de blessure.
Phase de retour	Le risque de blessure est élevé et dépend de l'amplitude et de la coordination de la rotation externe de l'épaule.
Prévention et rééducation	L'entraîneur doit surveiller la technique du nageur et corriger les positions à risque. L'importance du roulis et la technique de respiration (unilatérale ou bilatérale) jouent un rôle important dans la prévention des blessures. L'utilisation d'une planche d'entraînement est déconseillée si le nageur souffre de CSA car elle peut aggraver ce syndrome. La réduction de la distance d'entraînement et le reconditionnement des muscles de l'épaule peuvent faciliter la rééducation.

4. Épaule du nageur

Blessures en natation

La vitesse de nage dépend de deux facteurs : la cadence de nage et la distance parcourue en un cycle de nage. Un cycle de nage complet comprend le trajet sous-marin d'un bras et son retour à sa position initiale. La distance parcourue en un cycle de nage dépend des forces propulsives et des résistances qui s'exercent sur le nageur. La vitesse de nage peut être augmentée en augmentant la cadence de nage et/ou la distance parcourue en un cycle de nage.

Le principale désavantage de l'augmentation de la cadence est qu'elle s'accompagne souvent d'une dégradation de la technique de nage, ce qui augmente le risque de blessure.

Les nageurs de compétition effectuent plus d'1 million de rotations de l'épaule par an (plus de 10 000 m de distance d'entraînement par jour avec 15 à 25 cycles par 25 m), d'où un risque important de lésions de l'épaule. Le terme « épaule du nageur » regroupe un ensemble de lésions : instabilité de l'épaule (articulation gléno-humérale) ; tendinopathie du muscle supra-épineux et/ou du biceps et syndrome de conflit sous-acromial (frottement des structures sous-acromiales). La Fig. E6.6 est un rappel de l'anatomie de l'épaule.

Avant les années 70, on croyait que la propulsion dans un fluide dépendait uniquement du principe des actions réciproques (troisième loi de Newton) : la poussée de l'eau en arrière entraîne la propulsion du corps en avant. Il s'agit d'une **force de traînée** car elle est produite par la poussée des mains en arrière. Dans les années 70, James Counsilman a découvert que la propulsion dépendait également de **forces de portance** produites par les mouvements latéraux et verticaux des mains dans l'eau. Les techniques de nage modernes utilisent une combinaison de forces de portance et de traînée.

La plupart des techniques de nage modernes comprennent les phases suivantes : appui avec le bras en extension, traction puis poussée du bras sous l'eau en gardant le coude fléchi avec des mouvements de balayage des mains et enfin retour du bras dans sa position initiale. La Figure E6.7 montre les trajectoires elliptiques des mains durant les phases de traction et de poussée des différentes techniques de nage.

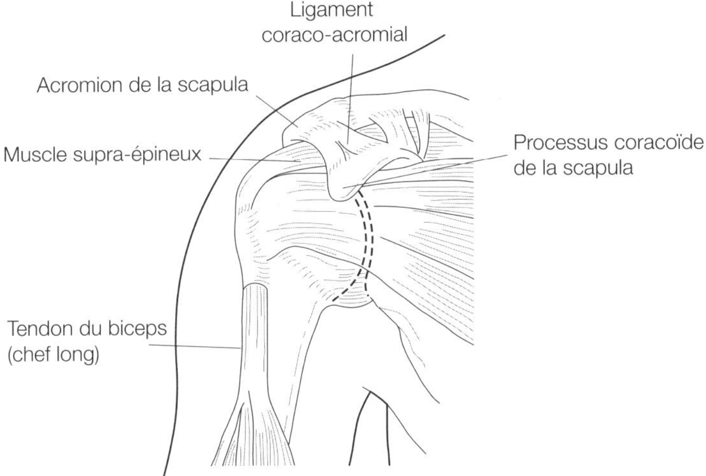

Fig. E6.6 : Anatomie de l'épaule.

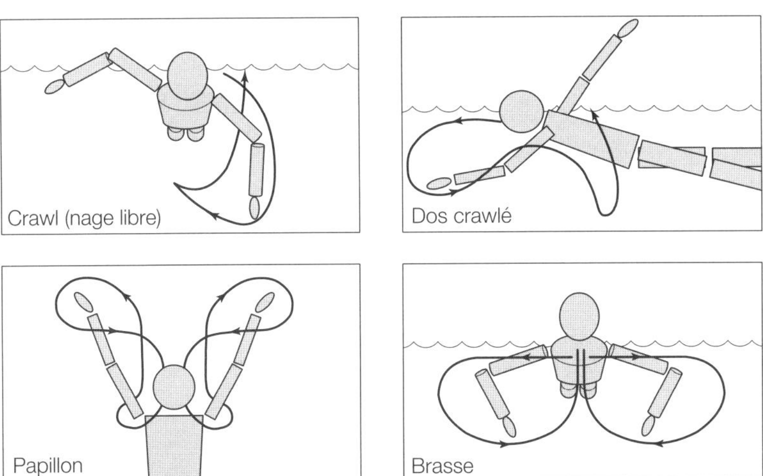

Fig. E6.7 : Phases de traction et de poussée des techniques de nage modernes.

Mécanisme de blessure

Phase d'entrée (plongeon de la main)

Au crawl, cette phase consiste en une extension du bras et une rotation interne et une abduction de l'épaule. L'extension du bras génère un moment de force important qui peut déplacer l'épaule vers le haut (élévation forcée).

Phases de traction et de poussée

Durant les phases de traction et de poussée, l'épaule effectue une adduction et une rotation interne et le bras suit une trajectoire ressemblant à un point d'interrogation à l'horizontale. Ces mouvements permettent d'exercer la force de traînée sur une plus grande durée. La tête de l'humérus passe sous l'arche coraco-acromiale, ce qui peut provoquer un conflit sous-acromial (CSA). L'erreur technique la plus courante durant ces phases est de laisser « tomber le coude » en position basse. La position basse du coude augmente dangereusement la rotation externe de l'épaule. La position haute du coude est préférable mais elle présente un risque de CSA (voir Fig. E6.8).

Durant la phase de traction, la main est déplacée vers le bas, vers l'arrière et légèrement vers l'extérieur, tout en maintenant le coude en position haute. La main se déplace ensuite vers l'intérieur et vers le haut jusqu'à ce que la flexion du coude atteigne environ 90°. La main peut dépasser la ligne médiane du corps au cours de ce mouvement. Durant la phase de poussée, la main est déplacée vers le haut, vers l'arrière et vers l'extérieur jusqu'à sa sortie de l'eau. Une accélération trop importante de la main avant sa sortie de l'eau, associée à la rotation interne et à l'adduction de l'épaule, peut causer un CSA.

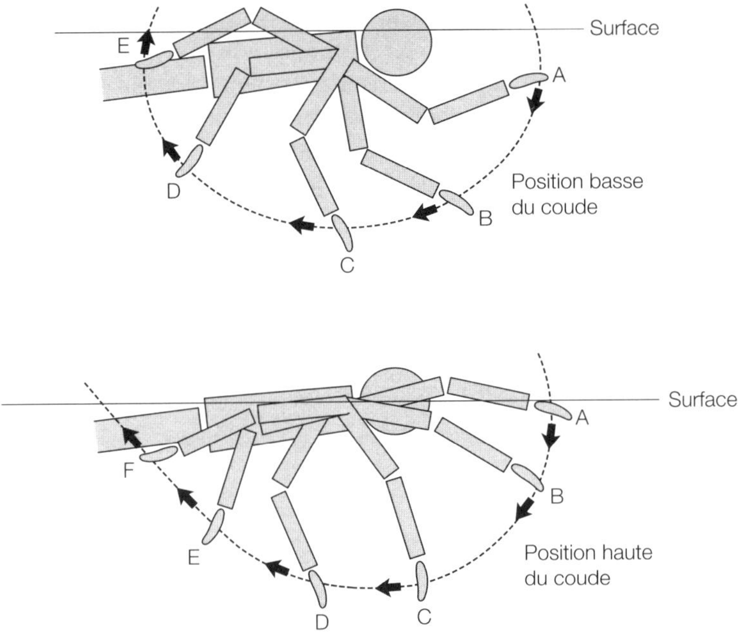

Fig. E6.8 : Positions haute et basse du coude au crawl.

Phase de retour

Le bras ressort de l'eau après la phase de poussée, généralement le coude en premier. Au début de la phase de retour, le bras est encore en rotation interne et l'épaule doit effectuer une abduction et une rotation externe. La phase de retour est celle qui présente le risque le plus élevé de CSA. Ce risque dépend notamment de l'amplitude et de la coordination de la rotation externe de l'épaule. Le risque est d'autant plus élevé que la rotation interne initiale du bras est importante. La rotation externe de l'épaule permet d'éviter le frottement de la grande tubérosité de l'humérus avec l'acromion au cours de l'abduction complète de l'épaule.

Prévention et rééducation

La rotation interne excessive de l'épaule au cours de la phase de poussée augmente le risque de CSA au cours de la phase de retour. Le dépassement de la ligne médiane par la main, le roulis insuffisant du corps, la respiration unilatérale et le manque de coordination de l'activité musculaire contribuent également à ce risque.

La prévention du CSA passe par les précautions suivantes : le coude ne doit pas être en extension complète durant la phase d'entrée mais plutôt adopter un angle d'attaque visant à réduire le moment de force du bras et l'élévation forcée de l'épaule. La musculation des muscles extenseurs et adducteurs de l'épaule (muscles grand dorsal, grand pectoral, grand rond et triceps brachial) permet de limiter cette élévation forcée. La main doit adopter une position hydrodynamique avant de pénétrer dans l'eau. Durant la phase de retour, la rotation externe de l'épaule doit commencer le plus tôt possible pour avoir le temps de repositionner la main et le bras en préparation d'une nouvelle phase d'entrée.

L'utilisation d'une planche d'entraînement est déconseillée si le nageur souffre de CSA car elle peut aggraver ce syndrome. La réduction de la distance d'entraînement et le reconditionnement des muscles de l'épaule peuvent faciliter la rééducation. Le nageur doit enfin adopter une technique de nage optimale avec une respiration bilatérale, une position la plus horizontale possible dans l'eau et un certain de degré de roulis du corps (l'importance du roulis nécessaire pour améliorer les performances tout en prévenant le risque de blessure est encore de nos jours sujette à débat).

Partie F

Méthodes de mesures

Chapitre 1

Analyse vidéo

Points clés	
Introduction	L'analyse vidéo peut être qualitative ou quantitative. L'analyse quantitative d'un mouvement se produisant dans un seul plan (analyse bidimensionnelle, 2D) ne nécessite qu'une seule caméra. L'analyse quantitative d'un mouvement se produisant dans plusieurs plans (analyse tridimensionnelle, 3D) nécessite plusieurs caméras. Les acquisitions vidéo 2D et 3D doivent être numérisées et traitées avant de pouvoir exploiter les variables cinématiques du mouvement.
Systèmes vidéo, formats et réglage des caméras	Les systèmes vidéo PAL (Europe) et NTSC (États-Unis) diffèrent par le nombre de lignes horizontales de l'image (625 contre 525) et par le nombre de champs vidéo enregistrés par seconde (50 contre 60). Les formats numériques offrent une meilleure résolution horizontale que les formats plus anciens, et donc une meilleure qualité d'image. Quels que soient le système et le format employés, l'obturateur électronique rapide de la caméra doit être réglé en fonction du mouvement analysé. Le réglage manuel de la mise au point est préférable au réglage automatique.
Procédures d'enregistrement vidéo	En analyse 2D, l'axe optique de la caméra doit être placé à 90° du plan de mouvement pour ne pas déformer l'image ; la caméra doit être aussi éloignée que possible du plan pour corriger les erreurs de perspective. En analyse 3D avec deux caméras, les axes optiques des caméras doivent se croiser à environ 90°. Ces deux types d'analyse nécessitent un calibrage, c'est-à-dire l'insertion dans le champ d'un repère d'échelle. Une simple règle d'1 m suffit en analyse 2D mais des objets plus complexes sont nécessaires en analyse 3D.
Numérisation	La numérisation consiste à déterminer les coordonnées verticales et horizontales des repères anatomiques présents sur les images de l'enregistrement vidéo. On utilise généralement une résolution de 768×576 mais une résolution plus élevée permet d'améliorer la précision des coordonnées.

Échelle et reconstruction	La numérisation du repère d'échelle donne un facteur d'échelle qui permet de rétablir l'image à sa taille réelle. La Transformation Linéaire Directe (TLD), plus complexe, permet de convertir deux ensembles (ou plus) de coordonnées 2D (x, y) en un ensemble de coordonnées 3D (x, y, z). Cette méthode consiste à numériser des points de repères et à intégrer leurs coordonnées dans les équations de la DLT pour obtenir 11 coefficients de calibrage. Ces coefficients et les coordonnées numériques des repères anatomiques permettront d'obtenir les positions réelles des segments du corps

1. Introduction

L'analyse vidéo peut être quantitative et/ou qualitative, selon l'objectif de l'étude. L'analyse qualitative consiste en l'observation de l'enregistrement vidéo pour déterminer quel geste technique peut être amélioré (prévention du risque de blessure ou amélioration des performances). Il s'agit d'une analyse subjective qui ne nécessite pas un positionnement particulier de la caméra ou un équipement complexe. L'analyse quantitative consiste à déterminer les variables cinématiques du mouvement à partir de l'enregistrement vidéo : positions, vélocités et accélérations linéaires des extrémités des segments du corps et positions, vélocités et accélérations angulaires des segments du corps (voir Chapitre A). Comme dans l'analyse qualitative, ces informations seront étudiées en vue d'améliorer un geste technique pour prévenir le risque de blessure ou améliorer les performances. Les analyses quantitative et qualitative sont souvent combinées : de nombreux programmes informatiques permettent d'afficher plusieurs vidéo sur le même écran pour pouvoir les comparer et avoir une vision globale du mouvement.

Les variables cinématiques obtenues par analyse quantitative peuvent également être utilisées pour calculer la position du centre de gravité du corps (voir Chapitre C4), l'énergie et le travail des segments du corps (voir Chapitre D) et les forces et les moments de force s'exerçant sur les articulations (voir Chapitres B et C). L'analyse quantitative nécessite un positionnement particulier de la (ou des) caméra. L'enregistrement vidéo est ensuite numérisé pour déterminer les coordonnées horizontales et verticales des repères anatomiques (généralement les extrémités des segments du corps). Ces coordonnées numériques seront d'abord lissées pour corriger les erreurs de recueil de données (voir Chapitre F3), puis remises à l'échelle (2D) ou reconstruites (3D) pour obtenir les positions réelles des segments. Les coordonnées sont souvent combinées avec le temps pour déterminer les vélocités et les accélérations. L'analyse quantitative peut être bidimensionnelle (pour les mouvements dans un seul plan, tels la course ou le cyclisme) ou tridimensionnelle (pour les mouvements dans plusieurs plans comme le lancer de poids).

2. Systèmes vidéo, formats et réglage des caméras

Le système vidéo PAL (Phase Alternating Line) est utilisé en Europe. Chaque image vidéo comporte 625 lignes horizontales, ce qui correspond à la résolution verticale du système (voir Fig. 1.1a), mais seules 576 lignes sont utilisables pour l'enregistrement. Au cours de l'enregistrement d'une image, la caméra enregistre d'abord les lignes impaires (1, 3, 5) de haut en bas et de gauche à droite, puis les lignes paires (2, 4, 6) 0,02 seconde plus tard. Chaque ensemble de lignes (paires ou impaires) constitue un champ vidéo et deux champs vidéo (séparés de 0,02 s) constituent une image. Durant la lecture de la vidéo, les champs vidéo sont projetés à une fréquence de 50 Hz (c'est-à-dire 50 champs vidéo par seconde) ; chaque champ vidéo est projeté pendant 0,02 s, ce qui correspond à la résolution temporelle du système. Le système NTSC (National Television System Committee), utilisé aux États-Unis, a une plus faible résolution verticale (525 lignes) mais un plus grand nombre de champs par seconde (60 Hz).

Certaines caméras à haute vitesse peuvent enregistrer plus de 1000 images par seconde. Ces caméras sont particulièrement utiles pour enregistrer les détails des mouvements rapides. La résolution horizontale, indépendante du système vidéo, correspond au nombre de points (ou pixels) de chaque ligne horizontale (voir Fig. 1.1b). Le format VHS a une résolution de 240 pixels, ce qui est insuffisant pour l'analyse quantitative du mouvement ; les formats SVHS (résolution de 400 pixels) et DV (Digital Vidéo, résolution de 500 pixels) offrent des résolutions suffisantes pour l'analyse quantitative.

L'obturateur électronique rapide d'une caméra est un dispositif permettant d'éviter les images floues lors de l'enregistrement d'un corps en mouvement. L'obturateur s'ouvre tous les 1/120e, 1/250e, 1/500e ou 1/1000e de seconde, de manière à laisser passer la lumière pendant une courte durée (0,008, 0,004, 0,002 ou 0,001 seconde respectivement). Un mouvement rapide, tel le swing d'un club de golf, nécessite un réglage de l'obturateur sur 1/1000e s, alors que pour un mouvement plus lent, telle la marche, un réglage sur 1/250e s est suffisant. L'image est d'autant plus sombre que la vitesse de l'obturateur est rapide car moins de lumière pénètre dans la caméra. Ce n'est généralement pas un problème en extérieur, mais en intérieur, il faudra des sources lumineuses puissantes (spots) pour compenser la vitesse rapide de l'obturateur et obtenir une image suffisamment claire. Il ne faut pas confondre la vitesse de l'obturateur avec la résolution temporelle. La Figure F1.2 illustre la différence entre ces deux notions. Les caméras à haute vitesse nécessitent des obturateurs plus rapides (jusqu'à 1/100 000e s, soit 0,00001 s ou 10 μs).

L'analyse quantitative nécessite également une mise au point manuelle. La plupart des caméras sont réglées par défaut sur une mise au point automatique, dans laquelle l'objectif se met au point sur l'objet le plus proche qui n'est pas forcément l'objet étudié. La mise au point manuelle s'effectue de la façon suivante : positionnement de la caméra, zoom sur le sujet d'étude jusqu'à ce qu'il remplisse l'image, rotation de la bague de mise au point jusqu'à ce que le sujet soit net et zoom arrière jusqu'à la taille d'image souhaitée. Ainsi, le sujet restera net tant qu'il se déplacera dans le même plan de mouvement.

Les réglages de l'obturateur et de la mise au point sont les plus importants mais d'autres facteurs, tel le niveau de blanc ou l'utilisation de filtres, interviennent dans la qualité de l'image.

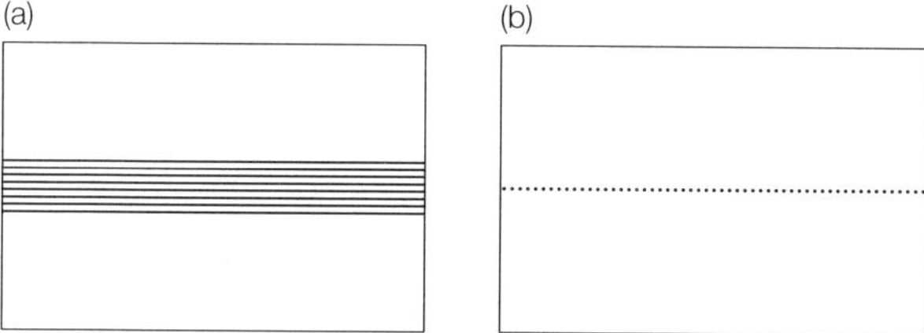

Fig. 1.1 : Résolutions verticale et horizontale d'une image.

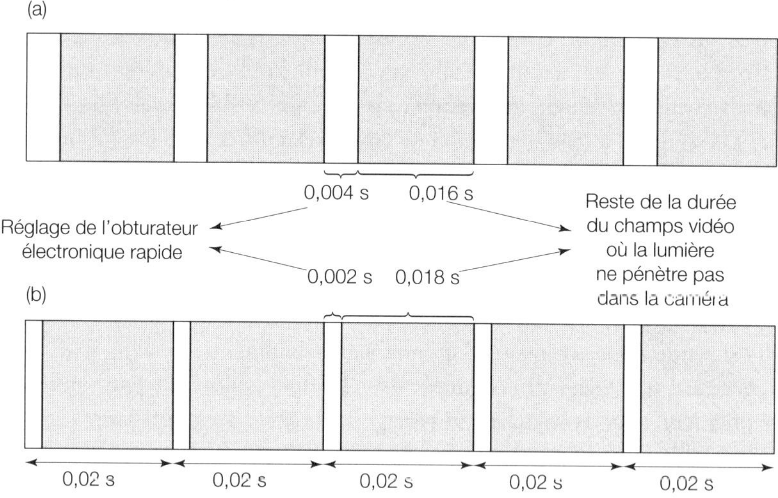

Fig. F1.2 : Réglage de l'obturateur électronique rapide à 1/250e s (a) et à 1/500e s (b).

3. Procédures d'enregistrement vidéo

Les formats vidéo et les réglages de caméra sont les mêmes en analyse 2D qu'en analyse 3D. En analyse 2D, une seule caméra suffit pour enregistrer le mouvement, à condition que le plan de mouvement coïncide avec le plan caméra (c'est-à-dire le plan à 90° de l'axe optique de la caméra). En analyse 3D, deux caméras ou plus permettent d'enregistrer un mouvement se produisant dans plusieurs plans.

Analyse 2D

- La caméra doit être placée aussi loin que possible du plan de mouvement pour réduire les erreurs de perspective. Le zoom permettra ensuite d'obtenir la taille d'image souhaitée. Celle-ci ne doit être ni trop grande pour ne pas rater une partie du mouvement, ni trop petite pour numériser correctement le sujet d'étude. Les erreurs de perspective surviennent quand des objets ou des parties de l'objet sont trop proches de l'objectif : les objets proches de l'objectif apparaissent plus gros que les objets éloignés. Pour mettre ce phénomène en évidence, fermez votre œil non-dominant, inclinez votre main en dirigeant le pouce vers vous et regardez-la avec votre œil dominant : en approchant votre main de votre œil, le pouce apparaît progressivement plus long que l'auriculaire alors que tous deux ont à peu près la même longueur. Les erreurs de perspective tendent à raccourcir les segments du corps quand ils se déplacent en dehors du plan de mouvement (voir Fig. 1.3), ce qui se produit inévitablement en motricité humaine (les mouvements ne sont jamais strictement mono-planaires). Les erreurs de perspective ont également tendance à modifier les angles entre les segments : les angles apparaissent plus obtus quand ils se situent en dehors du plan de mouvement (voir Fig. 1.4). Ces erreurs de perspective peuvent altérer la précision de l'analyse 2D.
- L'axe optique (ligne imaginaire passant par le milieu de l'objectif) doit être orienté à 90° du plan de mouvement étudié (voir Fig. 1.5). Si le plan de mouvement est vertical (course par exemple), la caméra peut être orientée à l'aide d'un niveau à bulle d'air placé sur la caméra parallèlement puis perpendiculairement à l'axe optique. Ceci n'est possible que si le dessus de la caméra est horizontal et régulier. Dans le cas contraire, on peut mesurer la hauteur de la caméra et placer un repère à la même hauteur dans le plan de mouvement. On zoome ensuite sur le repère en orientant la caméra de manière à ce qu'il soit au centre de l'image : l'axe optique est alors parallèle au sol. On peut également utiliser un triangle 3-4-5 pour s'assurer que l'axe optique est perpendiculaire au plan de mouvement dans le plan horizontal (voir Fig. 1.5).
- Des repères d'échelles horizontaux (règle d'1 m) et verticaux (fil à plomb) doivent être placés dans le plan de mouvement et apparaître sur la vidéo.

- Si le mouvement s'effectue sur une grande distance (course d'élan du saut en longueur par exemple), l'image sera trop petite pour numériser précisément le sujet. Il faudra alors utiliser plusieurs caméras synchronisées avec leur champs se superposant à leurs extrémités.
- Dans des conditions d'éclairage insuffisantes (enregistrement en intérieur avec un obturateur réglé à moins de 1/250 s), une source lumineuse supplémentaire doit être placée à environ 30° du plan de mouvement.

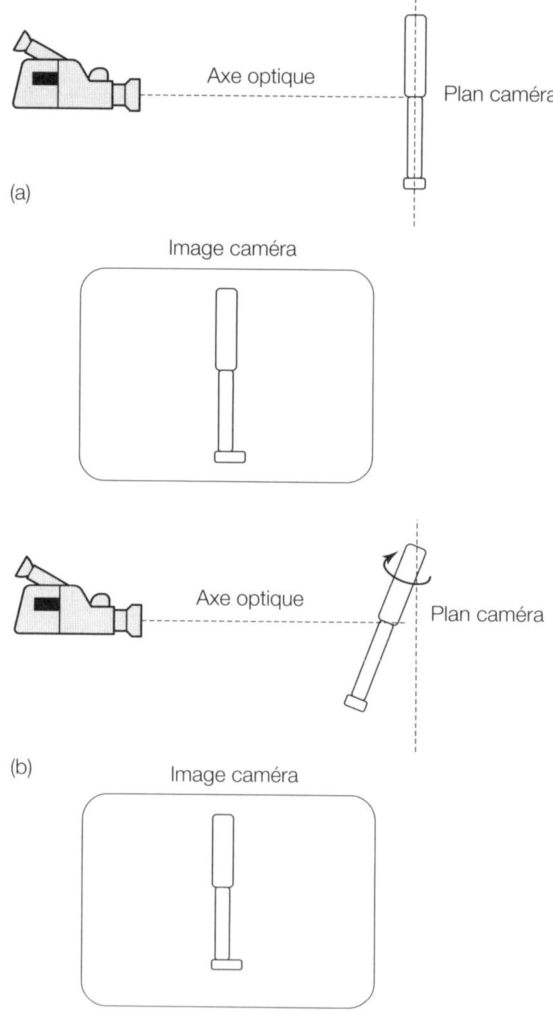

Fig. F1.3 : Segments du corps dans le plan caméra (a). Segments du corps en dehors du plan caméra, d'où un raccourcissement des segments à l'image (b).

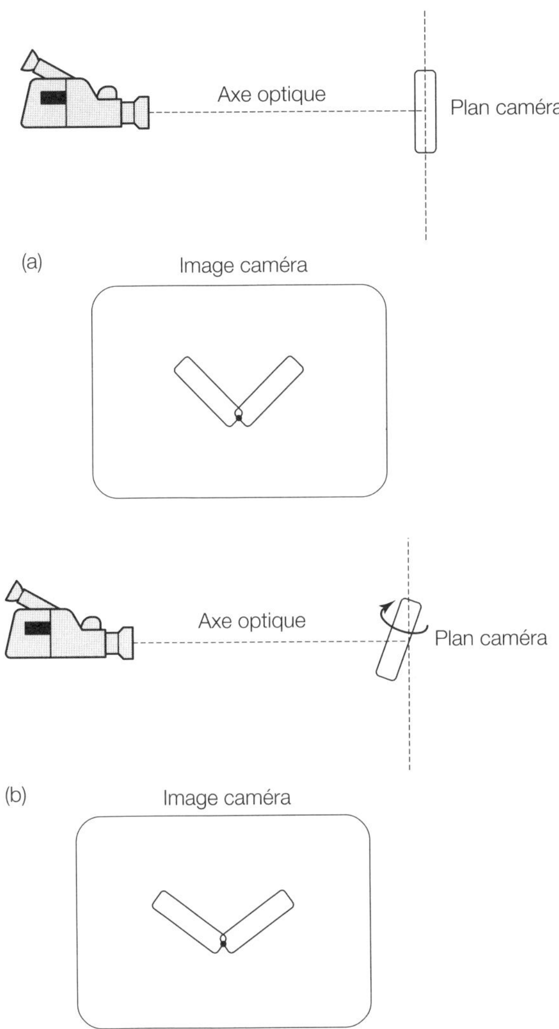

Fig. F1.4 : Segments du corps dans le plan caméra (a). Segments du corps en dehors du plan caméra, d'où un angle plus obtu à l'image (b).

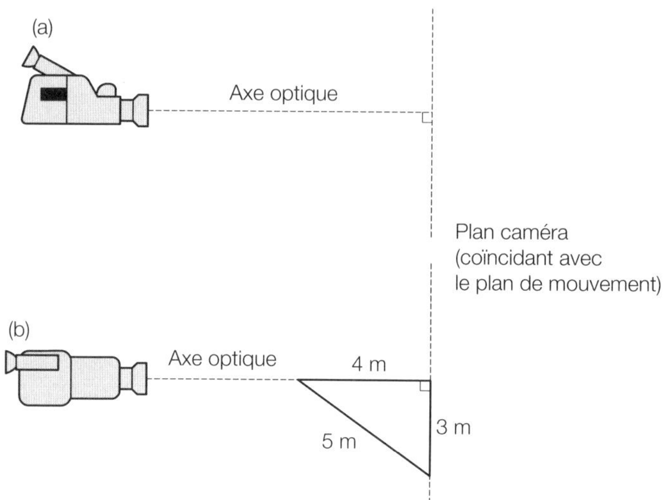

Fig. F1.5 : Axe optique de la caméra à 90° du plan de mouvement, vu de côté (a) et vu de dessus (b).

Analyses 2D et 3D (éléments communs)

- La caméra doit être montée sur un tripode et rester immobile durant l'enregistrement.
- L'enregistrement doit montrer un panneau d'information indiquant la date, l'heure, le code identifiant le sujet, le nombre de prises, etc.
- Les extrémités des segments (articulations) seront numérisées après l'enregistrement (voir plus loin). Pour faciliter la numérisation, les sujets doivent porter des vêtements épousant leurs formes et d'une couleur faisant contraste avec l'arrière-plan. L'arrière-plan doit être uniforme et non réfléchissant. Les articulations peuvent être marquées à l'aide d'un stylo effaçable ou d'autocollants faisant contraste avec la couleur de la peau. Ces marques peuvent être utiles mais elles n'indiquent pas la position des extrémités des segments sous-jacents et peuvent ne plus apparaître à l'image si le segment effectue une rotation.

Analyse 3D

- Deux caméras ou plus sont nécessaires. Idéalement, leurs axes optiques doivent se croiser à 90° mais cet angle peut être compris entre 60° et 120° (voir Fig. 1.6).
- Idéalement, les caméras doivent être synchronisées (câble Genlock) de manière à ce que leurs obturateurs s'ouvrent en même temps. Si l'on ne dispose pas d'un câble Genlock, un chronomètre doit apparaître dans le champ de toutes les caméras.

- À la place de la règle utilisée en analyse 2D, il faut au moins 6 points de contrôle répartis dans le volume visualisé pour effectuer le calibrage. La reconstruction des positions réelles des segments sera plus précise si l'on utilise plus que 6 points de contrôle. Pour les mouvements s'effectuant dans un faible volume, on peut utiliser un objet de calibrage comportant tous les points de contrôle (voir Fig. 1.7). Les positions exactes de tous les points de contrôle doivent être connues ; elles sont généralement exprimées par rapport à un point de l'objet servant d'origine à un repère orthogonal (X, Y, Z). Pour les mouvements s'effectuant dans un grand volume, on peut soit déplacer l'objet de calibrage, soit utiliser plusieurs perches comportant chacune un point de contrôle. Chaque point de contrôle doit être visualisé par l'ensemble des caméras. L'objet de calibrage emplit le maximum de volume possible et doit bien évidemment être enlevé avant l'enregistrement du mouvement.
- Dans des conditions d'éclairage insuffisantes, des sources lumineuses doivent être placées à côté de chaque caméra.

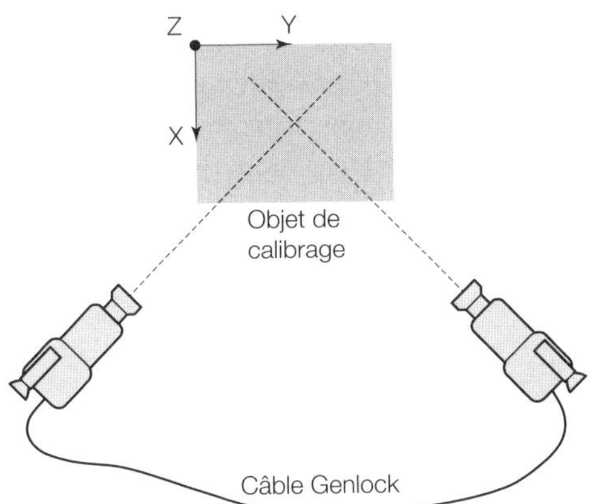

Fig. F1.6 : Positionnement idéal des caméras en analyse vidéo 3D.

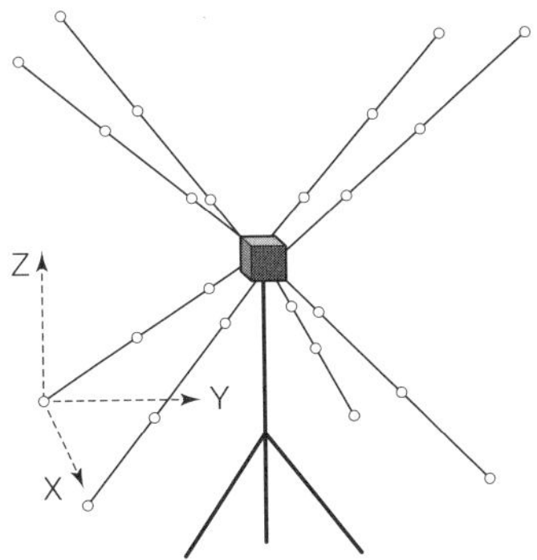

Fig. F1.7 : Exemple d'objet de calibrage

4. Numérisation

Dans le système PAL, les images enregistrées et stockées sur ordinateur se composent chacune de 768 pixels horizontaux multipliés par 576 pixels verticaux. La numérisation consiste à placer une grille imaginaire sur ces images. La grille comporte autant de cases que le nombre de pixels de l'image et à chaque case sont associées des coordonnées x et y. La première case en bas à gauche a pour coordonnées 0,0 (voir Fig. 1.8). On déplace alors le curseur de la souris pour cliquer sur les repères anatomiques du corps (généralement les extrémités des segments), ce qui enregistre leurs coordonnées numériques x et y (voir Fig. 1.9). On numérise généralement 18 repères anatomiques dans le cas d'une étude cinématique du corps entier (voir Chapitre C4). Les repères sont reliés entre eux pour obtenir une représentation du corps en fil de fer.

Le nombre de coordonnées x et y que comporte la grille correspond à la résolution du système de numérisation, c'est-à-dire la plus petite variation de position que le système puisse détecter. Les systèmes de numérisation avec une résolution de 768×576 fournissent des coordonnées moins précises que les systèmes utilisés en cinéma. Les programmes informatiques modernes utilisent une grille plus fine pour améliorer la résolution : plusieurs cases sont associées à chaque pixel de l'image, ce qui améliore la précision des coordonnées numériques des repères anatomiques (voir Fig. 1.10).

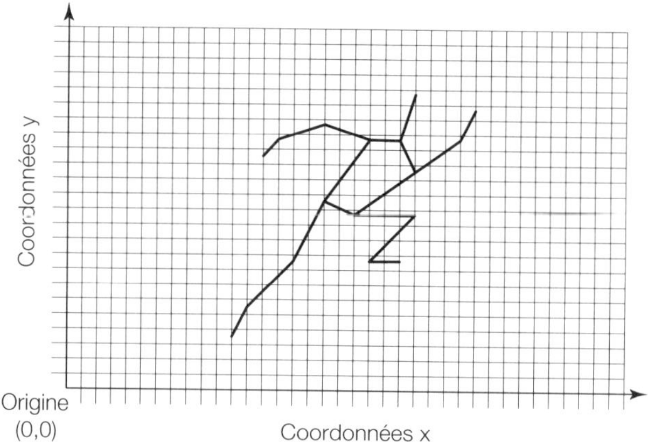

Fig. F1.8 : Grille d'un système de numérisation vidéo.

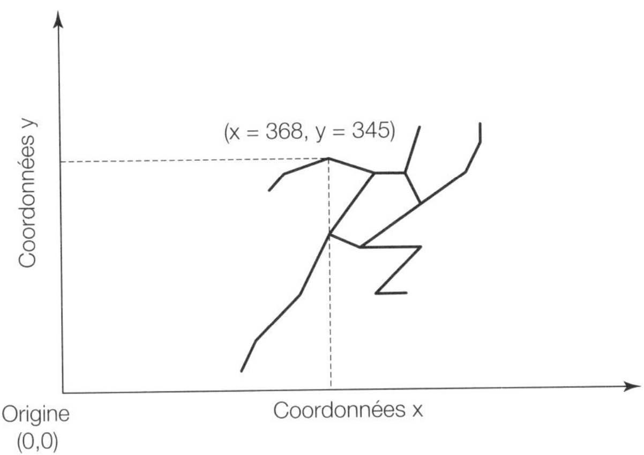

Fig. F1.9 : Numérisation d'un repère anatomique (articulation du coude).

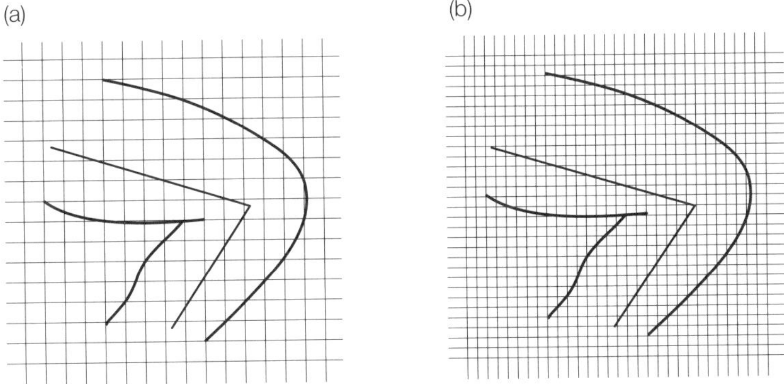

Fig. F1.10 : Amélioration de la précision des coordonnées grâce à une meilleure résolution.

5. Échelle et reconstruction

Les variables cinématiques sont calculées à partir des positions réelles des segments du corps. Les coordonnées numériques doivent donc être converties de manière à obtenir ces positions réelles. En analyse 2D, ce processus consiste en une simple remise à l'échelle. Le facteur d'échelle horizontal est obtenu en divisant la longueur du repère d'échelle horizontal par le nombre de coordonnées qu'il représente sur l'image numérisée. Le produit de la coordonnée numérique horizontale d'un repère anatomique par le facteur d'échelle horizontal donne la position horizontale réelle (en mètres) du repère par rapport à l'origine. On procède de la même manière pour obtenir la position verticale réelle à partir du facteur d'échelle vertical.

En analyse 3D, on dispose d'un ensemble de coordonnées 2D pour chaque caméra. Ces ensembles doivent être synchronisés (câble Genlock ou chronomètre) avant de pouvoir déterminer les positions réelles x, y et z des repères anatomiques.

Ces positions sont obtenues par reconstruction à l'aide de la Transformation Linéaire Directe (TLD). La TLD est une méthode décrite pour la première fois en 1971 par Abdel Aziz et Karara qui l'ont formulée de la façon suivante :

$$x = \frac{L_1X + L_2Y + L_3Z + L_4}{L_9X + L_{10}Y + L_{11}Z + 1}$$

$$y = \frac{L_5X + L_6Y + L_7Z + L_8}{L_9X + L_{10}Y + L_{11}Z + 1}$$

où

$L_1 - L_{11}$ = coefficients de calibrage

X, Y et Z = positions réelles d'un point

x et y = coordonnées numériques d'un point pour une caméra

Les 11 coefficients de calibrage (L_1 à L_{11}) dépendent du positionnement et de l'orientation des caméras et du système de numérisation utilisé. Pour déterminer ces coefficients, il faut d'abord numériser les 6 points de contrôle (dont les positions réelles X, Y et Z sont connues) pour obtenir leurs coordonnées numériques x et y. On dispose alors d'un système de 12 équations à 11 inconnues pour chaque caméra, système qui peut être résolu pour obtenir les 11 coefficients de calibrage.

Chaque repère anatomique possède deux paires de coordonnées x,y (une paire par caméra). On dispose alors d'un système de quatre équations à trois inconnues (X, Y et Z), qui peut être résolu pour obtenir la position réelle de chaque repère anatomique.

Avant tout calcul de variable cinématique, il faudra procéder à un lissage des positions obtenues, en analyse 2D comme en analyse 3D, pour réduire les erreurs dues au processus de numérisation.

6. Référence

Abdel-Aziz Y.I. et Karara H.M. (1971). Direct Linear Transformation from comparator coordinates into object space coordinates in close range photogrammetry. In: *ASP Symposium on Close Range Photogrammetry.* American Society of Photogrammetry, Falls, Church, pp. 1-18.

Chapitre 2

Analyse optoélectronique du mouvement

Points clés	
Analyse optoélectronique du mouvement	Cette analyse utilise une série de caméras projetant des infrarouges sur des sphères réfléchissantes (appelées cibles). La lumière réfléchie est enregistrée par les caméras et convertie électroniquement pour donner les coordonnées spatiales des cibles. L'analyse optoélectronique est automatisée et donc plus simple et plus rapide que les méthodes d"analyse traditionnelle. Il est possible d'obtenir des coordonnées 3D en utilisant un nombre suffisant de caméras. Le principal avantage de l'analyse optoélectronique est la simplicité du recueil de données. Ses principaux désavantages sont les coûts élevés des caméras et des programmes informatiques nécessaires à l'analyse.
Caméras optoélectroniques	Les caméras utilisées sont des caméras vidéo comportant des diodes émettrices d'infrarouges autour de leur objectif. La lumière infrarouge n'est pas perceptible par l'œil humain et ne gêne donc pas le sujet. Le flash des diodes est réfléchi par les cibles et enregistré par les caméras. L'image enregistrée est ensuite transmise sur ordinateur sous forme de données numériques. La fréquence d'échantillonnage des caméras est généralement de 240 Hz mais certains systèmes permettent des fréquences d'échantillonnage pouvant atteindre jusqu'à 1000 Hz.
Cibles optoélectroniques	Les cibles sont généralement des boules de polystyrène recouvertes d'un film réfléchissant. Le diamètre des cibles dépend de l'analyse mais elles doivent représenter environ 1/200e du champ des caméras. Ainsi, pour un champ large de 3 m (3000 mm), le diamètre des cibles doit être d'environ 15 mm. Le diamètre des cibles disponibles varie entre 3 et 30 mm.

Calibrage	Le volume dans lequel se produit le mouvement doit être calibré avant de procéder à l'enregistrement. Chaque fabricant utilise un système de calibrage spécifique mais la méthode la plus couramment employée consiste à déplacer un objet de calibrage dans le volume d'intérêt. On appelle « calibrage dynamique » la méthode consistant à déplacer dans l'ensemble du volume une baguette comportant deux marqueurs (ou plus) dont la distance relative est connue. Le calibrage doit s'effectuer selon les recommandations du fabricant, ce qui permet d'obtenir une précision de reconstruction d'environ 0,2 mm, avec une marge d'erreur inférieure à 1 mm.
Nombre de cibles et modèles biomécaniques	Le nombre de cibles nécessaires dépend de l'application. L'analyse du mouvement de l'ensemble du corps requiert généralement 16 cibles placées de la manière suivante : 2 cibles sur les deuxièmes articulations métatarso-phalangiennes (droite et gauche), 2 sur les chevilles, 2 sur les genoux, 2 sur les hanches, 2 sur les épaules (sur la face supérieur de l'acromion), 2 sur les coudes, 2 sur les poignets, 1 sur la vertèbre C7 et 1 sur le vertex. Ces 16 cibles fournissent un modèle biomécanique composé de 12 segments : deux pieds, deux jambes, deux cuisses, deux bras (de l'épaule au coude), deux avant-bras, deux mains, le tronc et la tête. Les cibles sont censées représenter les articulations mais elles sont placées à la surface de la peau (et non au centre des articulations) : le programme informatique d'analyse devra prendre en compte et corriger cette approximation. Les analyses plus détaillées nécessitent un plus grand nombre de cibles

1. Introduction

En biomécanique, l'**analyse du mouvement** consiste à **recueillir des données** sur des objets (souvent le corps humain) au cours de leur déplacement dans un plan ou dans un volume. Ces données sont extraites de l'**enregistrement vidéo du mouvement** dont la **numérisation** permet d'identifier des repères. La numérisation « manuelle » est un processus long et complexe.

L'**analyse optoélectronique du mouvement** est un processus automatisé qui rend plus simple et plus rapide le recueil des données. Dans l'analyse optoélectronique « passive », plusieurs caméras projettent des infrarouges sur des sphères réfléchissantes (appelées **cibles**). La lumière réfléchie est enregistrée par les caméras et convertie électroniquement pour donner les coordonnées spatiales des cibles. Dans l'analyse optoélectronique « active », les caméras enregistrent les signaux émis par les cibles (qui doivent donc être alimentées en énergie) ; les cibles sont plus lourdes et leur installation est plus complexe. Nous n'aborderons que les systèmes optoélectroniques passifs dans ce chapitre car ce sont les plus couramment utilisés en biomécanique. Notons enfin qu'il est possible d'obtenir des coordonnées 3D en utilisant un nombre suffisant de caméras

Le principal **avantage** de l'analyse optoélectronique est la simplicité du recueil de données. Ses principaux **désavantages** sont les coûts élevés des caméras et de programmes informatiques nécessaires à l'analyse.

2. Système optoélectronique et recueil des données

L'analyse optoélectronique nécessite un certain nombre de caméras. Les systèmes 3D comprennent généralement 6 à 8 caméras réparties autour du volume d'intérêt. La Figure F2.1 montre l'emplacement de huit caméras autour d'un volume de 27 m^3 (3×3×3 m). Les points au centre du volume représentent les positions des cibles fixées au corps.

La Figure F2.2 montre le placement typique des cibles sur le corps humain (les cibles brillent car elles réfléchissent la lumière du flash de l'appareil qui a pris cette photo).

Les **cibles** sont généralement des boules de polystyrène recouvertes d'un film réfléchissant. Le diamètre des cibles dépend de l'application mais elles doivent représenter environ 1/200e du champ des caméras. Ainsi, pour un champ large de 3 m (3000 mm), le diamètre des cibles doit être d'environ 15 mm. Le diamètre des cibles disponibles varie entre 3 et 30 mm.

Les caméras utilisées sont des caméras vidéo comportant des diodes émettrices d'infrarouges autour de leur objectif. La lumière infrarouge n'est pas perceptible par l'œil humain et ne gêne donc pas le sujet. Le flash des diodes est réfléchi par les cibles et enregistré par le détecteur à infrarouges des caméras ; l'objectif de la caméra concentre la lumière sur le détecteur de la même manière que l'objectif d'une caméra vidéo normale. La Figure F2.3 montre le type d'image qu'enregistre une caméra optoélectronique. Cette image est ensuite transmise à l'ordinateur sous forme de données numériques. La caméra enregistre généralement à une fréquence de 240 Hz (240 images par seconde) mais cette fréquence peut atteindre jusqu'à 1000 Hz sur certains modèles de caméra.

Chaque caméra transmet des données qui correspondent aux coordonnées des cibles dans le champ de cette caméra. Le programme informatique fourni par le fabriquant rassemble les données de toutes les caméras pour reconstruire les positions réelles des cibles. La reconstruction peut s'effectuer en 3D à condition que chaque cible soit dans le champ d'au moins deux caméras, ce qui est possible avec un positionnement des caméras comme celui de la Figure F2.1. Pour que les cibles soit toujours visibles par les caméras, elles ne doivent pas être recouvertes par les vêtements ou les cheveux du sujet. Le programme informatique permet ensuite de suivre le déplacement des cibles mais ce processus n'est que semi-automatisé : une intervention humaine reste nécessaire pour corriger les erreurs d'identification, de superposition ou de perte d'une cible. Un système correctement réglé ne devrait toutefois nécessiter qu'une intervention humaine minimale.

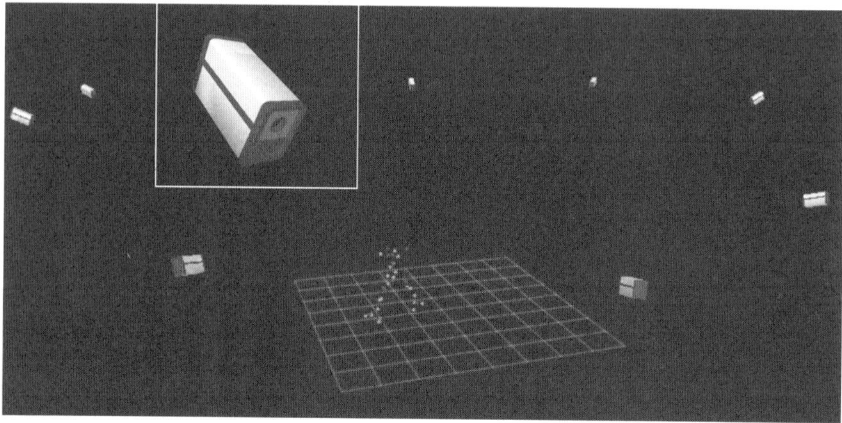

Fig. 2.1 : Exemple de positionnement des caméras optoélectroniques.

Fig. F2.2 : Exemple de positionnement des cibles pour une analyse du mouvement de l'ensemble du corps.

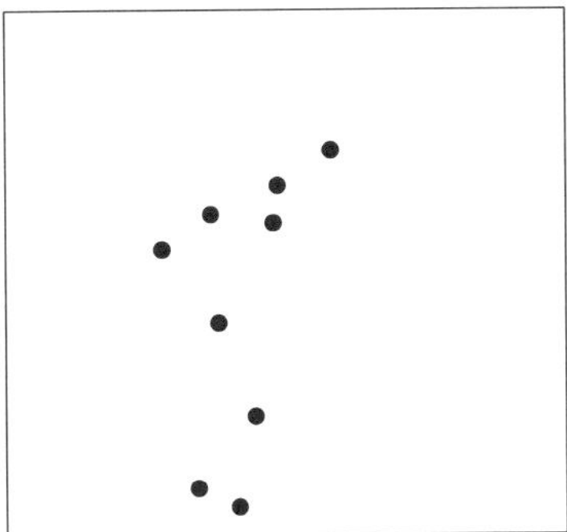

Fig. F2.3 : Exemple d'image enregistrée par une caméra.

3. Procédures d'enregistrement

Calibrage

Le volume dans lequel se produit le mouvement doit être calibré avant de procéder à l'enregistrement. Chaque fabricant utilise un système de calibrage spécifique mais la méthode la plus couramment employée consiste à déplacer un objet de calibrage dans le volume d'intérêt. On appelle « calibrage dynamique » la méthode consistant à déplacer dans l'ensemble du volume un bâton comportant deux marqueurs (ou plus) dont la distance relative est connue (voir Fig. 2.4). Le calibrage doit s'effectuer selon les recommandations du fabricant, ce qui permet d'obtenir une précision de reconstruction d'environ 0,2 mm, avec une marge d'erreur inférieure à 1 mm.

Nombre de cibles et modèles biomécaniques

Le nombre de cibles nécessaires dépend de l'analyse. L'analyse du mouvement de l'**ensemble du corps** requiert généralement **16 cibles** placées de la manière suivante : 2 cibles sur les deuxièmes articulations métatarso-phalangiennes (droite et gauche), 2 sur les chevilles, 2 sur les genoux, 2 sur les hanches, 2 sur les épaules (sur la face supérieur de l'acromion), 2 sur les coudes, 2 sur les poignets, 1 sur la vertèbre C7 et 1 sur le vertex (voir Fig. 2.2). Ces 16 cibles fournissent un **modèle biomécanique composé de 12 segments** : deux pieds, deux jambes, deux cuisses, deux bras (de l'épaule au coude), deux avant-bras, deux mains, le tronc et la tête. Les cibles sont censées représenter les articulations mais elles sont placées à la surface de la peau (et non au centre des articulations) : le programme informatique d'analyse devra prendre en compte et corriger cette approximation. L'analyse 3D détaillée des mouvements des segments du corps nécessite un plus grand nombre de cibles (voir Fig. 2.5).

Calcul des variables cinématiques

Le système optoélectronique fournit les coordonnées 3D de chaque cible en fonction du temps. Ces coordonnées peuvent être traitées par un programme informatique (du fabricant ou d'un tiers) pour calculer les variables cinématiques du mouvement. Un simple tableur suffit pour afficher les coordonnées et exécuter les calculs de base.

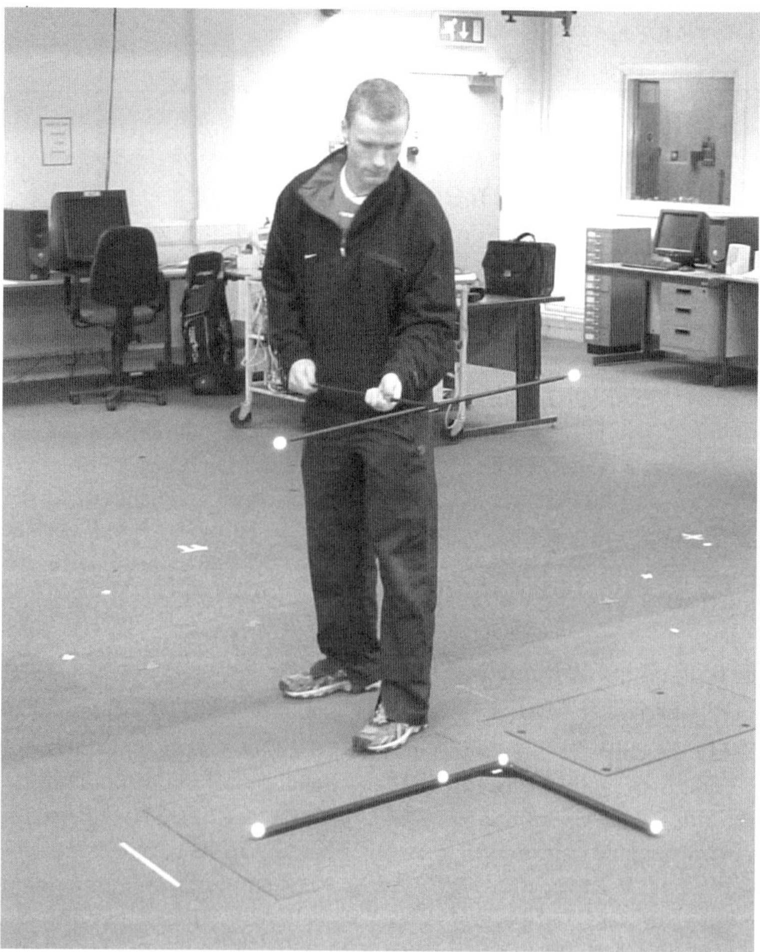

Fig. F2.4 : Calibrage dynamique

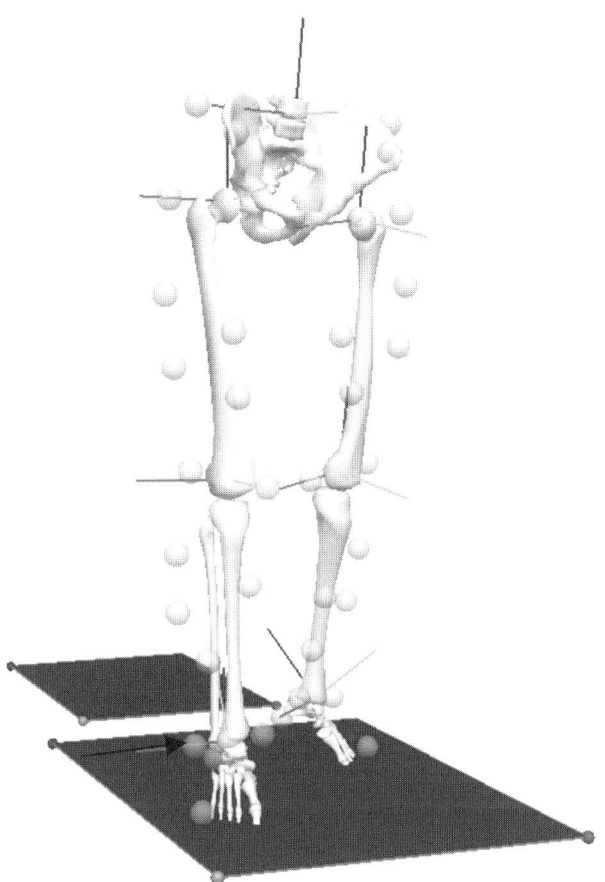

Fig. F2.5 : Analyse détaillée du mouvement des membres inférieurs à l'aide de 27 cibles.

Autres applications

D'autres instruments (plaque de force par exemple) peuvent être ajoutés aux systèmes optoélectroniques. Les données recueillies par ces instruments devront être **synchronisées** avec les variables cinématiques recueillies par les caméras. Cela permettra de calculer des variables biomécaniques plus complexes, comme les moments de force autour des articulations et le travail des forces. Ces systèmes optoélectroniques complexes jouent un rôle essentiel dans l'**analyse de la marche**.

Chapitre 3

Lissage des données

Points clés

Lissage des données	Le lissage des données permet de réduire les erreurs survenant au cours du recueil de données. Ces erreurs prennent une importance particulière lors des opérations de dérivation au premier ou au second degré (calcul de la vélocité ou de l'accélération par exemple). Les programmes informatiques utilisent divers algorithmes de lissage de données, un des plus courants étant l'algorithme de Hanning.
Erreurs dans l'analyse du mouvement	L'analyse du mouvement nécessite l'enregistrement et la numérisation des positions des repères anatomiques (généralement les articulations). Cette numérisation peut engendrer trois types d'erreurs : 1) erreurs d'image (raccourcissement, grossissement et obliquité) ; 2) erreurs de numérisation (localisation et de résolution) ; 3) erreurs de minutage.
Algorithme de Hanning	L'algorithme de Hanning est une méthode de lissage des données visant à réduire les erreurs. Cet algorithme permet de lisser l'aspect irrégulier des données brutes et améliore la qualité des estimations de la vélocité et de l'accélération. Il s'agit d'une méthode dite « de moyennes mobiles » : on calcule la moyenne des trois premières valeurs de l'ensemble des données (valeurs 1, 2 et 3) puis la moyenne des valeurs 2, 3 et 4, etc. Il existe d'autres algorithmes de lissage, tel l'algorithme de Butterworth du quatrième ordre qui a un champ d'application plus large.

1. Erreurs lors du recueil de données

En biomécanique, un certain taux d'erreur est associé à tout recueil de données expérimentales. Ceci est particulièrement vrai pour les données recueillies lors de l'analyse du mouvement qui peuvent comporter trois types d'erreurs : 1) les erreurs d'image (perspective, profondeur et inclinaison) ; 2) les erreurs de localisation et de résolution ; 3) les erreurs de minutage.

Erreurs d'image

Ces erreurs surviennent en analyse 2D. On parle : 1) d'erreur de **raccourcissement** quand un objet incliné par rapport au plan de la caméra apparaît plus court qu'il ne l'est en réalité ; 2) d'erreur de **grossissement** quand un objet proche de l'objectif apparaît plus gros qu'il ne l'est en réalité : 3) d'erreur d'**obliquité** quand les objets sur les bords de l'écran sont de tailles erronées. Ces erreurs peuvent être évitées en plaçant la caméra perpendiculairement au plan de mouvement, en s'assurant que le plan du mouvement correspond au plan de la caméra et en limitant l'enregistrement du mouvement à la partie centrale du champ de la caméra (éviter que le sujet se retrouve sur les bords de l'écran au cours de son mouvement).

Erreurs de numérisation

Elles peuvent être dues à : 1) une erreur de **localisation** d'un point de référence anatomique ; 2) une erreur de **résolution** qui dépend de la résolution du système vidéo, de la taille de l'image et de la taille du champ de la caméra.

Erreurs de minutage

Elles peuvent être dues à : 1) un dysfonctionnement du **minuteur** (chronomètre ou oscillateur électronique) ; 2) une erreur de **minutage d'un événement** (par exemple, la frappe du talon lors de la course). Il est difficile de mesurer avec exactitude le moment précis où se déroule un événement : il existe généralement une marge d'erreur de plus ou moins une image (l'événement peut en fait s'être produit sur l'image d'avant ou celle d'après).

2. Conséquences des erreurs

Les erreurs donnent un aspect irrégulier à la courbe tracée à partir de ces données, d'où une inexactitude des valeurs instantanées mesurées en un point de la courbe. La Figure F3.1 montre la courbe tracée à partir des données brutes de l'analyse d'un saut en longueur. L'appui final et l'envol sont indiqués sur la courbe. L'aspect irrégulier de la courbe empêche de déterminer avec précision la hauteur atteinte par le centre de gravité du sujet lors de son appui final ou de son envol.

Ces erreurs se répercutent sur les calculs effectués à partir de ces données. L'analyse du mouvement recueille des données concernant le déplacement, à partie desquelles sont calculées d'autres variables cinématiques, telles la vélocité et l'accélération. La vélocité correspond à la variation de déplacement dans le temps et l'accélération à la variation de vélocité dans le temps :

$$\text{vitesse} = \text{déplacement/durée} = (d_2 - d_1) / (t_2 - t_1)$$

$$\text{accélération} = \text{variation de vitesse/durée} = (v_2 - v_1) / (t_2 - t_1)$$

Les erreurs de mesure du déplacement engendrent des erreurs plus importantes dans le calcul de la vélocité et encore plus importantes dans celui de l'accélération. La Figure F3.2 montre les courbes déplacement-temps mesurées et les courbes vélocité-temps calculées d'un objet se déplaçant à vélocité constante. En l'absence d'erreurs dans la courbe déplacement-temps, la courbe vélocité-temps obtenue correspond bien à une vélocité constante. Une erreur dans la courbe déplacement-temps engendre deux erreurs dans la courbe vélocité-temps (une valeur surestimée et une autre sous-estimée) ; la courbe de vélocité-temps montre un pic et ne reflète plus une vélocité constante. Le problème s'aggrave quand il y a deux erreurs dans la courbe déplacement-temps, avec trois erreurs dans la courbe vélocité-temps et un pic plus important.

Le calcul de l'accélération montrerait encore plus d'erreurs puisqu'il serait basé sur les valeurs erronées de la vélocité.

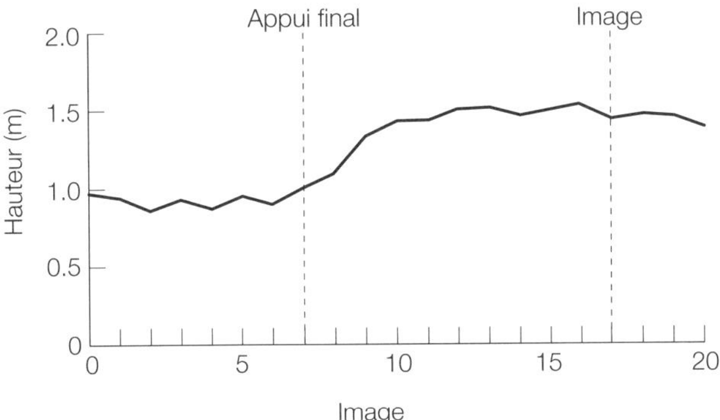

Fig. F3.1 : Hauteur atteinte par le centre de gravité au cours d'un saut en longueur.

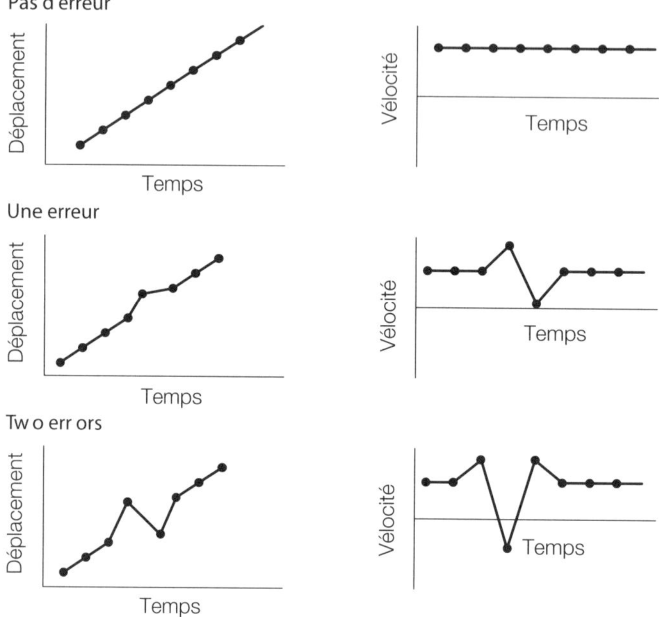

Fig. F3.2 : Conséquences des erreurs sur le calcul de la vélocité.

3. Lissage des données

Les erreurs peuvent être réduites en utilisant un **algorithme** (ou **filtre**) **de lissage**. L'algorithme de Hanning est une méthode courante de lissage des données. Il s'agit d'une méthode dite « de moyennes mobiles » qui s'exprime par l'équation suivante :

$$y_1 = 0{,}25\ x_{i-1} + 0{,}5\ x_1 + 0{,}25\ x_{i+1} \text{ pour } i = 1 \text{ à } (N\text{-}1)$$

Où x_i est la donnée brute, y_i est la donnée « lissée » et N est le nombre d'images de l'enregistrement. Cette équation est appliquée à l'ensemble des données recueillies pour obtenir des données lissées (voir Tableau F3.1). L'algorithme peut être appliqué plusieurs fois pour améliorer le lissage.

Frame	Raw data	Smoothed data
1	0,970	0,955
2	0,940	0,928
3	0,860	0,898
4	0,930	0,898
5	0,870	0,904
6	0,945	0,915
7	0,901	0,943
8	1,025	1,012
9	1,095	1,137
10	1,333	1,296
11	1,423	1,403
12	1,433	1,448
13	1,501	1,487
14	1,512	1,497
15	1,463	1,486
16	1,505	1,501
17	1,532	1,503
18	1,443	1,473
19	1,473	1,463
20	1,463	1,448
21	1,393	1,428

Tableau F3.1 : Lissage par l'algorithme de Hanning des données brutes recueillies lors de l'analyse d'un saut en longueur.

À titre d'exemple, la donnée lissée de la 2e image se calcule de la façon suivante :

$$Y2 = 0{,}25^* (1) + 0{,}5^* (2) + 0{,}25^* (3)$$

$$= 0{,}25^* (0{,}970) + 0{,}5^* (0{,}940) + 0{,}25^* (0{,}860)$$

$$= 0{,}928$$

De même, pour la 3e image :

$$Y2 = 0{,}25^* (0{,}940) + 0{,}5^* (0{,}860) + 0{,}25^* (0{,}930) = 0{,}898$$

Ces calculs sont fastidieux quand ils sont faits manuellement mais l'ordinateur simplifie considérablement la tâche (tableur ou programme informatique spécifique).

La méthode des moyennes mobiles ne permet pas de lisser la première et la dernière donnée de l'ensemble. L'algorithme de Hanning comporte donc deux équations supplémentaires pour ces deux données :

$$y_1 = 0{,}5^* \,(x_1 + x_2)$$

$$y_N = 0{,}5^* \,(x_{N-1} + x_N)$$

La Figure F3.3 montre les courbes brute et lissée de l'exemple du saut en longueur.

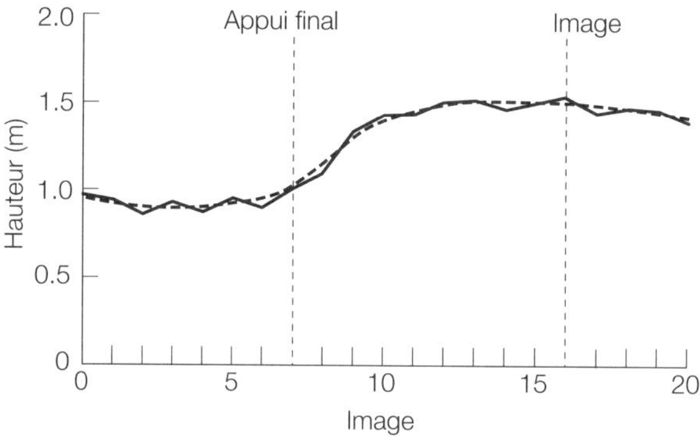

Fig. F3.3 : Courbes brute et lissée tracées à partir des valeurs du Tableau F3.1.

4. Autres algorithmes de lissage

L'algorithme de Hanning offre l'avantage d'être facilement programmable dans un tableur ou un autre programme informatique mais son degré de lissage reste limité. Certaines applications requièrent un lissage plus important grâce à d'autres algorithmes.

L'algorithme de **Butterworth de second ordre** est basé sur les mêmes principes que l'algorithme de Hanning mais son champ d'application est plus vaste. On le retrouve parfois dans la littérature sous le nom d'algorithme de **Butterworth de quatrième ordre**, quand il est appliqué deux fois au même ensemble de données. Cette double application est rendue nécessaire par la distorsion temporelle des données (le lissage tend à rassembler les données en avant dans le temps) qui peut être corrigée en appliquant l'algorithme une seconde fois, dans le sens inverse (en commençant par la dernière donnée et en remontant à la première). L'algorithme de Butterworth de quatrième ordre est très efficace pour lisser la plupart des variables cinématiques. De nombreux programmes informatiques d'analyse du mouvement utilisent cet algorithme.

Les **splines** représentent une autre méthode de lissage de données biomécaniques. Les splines peuvent être cubiques ou quintiques (ces dernières sont particulièrement adaptées au lissage des ensembles de données complexes). Le lissage par spline consiste à faire correspondre une courbe régulière à trois (cubique) ou cinq (quintique) données adjacentes ; l'opération est répétée pour le prochain groupe de données adjacentes jusqu'à la fin de l'ensemble de données. Cette méthode de lissage « locale » est très efficace et la plupart des programmes informatiques d'analyse du mouvement disposent également de cet algorithme.

Chapitre 4

Accéléromètres et autres appareils de mesure

Points clés	
Accélération	L'accélération correspond à la variation de vélocité dans le temps. C'est la dérivée seconde du déplacement en fonction du temps. Il s'agit d'une valeur vectorielle possédant une magnitude et une direction. Les erreurs dans les données déplacement-temps entraînent des erreurs plus importantes dans le calcul de l'accélération : il est donc préférable de mesurer directement l'accélération plutôt que de la calculer.
Accéléromètre	Les accéléromètres sont des appareils permettant de mesurer directement l'accélération d'un corps.
Seconde loi de Newton	Selon la seconde loi de Newton, tout corps de masse m subissant une accélération a est soumis à une force nette F telle que : $F = m.a$
Loi de Hooke	La loi de Hooke stipule que la déformation (allongement ou raccourcissement) d'un ressort est proportionnelle à la force nette s'exerçant sur ce ressort. Cette force F dépend de la constante de raideur k et de la variation de longueur x du ressort : $F = k.x$
Goniométrie	La goniométrie est l'étude de l'amplitude des angles articulaires. Ce terme provient du mot grec gõniã signifiant angle. Un électro-goniomètre est un appareil mesurant les variations d'angles par une modification de ses propriétés électriques.

1. Accélération

Le mouvement se décrit par le déplacement, la vélocité et l'accélération. La vélocité est la dérivée première du déplacement et l'accélération sa dérivée seconde. Les erreurs se multiplient à chaque calcul de dérivée. L'analyse vidéo permet de mesurer avec une précision suffisante le déplacement et la vélocité mais le calcul de l'accélération comporte généralement un nombre d'erreurs trop important.

Prenons l'exemple de l'enregistrement vidéo du mouvement d'un sujet dans lequel on étudie la vélocité et l'accélération. Le tableau F4.1 donne les valeurs « exactes » (sans erreur) de la position, image par image, ainsi que les valeurs calculées de la vélocité et de l'accélération.

Le tableau F4.2 donne les même valeurs mais en introduisant une légère erreur de position (plus ou moins 2 cm). Les valeurs calculées de la vélocité montre un certain taux d'erreurs mais sont encore exploitables. En revanche, les valeurs calculées de l'accélération ne sont plus du tout comparables aux valeurs du tableau F4.1.

L'accélération peut être déterminée à partir de la seconde loi de Newton () si l'on peut mesurer les forces externes s'exerçant le corps. Il existe cependant de nombreuses situations où cette mesure est irréalisable. L'accélération devra alors être mesurée directement à l'aide d'un **accéléromètre**.

Dans l'aéronautique, les accéléromètres sont basés sur les propriétés des masses en rotation. En biomécanique, les accéléromètres font appel à la seconde loi de Newton et à la loi de Hooke.

Image	Position (m)	Déplacement (m)	Temps (s)	Vélocité (m/s)	Variation de la vélocité (m/s)	Accélération (m/s²)
1	50,00					
		0,40	0,04	10,00		
2	50,40				0,50	12,5
		0,42	0,04	10,50		
3	50,82				0	0
		0,42	0,04	10,50		
4	51,24				1,00	25,0
		0,46	0,04	11,50		
5	51,70				1,00	25,0
		0,50	0,04	12,50		
6	52,20					

Tableau F4.1 : Valeurs exactes (sans erreur) de la position et valeurs calculées de la vélocité et de l'accélération.

Image	Position (m)	Déplacement (m)	Temps (s)	Vélocité (m/s)	Variation de la vélocité (m/s)	Accélération (m/s²)
1	50,02					
		0,36	0,04	9,00		
2	50,38				2,50	62,5
		0,46	0,04	11,50		
3	50,84				-2,00	-50,0
		0,38	0,04	9,50		
4	51,22				2,50	62,5
		0,48	0,04	12,00		
5	51,70				0	0
		0,48	0,04	12,00		
6	52,18					

Tableau F4.2 : Valeurs comportant une légère erreur (plus ou moins 2 cm) de la position et valeurs calculées de la vélocité et de l'accélération.

2. Seconde loi de Newton et loi de Hooke

Selon la seconde loi de Newton, tout corps de masse m subissant une accélération a est soumis à une force nette F (F = m.A). La loi de Hooke stipule que la déformation (allongement ou raccourcissement) d'un ressort est proportionnelle à la force nette s'exerçant sur ce ressort. Cette force F dépend de la constante de raideur k et de la variation de longueur x du ressort (F = k.x). Ces deux équations peuvent être combinées de manière à trouver l'accélération :

$$F = m.a = k.x$$

Donc

$$a = k.x / m$$

La Figure F4.1 montre le principe de fonctionnement d'un accéléromètre. Une petite masse est attachée à un ressort de longueur x_1 en l'absence de toute force. Si l'ensemble du système subit une accélération vers la droite, le ressort s'allonge et exerce une force sur la masse de manière à compenser sa force d'inertie. L'allongement est maximal (longueur x_2 quand la masse atteint la même accélération que le système). Il est alors possible de calculer l'accélération à partir de l'équation suivante :

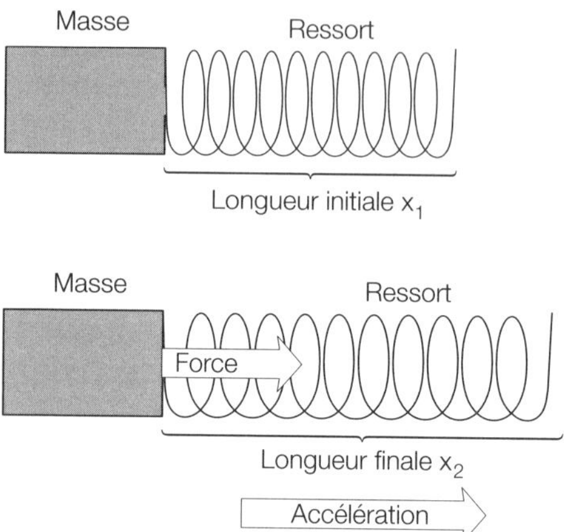

Fig. F4.1 : Principe de l'accéléromètre : la déformation du ressort ($x_2 - x_1$) est proportionnelle à l'accélération ($a = k (x_2 - x_1)$/masse). Notez que le ressort s'allonge jusqu'à ce que l'accélération de la masse soit égale à celle du système.

La plupart des accéléromètres emploient ce **principe masse-ressort** mais ils diffèrent par la façon dont est détecté le déplacement de la masse. Les accéléromètres les plus communs sont les suivants :

Accéléromètre	Principe employé pour la détection
capacitif	Mesure de la capacité d'un condensateur qui varie avec sa longueur
piézoélectrique	Mesure de la charge d'un cristal piézoélectrique qui varie avec sa déformation
piézorésistif	Mesure d'une résistance électrique qui varie avec sa déformation
à effet Hall	Le déplacement entraîne une modification d'un champ magnétique qui est transformée en signal électrique
magnétorésistif	La résistance électrique de certains matériaux varie en fonction du champ magnétique
thermique	Détection du mouvement d'une masse d'air chaud à l'aide d'un capteur de température

Les accéléromètres les plus utilisés en biomécanique sont de type capacitif ou piézoélectrique. Les accéléromètres piézoélectriques sont généralement plus chers que les capacitifs.

L'accélération est une valeur vectorielle, possédant une magnitude et une direction. Dans l'exemple ci-dessus, l'accélération n'est mesurée que dans la direction de l'allongement du ressort. Cela signifie que l'accéléromètre ne peut mesurer l'accélération que dans une seule dimension à la fois. Il faut trois accéléromètres perpendiculaires entre eux pour connaître l'accélération d'un corps dans les trois dimensions. Certains appareils sont conçus de cette manière et permettent une mesure directe de l'accélération en 3D.

L'orientation de l'accéléromètre doit être prise en compte. Dans l'exemple de la Figure F4.1, l'accéléromètre était à l'horizontale et aucune force n'agissait initialement sur le système. S'il est maintenant placé à la verticale (avec la masse en bas, voir Fig. F4.2), le ressort exerce sur la masse une force égale à son poids (). Dans cette situation, l'accélération initiale est égale à 1 g, où g représente l'accélération gravitationnelle (9,81 m/s^2).

Si l'accéléromètre est placé dans le sens inverse (masse en haut), le ressort est comprimé par la masse (raccourcissement) et on mesure une accélération négative de -1 g. Les accélérations mesurées peuvent être exprimées en mètres par seconde au carré (m/s^2) ou par rapport à l'accélération gravitationnelle (g). Notez à titre d'exemple les valeurs suivantes de l'accélération :

Gravité terrestre	1 g
Conducteur d'une voiture effectuant un virage	2 g
Sujet sur un bobsleigh effectuant un virage	5 g

Lors de l'analyse d'un mouvement, l'accéléromètre doit être convenablement fixé au sujet pour fournir une mesure précise : le mouvement de l'accéléromètre doit suivre celui du corps. Dans le cadre de la motricité humaine, il est important de se souvenir que tous les segments du corps ne se déplacent pas à la même vitesse et que les tissus mous (peau, graisse, muscles) ne suivent pas exactement le mouvement du système squelettique. Les accéléromètres doivent être de préférence attachés aux endroits où les os sont proches de la surface cutanée (tels que la malléole, la tête de la fibula, le grand trochanter et l'acromion). Certains accéléromètres sont montés sur des bâtons à tenir entre les dents. Il faut s'assurer d'une bonne fixation, à l'aide de cire d'abeille ou de bandes adhésives. Dans certaines expériences visant une précision optimale, des accéléromètres étaient fixés à l'aide de broches passant au travers des os.

On peut comparer les accélérations en différentes endroits du corps pour mettre en évidence les capacités d'absorption de choc du corps humain. Le corps humain est organisé de façon à dissiper graduellement les forces et les accélérations sont plus faibles dans la partie supérieure du corps qu'au niveau des pieds (voir tableau ci-dessous) :

Activité	**Partie du corps**	**Accélération**
Marche pieds nus	Tibia	2,5 g
Course pieds nus	Tibia	9 g
Course avec des chaussures	Tibia	8 g
Course avec des chaussures	Tête	3 g

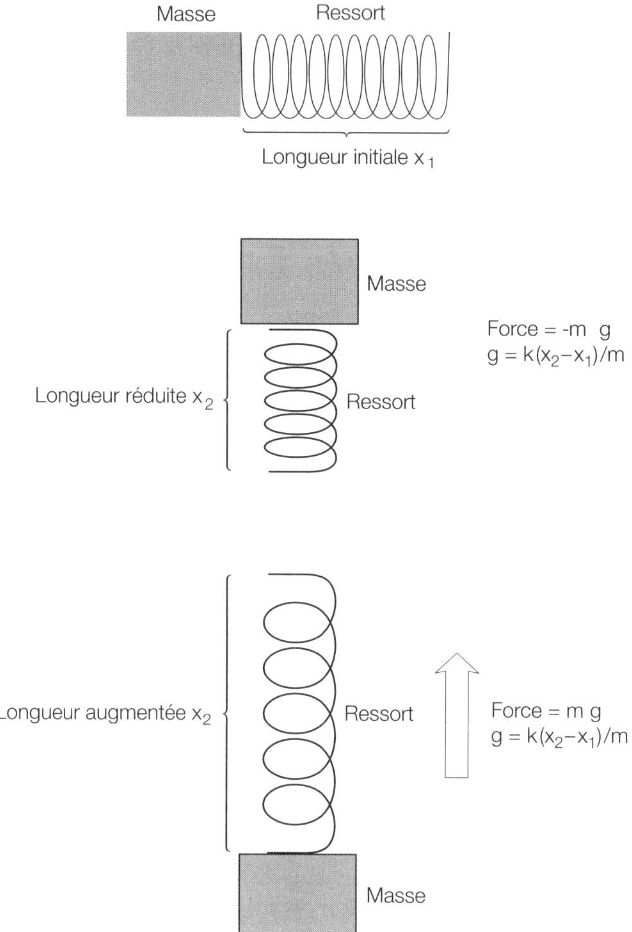

Fig. F4.2 : Effet de l'orientation sur l'accéléromètre.

3. Goniométrie

La **goniométrie** peut remplacer l'analyse vidéo si l'on s'intéresse plus aux amplitudes des mouvements articulaires qu'à la position des segments du corps dans l'espace. Un goniomètre est un appareil permettant de mesurer directement les angles articulaires. Ce terme provient du mot grec gōniā signifiant angle (*cf* Figure F4.3).

Dans sa forme la plus simple, un goniomètre peut être vu comme un compas s'utilisant de la manière suivante :

1. Aligner le pivot de l'appareil sur l'articulation à mesurer
2. Aligner les bras de l'appareil sur les segments du corps de part et d'autre de l'articulation
3. Maintenir les bras du goniomètre sur les segments pendant que l'articulation effectue son mouvement
4. La différence des angles entre le début et la fin du mouvement représente l'amplitude du mouvement articulaire.

Ce type de goniomètre permet une mesure simple et peu onéreuse de l'amplitude du mouvement d'une articulation mais ne convient guère à la mesure des amplitudes de plusieurs articulations durant une activité complexe. On utilisera alors de préférence des **électro-goniomètres**.

Un **électro-goniomètre** est appareil qui répond à une variation de son angulation en faisant varier ses propriétés électriques ; le potentiomètre angulaire en est un exemple. La distance entre les contacts du potentiomètre varie quand l'angle de l'articulation varie et la résistance électrique du potentiomètre peut être mesurée à l'aide d'un circuit électrique simple. La variation de la résistance est proportionnelle à la variation de l'angle de l'articulation. Cette méthode permet d'observer le mouvement articulaire sans passer par le processus laborieux de la numérisation d'un enregistrement vidéo.

En dépit de leur relative simplicité, les goniomètres n'ont jamais joué un rôle très important dans l'analyse de la motricité humaine et ce pour plusieurs raisons. Les goniomètres ne pouvaient initialement détecter les variations d'angles que selon un seul axe de rotation, il fallait donc plusieurs appareils et un montage complexe pour mesurer les mouvements multiaxiaux. Il fallait par exemple deux goniomètres (un dans le plan frontal et un dans le plan sagittal) pour mesurer la flexion plantaire / dorsiflexion et l'inversion / éversion du pied. Ce type de montage était difficile à réaliser au niveau de la cheville, notamment si le sujet portait des chaussures. Cette limite a pu être dépassée grâce au développement des goniomètres triaxiaux qui permettent de mesurer le mouvement articulaire dans les trois plans à l'aide d'un seul appareil.

Un autre problème de la goniométrie réside dans la difficulté à aligner l'appareil avec l'articulation, notamment lorsque l'axe de rotation se déplace au cours du mouvement. Les articulations du coude et du genou, par exemple, ont tendance à glisser et à pivoter au cours de leur mouvement : l'orientation de leur axe de rotation varie en fonction de leur position absolue. Enfin, les goniomètres ne fournissent qu'une mesure de l'orientation relative de deux segments du corps, sans prendre en compte la position absolue du corps dans l'espace qui est pourtant un facteur important dans l'analyse du mouvement.

Certains appareils **optoélectroniques** mesurant le mouvement articulaire ont été développés. Ces appareils suivent de façon automatique des cibles placées sur le corps, enregistrent leurs coordonnées dans l'espace et calculent les amplitudes des mouvements articulaires. Ce procédé est semblable à celui de la numérisation manuelle d'une vidéo mais a l'avantage d'être entièrement réalisé par ordinateur.

Ces systèmes optoélectroniques ont commencé à être utilisés dans les années 1960 mais ils n'ont été efficaces qu'à partir des années 1980, grâce aux progrès de l'informatique. Les cibles utilisées en optoélectronique sont réfléchissantes ; elles reçoivent des infrarouges et sont suivies par des caméras sensibles aux infrarouges (caméras Qualysis, Vicon ou Elite, par exemple). De cette manière, seul le mouvement des cibles est enregistré pour fournir les données de l'analyse du mouvement. Le système CODA est un système particulier qui utilise des cibles qui s'illuminent de façon séquentielle.

Les systèmes optoélectroniques sont principalement utilisés pour l'analyse de la démarche. Ils restent cependant confinés à une utilisation en laboratoire et ne sont guère adaptés à l'entraînement sportif dans des conditions réelles (voir Chapitre F2).

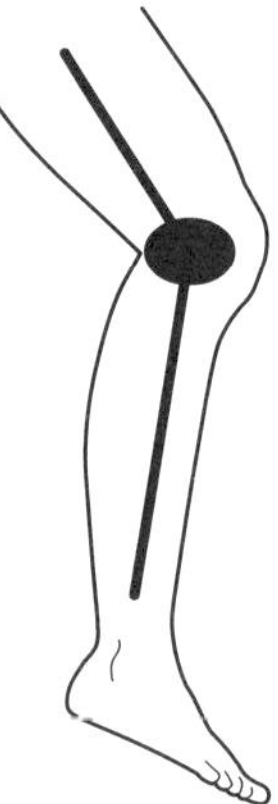

Fig. F4.3 : Goniomètre aligné sur l'articulation du genou.

Chapitre 5

Plaque de force

Points clés	
Plaque de force	La plaque de force mesure la force de réaction du sol (FRS) qui, selon la troisième loi de Newton, est égale et opposée à la force d'action s'exerçant sur la plaque. La composante verticale de la FRS est généralement notée Fz et les deux composantes horizontales Fy et Fx. En biomécanique, les capteurs des plaques de force sont le plus souvent piézoélectriques ou à jauge de contrainte, et offrent une bonne linéarité, une faible hystérésis et une bonne séparation des signaux selon les axes.
Interprétation des courbes FRS-temps	Selon la seconde loi de Newton, la force nette s'exerçant sur un corps dans une direction est proportionnelle à l'accélération de ce corps dans la même direction. Durant la course, par exemple, la différence entre Fz et le poids du sujet est proportionnelle à l'accélération verticale du centre de gravité du sujet. De même, la différence entre Fy et la résistance de l'air est proportionnelle à l'accélération horizontale du sujet.
Variables liées à la FRS	La plaque de force permet d'identifier les pics de force, leur fréquence et les impulsions, ainsi que d'autres variables. Le centre de pression est le point d'application de la FRS résultante dans un plan parallèle à la surface de la plaque. Les coordonnées (Ax et Ay) du centre de pression sont exprimées par rapport au centre géométrique de la plaque. Le moment Mz' est le moment de force qui s'exerce autour d'un axe vertical passant par le centre de pression.

1. Plaque de force

La troisième loi de Newton stipule que tout corps A exerçant une force (d'action) sur un corps B subit une force (de réaction) d'intensité égale, de même direction mais de sens opposé, exercée par le corps B (voir Fig. F5.1). L'étude de la force de réaction du sol (FRS) se révèle très utile en biomécanique de l'exercice et du sport. La plaque (ou plateforme) de force est une plaque enfoncé dans le sol (d'un laboratoire ou d'une piste d'athlétisme) qui permet de mesurer la FRS. Les valeurs de cette force peuvent être combinées avec celles de la vélocité du centre de gravité pour déterminer le travail du corps (voir Chapitre D1) ou avec les variables cinématiques et anthropométriques pour déterminer les forces de réaction articulaires (voir Chapitre C9).

Les plaques mesurent la force à l'aide de capteurs. Quand une force s'exerce sur la plaque, chaque capteur subit une déformation proportionnelle à la magnitude de la force. Le capteur émet alors un signal électrique proportionnel à sa déformation, et donc à la magnitude de la force. En biomécanique, les capteurs des plaques de force sont le plus souvent piézoélectriques ou à jauge à contrainte. Les capteurs piézoélectriques sont plus sensibles aux variations rapides de la force mais peuvent être soumis à un phénomène de dérive (c'est-à-dire une modification du signal électrique au cours du temps, sans relation avec la force appliquée). Ils sont particulièrement adaptés à l'analyse d'activités brèves et dynamiques, telles la marche, la course et le saut. Les capteurs à jauge de contrainte ne sont pas aussi sensibles que les capteurs piézoélectriques mais ils subissent moins de dérive et sont donc plus adaptés à l'analyse d'activités plus longues et moins dynamiques, telles le tir à l'arc ou à la carabine.

Les capteurs doivent offrir la relation la plus linéaire possible entre la force appliquée et le signal électrique, et ce quel que soit leur type (voir Fig. F5.2a). Si la relation est linéaire, la pente de la droite correspond au coefficient de calibrage qui permet de convertir les volts du signal électrique en Newtons de la force. Quand la relation n'est pas linéaire (voir Fig. F5.2a), il faut corriger la courbe en appliquant une fonction polynômiale d'ordre élevé (spline quadratique) pour obtenir le coefficient de calibrage. L'hystérésis de la plaque de force doit être minimale (voir Fig. F5.2b) pour que la relation reste identique pendant la mise en charge et pendant la levée de la charge.

Les capteurs sont disposés dans la plaque de manière à mesurer les trois composantes de la FRS selon des axes parallèles au repère orthonormé de la plaque (voir Fig. 5.3). Cette disposition permet de bien séparer les signaux selon les axes : la composante Fz donnera un signal fort selon l'axe z et des signaux très faibles selon les axes x et y. Enfin, la plaque doit avoir une fréquence de résonance largement supérieure (dans l'idéal supérieure à 800 Hz) à la fréquence du signal mesuré, de manière à ce que la force appliquée ne fasse pas vibrer la plaque, ce qui fausserait les mesures.

Le signal électrique émis par les capteurs doit être amplifié avant d'être enregistré sur ordinateur. L'ordinateur échantillonne le signal à l'aide d'un convertisseur analogique-numérique (CAN) d'une précision d'au moins 12 bits (idéalement 16 bits) de manière à détecter les plus faibles variations possibles de la force. Pour remplir les conditions du théorème de Nyquist, l'échantillonnage doit se faire à une fréquence d'au moins 500 Hz, notamment lorsque la force analysée est celle d'un impact.

Deux conventions différentes peuvent être utilisées pour repérer les composantes de la FRS mesurées par la plaque. La première (voir Fig. F5.4), principalement utilisée au Royaume-Uni, place la composante Fz positive dans la direction verticale, vers le haut et perpendiculaire à la surface de la plaque. La composante Fy positive se situe dans la direction horizontale, vers l'avant et parallèle au grand axe de la plaque. La composante positive Fx se situe dans la direction horizontale, vers la droite et parallèle au petit axe de la plaque. Les composantes Fz, Fy et Fx négatives sont dirigées respectivement vers le bas, vers l'arrière et vers la gauche. La Société Internationale de Biomécanique utilise une autre convention qui remplace Fz par Fy, Fy par Fx et Fx par Fz.

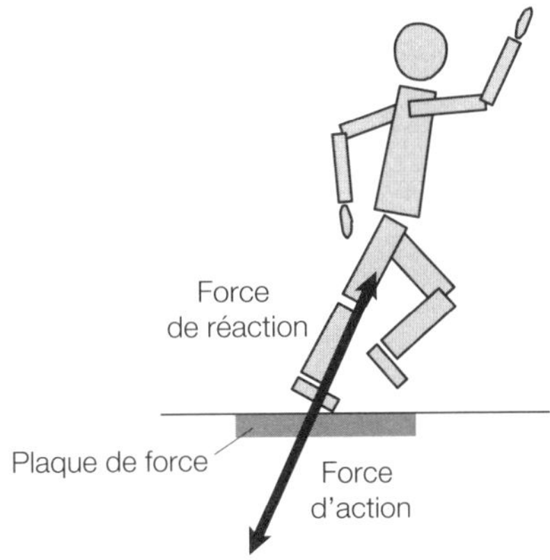

Fig. F5.1 : Application de la troisième loi de Newton.

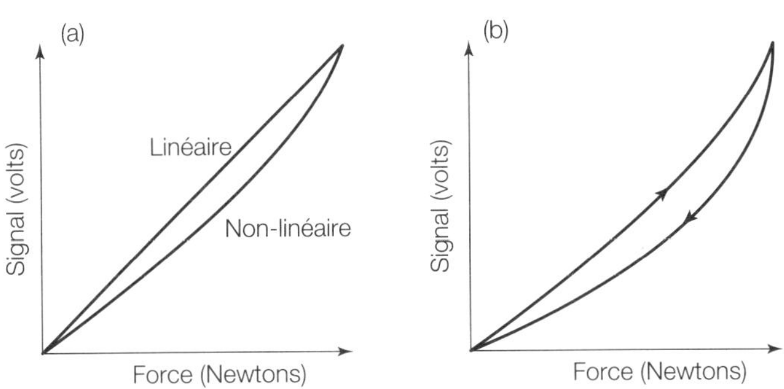

Fig. F5.2 : Linéarité (a) et hystérésis (b) d'une plaque de force.

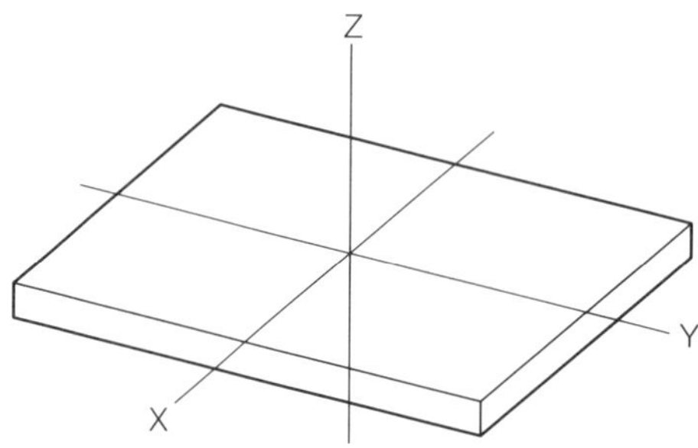

Fig. F5.3 : Repère orthonormé de la plaque de force

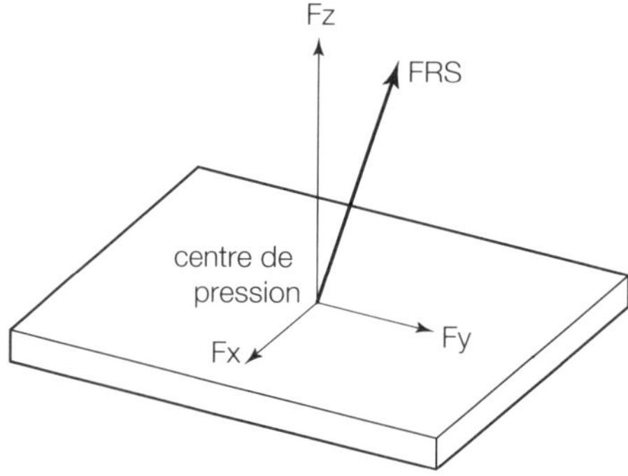

Fig. F5.4 : Composantes horizontales (Fx et Fy) et verticale (Fz) de la force de réaction du sol.

2. Interprétation des courbes FRS-temps

L'interprétation des courbes FRS-temps nécessite une bonne connaissance des lois du mouvement de Newton. Les forces s'exerçant sur un sujet durant la phase d'appui de la course sont les suivantes : poids du sujet (P), résistance de l'air (Ra) et composantes de la FRS (voir Fig. F5.5). Selon la seconde loi de Newton (voir Chapitre B2), la force nette (somme des forces) s'exerçant sur un corps dans une direction est proportionnelle à l'accélération de ce corps dans la même direction (ΣF = m·a) :

$$F_x - F_w = m \cdot a_z$$

$$F_y - F_a = m \cdot a_y$$

$$F_x = m \cdot a_x$$

Chacune de ces équations peut être divisée par la masse du sujet pour obtenir l'accélération du centre de gravité du sujet selon chaque axe. En supposant que P et Ra demeurent constants, les courbes accélérations-temps résultantes auront la même forme que les courbes forces-temps.

La Figure F5.6 donne un exemple de courbes Fz-temps et Fy-temps correspondant à la phase d'appui de la course. La courbe Fx-temps n'est pas dessinée car la composante Fx est bien plus faible que les deux autres et ne présente que peu d'intérêt durant la course (l'accélération latérale est faible et présente une grande variabilité interindividuelle).

Dans la direction verticale, la composante Fz de la FRS est inférieure au poids quand le pied prend contact avec le sol (FZ < P). Selon les équations ci-dessus, la force nette verticale est négative (dirigée vers le bas), de même que l'accélération verticale du sujet. Comme le sujet se déplace vers le bas, la vélocité négative de son centre de gravité augmente. La situation s'inverse quand Fz devient supérieure au poids : l'accélération verticale devient alors positive (dirigée vers le haut). Dans un premier temps, la vélocité négative du sujet diminue jusqu'à atteindre zéro, à peu près au milieu de la phase d'appui. Dans un second temps, la vélocité du sujet devient positive et augmente jusqu'au décollage des orteils. À cet instant, Fz redevient inférieure au poids et l'accélération redevient négative. À la différence du début de la phase d'appui, le sujet se déplace maintenant vers le haut et l'accélération négative fait diminuer la vélocité positive du sujet dès l'instant où il décolle du sol.

L'interprétation de la courbe Fy-temps est généralement plus simple que celle de la courbe Fz-temps car le mouvement ne se produit que dans une seule direction (vers l'avant). Si l'on considère la résistance de l'air comme négligeable, la seule force qui s'exerce dans la direction horizontale est la composante Fy. Elle est d'abord négative quand le pied prend contact avec le sol, en avant du centre de gravité du sujet. L'accélération horizontale du sujet est également négative et Fy agit comme une force de freinage. La vélocité horizontale du sujet diminue jusqu'à ce que le centre de gravité passe en avant du point d'appui (après le point b dans la Fig. F5.6) : Fy devient alors positive, de même que l'accélération horizontale, et la vélocité horizontale du sujet augmente. Durant la première moitié de la phase d'appui, Fy est négative et agit comme une force de freinage. Durant la seconde moitié de la phase d'appui, Fy devient positive est agit comme une force propulsive.

La variation de la vélocité du sujet dans une direction peut être déterminée à l'aide de la relation impulsion-quantité de mouvement (voir Chapitre B3). L'impulsion correspond à la surface sous la courbe force-temps, surface qui peut être déterminée grâce à la méthode des trapèzes (voir Fig. B5.7). D'après la relation impulsion-quantité de mouvement, la variation de vélocité du sujet est égale à l'impulsion nette divisée par sa masse. Si l'impulsion de freinage est supérieure à l'impulsion de propulsion (voir Fig. F5.8a), le sujet perd de la vélocité au cours de la phase d'appui. À l'inverse, le sujet gagne en vélocité si son impulsion de freinage est inférieure à son impulsion de propulsion (voir Fig. F5.8b). Les vélocités en début et en fin de phase d'appui sont les mêmes si les deux impulsions sont égales (voir Fig. F5.8c). Nous avons jusqu'ici considéré la résistance de l'air comme négligeable mais en réalité, elle ralentit le sujet durant chaque phase de vol de la course. Pour maintenir une vélocité de course constante, l'impulsion de propulsion doit être légèrement supérieure à l'impulsion de freinage au cours de chaque phase d'appui.

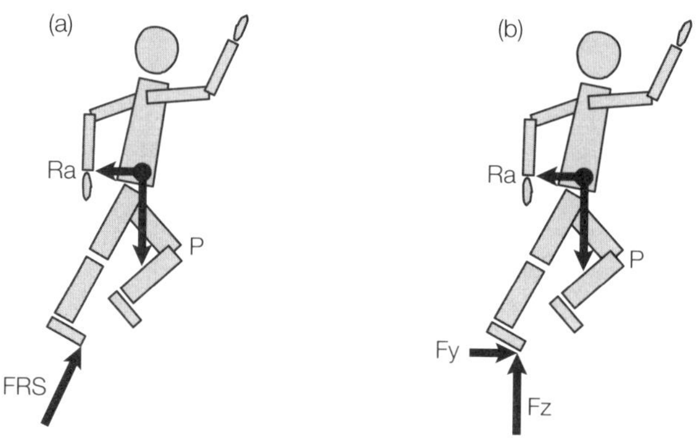

Fig. F5.5 : Diagrammes de forces d'un coureur montrant la FRS résultante (a) et les composantes Fy et Fz de la FRS (b).

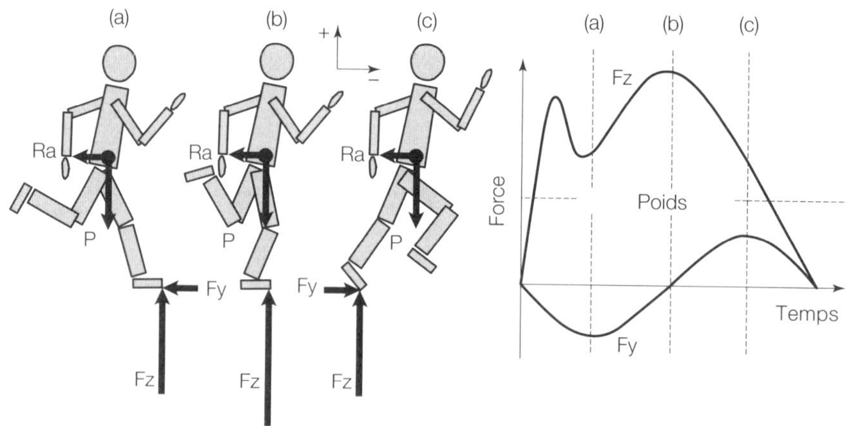

Fig. F5.6 : Diagrammes de forces et courbes Fz-temps et Fy-temps lors de la phase de freinage (a), de la transition entre freinage et propulsion (b) et de la phase de propulsion (c).

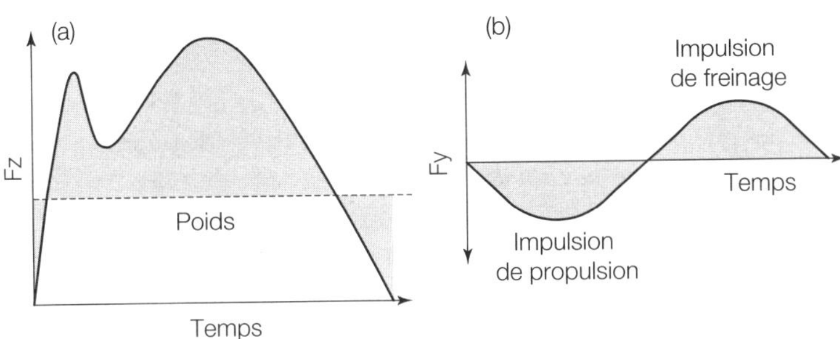

Fig. F5.7 : Surfaces sous les courbes (zone grisée) représentant les impulsions verticales (a) et horizontales (b) durant la phase d'appui de la course.

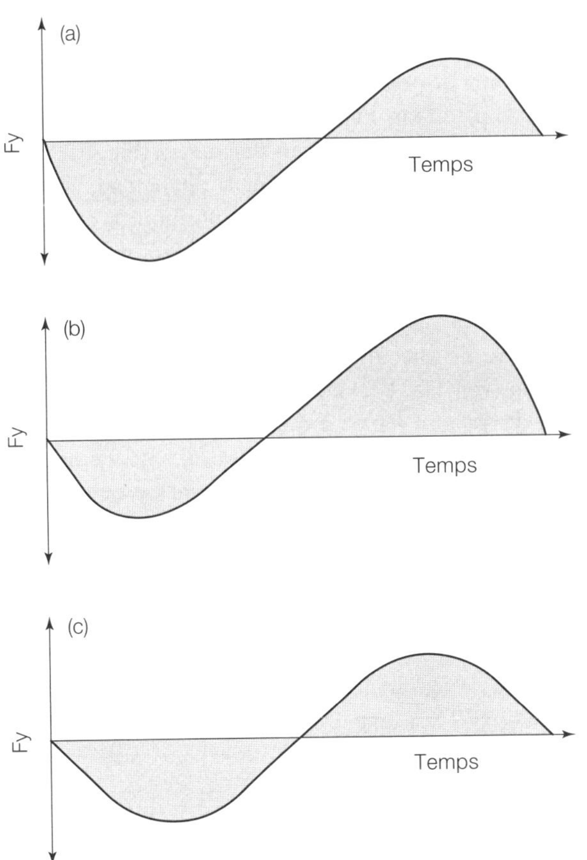

Fig. F5.8 : Impulsions horizontales durant la phase d'appui de la course avec diminution de la vélocité globale (a), augmentation de la vélocité globale (b) et conservation de la vélocité globale (c) du sujet.

3. Variables liées à la FRS

La fréquence à laquelle s'exerce la composante verticale de la FRS sur le corps et la magnitude des pics de force permettent d'estimer le risque de blessures chroniques des activités telles que la course ou le saut. Le taux de mise en charge instantané est égal à la pente de la tangente en un point de la courbe Fz-temps (voir Fig. F5.9a). On peut également calculer un taux de mise en charge moyen qui représente le taux de variation de Fz pour une variation égale à une fois le poids du corps (méthode de Miller, 1990 ; voir Fig. F5.9b). Contrairement aux taux instantanés, ce taux moyen masque les pics de mise en charge mais il fournit des informations fiables et comparables grâce à sa méthode calcul systématisée.

Le centre de pression est le point d'application de la FRS résultante dans un plan parallèle à la surface de la plaque (voir Fig. F5.10). Les coordonnées (Ax et Ay) du centre pression sont exprimées par rapport au centre géométrique de la plaque. La positivité ou la négativité des coordonnées Ax et Ay désigne le quadrant de la plaque où se situe le centre de pression. Lors d'un appui monopodal, le centre de pression se situe sous le pied (voir Fig. F5.11a). Lors d'un appui bipodal, le centre de pression se situe entre les deux points de contact (Fig. F5.11b). Le centre de pression se déplace sous le pied au cours de la phase d'appui de la course : ce déplacement reflète celui du centre de gravité. La position du centre de pression permet d'apprécier la stabilité du sujet au cours d'activités stationnaires telles le tir à l'arc ou à la carabine : la stabilité est maximale quand le centre de gravité se situe juste au-dessus du centre de pression.

Le moment Mz' est le moment de force qui s'exerce autour d'un axe vertical passant par le centre de pression (voir Fig. F5.12). Il est important de noter que Mz' est un moment de force « de réaction », c'est-à-dire qu'il est égal mais opposé au moment qui s'exerce sur la plaque autour d'un axe vertical. Mz' permet de mesurer la réaction au moment exercé par un sujet effectuant une rotation autour d'un axe vertical (pirouette).

4. Référence

Miller, DL (1990). Ground reaction forces in distance running. In: *Biomechanics of Distance Running* (PR Cavanagh ed.). Champaign, IL: Human Kinetics, pp. 203-224.

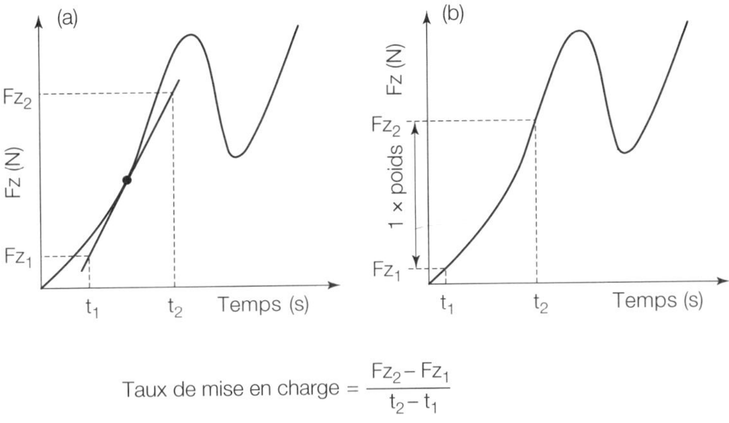

$$\text{Taux de mise en charge} = \frac{Fz_2 - Fz_1}{t_2 - t_1}$$

Fig. F5.9 : Taux de mise en charge instantané (a) et moyen (b) de la phase initiale de la courbe Fz-temps durant la course.

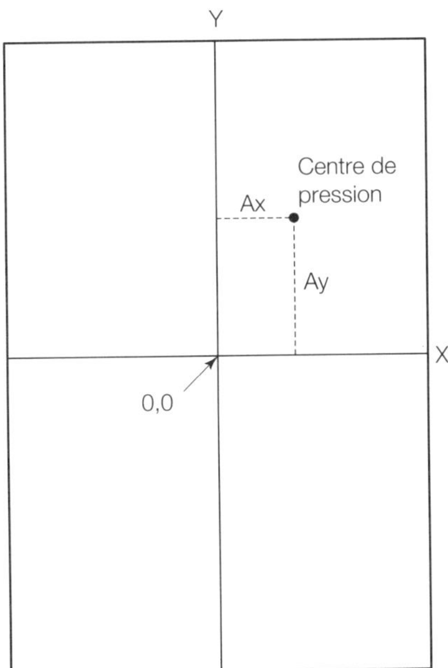

Fig. F5.10 : Position du centre de pression, de coordonnées (Ax,Ay) en référence au centre géométrique de la plaque (0,0).

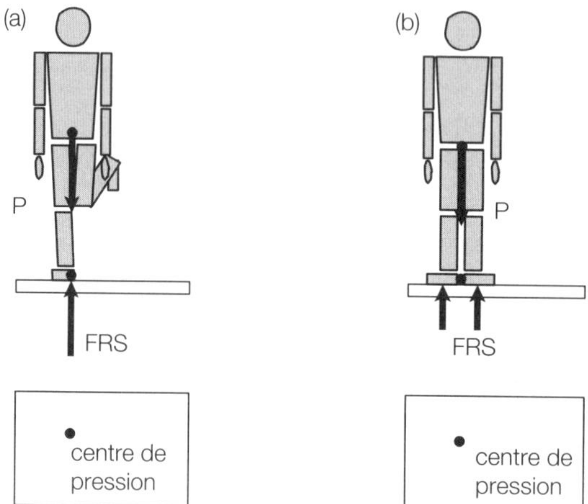

Fig. F5.11 : Position du centre de pression lors d'un appui monopodal (a) et d'un appui bipodal (b).

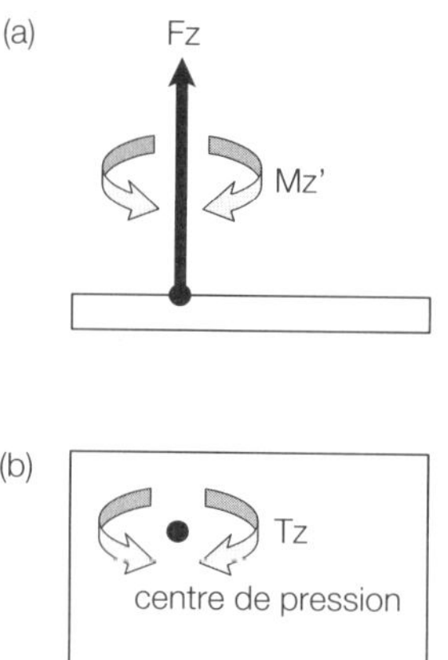

Fig. F5.12 : Moment Mz' dans le plan vertical (a) et dans le plan horizontal (b).

Mesure de la pression

Points clés	
Pression	La pression correspond à la force s'exerçant par unité de surface :
	La pression peut être exprimée selon différentes unités, toutes dérivées de l'unité de base du Newton par mètre carré (N/m^2).
	Le **Pascal (Pa)** est la pression engendrée par une force d'1 N s'exerçant sur une surface d'1 m^2. Un Pascal représentant une force très faible s'exerçant sur une surface importante, les pressions sont le plus souvent exprimées en kilopascals (1 kPa = 1000 Pa).
Unités de pression	La **pression atmosphérique** (ou **barométrique**) est la pression engendrée par le poids de l'air de l'atmosphère terrestre. La **pression standard** d'une atmosphère normale est la suivante :
	1 atmosphère = 101325 Pa ou 101,325 kPa
	La pression peut être mesurée à l'aide d'un baromètre à mercure et s'exprime alors par la hauteur en mm de la colonne de mercure (Hg) :
	1 atmosphère = 760 mmHg à 0 °C (32 °F)

Pression

La pression correspond à la force s'exerçant par unité de surface :

$$\text{Force (N) / Aire (m}^2\text{) = Pression (N/m}^2\text{)}$$

La pression peut être exprimée en **Pascal (Pa)**. Le **Pascal (Pa)** est la pression engendrée par une force d'1 N s'exerçant sur une surface d'1 m^2. Un Pascal représentant une force très faible s'exerçant sur une surface importante, les pressions sont le plus souvent exprimées en kilopascals (1 kPa = 1000 Pa).

Les pressions peuvent également être exprimées par rapport à la pression de l'atmosphère terrestre. La **pression atmosphérique** (ou **barométrique**) est la pression engendrée par le poids de l'air de l'atmosphère terrestre. Imaginez une colonne de section d'1 m^2 allant de la surface de la Terre au sommet de l'atmosphère. Le poids des particules d'air contenues dans cette colonne exerce une force à la surface de la Terre. Cette force dépend de la densité de l'air et de la distance entre la surface de la Terre et le sommet de l'atmosphère.

La **pression standard** d'une atmosphère normale est la suivante :

1 atmosphère = 101325 Pa ou 101,325 kPa

Soit

1 atmosphère = 760 mmHg à 0 °C (32 °F) (cette définition sera expliquée plus tard)

La pression dépend de la magnitude de la force et de la surface sur laquelle elle s'exerce. Par exemple, la pression engendrée par une personne de poids égal à 750 N se tenant debout sur un pied (surface de 0,01 m²) est la suivante :

Force / Aire

750 N / 0,01 m^2 = 75 000 N/m^2 = 75 kPa

Soit

75 kPa / 101 325 kPa = 0,74 Atmosphères

La surface de contact est plus faible si la personne porte des talons-aiguilles (surface de 0,002 m^2) et la pression est alors la suivante :

750 N / 0,002 m^2 = 375 000 N/m^2 = 375 kPa

Soit

375 kPa / 101 325 kPa = 3,70 Atmosphères

Dans ces deux exemples, la force reste la même mais la pression varie de façon significative. En motricité humaine, la pression indique la répartition de la charge. Le risque de blessure est plus élevé lorsque la force est concentrée sur une faible surface (engendrant une pression élevée sur les tissus sous-jacents) que lorsqu'elle est répartie sur une surface plus importante. Par exemple, il est plus douloureux de se faire écraser le pied par quelqu'un qui porte des talons-aiguilles que par quelqu'un qui porte des chaussures plates.

Dans certaines situations, on cherche à réduire la pression exercée en augmentant la surface de contact. Ainsi, la plupart des équipements de protection (casques, jambières) offrent une grande surface de contact de manière à réduire la pression exercée et le risque de blessure. Les skis et les raquettes ont des surfaces importantes qui leur permettent de répartir la charge afin d'éviter de s'enfoncer dans la neige.

Dans d'autres situations, on cherche à augmenter la pression en réduisant la surface de contact. C'est le cas pour les outils de découpage et de perçage, où une force relativement faible est concentrée sur une très faible surface pour obtenir une pression importante.

Le **manomètre** est l'appareil de mesure de pression le plus simple. Il se compose de deux colonnes de liquide reliées entre elles (tube en U). Les colonnes sont au même niveau quand elles sont soumises à la même pression (voir Fig. F6.1). En cas de différence de pression, le niveau de la colonne soumise à la pression la plus importante diminue et le niveau de l'autre colonne augmente (Fig. F6.2). La différence de niveau des deux colonnes dépend de la différence de pression, de la section des colonnes et de la densité du liquide :

$$\text{Poids du fluide} = \text{volume du fluide} \times \text{densité } (\rho) \times \text{gravité } (g)$$

$$\text{volume} = \text{hauteur } (h) \times \text{section } (a)$$

$$\text{Poids du fluide} = \rho \times h \times a \times g$$

$$\text{Pression} = \text{Force} / \text{Aire}$$

$$\text{Pression} = \rho \times h \times a \times g / a = \rho \times h \times g$$

Si une des colonnes est mise sous vide et scellée, le niveau du liquide représente la pression absolue : c'est le principe du baromètre à mercure. La pression est alors exprimée en mmHg, c'est-à-dire la hauteur (en mm) d'une colonne de mercure (symbole Hg). Une hauteur de 760 mmHg correspond à une pression d'1 atmosphère (101,325 kPa). Les pressions artérielles sont souvent écrites de façon simplifiée : une pression artérielle de 180/60, par exemple, correspond en fait à une pression systolique de 180 mmHg et une pression diastolique de 60 mmHg.

Les manomètres ne permettent qu'une **mesure de pression statique**. Ils sont donc adaptés à la mesure de la pression dans des conditions d'équilibre ou de variations très lentes. Si les variations de pression sont rapides, il faut procéder à une **mesure de pression dynamique** à l'aide de **capteurs électromécaniques**.

Les capteurs électromécaniques de pression (ou transducteurs de pression) se déforment sous l'effet d'une pression et émettent un signal électrique proportionnel à leur déformation : le signal électrique est donc proportionnel à la pression. Les capteurs à jauge de contrainte, à capacité variable ou piézoélectriques sont parmi les plus courants.

La mesure de pression dynamique permet par exemple d'analyser la répartition de la pression sous le pied en position debout ou durant la marche. La pression est mesurée par des semelles intérieures comportant un grand nombre de capteurs. Les valeurs de la pression aux différents points d'appui sont représentées par différentes couleurs (voir Fig. F6.3) ou par des graphiques 3D (la hauteur des barres représente la magnitude de la pression). L'analyse de la pression au niveau du pied est utilisée dans la conception de chaussures de sport et dans l'étude du risque de blessure. Les pressions élevées sont généralement associées à un plus grand risque de blessure.

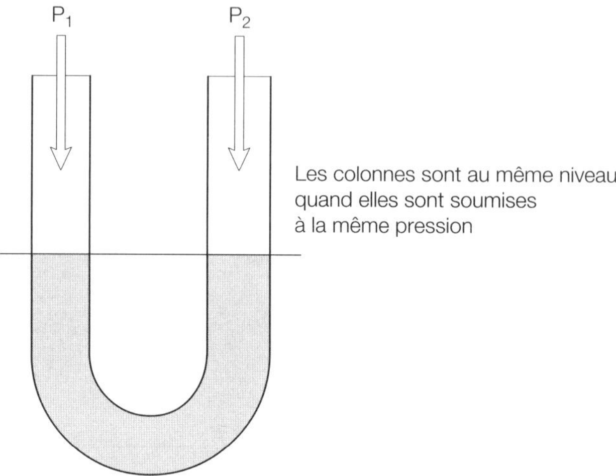

Fig. F6.1 : Manomètre en condition d'équilibre.

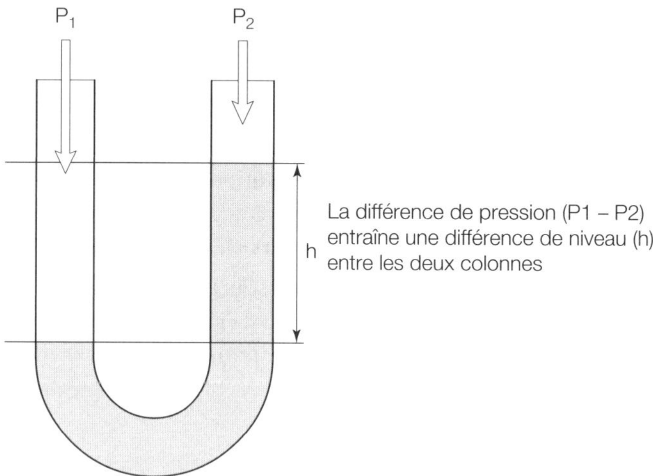

Fig. F6.2 : Manomètre soumis à une différence de pression

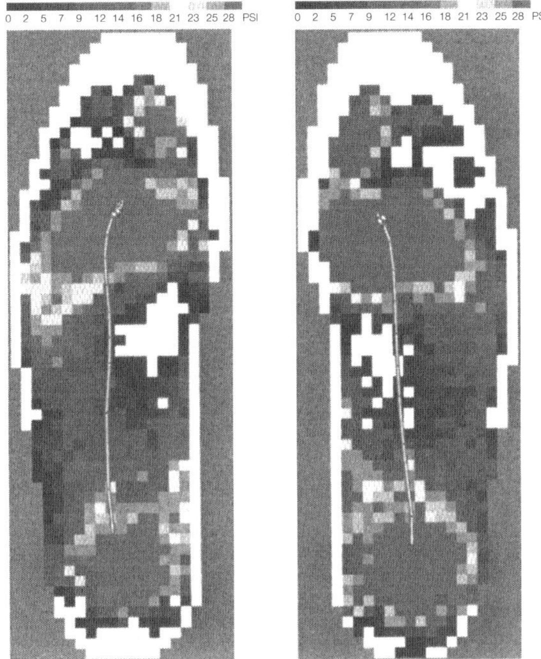

Fig. F6.3 : Profil de pression sous le pied au cours de la marche.

Chapitre 7

Électromyographie

Points clés	
Électromyogramme	L'électromyogramme (EMG) est l'enregistrement des potentiels électriques émis par les fibres musculaires avant leur contraction. L'électromyographie de surface employée en biomécanique du sport enregistre les potentiels de fibres musculaires appartenant à différentes unités motrices.
Matériel d'électromyographie	L'EMG est enregistré à l'aide d'une paire d'électrodes reliées à une amplificateur différentiel (qui amplifie la différence des potentiels recueillis par les électrodes). L'amplificateur peut être relié directement à un PC pour enregistrer les EMG (système câblé). Les signaux amplifiés peuvent également être transmis sous forme d'ondes radios à un récepteur relié au PC (système télémétrique) ou stockés sur une carte mémoire avant d'être enregistrées sur PC (système de stockage des données).
Enregistrement de l'EMG	Dans l'idéal, les électrodes doivent être placées entre un point moteur et un tendon, parallèlement à la direction des fibres musculaires sous-jacentes. La peau doit auparavant être rasée, lavée et frottée avec de l'alcool pour réduire l'impédance peau-électrode. Les signaux parasites provenant des muscles adjacents doivent être éliminés avant l'enregistrement de l'EMG.
Analyse temporelle	Divers calculs sont nécessaires pour analyser l'activité musculaire au cours du temps à partir de l'EMG brut : la Valeur Moyenne Corrigée (VMC), la Moyenne Quadratique (MQ) et l'Enveloppe Linéaire. La VMC et la MQ sont généralement calculées sur des intervalles de temps compris entre 10 et 200 ms. L'Enveloppe Linéaire correspond à un filtre de Butterworth de second ordre avec une fréquence de coupure comprise entre 3 et 80 Hz.

Normalisation de l'EMG	Les EMG traités pour l'analyse temporelle ne peuvent être comparés qu'avec ceux du même muscle d'un même individu. Les EMG doivent être normalisés avant de pouvoir comparer les activités de différents muscles chez différents individus. Cette normalisation consiste à diviser l'EMG analysé par un EMG de référence. L'EMG de référence peut être celui de la contraction isométrique sous-maximale ou maximale volontaire du même muscle, enregistré dans les mêmes conditions que l'EMG analysé. Dans un groupe d'individus, l'homogénéité des EMG peut être améliorée en divisant l'EMG de chaque individu par la valeur moyenne ou le pic d'activité de cet EMG.
Analyse fréquentielle	L'application d'une Transformée de Fourier Rapide (TFR) à l'EMG brut permet d'analyser les fréquences des potentiels d'action. La TFR est généralement appliquée sur des intervalles de 0,5 à 1 s et la fréquence médiane est calculée à partir de la Densité Spectrale de Puissance. La variation de la fréquence médiane servait auparavant d'indicateur de la fatigue musculaire. On utilise de nos jours des techniques d'analyse plus complexes (analyse par ondelettes, par exemple).

1. Électromyogramme

L'unité fondamentale du système neuromusculaire est l'unité motrice, qui se compose d'un motoneurone (corps cellulaire, dendrites et axone) et des fibres musculaires qu'il innerve. Avant toute activité musculaire, le motoneurone émet un potentiel d'action qui se propage dans l'axone puis dans les fibres musculaires. Au repos, les fibres musculaires montrent une différence de potentiel de -60 à -90 mV par rapport à l'extérieur du muscle. La propagation du potentiel d'action dans les fibres musculaires réduit la différence de potentiel (dépolarisation) jusqu'à ce qu'elle devienne positive (hyperpolarisation) avant de revenir à son niveau de repos (repolarisation) quand le potentiel d'action est passé. La contraction soutenue d'un muscle s'accompagne d'une répétition de cycles de dépolarisation-repolarisation à une fréquence supérieure à 20 Hz (fréquence de décharge).

Les variations des potentiels électriques des fibres musculaires peuvent être détectées par des électrodes placées à l'intérieur des muscles (électrodes à aiguilles fines) ou à la surface de la peau (électrodes de surface). Les expériences de biomécanique du sport et de l'exercice emploient principalement des électrodes de surface qui, en fonction de leur taille, détectent le signal de milliers de fibres musculaires appartenant à plusieurs (20 à 50) unités motrices. Les électrodes récentes sont suffisamment petites pour détecter les signaux de fibres appartenant à une seule unité motrice.

Les signaux électriques détectés par les électrodes sont ensuite amplifiés pour produire l'électromyogramme (EMG) proprement dit. La Figure F7.1 montre un EMG brut enregistré par des électrodes de surface.

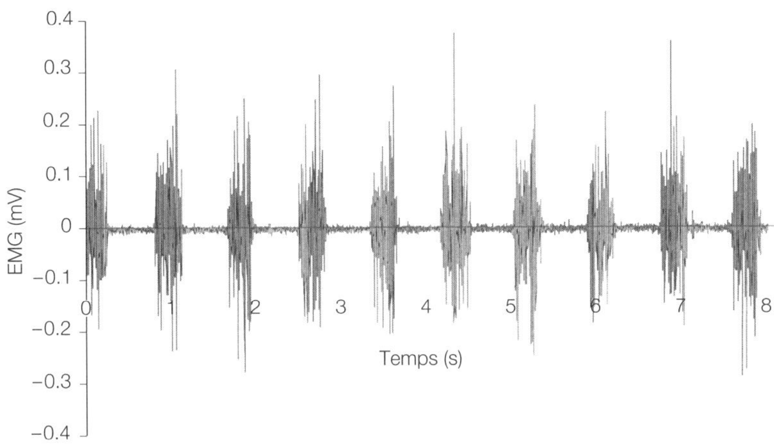

Fig. F7.1 : Exemple d'électromyogramme brut.

2. Matériel d'électromyographie

En règle générale, les pics d'amplitude des EMG de surface bruts n'excèdent pas 5 mV et les fréquences des potentiels sont comprises entre 0 et 1000 Hz. Le signal doit être le plus fidèle possible et il faut pour cela optimiser le rapport signal-bruit. Le bruit est constitué par tous les signaux qui ne sont pas le signal électromyographique d'intérêt, c'est-à-dire les artefacts de mouvement, les signaux des muscles adjacents, les signaux provenant d'autres appareils et le bruit inhérent au matériel d'enregistrement. La fidélité du signal peut également être améliorée en réduisant la distorsion (altération des fréquences du signal) qui se produit durant la détection et l'enregistrement. La fidélité dépend beaucoup du matériel et des procédures de détection et d'enregistrement.

Il existe plusieurs types de systèmes d'électromyographie : les systèmes câblés, les systèmes télémétriques et les systèmes de stockage de données (voir Fig. F7.2). Les systèmes télémétriques et de stockage des données permettent de recueillir les signaux à distance de l'appareil d'enregistrement proprement dit. Par contre, les systèmes de stockage de données ne permettent pas d'analyser l'EMG en temps réel et les systèmes télémétriques sont très sensibles au bruit ambiant et sont inutilisables dans les zones d'interférences électriques. Les systèmes câblés n'ont pas ces inconvénients mais les signaux doivent être recueillis à proximité de l'appareil d'enregistrement. La fidélité de l'EMG dépend de l'amplificateur différentiel qui doit avoir les caractéristiques minimales suivantes :

- Impédance d'entrée : >100 MΩ
- Rapport de réjection en mode commun (CMRR) : >80 db [10 000]
- Niveau de bruit : <1-2 μV rms
- Bande passante : 20 à 500 Hz
- Gain : variable, entre 100 et 10 000

Différents types d'électrodes peuvent être utilisés. Les électrodes pré-gélifiées argent / chlorure d'argent (Ag / AgCl) sont circulaires, avec un diamètre de 10 mm et se placent à une distance centre à centre de 20 mm. Les électrodes-barres en argent font 10 mm de long pour 1 mm de large et se placent à 10 mm l'une de l'autre.

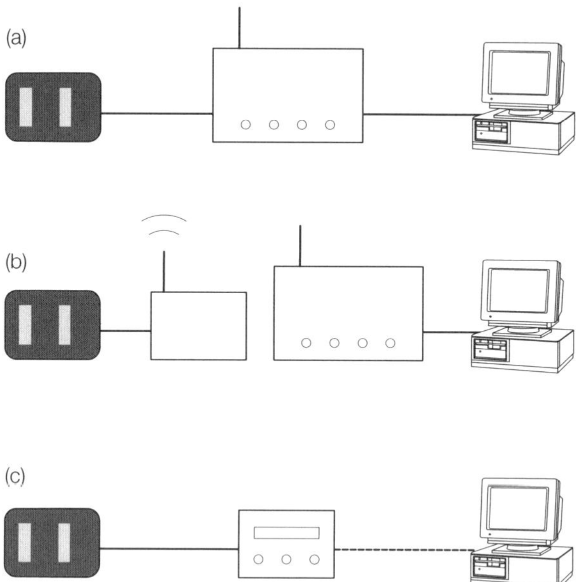

Fig. F7.2 : Systèmes d'électromyographie câblé (a), télémétrique (b) et de stockage des données (c).

3. Enregistrement de l'EMG

Les électrodes doivent être placées entre un point moteur et un tendon pour enregistrer les plus grandes amplitudes possibles. Les points moteurs peuvent être repérés à l'aide d'un stimulateur ; sinon, les électrodes peuvent être placées sur la partie centrale du muscle. L'amplificateur différentiel soustrait le potentiel détecté par une électrode au potentiel détecté par l'autre électrode. Les potentiels d'action se déplacent de façon symétrique à partir de la jonction neuromusculaire : si les deux électrodes sont situées de part et d'autre du point moteur, les potentiels atteignent les électrodes au même moment et ils s'annulent. Si les deux électrodes sont placées sur le même côté par rapport au point moteur (voir Fig. F7.3), l'électrode la plus proche détecte le potentiel d'action un peu plus tôt que l'autre électrode et les potentiels ne s'annulent pas. Les électrodes doivent être orientées de façon parallèle aux fibres musculaires sous-jacentes.

L'impédance peau-électrode devait auparavant être inférieure à 10 kΩ, ce qui nécessitait de frotter la peau avec du papier de verre ou une lancette stérile. Les amplificateurs modernes disposent d'une meilleure impédance d'entrée et la préparation de la peau est plus rapide car l'impédance peau-électrode ne doit être inférieure qu'à 50 kΩ. La peau est lavée avec de l'eau et du savon puis rasée avec un rasoir jetable. L'impédance peut être encore plus réduite en frottant la peau avec de l'alcool. En plus des électrodes d'enregistrement, il faut placer une électrode de référence sur un site électriquement neutre (une éminence osseuse par exemple). La peau du site de référence doit être préparée de la même manière que celle des sites d'enregistrement. L'application d'un gel à électrode améliore la détection des potentiels d'action ; certaines électrodes sont pré-gélifiées. Les électrodes « actives » (connectées à un pré-amplificateur) ne nécessitent pas l'application d'un gel car la fine couche de sueur entre l'électrode et la peau apporte suffisamment d'électrolytes.

Les électrodes peuvent détecter des potentiels d'action provenant des muscles adjacents au muscle d'intérêt. Ceci se produit notamment lorsque le muscle d'intérêt est recouvert par une épaisse couche de graisse sous-cutanée, comme les muscles fessiers et abdominaux. Ces signaux parasites peuvent être mis en évidence en demandant au sujet de contracter ses muscles adjacents sans contracter le muscle d'intérêt. Les signaux parasites peuvent être réduits en utilisant des électrodes de petite taille et/ou en réduisant la distance qui les sépare. La méthode la plus efficace pour réduire les signaux parasites consiste à utiliser un amplificateur différentiel double plutôt qu'un simple. L'amplificateur est connecté à trois électrodes : il calcule la différence entre les électrodes 1 et 2 et celle entre les électrodes 2 et 3 puis la différence entre ces deux différences (double différentiation). Cette méthode permet de réduire les signaux parasites à un niveau négligeable.

Selon le théorème de Nyquist, l'échantillonnage des signaux détectés par les électrodes de surface doit se faire à une fréquence minimale de 1000 Hz (2000 Hz dans l'idéal) pour éviter un phénomène d'aliasing (distorsion des signaux). L'ordinateur échantillonne le signal à l'aide d'un convertisseur analogique-numérique (CAN) d'une précision d'au moins 12 bits (idéalement 16 bits) pour détecter les plus faibles variations possibles de l'activité musculaire.

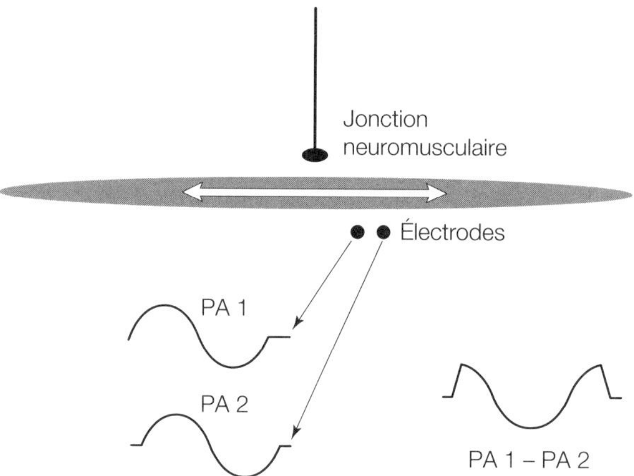

Fig. F7.3 : Détection du potentiel d'action d'une fibre musculaire à l'aide d'un amplificateur différentiel.

4. Analyse temporelle

Différentes opérations doivent être effectuées sur l'EMG brut avant de pouvoir l'exploiter. L'analyse de l'EMG dans le domaine temporel consiste à étudier les variations de l'activité musculaire au cours du temps. Les opérations nécessaires pour cette analyse sont la Valeur Moyenne Corrigée (VMC), la Moyenne Quadratique (MQ) et l'Enveloppe Linéaire ; toutes trois fournissent une estimation de l'amplitude de l'EMG en µV ou en mV.

La VMC est l'intégrale des valeurs absolues du signal EMG sur une intervalle de temps T, divisée par T :

$$VMC = \frac{1}{T}\int_0^T |X(t)|\, dt$$

Où

X(t) = signal EMG au temps t

T = intervalle de temps sur lequel la VMC est calculée.

La MQ est la racine carrée de la puissance moyenne de l'EMG brut sur une intervalle de temps T :

$$MQ = \sqrt{\frac{1}{T}\int_0^T X^2(t)dt}$$

Ces deux méthodes permettent d'estimer l'amplitude de l'EMG brut ; notez que la MQ tend à donner des amplitudes plus grandes que la VCM (voir Fig. F7.4).

La VMC et la MQ peuvent être calculées sur l'ensemble de l'EMG brut ou sur une succession d'intervalle de temps ; la série des valeurs calculées constitue alors une sorte de moyenne mobile. Les intervalles de temps T sont compris entre 10 et 200 ms, selon la durée et la nature de l'EMG brut. Le calcul sur des intervalle courts (entre 10 et 50 ms) permet de détecter les variations rapides de l'activité musculaire mais donne un aspect très irrégulier à l'EMG (voir Fig. F7.5) : l'amplitude des pics d'activité sera difficile à déterminer. Le calcul sur des intervalles plus longs (entre 100 et 200 ms) réduit la variabilité des pics d'activité mais l'EMG obtenu ne reflète plus exactement la tendance générale de l'EMG brut et les variations rapides peuvent passer inaperçues (voir Fig. F7.6). La meilleure solution consiste à calculer la VMC ou la MQ sur des intervalles de temps qui se chevauchent plutôt que de se succéder : l'EMG montre alors les variations rapides de l'activité (et ce d'autant mieux que le chevauchement est important) sans que les pics soient trop irréguliers (voir Fig. F7.7).

La méthode de l'Enveloppe Linéaire est semblable à celle des moyennes mobiles utilisée pour le lissage des données (voir Chapitre F3). L'EMG brut est lissé à l'aide d'un algorithme dont il faut préciser le type, l'ordre et la fréquence de coupure. On utilise généralement un algorithme de Butterworth de second ordre avec une fréquence de coupure comprise entre 3 et 80 Hz. Le choix de la fréquence de coupure est semblable à celui des intervalle de temps (et de leur chevauchement) pour les moyennes mobiles. Une fréquence basse donne une courbe lisse qui ne permet pas détecter les variations rapides d'activité. Une fréquence élevée permet de détecter les variations rapides mais les pics ont un aspect irrégulier.

L'EMG obtenu après ces calculs permet de déterminer les moments où le muscle est actif ou inactif. Il faut pour cela définir l'amplitude à partir de laquelle le muscle est considéré comme actif. La ligne de base de l'EMG montre une certaine activité due au bruit dont on calcule la valeur moyenne sur 50 ms. Le muscle est dit actif quand l'amplitude de l'EMG dépasse la ligne de base moyenne de 2 déviations standards pendant 20 ms ou plus.

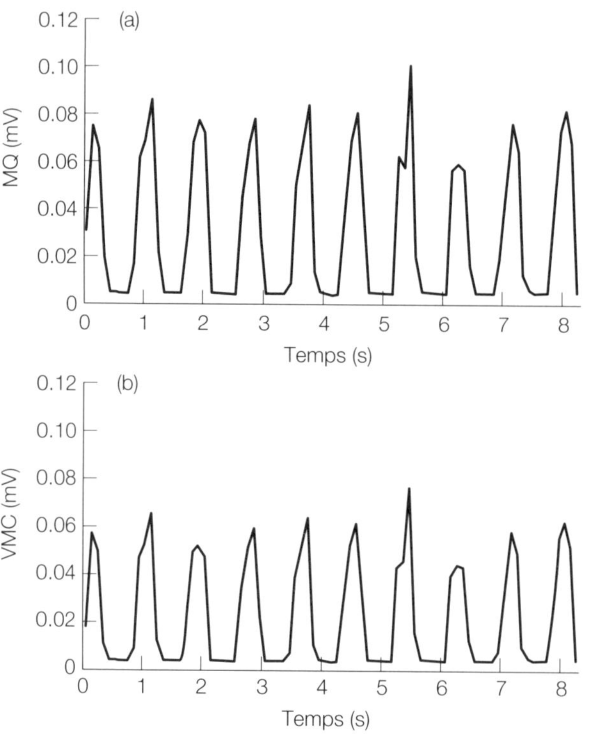

Fig. F7.4 : EMG brut de la Fig. F7.1 traité par Moyenne quadratique (a) et Valeur Moyenne Corrigée (b), avec un intervalle de temps de 100 ms.

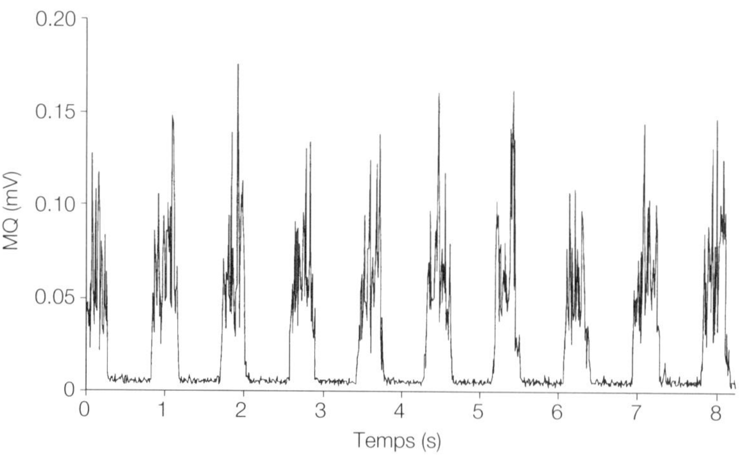

Fig. F7.5 : EMG brut de la Fig. F7.1 traité par MQ avec un intervalle de temps de 10 ms.

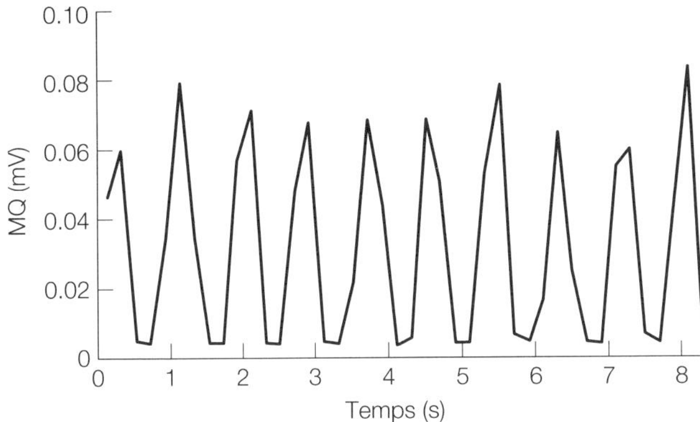

Fig. F7.6 : EMG brut de la Fig. F7.1 traité par MQ avec un intervalle de temps de 200 ms.

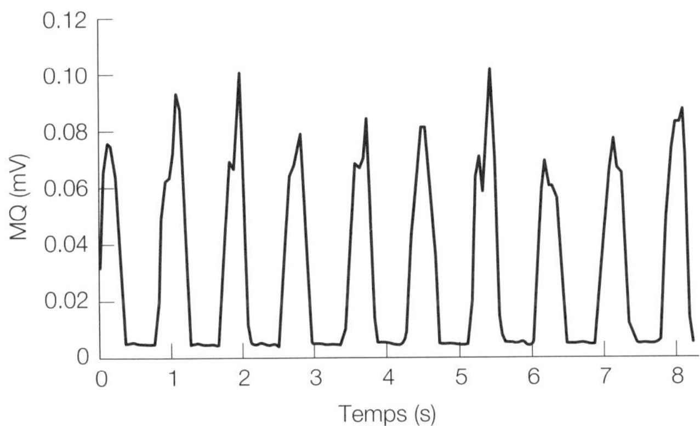

Fig. F7.7 : EMG brut de la Fig. F7.1 traité par MQ avec un intervalle de temps de 100 ms et un chevauchement sur 50 ms.

5. Normalisation de l'EMG

Les EMG traités pour l'analyse temporelle ne peuvent être comparés qu'avec ceux du même muscle d'un même individu (enregistrés au cours de la même session, c'est-à-dire sans avoir déplacé les électrodes). Les unités motrices enregistrées et les impédances peau-électrodes ne seront plus les mêmes si l'on déplace les électrodes. Il est donc impossible de comparer directement les EMG enregistrés lors de différentes sessions, sur différents muscles ou sur différents individus. Les EMG ne pourront être comparés qu'après avoir été normalisés. Cette normalisation consiste à exprimer chaque point de l'EMG d'une activité donnée par rapport au pic d'activité de l'EMG d'une contraction de référence, enregistré dans les mêmes conditions. La contraction de référence est généralement la contraction isométrique sous-maximale ou maximale volontaire (CMV) du même muscle. Cette méthode permet d'exprimer l'activité musculaire comme un pourcentage de l'activité musculaire maximale (voir Fig. F7.8). Il faut souvent plusieurs essais avant que la CMV atteigne l'activité musculaire maximale.

La normalisation permet également de réduire la variabilité interindividuelle des EMG enregistrés pour la même activité. Il faut pour cela diviser chaque valeur de l'EMG par la valeur moyenne ou le pic d'activité de cet EMG. Le groupe sera plus homogène mais les EMG de différents muscles ou de différents individus ne pourront être comparés entre eux en raison du dénominateur utilisé.

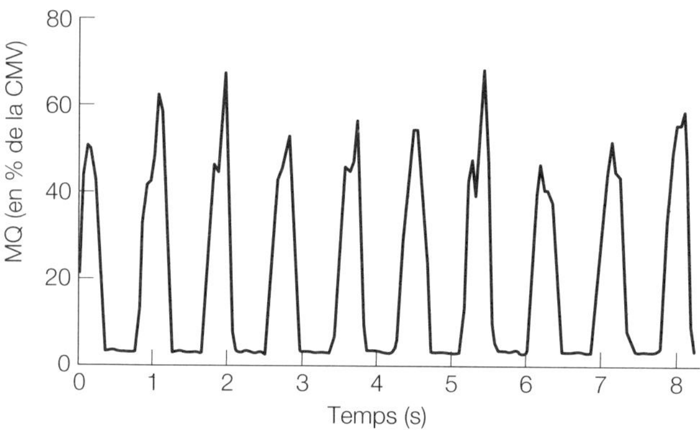

Fig. F7.8 : EMG de la Fig. F7.7 normalisé par rapport à la contraction musculaire volontaire (CMV) du même muscle.

6. Analyse fréquentielle

L'analyse fréquentielle des EMG permet de détecter les signes de fatigue musculaire. Il est désormais prouvé que la fatigue musculaire est associée à une compression du spectre de fréquence vers les basses fréquences (voir Fig. F7.9), principalement due à une diminution de la vitesse de conduction des potentiels d'action.

Les EMG d'analyse temporelle peuvent être transformés en EMG d'analyse fréquentielle à l'aide d'une Transformée de Fourier Rapide (TFR) appliquée sur un intervalle de temps compris entre 0,5 et 1 s. La TFR permet de tracer une courbe appelée Densité Spectrale de Puissance (DSP) qui représente la répartition de la puissance du signal brut suivant les fréquences (voir Fig. F7.9). La DSP peut être caractérisée par sa fréquence médiane ou par sa fréquence moyenne. La fréquence médiane est la fréquence qui divise la DSP en deux moitiés égales ; la fréquence moyenne est la somme des produits de chaque fréquence par sa puissance, divisée par la puissance totale. On utilise plus souvent la fréquence médiane que la fréquence moyenne car elle est moins sensible au bruit et plus sensible à la compression du spectre.

La TFR est appliquée sur des intervalles de temps successifs pour étudier les variations de la DSP au cours de la contraction. Les valeurs successives de la fréquence médiane ou moyenne sont analysées par régression linéaire : l'ordonnée à l'origine de la droite de régression correspond à la fréquence initiale du signal et la pente représente la fatigabilité du muscle. D'autres facteurs que la fatigue musculaire interviennent dans les variations de la DSP. Il est impossible de comparer directement les fréquence médianes ou moyennes d'EMG enregistrés sur différents muscles ou sur différents individus. Les pentes des droites de régression peuvent en revanche être comparées pour étudier les différences en terme de fatigabilité entre différents muscles ou individus.

La TFR ne peut être appliquée qu'aux EMG enregistrés dans des conditions stables, c'est-à-dire aux EMG correspondant à une contraction isométrique comprise entre 20 % et 80 % de la CMV. Les EMG des contractions dynamiques (engendrant un mouvement) montrent des signaux instables en raison de recrutement successif de différentes unités motrices. L'analyse temps-fréquence (combinaison des analyses temporelle et fréquentielle) permet de déterminer le spectre de fréquence de ces signaux instables en exprimant les variations de fréquence comme une fonction du temps. La méthode d'analyse temps-fréquence la plus simple consiste à appliquer une transformée de Fourier à court terme sur des intervalles de temps successifs ou se chevauchant, de manière à calculer la fréquence médiane ou moyenne du signal sur chacun de ces intervalles.

Récemment, des méthodes d'analyse temps-fréquence plus complexes ont été développées : la transformée de Wigner-Ville et la transformée de Hilbert permettent de calculer les fréquences médianes ou moyennes instantanées et l'analyse par ondelette procure des spectres d'intensité.

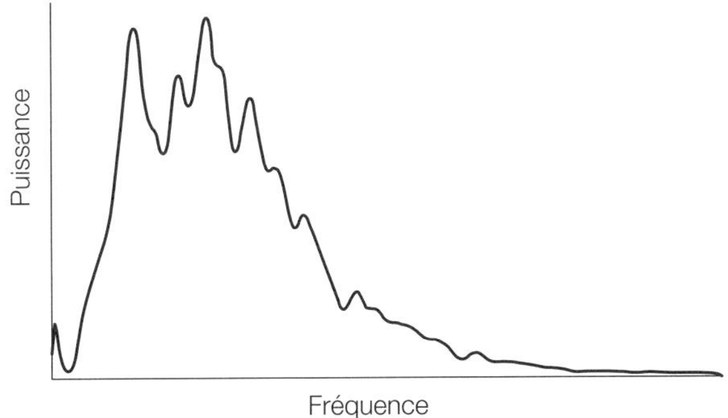

Fig. F7.9 : Densité spectrale de puissance sur un intervalle de temps de l'EMG brut de la Fig. F7.1.

Chapitre 8

Dynamométrie isocinétique

Points clés	
Dynamomètre isocinétique	Il s'agit d'un appareil permettant de mesurer la force des muscles agonistes et antagonistes des articulations et de les faire travailler. Cet appareil peut être utilisé sur presque toutes les articulations du corps humain. Le dynamomètre isocinétique assure une vélocité angulaire constante présélectionnée au mouvement. Le membre utilisé déplace le levier du dynamomètre à cette vélocité angulaire. La résistance du dynamomètre s'adapte tout au long du mouvement pour rester égale et opposée à la force exercée sur le levier. Il existe plusieurs types de dynamomètres isocinétiques ; la plupart servent d'appareils de rééducation dans les hôpitaux ou les centres spécialisés. Ces appareils permettent d'évaluer l'efficacité des exercices de rééducation prescrits après une blessure ou une chirurgie articulaire. Les dynamomètres isocinétiques modernes peuvent être réglés sur diverses vélocités et disposent de plusieurs modes de mesure : isocinétique, isométrique ou isotonique.
Isocinétique	Le membre se déplace à une vélocité constante tout au long de son mouvement, avec une résistance variable du levier du dynamomètre.
Isométrique	L'articulation est maintenue selon un angle fixe. Le muscle se contracte mais sa longueur reste constante.
Isotonique	La longueur du muscle varie mais la tension du muscle reste constante tout au long du mouvement. En pratique, il est très difficile de respecter une parfaite isotonie.
Application	Les dynamomètres peuvent être utilisés en sport pour la musculation ou en médecine pour évaluer le déficit musculaire faisant suite à une blessure ou à une chirurgie d'un membre/articulation. Les différents réglages (modes et vélocités angulaires) permettent de réaliser une large gamme d'exercices et/ou de mesures. Le prix élevé de ces appareils limitent leur utilisation à la médecine et à l'entraînement de niveau professionnel.

Le terme **isocinétique** décrit la contraction d'un muscle produisant un mouvement à vélocité constante. Un dynamomètre est un appareil mesurant la force ou la puissance d'un mouvement, notamment suite à un effort musculaire. Un **dynamomètre isocinétique** est un appareil mesurant la force musculaire développée par une contraction isocinétique au cours de divers mouvements.

1. Dynamomètre isocinétique

Les dynamomètres isocinétiques peuvent être utilisés en sport comme appareils d'entraînement pour développer un muscle ou un groupe de muscles particulier ou en médecine comme appareils de rééducation suite à une blessure ou une chirurgie.

Les différents types de dynamomètres disponibles sur le marché permettent de faire travailler presque toutes les articulations du corps humain. Les dynamomètres les plus courants sont les suivants : KINCOM, ARIEL, CYBEX, BIODEX et AKRON. Chacun de ces appareils comporte un dispositif régulant la vélocité angulaire du levier actionné par le membre du sujet (Voir Fig. F8.1).

La Figure F8.1 montre un exercice de flexion/extension de l'épaule. Le dynamomètre évalue la fonction des muscles **agonistes** et **antagonistes** de l'épaule. Le **muscle agoniste** est celui qui se contracte pour effectuer le mouvement alors que le **muscle antagoniste** est celui qui offre une résistance à ce mouvement. Les contactions musculaires peuvent être concentriques ou excentriques. On parle de **contraction concentrique** quand la tension musculaire produite raccourcit les fibres musculaires (les points d'attache du muscle se rapprochent) et de **contraction excentrique** quand la tension musculaire allonge les fibres musculaires (les points d'attache du muscle s'éloignent). Dans la Figure F8.1, le dynamomètre mesure la force développée par les muscles fléchisseurs (grand pectoral et deltoïde) et extenseurs (grand dorsal et grand rond) de l'épaule.

La musculature contribue de façon importante à la stabilité articulaire et à la prévention des blessures. Au niveau du genou, la stabilité articulaire dépend principalement des muscles quadriceps (extenseur) et ischo-jambiers (fléchisseurs). Le déficit de ces muscles suite à une blessure ou une chirurgie du genou est fréquent. Le dynamomètre isocinétique permet d'évaluer la gravité de ce déficit et la rééducation nécessaire pour le corriger.

Les dynamomètres modernes peuvent soumettre les membres à trois modes d'exercices différents : **isocinétique, isométrique et isotonique.**

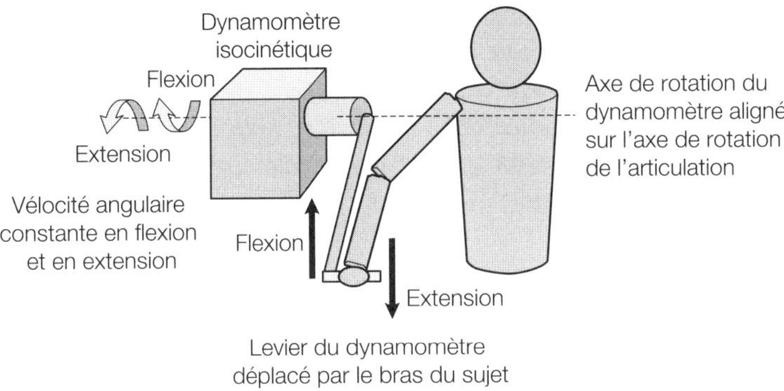

Fig. F8.1 : Dynamométrie isocinétique (flexion/extension de l'épaule).

2. Isocinétique

Le mode **isocinétique** consiste à sélectionner une vélocité angulaire qui restera constante car la résistance du dynamomètre s'adaptera à la force générée par le muscle. La résistance varie de manière à compenser le moment de force produit par le muscle (la force musculaire s'exerce à distance de l'axe de rotation). Le principal intérêt de ce mode d'exercice est qu'il permet d'analyser le mouvement sur l'intégralité de son amplitude (ce qui fournit une bonne approximation d'une activité sportive en conditions réelles).

3. Isométrique

Le mode **isométrique** (ou statique) consiste à maintenir l'articulation selon un angle fixe de manière à ce que la contraction musculaire ne s'accompagne pas d'une variation de la longueur du muscle. La résistance au mouvement est égale à la force exercée. Les muscles sont en contraction isométrique quand on exerce une poussée contre un mur par exemple.

4. Isotonique

Dans le mode **isotonique**, la force exercée par le muscle reste constante pendant que asa longueur varie. Ce type d'exercice est difficile à réaliser en pratique. Les exercices de levée d'haltères font appel à des contractions isotoniques. Les haltères (de poids fixe) fournissent une tension constante et la longueur du muscle varie au cours des cycles de flexion/extension. La contraction n'est isotonique que si le déplacement des haltères se fait à vélocité constante (pas d'accélération).

En médecine, les dynamomètres isocinétiques permettent de restaurer la fonction musculaire suite à une chirurgie et préviennent le risque de séquelles permanentes. Ils permettent également d'évaluer l'efficacité des exercices de physiothérapie. En sport, les dynamomètres peuvent être utilisés comme appareils d'entraînement pour développer un groupe de muscles particulier. L'appareil peut être réglé de manière à simuler le mouvement exacte de l'activité sportive du sujet.

Certaines salles de sport disposent d'appareils isocinétiques permettant d'effectuer divers exercices sous des résistances variables mais ce ne sont pas de véritables dynamomètres isocinétiques.

5. Principe du dynamomètre isocinétique

Le dynamomètre isocinétique comporte un dispositif électromécanique qui imprime une vélocité angulaire constante au mouvement du membre. La force exercée par le membre est compensée par une résistance égale et opposée de l'appareil. L'axe anatomique de l'articulation (autour duquel s'exerce le moment de force) doit être aligné avec l'axe de rotation du levier du dynamomètre (autour duquel le moment de force est transféré). Les leviers sont de formes et de tailles diverses pour pouvoir s'adapter à la plupart des articulations et à la taille du sujet. Les résultats des mesures sont présentés sous la forme d'une courbe du moment de force en fonction du déplacement angulaire. La Figure F8.2 montre la courbe moment de force-déplacement angulaire de la flexion/extension du genou mesurée par un dynamomètre isocinétique.

La courbe de la Figure F8.2 commence à une flexion de genou de 90°. Le dynamomètre mesure dans un premier temps le moment de force généré par le quadriceps, jusqu'à l'extension complète de la jambe (180°). La résistance de l'appareil varie tout au long du mouvement pour s'opposer au moment de force du quadriceps. Le mouvement s'effectue à une vélocité angulaire constante ; les vélocités sélectionnées sont généralement comprises entre 30°/s et 240°/s. Les faibles vélocités (30°/s) permettent d'évaluer l'endurance des muscles (le moment de force doit être appliqué sur une longue période). Les vélocités élevées (240°/s) permettent d'évaluer la force des muscles (le muscle génère un moment de force maximal sur une courte période). Les courbes auront des aspects différents en fonction des vélocités sélectionnées.

Dans l'exemple de la Figure F8.2, le dynamomètre est réglé sur une vélocité de 120°/s. Le moment de force généré par le quadriceps atteint son maximum à une flexion de 110° du genou (soit après 20° d'extension à partir de la flexion initiale de 90°). La partie droite de la courbe représente le moment de force généré par les muscles ischio-jambiers. Les parties gauche (quadriceps) et droite (ischio-jambiers) de la courbe sont différentes. Le tracé du moment de force du quadriceps montre un pic élevé, ce qui correspond à une accélération importante sur une courte période, alors que le tracé des ischio-jambiers est plus plat, ce qui correspond à une accélération plus faible mais maintenue pendant plus longtemps. Les groupes musculaires agonistes et antagonistes ont donc des modes de fonctionnement différents. Il est important de clarifier ce que l'on entend par accélération dans ce contexte de mouvement à vélocité constante : au début du mouvement, le levier possède une vélocité nulle et le sujet doit l'accélérer pour atteindre la vélocité sélectionnée ; une fois cette vélocité atteinte, l'accélération devient nulle.

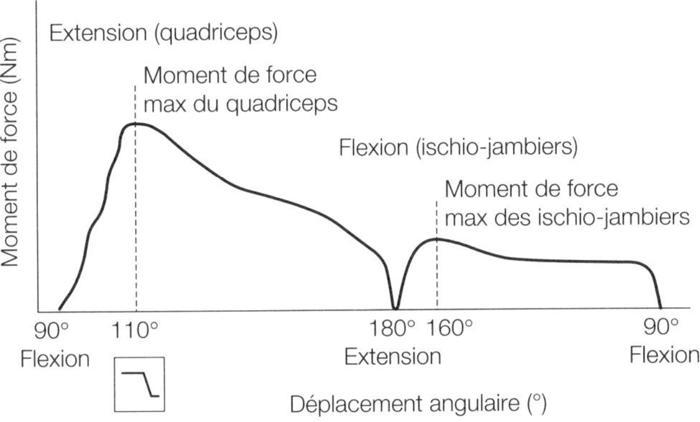

Fig. F8.2 : Courbe moment de force-déplacement angulaire de la flexion/extension du genou à une vélocité angulaire de 120°/s.

6. Application

Le dynamomètre isocinétique permet de mesurer plusieurs indicateurs de la fonction musculaire au cours de l'exercice ou de la rééducation. Les appareils modernes mesurent le **pic de moment de force** (ainsi que l'**angle** et l'**instant** où il se produit), le **rapport des forces musculaires agonistes/antagonistes**, le **travail effectué**, la **puissance** et le **taux de décroissance du moment de force**. Les diverses fonctions musculaires peuvent être évaluées à différentes vélocités angulaires. Il est par exemple possible d'évaluer, au cours d'une même session, la fonction musculaire du quadriceps sous une vélocité angulaire de 120°/s durant l'extension et celle des ischio-jambiers sous une vélocité de 30°/s durant la flexion. La vélocité angulaire maximale des dynamomètres est limitée et excède rarement 300°/s : ils ne peuvent donc pas servir pour l'analyse des mouvements très rapides, tels le tir dans un ballon de football.

Les deux points suivants doivent être pris en compte au cours d'une analyse de dynamométrie isocinétique :

1. Le sujet doit exercer un effort maximal tout au long du mouvement pour maintenir la vélocité angulaire sélectionnée du levier. Les anciens dynamomètres isocinétiques ne détectaient pas les moments où le sujet fournissait un effort sous-maximal : les mesures pouvaient être faussées si la vélocité sélectionnée n'était pas atteinte.
2. Au cours d'un exercice de dynamométrie isocinétique, le mouvement peut s'exercer à un moment dans la direction de la gravité (flexion du genou en décubitus dorsal par exemple) et à un autre dans la direction opposée (extension du genou). La mesure du moment de force généré par les muscles doit être corrigée pour prendre en compte la résistance ou l'assistance fournie par l'accélération gravitationnelle.

La plupart des dynamomètres isocinétiques modernes effectuent automatiquement ces corrections. Ils indiquent la vélocité angulaire atteinte tout au long du mouvement, ce qui permet de signaler au sujet de fournir un effort supplémentaire s'il n'atteint pas la vélocité sélectionnée. Les appareils modernes corrigent l'effet de la gravité en pesant le membre du sujet avant l'exercice ; le poids du membre est ensuite intégré dans un programme informatique pour corriger les valeurs du moment de force mesuré.

Les dynamomètres isocinétiques sont extrêmement utiles pour l'analyse des fonctions musculaires et ont un rôle essentiel dans la rééducation suite à une blessure. Malheureusement, leur coût élevé limite leur utilisation aux universités, hôpitaux ou laboratoires de pointe.

Chapitre 9

Anthropométrie, biomécanique et conception des équipements sportifs

Points clés	
Anthropométrie	L'anthropométrie est l'étude des dimensions du corps humain et de ses membres. La forme du corps des athlètes évolue au fur et à mesure qu'ils deviennent plus forts, plus agiles et plus rapides. Les équipements sportifs doivent être conçus en tenant compte de ces modifications.
Conception des équipements sportifs	Les innovations technologiques jouent un rôle de plus en plus important dans l'amélioration des performances sportives.
Cyclisme	Les innovations technologiques concernant le cyclisme ont d'abord été développées pour l'épreuve de triathlon. Les performances dépendent à la fois du cycliste et du vélo ; la posture et l'orientation du corps sur le vélo sont des éléments essentiels. De nouvelles règles de compétition imposent certaines positions aux cyclistes
Javelot	Des raisons de sécurité ont conduit à modifier les javelots dans les compétitions de lancer. Les techniques de lancer ont évolué pour s'adapter à ces nouveaux javelots. De nos jours, la longueur atteinte par le javelot dépend plus de la technique de lancer que de la taille ou de la force de l'athlète.
Tennis	Les différences anthropométriques influent sur les aptitudes des tennismen : les joueurs plus grands et plus forts ont par exemple un avantage certain au service. Le développement de nouveaux équipements permet de compenser certains désavantages et, de nos jours, les champions du monde présentent une grande variabilité anthropométrique.

1. Anthropométrie

L'anthropométrie est l'étude des dimensions du corps humain et de ses membres. Les termes « biomécanique » et « anthropométrie » sont relativement récents mais ces deux matières permettent l'étude et l'amélioration des mouvements humains depuis plus de 500 ans.

Elles interviennent notamment dans la conception de nouveaux équipements visant à améliorer les performances sportives, telles les combinaisons de natation modernes de type peau de requin (voir Chapitre E5). En 1875, l'anglais Matthew Webb a traversé la Manche en portant une combinaison de 4,5 kg. En 2004, aux Jeux Olympiques d'Athènes, les combinaisons ne pesaient que 0,09 kg, soit 98 % de moins que la combinaison de 1875. Ces combinaisons permettent de réduire la résistance de frottement d'environ 8 % (en comparaison à la nage sans combinaison). Cette diminution de résistance est due à de fines bandes de résine qui créent des écoulements turbulents à la surface de la combinaison (principe semblable à celui de la peau du requin). En natation, 90 % de la résistance est due à la forme du nageur et seul 10 % est attribué aux frottements entre la peau, la combinaison et l'eau. Les dimensions anthropométriques du nageur influent donc de façon importante sur ses performances. À titre d'exemple, l'équipe masculine australienne de relais 4 × 200 m nage libre présentait une taille moyenne de 191 cm et une masse moyenne de 83 kg.

La forme du corps des athlètes ne cesse d'évoluer et les équipements sportifs doivent être modifiés en conséquence.

2. Conception des équipements sportifs

Les équipements sportifs affectent significativement les performances et peuvent être responsables de blessures. Les innovations technologiques jouent un rôle de plus en plus important dans l'amélioration des performances sportives. De plus, les athlètes deviennent de plus en plus forts, agiles et rapides au cours du temps et de nouveaux équipements doivent être conçus pour répondre à ces changements.

Il faut se poser la question de la part que représentent les innovations technologiques dans les performances sportives : les compétitions risquent à terme de mesurer la qualité des équipements plutôt que les capacités sportives de l'athlète. Nous ne sommes plus très loin de ce jour, avec par exemple le bassin olympique « rapide » de Sydney ou la piste de sprint de Tokyo.

Ce chapitre décrira les modifications des équipements sportifs pour s'adapter à l'évolution des caractéristiques anthropométriques des athlètes et les modifications des caractéristiques anthropométriques des athlètes pour s'adapter aux nouveaux équipements. Nous prendrons les exemples de trois disciplines sportives : le cyclisme, le lancer de javelot et le tennis.

3. Cyclisme

Les innovations technologiques concernant le cyclisme ont d'abord été développées pour l'épreuve de triathlon (telles que les guidons aérodynamiques, l'angle important du tube de selle et la position de pédalage plus en avant). La posture adoptée par le cyclise dépend de trois facteurs : la position relative des membres (angles des articulation de la hanche, du genou et de la cheville), la position de pédalage (position du cycliste par rapport aux pédales) et l'orientation du corps (angle entre le tronc et l'horizontal).

L'importance de la posture a été mise en évidence en 1989, quand Greg Lemond a remporté le Tour de France avec une avance de 57 s dans la dernière étape. Lemond a attribué sa victoire à une posture de pédalage plus aérodynamique lui ayant permis d'atteindre une vitesse moyenne de 54,545 km/h.

Aux Jeux Olympiques de 1992 (Barcelone), Chris Boardman a remporté une victoire écrasante en poursuite individuelle sur 4000 m, grâce à un vélo révolutionnaire construit par Lotus. La position adoptée par Boardman faisait reposer ses bras sur un prolongateur de guidon pour un aérodynamisme optimal (voir Fig. F9.1).

Fig. F9.1 : La posture du cycliste apparue en 1992.

De nombreux nouveaux types de vélos et de positions se sont mis à apparaître à partir de la victoire historique de Chris Boardman en 1992. En 1993, Graeme Obree utilise un vélo de fabrication personnelle en adoptant une position qui révolutionne l'épreuve du contre-la-montre. La position d'Obree, dite position « de l'œuf », faisait reposer le torse sur les bras repliés en dessous, réduisant ainsi la traînée de 15 %. Cette position permettait un gain de 2 km/h à une vitesse de 50 km/h. Obree utilisait de plus un pédalier étroit pour pédaler à « genoux joints » et réduire encore plus la traînée.

En 1993, Graeme Obree établit un nouveau record de poursuite sur 4000 m avec un temps de 4 min 20,9 s, battant ainsi le record de Chris Boardman. L'année suivante, de nombreux cyclistes adoptent la position « de l'œuf » sur des vélos modifiés (renforts au niveau du torse pour améliorer le confort sur les longues distances, par exemple). Le record de l'heure restait toutefois détenu par Chris Boardman sur son vélo Lotus mais, le 27 avril 1994, Graeme Obree établit un nouveau record de l'heure à une vitesse de 52,513 km/h.

Malheureusement, l'Union Cycliste Internationale (UCI) décide en mai 1994 d'interdire la position d'Obree. La position pouvait toujours être utilisée en triathlon, dont le règlement n'était pas fixé par l'UCI, et les cyclistes l'adoptant gagnaient entre 3 et 5 s par kilomètre sur leur temps habituel.

Suite à cette interdiction, Graeme Obree revint en 1995 avec une nouvelle position et un nouveau vélo. Il utilisa cette fois un vélo conventionnel mais avec des prolongateurs particulièrement longs. Ses bras étaient tendus vers l'avant, avec ses mains à environ 30 cm en avant du moyeu de la roue avant. Cette position est connue de nos jours sous le nom de « position de superman ».

Durant les Jeux Olympiques de 1996 (Atlanta), de nombreux cyclistes employèrent cette position pour les épreuves masculines et féminines de poursuite individuelle sur 4000 m et le record du monde fut fixé à 4 min 19 s.

Dans la même année, Chris Boardman modifie son vélo Lotus de 1992 pour pouvoir adopter la « position de superman » aux championnats mondiaux de Manchester. Cette association de machine, d'athlète et d'aérodynamisme s'avère redoutable et Boardman place le record du 4000 m contre-la-montre à 4 min 11,114 s. Une semaine seulement après les championnats, il établit également un nouveau record de l'heure à 56,375 km/h.

L'UCI provoque à nouveau la controverse en interdisant la « position de superman » et établissant des règles qui limitent à 15 cm la distance horizontale entre les poignées de guidon et le moyeu de la roue avant. Ces règles stipulent également que la distance entre le moyeu avant et le pédalier peut désormais atteindre 75 cm (par rapport à 60 cm auparavant). Ceci permet à de nombreux cyclistes de contourner l'interdiction en allongeant la partie avant du cadre mais il demeure impossible d'adopter l'exacte « position de superman » de Graeme Obree.

L'UCI introduit de nombreuses nouvelles règles entre 1997 et 1999 et, en 1999, elle modifie à nouveau les dimensions autorisées des vélos. La distance maximale entre le moyeu avant et le pédalier est fixée à 65 cm. Cette décision a un effet considérable puisqu'elle signifie que seuls les cyclistes les plus petits peuvent désormais adopter la si efficace « position de superman ».

Les nouvelles règles établies pour les Jeux Olympiques de 2008 (Pékin) apportent de nouvelles contraintes et pourraient empêcher les cyclistes d'adopter une position aérodynamique « normale ». La distance horizontale entre les poignées de guidon et le moyeu avant est désormais limitée à 10 cm, ce qui empêche les cycliste de grande taille d'adopter une position aérodynamique confortable et rend tout à fait impossible la « position de superman ».

Cette standardisation des vélos de compétition implique que les champions de cyclisme présenteront probablement des caractéristiques anthropométriques différentes que celles des champions du passé. Les cyclistes ne pourront adopter une position aérodynamique que si leur ces caractéristiques le permettent (taille relativement petite entre autres). Il est même possible que les records établis en « position de superman » ne puissent plus être atteints. Ils feront alors partie de l'histoire du sport, avec des records qui ne pouvaient être établis que sur un certain type de terrain, avec une certain type de vélo et par un certain type d'athlète. Ce jour est déjà peut-être arrivé et il faut se poser la question de savoir si les compétitions doivent juger de la qualité de l'équipement d'un sportif ou de ses capacités physiques.

Cherchez sur Internet les nouvelles règles édictées par l'Union Cycliste Internationale pour les Jeux Olympiques de Pékin en 2008.

4. Javelot

Les compétitions et les techniques de lancer de javelot sont encadrées par des règles et des normes particulièrement strictes. L'optimisation des programmes d'entraînement a permis d'améliorer significativement les capacités physiques des athlètes. L'amélioration des performances est également due à l'évolution du javelot, auparavant en bois mais maintenant composé d'alliages légers lui permettant de « flotter » dans les airs. La Figure F9.2 montre la progression des records mondiaux du lancer de javelot masculin de 1912 à 1996.

Avant 1984, le record mondial était détenu par Tom Petranoff (USA) avec une distance de 99,72 m. À cette époque, l'IAAF (International Amateur Athletics Federation) commence à exprimer ses inquiétudes au sujet des distances atteintes par les lanceurs de javelot masculins. Le javelot avait tendance à devenir instable dans les airs et pouvait parfois rebondir après son atterrissage, ce qui rendait cette compétition dangereuse pour les autres athlètes. Le javelot pouvait même atterrir directement sur la piste de course en présence d'un fort vent latéral. En 1984, Uwe Hohn (RDA) lance son javelot à une distance de 104,80 m, ce qui décide enfin l'IAAF à modifier les normes des javelots pour les rendre plus sûrs.

Le nouveau javelot commence à être utilisé en avril 1986. Il possède le même poids que l'ancien mais son centre de gravité est déplacé de 40 mm vers la pointe avant. En termes aérodynamiques, cela signifie que le centre de pression se situe en arrière du centre de gravité, ce qui améliore la stabilité du javelot au cours de sa trajectoire. Ce nouveau javelot permet également de réduire les distances atteintes d'environ 10 %, toutes choses étant égales par ailleurs. De plus, il atterrit toujours pointe en avant, ce qui facilite la mesure des distances et réduit le risque de rebond. Enfin, sa conception le rend moins sensible aux vents latéraux et trajectoire est plus rectiligne.

De nombreux athlètes se plaignent de ces nouvelles normes en arguant que le lancer de javelot va désormais moins dépendre de la technique de lancer que de la taille et de la force des athlètes. Certains ont affirmé que ces normes empêcheraient les lanceurs de petite taille, même s'ils possédaient une excellente technique, de remporter la moindre compétition.

Le lanceur de javelot doit dans l'idéal présenter les caractéristiques suivantes : vitesse, force, coordination, souplesse et un bon bras de lancer (avec une bonne « perception » kinesthésique). L'efficacité du lancer dépend également des facteurs mécaniques suivants : vitesse d'envol, angle d'envol, angle d'attaque à l'envol, posture du lanceur à l'envol, distance entre le pied et la ligne de lancer et composantes de la vélocité angulaire selon l'axe longitudinal (roulis), selon l'axe horizontal perpendiculaire (tangage) et selon l'axe vertical perpendiculaire aux deux axes précédents (lacet).

Presque tous ces facteurs dépendent de l'anthropométrie du lanceur. Certains scientifiques considèrent que la vitesse d'envol du javelot est le principal facteur de l'efficacité d'un lancer mais d'autres pensent que plusieurs facteurs doivent être pris en compte.

Le facteur anthropométrique qui semble revêtir le plus d'importance est la taille du lanceur, qui détermine la hauteur d'envol du javelot. Le Tableau F9.1 donne les hauteurs d'envol des javelots (anciens et nouveaux modèles) lancés par différents champions mondiaux.

Le Tableau F9.1 montre que la hauteur d'envol des nouveaux javelots est inférieure à celle des anciens. Petranoff est le seul athlète à apparaître sur les deux listes ; c'est un des rares athlètes qui ait su faire la transition entre l'ancien et le nouveau modèle de javelot.

Des scientifiques ont étudié la corrélation entre la vitesse d'envol du javelot et la distance atteinte. Pour l'ancien modèle de javelot, le coefficient de corrélation était de 0,93 ; pour le nouveau modèle, il n'est plus que de 0,80–0,87. D'autres recherches sur ce sujet ont montré que les nouveaux javelots exigeaient une meilleure maîtrise de la technique de lancer que les anciens modèles, à l'inverse de ce que les athlètes et les entraîneurs pouvaient croire.

En 1987, l'IAAF a publié un rapport sur les championnats mondiaux utilisant le nouveau modèle de javelot. Raty (Finlande) avait remporté la victoire avec une vitesse d'envol de 29,6 m/s, Zelezny (URSS) était arrivé troisième alors que la vitesse d'envol de son javelot était la plus élevée et Hill (Royaume-Uni) était arrivé 7e avec la seconde meilleure vitesse d'envol.

En résumé, il semble que les nouvelles normes du lancer de javelot n'aient finalement pas avantagé les lanceurs plus grands ou plus forts mais aient en fait privilégié la technique de lancer. En 1985, la différence entre les distances atteintes par le champion mondial et le 50e était de 12 m. En 1986, cet écart n'était plus que de 8 m, reflétant une compétition plus serrée et la nécessité de mesurer plus précisément les distances. Certains athlètes se sont plus facilement adaptés au nouveau modèle de javelot que d'autres. Ce fut le cas pour Yevsyukov (URSS) et Gampke (Royaume-Uni), qui établirent leurs records après l'introduction du nouveau javelot. Ces athlètes possédaient probablement des caractéristiques anthropométriques plus adaptées au nouveau modèle qu'à l'ancien.

Recherchez sur Internet les records mondiaux actuels pour les lancers de javelot masculins et féminins.

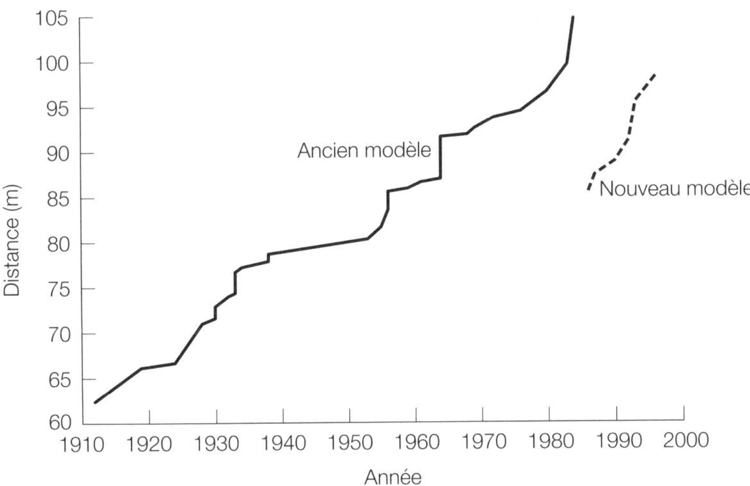

Fig. F9.2 : Records mondiaux au lancer de javelot masculin de 1912 à 1996.

Athlète	Ancien modèle Hauteur d'envol (m)	Athlète	Nouveau modèle Hauteur d'envol (m)
Nemeth	2,05	Raty	1,81
Megla	2,21	Zelezny	1,64
Ershov	1,97	Petranoff	1,72
Olson	1,82	Yevsyukov	1,71
Colson	2,01	Hill	1,69
Lusis	1,86	Mizoguchi	1,57
Luke	1,91	Wennlund	1,69
Zimis	1,68	Shatilo	1,81
Petranoff	2,09		
Moyenne	1,96		1,71
Écart-type	0,16		0,01

Tableau F9.1 : Hauteurs d'envol des anciens et nouveaux modèles de javelot.

5. Tennis

Le service est probablement le geste le plus important au tennis. Ce geste exige un mouvement coordonné de différents segments du corps pour atteindre une hauteur de frappe optimale. Le mouvement commence dans les jambes et sa vélocité augmente de segment en segment (transmission en chaîne) jusqu'à la main et à la raquette, où la vélocité est maximale.

Selon des travaux empiriques, le service représente 20 à 30 % de l'ensemble des coups en match simple ou double ; il compte pour 12 % des coups gagnants sur terre battue (23 % sur gazon). C'est de plus le seul coup qui ne dépend pas d'un coup précédent par l'autre joueur, ce qui confère un avantage certain au serveur.

De nombreuses études se sont intéressées aux relations entre la position du corps, la type de service (à plat, lifté et coupé), la trajectoire de la raquette, les vélocités des segments et l'effet de la balle ; mais très peu ont analysé le rapport entre ces paramètres et l'anthropométrie des joueurs.

La balle doit être frappée le plus haut possible lors d'un service à plat, de manière à lui imprimer une trajectoire dirigée vers le bas. La plupart des scientifiques s'accordent à dire qu'il faut frapper la balle à environ 3 m du sol pour atteindre la zone de service avec une marge d'erreur acceptable. Peu de joueurs peuvent atteindre cette hauteur et la plupart ne servent pas exactement à plat mais selon un angle de 4 à 7° par rapport à la position optimale (voir Fig. F9.3).

Le genou, la hanche et le coude doivent être placés en extension quasi-maximale (180°) pour atteindre la plus grande hauteur possible. Des études ont montré que la hauteur de frappe au service représentait environ 150 % de la taille du joueur, avec une extension du coude et du genou de 173° et 165° respectivement. D'autres études ont révélé que certains champions de tennis décolle légèrement du sol au moment de la frappe, de manière à gagner encore un peu plus de hauteur.

Les joueurs de grande taille peuvent théoriquement servir plus fort, avec une plus grande vélocité de la balle et une trajectoire plus contrôlée (plus « plate »). Les joueurs de plus petite taille doivent modifier cette position de service optimale et la vélocité de la balle en sera légèrement réduite. Les joueurs de petite taille doivent de plus se maintenir dans une position la plus verticale possible pour maximiser la hauteur de frappe au service, alors que les joueurs plus grands peuvent placer leur pied en position d'appui pour monter rapidement au filet après le service (technique employée par Pete Sampras).

L'efficacité au service des joueurs de tennis dépend de leur technique et leurs caractéristiques anthropométriques. Les Tableaux F9.2 et F9.3 donnent le poids et la taille des joueurs les mieux classés et des serveurs les plus rapides en 1999.

Les tailles moyennes des meilleurs tennismen et tenniswomen de l'US Open de 1999 sont très proches (1,85 m pour les hommes et 1,80 m pour les femmes).

Notez qu'aucun des tennismen les mieux classés à l'US Open de 1999 ne faisait partie des serveurs les plus rapides alors que chez les tenniswomen, Venus William et Monica Seles étaient parmi les serveuses les plus rapides ainsi que parmi les joueuses les mieux classées. Le succès de Pete Sampras a souvent été attribué à sa technique de volée et à ses services puissants et rapides qui lui permettaient d'imposer le rythme du match. Lindsay Davenport, quant à elle, frappait la balle avec des coups nécessitant moins de puissance au niveau de la raquette. Sampras et Davenport avaient tous deux un style de jeu impliquant des coups rapides, amples et « courbes » ; de nos jours, ce style ne s'observe que chez environ 15 % des meilleurs joueurs classés.

Le style de jeu et la raquette des joueurs de tennis doivent être adaptés à leurs caractéristiques anthropométriques pour parvenir à des performances optimales. Lleyton Hewitt, par exemple, ne mesure que 1,75 m (à comparer avec la moyenne de 1,85 m des joueurs classés de l'US Open de 1999) mais il a réussi à se classer parmi les premiers plusieurs années consécutives, grâce à un style et un équipement adaptés à sa morphologie.

Dans les années 70, les raquettes étaient en bois, la plus populaire étant la Canadian Ashwood composée de long copeaux collés et mis sous presse. Certains joueurs, comme Jimmy Connor à la fin des années 70, leur préféraient des raquettes en aluminium (disposant d'un meilleur rapport résistance-poids). Presque toutes les raquettes en bois des années 70 partageaient les caractéristiques suivantes :

surface du tamis de 450 cm², poids (masse) de 355 g et profil du cadre d'environ 18 mm.

En 1976, la raquette Prince révolutionne la construction des raquettes de tennis. Elle est composée d'aluminium et offre une surface de tamis de 839 cm², soit presque le double des anciens modèles. De nombreux modèles similaires à la raquette Prince voient le jour dans les années suivantes, certains possédant une surface de tamis encore plus grande. En 1980, la FIT (Fédération Internationale de Tennis) fixe des normes qui limitent les dimensions maximales du tamis à 15,5 pouces (environ 40 cm) en longueur et à 11,5 pouces (environ 30 cm) en largeur, ce qui correspond à une surface maximale de 1148 cm².

Ces normes poussent les fabricants à modifier les composants des raquette plutôt que leurs dimensions : des raquettes en graphite et en fibre de verre, plus puissantes et plus légères, font leur apparition.

À cette époque, des recherches menées à l'Université de Pennsylvanie (USA) révèlent qu'une augmentation de 33 % de la masse de la tête de la raquette augmente la vitesse de la balle frappée de seulement 5 %. Par contre, une augmentation de 33 % de la vitesse de la tête de la raquette augmente la vitesse de la balle de 31 %. Ces résultats démontrent l'intérêt des raquettes plus légères, que le joueur peut déplacer plus rapidement en lui appliquant la même force. En 1984, un fabricant allemand, Siegfried Kuebler, met sur le marché une raquette possédant un cadre plus profond et moins large, ce qui la rend plus rigide et plus légère. Lorsqu'une raquette frappe une balle, le contact est très bref et toute flexion de la raquette correspond à une perte d'énergie. La rigidité de cette raquette lui permet de transférer un maximum d'énergie à la balle.

Les raquettes rigides génèrent une puissance plus importante et leur centre de cordage plus grand offre un meilleur contrôle directionnel de la balle. Le centre de cordage d'une raquette est la zone du tamis où la frappe est optimale. Quand une balle est frappée au niveau du centre de cordage, elle est renvoyée avec une puissance maximale et engendre peu de vibrations. Les raquettes modernes possèdent un grand centre de cordage situé dans la partie supérieure du tamis.

De nombreux fabricants mettent alors sur le marché des raquettes dont le cadre atteint jusqu'à 39 mm de profondeur pour 10 mm de largeur. Le kevlar et des thermoplastiques complexes commencent à entrer dans la composition des raquettes. Ces matériaux permettent de réduire la durée de contact entre la balle et la raquette et de minimiser les pertes d'énergie, d'où une puissance plus importante.

En 1992, les raquettes modernes partagent les caractéristiques suivantes : surface du tamis de 742 cm², profondeur du cadre de 39 mm, poids (masse) de 285 g et forme aérodynamique. Si on les compare aux raquettes en bois des années 70, leurs surfaces sont plus grande de 64 % et elles sont plus épaisses de 116 % et plus légères de 20 %. La raquette du futur possédera probablement un centre de cordage encore plus important, voire de multiples centres de cordages. Sa composition en titanium ou en hyper-carbone lui permettra d'imprimer une plus grande vitesse à la balle tout en étant plus facile à manipuler et en causant moins de fatigue et de blessure. Elle devra être adaptée à la morphologie du joueur pour offrir de bonnes performances en termes de rebond, de maniabilité, de précision, de puissance et de confort.

De nos jours, les joueurs professionnels utilisent des raquettes adaptés à leur morphologie et à leur style de jeu. Un joueur possédant un service et une volée puissantes utilisera une raquette différente de celle d'un joueur de fond de terrain.

Fig. F9.3 : Service de tennis moderne.

Joueur	Taille (cm)	Masse (kg)	Âge
Hommes			
Pete Sampras (1)	185	77	27
André Agassi (2)	180	75	29
Yevgeny Kafelnikov (3)	190	81	25
Patrick Rafter (4)	185	79	26
Gustavo Kuerten (5)	190	76	22
Femmes			
Martina Hingis (1)	170	59	18
Lindsay Davenport (2)	188	79	22
Venus Williams (3)	185	76	19
Monica Seles (4)	178	70	25
Mary Pierce (5)	178	68	24

Tableau F9.2 : Caractéristiques anthropométriques des cinq meilleurs joueurs de l'US Open de 1999.

Joueur	Taille (cm)	Masse (kg)	Vitesse au service (m/s)
Hommes			
Greg Rusedski	193	86	63,9
Mark Philippoussis	193	92	63,5
Julian Alonso	185	82	62,6
Richard Krajicek	196	86	62,1
Femmes			
Venus Williams	185	76	55,4
Brenda Schultz-McCarthy	188	77	55,0
Jana Novotna	175	63	51,9
Kristie Boogert	178	64	49,6
Monica Seles	178	70	48,7

Tableau F9.3 : Caractéristiques anthropométriques des serveurs les plus rapides en 1999.

6. Références

Bartlett RM, Best RJ. The Biomechanics of Javelin Throwing: a review. *Journal of Sports Sciences* 1988;6:1-38.

Elliot B. The Super Servers: Pete Sampras and Goran Ivanisevic have two of the fastest and most feared serves in men's tennis. *Australian Tennis Magazine* 1996;21(6):46-7.

Faria IE. Energy expenditure, aerodynamics and medical problems in cycling. *Sports Medicine* 1992;14(1):43-63.

Annexe 1 : Diagrammes de forces

Les diagrammes de forces sont des schémas représentant les forces s'exerçant sur un corps. Ils permettent d'analyser facilement l'effet de l'ensemble des forces externes s'exerçant sur un corps (c'est-à-dire l'effet de la force nette). Nous avons vu que différentes force intervenaient dans le cadre de la motricité humaine : la force gravitationnelle (poids), les forces de frottement, les forces de réaction normale, les forces de contact, les forces de tension, de compression ou de cisaillement, les forces musculaires et articulaires et les forces centripètes, tangentielles ou centrifuges. Le plus souvent, en motricité humaine, plusieurs forces s'exercent simultanément sur le corps. Nous avons vu précédemment qu'une force est une quantité vectorielle possédant une magnitude et une direction. L'effet net de l'ensemble des forces externes (la résultante) agissant sur un corps peut être déterminé à l'aide d'un diagramme de forces.

Plusieurs étapes sont nécessaires pour tracer un diagramme de forces offrant une représentation précise de la réalité. Ces étapes sont les suivantes :

1. Isoler le corps de son environnement puis le dessiner. Par exemple, si l'on s'intéresse aux forces s'exerçant sur l'avant-bras (ulna et radius), ne dessiner que l'ulna et le radius. Ne pas dessiner les corps entourant le corps étudié.
2. Identifier toutes les forces externes agissant sur le corps. C'est généralement l'étape la plus difficile. Il faut passer en revue toutes les forces susceptibles d'agir. Par exemple, si le corps possède une masse, le poids s'applique en son centre de gravité ; si le corps est en contact avec un autre corps, il existe une force normale (perpendiculaire aux surfaces en contact) et une force de frottement (parallèle aux surfaces en contact). Il est parfois utile de séparer les diverses composantes d'une force (composantes verticale et horizontale de la force résultante, par exemple).
3. Après les avoir toutes identifiées, les forces peuvent être tracées sur le diagramme sous forme de flèches dont la longueur et l'orientation représentent la magnitude et la direction des forces. L'origine de la flèche doit être placée sur le point d'application de la force. Quand deux forces sont égales et opposées (résultante nulle), les deux flèches peuvent être placées n'importe où sur la droite où elles s'appliquent.

4. Choisir un système de coordonnées pour exprimer la positivité ou la négativité des composantes des forces.

Quand le mouvement du corps implique des moments de force (rotation), il faut prêter une attention particulière au positionnement et à l'orientation des flèches représentant les forces.

Exemple

Une masse remonte un plan incliné sous l'effet d'une poussée parallèle à ce plan. Tracez le diagramme de forces représentant ce corps et les forces externes qui s'exercent.

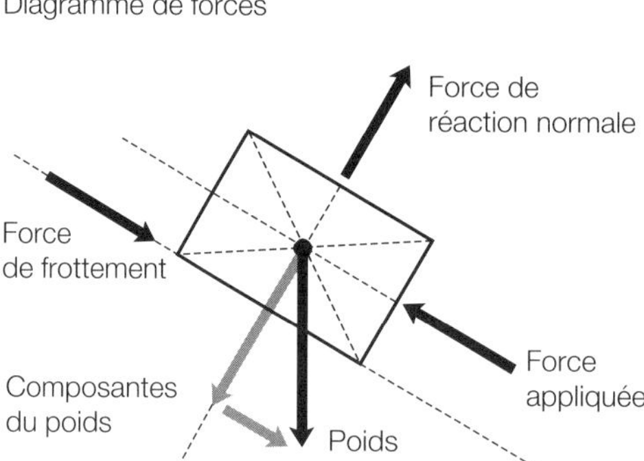

Annexe 2 : Théorème d'échantillonnage

L'analyse d'un mouvement nécessite souvent de recueillir des données à plusieurs instants, de manière à pouvoir mesurer la variation de ces données au cours du temps. La plupart des appareils de mesures échantillonnent et enregistrent les données à des intervalles réguliers au cours du mouvement. La **fréquence d'échantillonnage** (en **Hertz**, Hz) correspond au nombre d'échantillons recueillis en une seconde. La plupart des caméras vidéos fonctionnent à une fréquence d'échantillonnage de 50 Hz (50 champs vidéos enregistrées par seconde, soit 25 images par seconde), alors que les plaques de force ont généralement une fréquence d'échantillonnage aux environs de 1000 Hz.

L'exemple qui suit permet d'illustrer l'effet de la fréquence d'échantillonnage sur le recueil de données. On mesure la force de réaction du sol et l'angle du genou au cours de la phase d'envol d'un drop-jump (saut après une chute d'une certaine hauteur). L'angle du genou varie de façon continue mais les mesures se font de manière discontinue (« clichés instantanés » à intervalles réguliers).

La Figure Ann2.1 montre que les courbes représentant la force et l'angle ne varient pas selon le même rythme : on parle de différence du **contenu en fréquence** des signaux. Une fréquence d'échantillonnage de 25 Hz suffira pour mesurer les variations d'angle mais passera à côté des variations plus rapides de la force.

Le contenu en fréquence décrit l'aspect d'un signal et la façon dont il varie. L'angle du genou varie graduellement durant son extension alors que la force de réaction du sol donne une courbe plus complexe montrant des variations rapides de la magnitude.

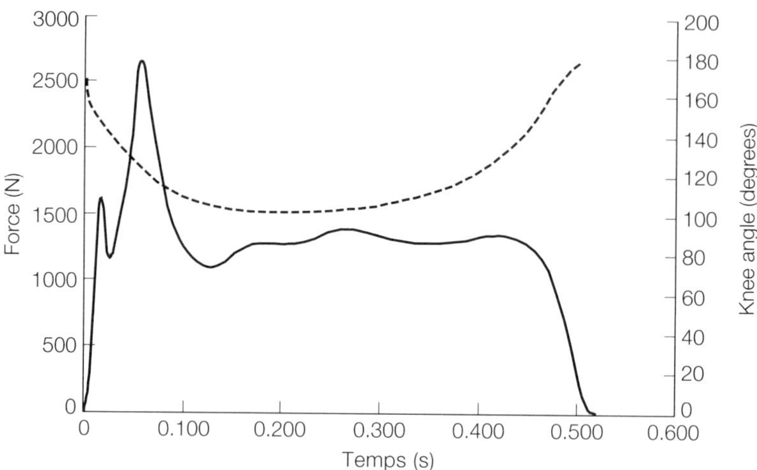

Fig. Ann2.1 : Angle du genou et force de réaction du sol verticale au cours d'un drop-jump. Les fréquences d'échantillonnage sont de 50 Hz pour l'angle du genou et de 1000 Hz pour la force. Notez que la modification de la fréquence d'échantillonnage n'aura que peu d'effet sur la courbe de l'angle alors que la courbe de la force en sera complètement changée.

Les variations rapides ne seront détectées que si la fréquence d'échantillonnage est suffisamment élevée.

L'étude de la composition d'un signal permet de comprendre plus facilement la notion de contenu en fréquence. La Figure Ann2.2 montre comment la somme de trois signaux séparés peut former un signal composite. Les échantillonnages séparés des trois signaux d'entrée donnent les trois premières courbes de la Figure Ann2.2, chacune ayant sa propre fréquence d'oscillation. Ces trois signaux peuvent être les composantes d'un seul signal composite ; ce signal composite correspond à la somme des trois composantes en chaque point du temps. L'onde obtenue ne ressemble à aucune des trois composantes initiales. Le signal composite contiendra des fréquence d'1 Hz, 4 Hz et 8Hz.

Le **théorème d'échantillonnage** permet de choisir la fréquence d'échantillonnage appropriée avant de commencer un enregistrement. Ce théorème est parfois appelé **théorème d'échantillonnage de Nyquist-Shannon** ou **théorème d'échantillonnage de Whittaker-Nyquist-Kotelnikov-Shannon**, d'après le nom des scientifiques ayant contribué à son élaboration. Il a d'abord été formulé par Harry Nyquist en 1928 mais il n'a été démontré qu'en 1949 par Claude E. Shannon. Ce théorème stipule que :

La fréquence d'échantillonnage d'un signal doit être supérieure ou égale au double de la largeur de bande de ce signal pour que la reconstruction soit fidèle au signal original.

Le théorème fait référence à la **largeur de bande** du signal et non à sa fréquence maximale. La largeur de bande est la différence entre la valeur la plus élevée et la valeur la plus basse du contenu en fréquence du signal. Dans la Figure Ann2.2, les fréquences sont comprises entre 1 Hz et 8 Hz : la largeur de bande est de 7 Hz. En motricité humaine, ce théorème est souvent simplifié et la fréquence d'échantillonnage se calcule à partir de la fréquence maximale du signal.

Si le théorème d'échantillonnage n'est pas respecté, les fréquences échantillonnées seront brouillées et le signal enregistré sera différent du signal d'entrée. Ce phénomène est appelé **repliement** (ou **aliasing**). Le repliement peut être évité en augmentant la fréquence d'échantillonnage ou en utilisant un filtre anti-repliement qui réduit la largeur de bande du signal. Certains éléments du signaux peuvent malgré tout échapper à l'échantillonnage mais dans la plupart des cas, la quantité d'information perdue est suffisamment faible pour que le repliement soit considéré comme négligeable.

Un déphasage entre l'échantillonneur et le signal peut se produire si la fréquence d'échantillonnage est exactement le double de la fréquence maximale du signal,, avec pour résultat une distorsion du signal. Par exemple, l'échantillonnage d'un signal de forme cos($\pi \times t$) à des instants t = 0, 1, 2... donne un signal de forme cos($\pi \times n$), ce qui convient. Par contre, si le même signal est échantillonné à des instants t = 0,5, 1,5, 2,5... on obtient un signal constamment nul car cos(0,5 π), cos (1,5 π), cos(2,5 π) sont nuls. Ces deux exemples d'échantillonnages ne diffèrent que par la phase (et non par la fréquence) et donnent pourtant des résultats très différents. Il est donc important de sélectionner une fréquence d'échantillonnage **supérieure** (et non strictement égale) au double de la fréquence maximale.

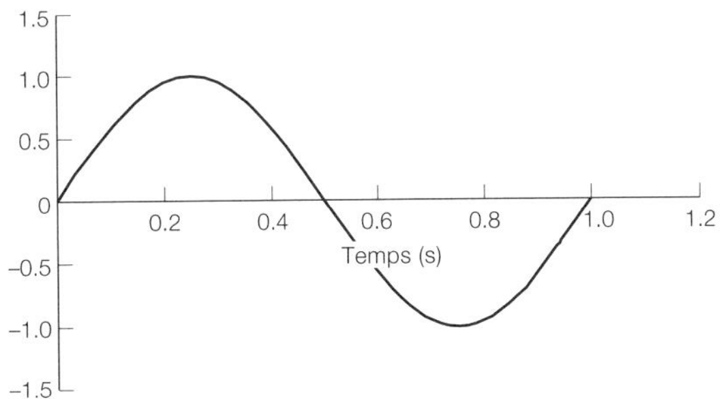

Onde 1 : fréquence d'1 Hz (un cycle complet en 1 s)

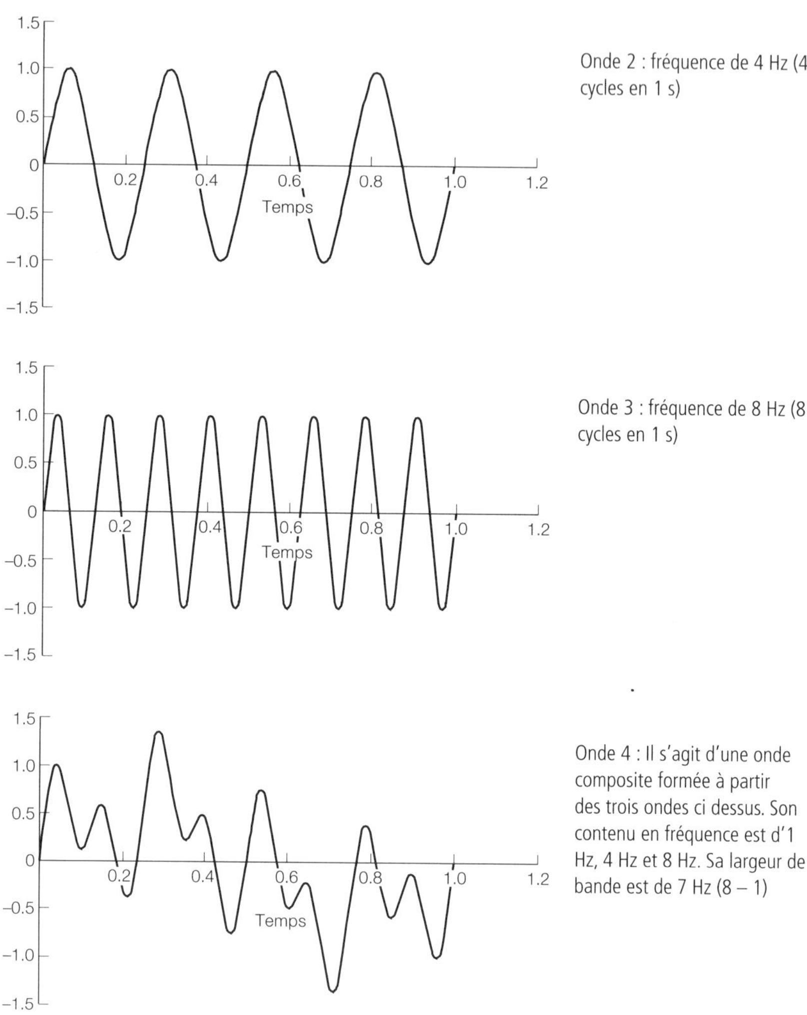

Fig. Ann2.2 : Signal composite et contenu en fréquence.

Annexe 3 : Manipulation algébrique (rappels)

Cette annexe offre un rappel des bases mathématiques nécessaires à la compréhension de cet ouvrage.

1. Algèbre

L'algèbre est la branche des mathématiques qui étudie les relations arithmétiques entre différentes variables (, par exemple).

2. Règle des signes

+	x	+	=	+	PLUS
+	x	–	=	–	MOINS
–	x	+	=	–	MOINS
–	x	–	=	+	PLUS

Tout nombre multiplié par zéro (0) est égale à zéro (0)

Exemple de multiplication de signes

–8 x 3 x –6 =

Avec des parenthèses, cette opération peut s'écrire sous la forme suivante :

(–8	x	3)	x	–6	=
(–8	x	3)	=	–24	(Partie 1)
–24	x	–6	=	+144	(Partie 2)

(le signe positif avant un nombre est facultatif)

Règles de division pour les nombres entiers positifs et négatifs

Un nombre entier est un nombre qui peut s'écrire comme la somme ou la différence de deux entiers naturels. Un entier naturel est un nombre entier positif (1, 2, 3, 4, etc.).

+a	÷	+b	=	+	(a/b)
+a	÷	–b	=	–	(a/b)
–a	÷	+b	=	–	(a/b)
–a	÷	–b	=	+	(a/b)

Exemple

64	÷	8	÷	–2	÷	2	=
(64/8)	÷	–2	÷	2	=		
(8/–2)	÷	2	=				
–4	÷	2	=	–2			

3. Résolution d'une équation comportant plusieurs opérations arithmétiques

Règles de priorité :

1. Termes entre parenthèses
2. Multiplication et division
3. Addition et soustraction

Les opérations mathématiques se résolvent dans l'ordre suivant :

B	**O**	**D**	**M**	**A**	**S**
( )	**de**	÷	x	+	–
Premier					**Dernier**

Il faut d'abord résoudre les opérations entre parenthèses, puis les opérations de type « de » (racine carrée **de**, par exemple), puis les divisions, les multiplications, les additions et les soustractions.

Exemple

3	(2 + 5)	+	6	(7 – 4)	=	
3	(7)	+	6	(3)	=	
21		+		18	=	39

4. Pourcentages

32 % de 69

$$= \frac{32 \times 69}{100}$$

= 22,08

Quel pourcentage représente 37 par rapport à 79 ?

$$\frac{37}{79} \times 100$$

= 46,84 %

5. Décimales

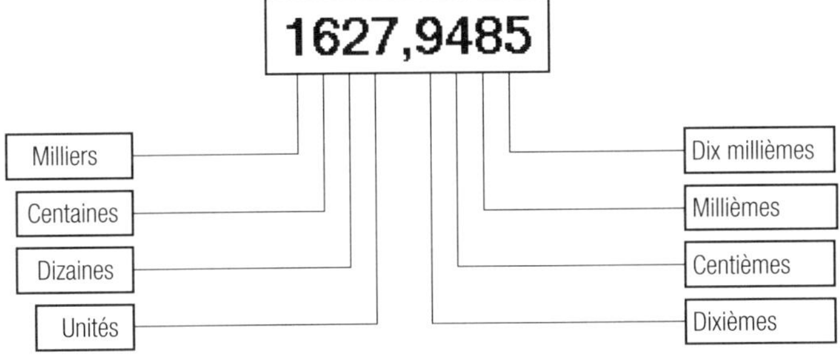

Nombre de décimales d'un nombre :

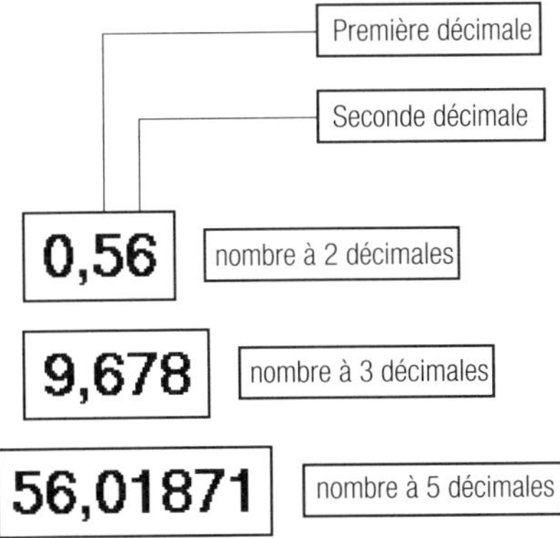

Règles :

Quand on arrondit un nombre à un certain nombre de décimales, la dernière décimale reste **inchangée** si la décimale qui suit est inférieure ou égale à 4. La dernière décimale est augmentée d'1 si la décimale qui suit est supérieure ou égale à 5.

Exemple :

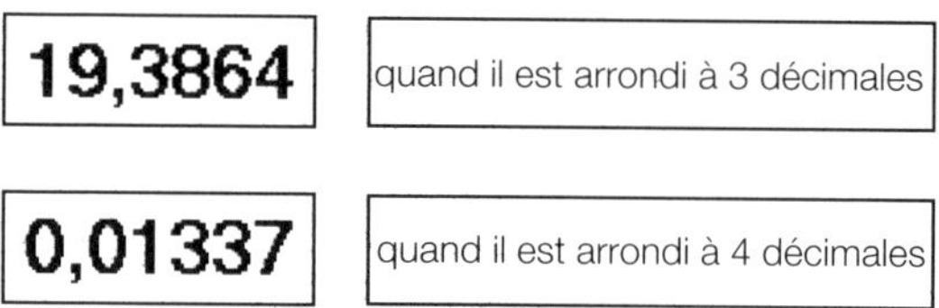

6. Puissances

4 x 4	élévation de 4 à la puissance 2 (*ou* 4 au carré)
4 x 4 x 4	élévation de 4 à la puissance 3 (*ou* 4 au cube)
6 x 6 x 6 x 6	élévation de 6 à la puissance 4

Les puissances s'écrivent sous la forme suivante :

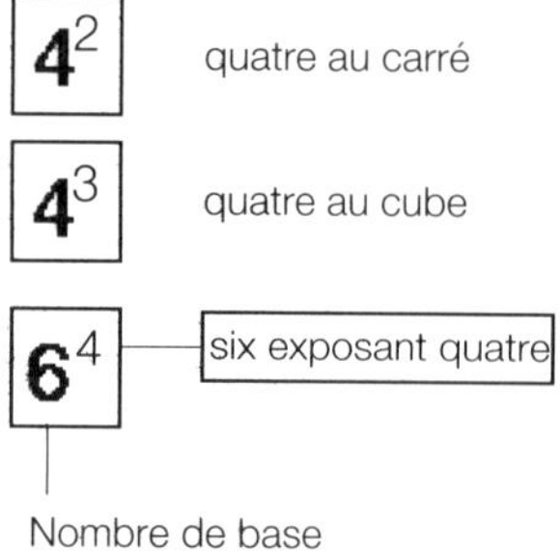

Règles des exposants

Règle de multiplication :

$10^2 \times 10^4 = 10^6$ — addition des exposants

Cette règle n'est valable que lorsque les nombres de base sont identiques :

$2^2 \times 2^4 = 2^6$

$\mathbf{4 \times 16 = 64}$

Chaque membre doit être calculé séparément quand les nombres de base sont différents :

$3^4 \times 5^5 = 81 \times 3125$

$\mathbf{81 \times 3125 = 253125}$

Tout nombre à la puissance zéro (0) est égal à un (1)

$6{,}65^0 = 1$

$3^0 = 1$

Règle de division :

$10^5 \div 10^2 = 10^3$ — soustraction des exposants

Cette règle n'est valable que lorsque les nombres de base sont identiques :

$2^8 \div 2^4 = 2^4$

$256 \div 16 = 16$

Chaque membre doit être calculé séparément quand les nombres de base sont différents :

$8^4 \div 3^6 = 4096 \div 729$

$4096 \div 729 = 5.62$ (arrondi à 2 décimales)

Élévation d'un exposant à une certaine puissance : multiplication des exposants

$$(10^3)^2 = 10^{3\times 2} = 10^6$$

$$(8^4)^3 = 8^{4\times 3} = 8^{12}$$

Résumé

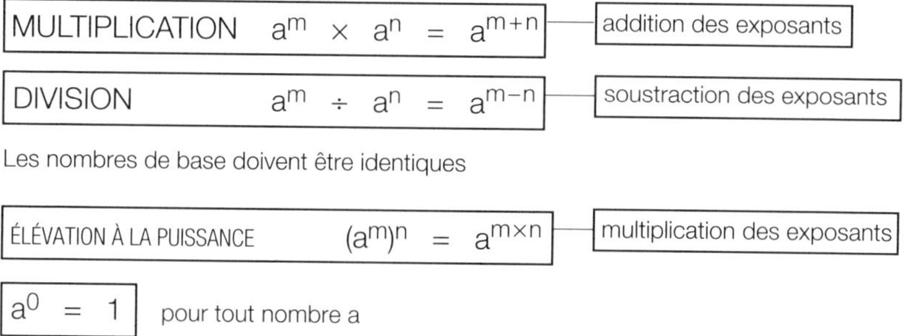

7. Permutation des éléments d'une équation

Exemple 1

$$6x - 10 = \frac{3x}{3}$$

L'équation peut être réarrangée pour trouver x
en multipliant les deux membres de l'équation par 3

$$3(6x - 10) = 3\ \frac{3x}{3}$$

$$3(6x - 10) = \cancel{3}\ \frac{3x}{\cancel{3}}$$

$$3(6x - 10) = 3x$$

$$
\begin{aligned}
3(6x-10) &= 3x\\
18x-30 &= 3x\\
18x-3x-30 &= 0\\
18x-3x &= 30\\
15x &= 30\\
x &= \frac{30}{15}\\
x &= 2
\end{aligned}
$$

$$
\begin{aligned}
3x+4 &= 2\\
3x &= 2-4\\
x &= \frac{2-4}{3}\\
x &= -\frac{2}{3}
\end{aligned}
$$

$$
\begin{aligned}
9x+8-4 &= 6x\\
9x-6x+8-4 &= 0\\
9x-6x &= -8+4\\
3x &= -4\\
x &= -\frac{4}{3}\\
x &= -1{\cdot}3\dot{3}
\end{aligned}
$$

Règles générales de la permutation

Un élément négatif d'un côté de l'équation devient positif quand il est transféré (permuté) de l'autre côté. De même, un diviseur d'un côté de l'équation devient un multiplicateur quand il est transféré de l'autre côté.

Exemple 2

$$8(x+2) = 3(x-3)+45$$

$$8x+16 = 3x-9+45$$

$$
\begin{aligned}
8x-3x &= -9+45-16\\
5x &= 20\\
x &= \frac{20}{5}\\
x &= 4
\end{aligned}
$$

Déterminons x :

$$\frac{4x+9}{3} + \frac{3x+7}{4} = 11$$

On détermine le plus petit dénominateur commun $= 3 \times 4$

On réduit la fraction en multipliant des deux côtés 3×4

$$3 \times 4 \left(\frac{4x+9}{3} + \frac{3x+7}{4}\right) = 3 \times 4 \times 11$$

$$3 \times 4 \times \left(\frac{4x+9}{3}\right) + 3 \times 4\left(\frac{3x+7}{4}\right) = 3 \times 4 \times 11$$

$$\cancel{3} \times 4 \times \left(\frac{4x+9}{\cancel{3}}\right) + 3 \times \cancel{4} \left(\frac{3x+7}{\cancel{4}}\right) = 3 \times 4 \times 11$$

$$\begin{aligned}
4(4x+9) + 3(3x+7) &= 3 \times 4 \times 11 \\
16x + 36 + 9x + 21 &= 3 \times 4 \times 11 \\
16x + 9x &= (12 \times 11) - 36 - 21 \\
25x &= 132 - 57 \\
25x &= 75 \\
x &= \frac{75}{25} \\
x &= 3
\end{aligned}$$

ay^2 signifie $a \times y \times y$
2ay signifie $2 \times a \times y$

8. Résolution d'une expression mathématique

Exemple 1

Trouver la valeur de :

$xy + 2yz + 3zx$

Quand $x = 3$, $y = 2$ and $z = 1$

$= (3 \times 2) + (2 \times 2 \times 1) + (3 \times 1 \times 3)$

$= 6 + 4 + 9$

$= 19$

Exemple 2

Trouver la valeur de :

$$\frac{2a + 4ab + 3c}{a + 2b + 3c}$$

Quand $a = 6$, $b = 3$ and $c = 2$

$$= \frac{(2 \times 6) + (4 \times 6 \times 3) + (3 \times 2)}{6 + (2 \times 3) + (3 \times 2)}$$

$$= \frac{12 + 72 + 6}{6 + 6 + 6}$$

$$= \frac{90}{18}$$

$$= 5$$

Multiplication et division des fonctions algébriques

$(-a) \times (-b) = +ab$
$(+a) \times (+b) = +ab$
$(-c) \times (+d) = -cd$
$(+c) \times (-d) = -cd$

Exemples

$4b \times 2b = 8b^2$
$-3a \times 4a = -12a^2$
$-4x \times -6x = 24x^2$
$+5y \times y = 5y^2$

Puissances

$4b^3 \times 3b^2 = 12b^5$
$6bc^2 \times 5b^4c^3 = 30b^5c^5$
$2xy^5 \times 8x = 16x^2y^5$
$3y^2 \times 4x^3y^4 = 12x^3y^6$

Expressions contenant au moins deux termes

$(2a + 2)(\mathbf{4a} + 3)$

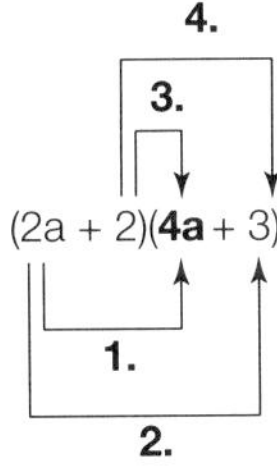

$= 8a^2 + 6a + 8a + 6$
$= \mathbf{8a^2 + 14a + 6}$

Exemple 1

$(3x^2 + 6)(4 - 2x)$

$12x^2 - 6x^3 + 24 - 12x$

Exemple 2

$(2x^2 + 4y - 2)(2 + 3x - 4y)$

$4x^2 + 6x^3 - 8x^2y + 8y + 12xy - 16y^2 - 4 - 6x + 8y$

Combine les termes similaires

$4x^2 + 6x^3 - 8x^2y + 16y + 12xy - 16y^2 - 4 - 6x$

Annexe 4 : Trigonométrie (rappels)

Cette annexe offre un rappel des bases de la trigonométrie. La biomécanique fait souvent appel aux notions de trigonométrie dans un triangle rectangle qui sont décrites dans les schémas suivants :

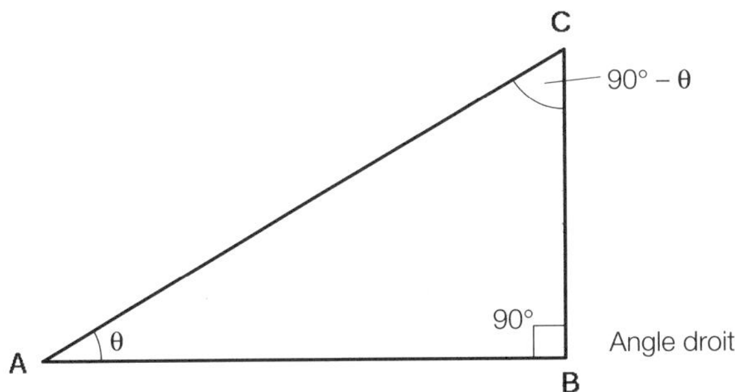

Somme des angles d'un triangle = 180°

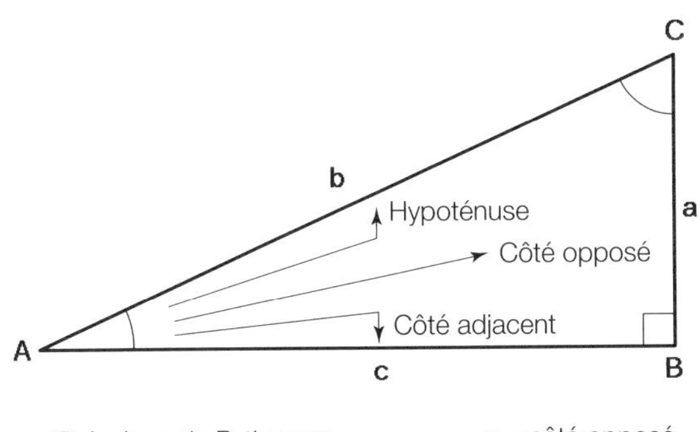

Théorème de Pythagore

$b^2 = a^2 + c^2$

$b = \sqrt{a^2 + c^2}$

a = côté opposé
b = hypoténuse
c = côté adjacent

Longueurs des côtés du triangle

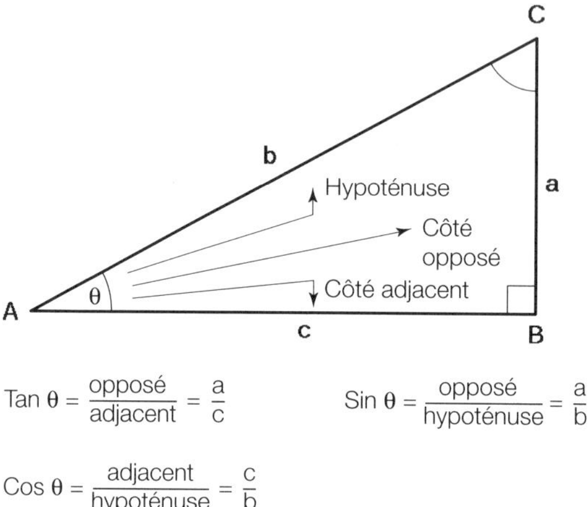

Autres relations trigonométriques importantes

Certaines applications de biomécanique font appel à la trigonométrie de triangles non-rectangles, décrite dans les schémas suivants :

Exemple

Calculez la longueur des côtés **a** et **b** du triangle suivant à l'aide de la règle des sinus

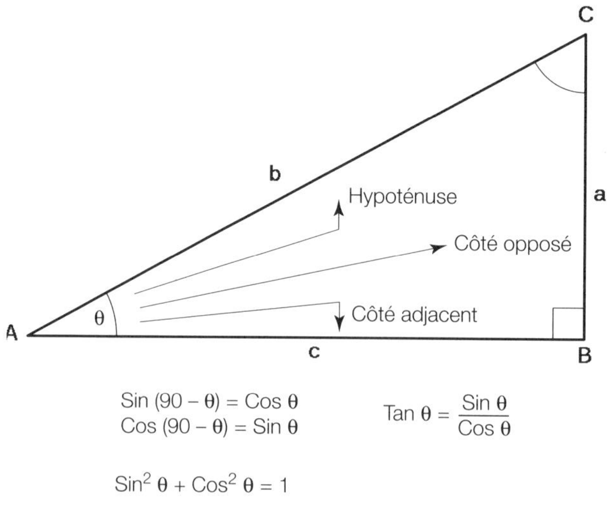

Longueur du côté a

D'après la règle des sinus :

Longueur du côté b

La somme des angles d'un triangle est égale à 180°, donc :

D'après la règle des sinus

Index

D

E

F

G

H

I

L

M

N

O

P

Q

R

S

T

U

V